"十二五"普通高等教育本科国家级规划教材

普通高等教育土建学科专业"十二五"规划教材

高校城乡规划专业指导委员会规划推荐教材

城市工程系统规划（第三版）

同济大学　戴慎志　主编

中国建筑工业出版社

图书在版编目（CIP）数据

城市工程系统规划／戴慎志主编．—3版．—北京：中国建筑工业出版社，2015.12（2024.2重印）

"十二五"普通高等教育本科国家级规划教材．普通高等教育土建学科专业"十二五"规划教材．高校城乡规划专业指导委员会规划推荐教材

ISBN 978-7-112-18928-1

Ⅰ．①城…　Ⅱ．①戴…　Ⅲ．①市政工程—城市规划—高等学校—教材　Ⅳ．① TU99

中国版本图书馆CIP数据核字（2015）第303357号

　　本书系统地阐述了城市工程系统规划的基本范畴、规划设计原则和规划设计方法，包括：绪论，城市工程系统规划的工作程序与内容深度，城市给水工程系统规划，城市排水工程系统规划，城市供电工程系统规划，城市燃气工程系统规划，城市供热工程系统规划，城市通信工程系统规划，城市环境卫生工程系统规划，城市防灾工程系统规划，城市工程管线综合规划。

　　本书为高等学校城市规划专业核心教材，可以作为给水排水专业、建筑学专业、建筑环境与设备工程专业的教学用书，也可以作为上述相关专业设计人员和管理人员的参考书。为更好地支持本课程的教学，我们向使用本书的教师免费提供教学课件，有需要者请与出版社联系，邮箱：jgcabpbeijing@163.com

＊　＊　＊

　　责任编辑：杨　虹
　　责任校对：李美娜　刘梦然

"十二五"普通高等教育本科国家级规划教材
普通高等教育土建学科专业"十二五"规划教材
高校城乡规划专业指导委员会规划推荐教材

城市工程系统规划（第三版）

同济大学　戴慎志　主编

＊

中国建筑工业出版社出版、发行（北京海淀三里河路9号）
各地新华书店、建筑书店经销
北京雅盈中佳图文设计公司制版
北京中科印刷有限公司印刷

＊

开本：787毫米×1092毫米　1/16　印张：$21\frac{1}{2}$　插页：4　字数：464千字
2015年12月第三版　2024年2月第四十七次印刷
定价：46.00元（赠教师课件）
ISBN 978-7-112-18928-1
　　　　（28181）

第三版前言

当前，中国进入新型城镇化和经济转型时期，城市工程系统的规划、建设、运营和管理模式也处在重要的转型阶段。城市基础设施的新技术、新工艺不断涌现，产业化和市场机制逐步引入该领域，引发一系列变革，促使城市工程系统向生态化、安全化、集约化和智慧化的方向发展。城市工程系统需要不断完善，保障和支持城市可持续健康发展。

城市工程系统规划的重要性日益彰显，新型城镇化和城乡规划学科发展对城市工程系统规划在理念、技术、方法提出了新的要求。因此，规划专业人员和各专业工程人员不仅要了解城市工程系统规划中各子系统规划的常识性知识，而且更需要对城市工程系统的整体发展趋势、各子系统之间的互动关系有更深入的认识和理解。

根据上述情况，第三版的《城市工程系统规划》保留了前两版教材的基本框架，除了进行必要的内容更新、修改和勘误外，还特别在单项专业工程系统规划的相关章节中，增加了一些涉及该系统规划理念、技术工艺发展趋势、与其他子系统关系等方面的内容，使之更加符合城市规划专业教学特点，有利于城市规划专业人员在学习时更好地了解和掌握新时期城市工程系统规划的要点和要求。

本书由戴慎志主编，各章节的修订工作由戴慎志、高晓昱完成。

本书适用于高等学校城市规划专业的教学，也适用于城市建设相关专业的规划教学；同时，也可作为城市规划和城市建设相关专业设计人员和管理人员的参考书。

本书编撰的过程中，城市工程系统领域的各级标准、规范和技术规定在不断修订和颁布。因此，在教学和应用过程中，应以最新颁布的标准、规范和技术规定为准。

由于科技不断发展，且编撰人员水平有限，书中仍难免有不足之处和需探讨的问题，恳请读者指正批评，共同探讨，进一步提高本书的科学性。

编者

第二版前言

———Preface———

当前，我国正处于社会经济迅速、持续发展时期，城市在国民经济和社会发展中起到主导和带动作用。我们必须用科学发展观，合理优化城市规划，指导城市有序、健康、持续发展。城市基础设施是城市生存和发展的基础，是建设环境友好型、资源节约型、效益集约型社会的支撑体系。城市规划专业人员不仅必须掌握城市规划的基础理论和知识，而且也应该掌握城市工程系统规划的基本知识，具备综合规划设计能力。城市建设相关专业工程设计人员也应该具备本专业工程的系统规划能力，了解相关专业的工程规划基本知识。

为了适应当前和未来一定时期的城市工程系统规划新需求，我们对《城市工程系统规划》（第一版）进行了修编，充实城市工程系统各专业的新技术、新方法和新设备等内容，尤其充实国家和各行业新颁布的规划规范、技术规定和原有规范、规定修正等内容，以及将若干省市的当地指标和数据作为参考资料，以便进一步增强本书的先导性和实用性。

本书由戴慎志主编，各章的修编者为：

第一章　戴慎志

第二章　戴慎志

第三章　唐剑晖、戴慎志

第四章　唐剑晖、戴慎志

第五章　王路、戴慎志

第六章　高晓昱

第七章　高晓昱

第八章　李作臣、戴慎志

第九章　唐剑晖、戴慎志

第十章　江毅、戴慎志

第十一章　高晓昱、戴慎志

陈鸿、俞海星、沈志联、曾敏玲、夏天翔、周群等承担了大量的文字、表格、图片的整理、绘制工作。

本书适用于高等学校城市规划专业的教学，也适用于城市建设相关专业的规划教学；同时，也可作为城市规划和城市建设相关专业设计人员和管理人员的参考书。

　　科学技术在不断发展，国家和各行业将有新的规划规范、技术规定颁布。因此，在实际教学和应用过程中，应以正式颁布的规范、规定为准。

　　由于修编人员水平有限，且科技不断发展，书中难免有不足之处和需探讨的问题，万请读者指正，共同探讨。

编者

第一版前言

—Preface—

当前，我国处于社会经济迅速发展的时期，城市建设日新月异，城市的中心地位日趋突出，迫切需要城市规划向广度和深度发展，以利于科学而有效地指导城市建设。同时，城市基础设施在城市日常生活、生产和城市建设中的作用更为突出。因此，不仅城市规划人员具备城市各专业工程规划的基本知识和综合规划设计能力是非常必要的；而且，相应的专业工程设计人员具备本专业工程的系统规划能力，以及对相关的专业工程规划的基本知识的了解，也是非常必要的。

本书依据《中华人民共和国城市规划法》、《城市规划编制办法》和相应专业工程的法规、技术规范等，并结合城市建设实况与需求，综合、系统地阐述与各层次的城市规划（总体规划、分区规划、详细规划）相匹配的城市供电、燃气、供热、通信、给水、排水、防灾、环卫以及工程管线综合等工程系统规划。本书是在由戴慎志等编著、自1995年起使用的《城市供电规划》等九本同济大学校内系列教材的基础上，总结数年的教学实践，结合各专业工程技术发展状况、城市规划与建设开发动态等，汇编完善而成的。本书突出城市工程系统规划的系统化、规范化，强化与城市规划的相关性，注重城市各工程系统规划之间的整体协调。为了增强本书的先导性和实用性，书中摘集了最新颁布或已评审的专业工程规划规范、技术规定中有关的技术经济指标，以及若干地区自定使用的技术经济指标，以供读者参考。在实际工作应用中，应以正式颁布的各专业工程规划规范、技术规定为准。本书根据城市工程系统规划设计工作的需要，收集目前国内工程规划常用的图例，并在此基础上，加以充实完善，制作了城市工程系统规划图例，以供读者参考使用。

本书通过立项评审为建设部普通高等教育"九五"重点教材、上海市普通高校"九五"重点教材，是城市规划专业的一本主要教材，也适用作为建筑学和土木、给水排水、建筑环境与设备等相关工程专业的规划教学用书。同时，也可作为上述各专业的设计、管理人员的专业参考书。

本书由戴慎志主编。各章的编写者为：

第一章　戴慎志；

第二章　戴慎志；

第三章　戴慎志、张建龙；

第四章　高晓昱、戴慎志；

第五章　高晓昱；

第六章　戴慎志、黄雨龙、张建龙；

第七章　戴慎志、陈践；

第八章　戴慎志、陈践；

第九章　高晓昱、戴慎志；

第十章　陈践、高晓昱；

第十一章　戴慎志、张宗彝、张建龙。

目 录

—Contents—

第一章 绪论

第一节 城市工程系统规划的范畴

一、城市工程系统的构成与功能

城市是人类物质文明和精神文明的产物。城市高度聚集着大量的人口、产业和财富，是现代社会经济活动最为活跃的核心地域。城市经济在世界大多数国家的国民经济中占据主导地位。城市具有一定区域的经济、政治、文化中心等职能。现代社会以城市为核心，向周围地区辐射，开展高效的经济社会活动。

城市能高效正常进行生产、生活等各项经济社会活动，取决于城市基础设施的保障。城市基础设施是既为物质生产又为人民生活提供一般条件的公共设施，是城市赖以生存和持续发展的支撑体系，是建设城市物质文明和精神文明的最重要的物质基础。《城市规划基本术语标准》将城市基础设施定义为"城市生存和发展所必须具备的工程性基础设施和社会性基础设施的总称。"其中，"工程性基础设施一般指能源供应、给水排水、交通运输、邮电通信、环境保护、防灾安全等工程设施。社会性基础设施则指文化教育、医疗卫生等设施。我国一般讲城市基础设施多指工程性基础设施"。

在本书中，根据上述定义和作者的理解，结合城市规划学科的认识，将"城市基础设施"阐述范畴界定为"城市工程系统"，即强调系统性特征的工程性基础设施。城市工程系统包含了交通、水、能源、通信、环卫、防灾等六大子系统。

城市交通工程系统担负着保障城市日常的内外客运交通、货物运输、居民出行等活动的职能。城市水工程系统由城市给水工程系统和城市排水工程系统组成，城市给水工程系统承担供给城市各类用水、保障居民生存与生产的职能；城市排水工程系统担负城市排涝除渍、治污环保的职能；城市给水、排水工程系统共同承担城市生命保障，"吐故纳新"之职能。城市能源工程系统由城市供电、燃气、供热工程系统组成，城市供电工程系统担负着向城市提供高能、高效的能源的职能；城市燃气工程系统担负着向城市提供卫生的燃气能源的职能；城市供热工程系统担负着提供城市取暖和特种生产工艺所需要的蒸汽等职能；城市供电、燃气、供热工程系统三者共同承担保障城市节能、高效、卫生、方便、可靠的能源供给之职能；城市通信工程系统担负着城市内外各种信息交流、物品传递等职能，是现代城市之耳目和喉舌；城市环境卫生工程系统担负着处理污废物、洁净城市环境之职能。城市防灾工程系统担负着防、抗主要自然灾害、人为危害，减少灾害损失，保障城市安全等职能。

城市各专业工程系统有其各自的特性、不同的构成形式与功能，在保障、维护城市经济社会活动中，发挥各自相应的作用。

（一）城市交通工程系统的构成与功能

城市交通工程系统由城市航空交通、水运交通、轨道交通、道路交通等四个分项工程系统构成，具有城市对外交通、城市内部交通等两大功能。

1. 城市航空交通工程系统

城市航空交通工程系统主要有城市航空港、市内直升机场以及军用机场等设施。城市航空港具有快速、远程运送客流、货物的功能，是大城市快速、远程客运的主体工程设施。市内直升机场具有便捷快速、短程运送客流和货物，市域范围游览、紧急救护之功能，往往是山区城市、海岛城市的航空主体工程设施。军用机场具有军事战略功能，在条件允许的情况下，有时也作为城市军民两用机场，起到城市航空港的作用。

2. 城市水运交通工程系统

城市水运交通工程系统分为海运交通、内河交通两部分。

海运交通有海上客运站、海港等设施。海运交通具有城市对外近、远海的客运和大宗货物运输的功能，有时也兼有城市近海、海岸旅游之功能。

内河水运交通有内河（包括湖泊）客运站、内河货运摊区、码头等设施，具有城市内外江河、湖泊客运和大宗货物运输及旅游交通之功能。

3．城市轨道交通工程系统

城市轨道交通工程系统有市际铁路、市内轨道交通等两部分。

市际铁路交通有城市铁路客运站、货运站（场）、编组场、列检场及铁路、桥涵等设施。市际铁路交通具有城市陆地对外中、远程客运和大宗货物运输等功能，也兼有市域旅游交通之功能。

市内轨道交通有地铁站、轻轨站、调度中心、车辆场（库）和地下、地面、架空轨道以及桥涵等设施。市内轨道交通具有快速、准时运载城市客流的功能，通常是大城市公共交通的主体工程设施。

4．城市道路交通工程系统

城市道路交通工程系统分公路与城区道路交通等两部分。

公路交通有长途汽车站、货运站、高速公路、汽车专用道、公路和桥涵以及为其配套的公路加油站、停车场等设施。公路交通具有城市陆地对外中、近程客运和货物运输等功能，也兼有市域旅游交通之功能。

城区道路交通有各类公交站场、车辆保养场、加油场、停车场、城区道路以及桥涵、隧道等设施。城区道路交通具有城区陆上日常客货交通运输主体功能，也是城市居民日常出行的必备设施。

城市航空交通、水运交通、市际铁路交通、公路交通组成了空中、水上、地面、地下等城市综合对外交通系统。市内轨道交通、城区道路交通组成了城市内部交通系统。

（二）城市给水工程系统构成与功能

城市给水工程系统由城市取水工程、净水工程、输配水工程等组成。

1．城市取水工程

城市取水工程包括城市水源（含地表水、地下水）、取水口、取水构筑物、提升原水的一级泵站以及输送原水到净水工程的输水管等设施，还应包括在特殊情况下为蓄、引城市水源所筑的水闸、堤坝等设施。取水工程的功能是将原水取、送到城市净水工程，为城市提供足够的水源。

2．净水工程

净水工程包括城市自来水厂、清水库、输送净水的二级泵站等设施。净水工程的功能是将原水净化处理成符合城市用水水质标准的净水，并加压输入城市供水管网。

3．输配水工程

输配水工程包括从净水工程输入城市供配水管网的输水管道、供配水管网以及调节水量、水压的高压水池、水塔、清水增压泵站等设施。输配水工程的功能是将净水保质、保量、稳压地输送至用户。

（三）城市排水工程系统的构成与功能

城市排水工程系统由雨水排放工程、污水处理与排放工程组成。

1．城市雨水排放工程

城市雨水排放工程有雨水管渠、雨水收集口、雨水检查井、雨水提升泵站、排涝泵站、雨水排放口等设施，还应包括为确保城市雨水排放所建的水闸、堤坝等设施。城市雨水排放工程的功能是及时收集与排放城区雨水等降水，抗御洪水、潮汛水侵袭，避免和迅速排除城区渍水。

2. 城市污水处理与排放工程

污水处理与排放工程包括污水处理厂（站）、污水管道、污水检查井、污水提升泵站、污水排放口等设施。污水处理与排放工程的功能是收集与处理城市各种生活污水、生产废水，综合利用、妥善排放处理后的污水，控制与治理城市水污染，保护城市与区域的水环境。

（四）城市供电工程系统构成与功能

城市供电工程系统由城市电源工程、输配电网络工程组成。

1. 城市电源工程

城市电源工程主要有城市电厂、区域变电所（站）等电源设施。城市电厂是专为本城市服务的火力发电厂、水力发电厂（站）、核能发电厂（站）、风力发电厂、地热发电厂等电厂。区域变电所（站）是区域电网上供给城市电源所接入的变电所（站）。区域变电所（站）通常是大于等于110kV电压的高压变电所（站）或超高压变电所（站）。城市电源工程具有自身发电或从区域电网上获取电源，为城市提供电源的功能。

2. 城市输配电网络工程

城市输配电网络工程由城市输送电网与配电网组成。城市输送电网含有城市变电所（站）和从城市电厂、区域变电所（站）接入的输送电线路等设施。城市变电所通常为大于10kV电压的变电所。城市输送电线路以架空路为主，重点地段采用直埋电缆、管道电缆等敷设形式。输送电网具有将城市电源输入城区，并将电源变压进入城市配电网的功能。

城市配电网由高压、低压配电网等组成。高压配电网电压等级为1～10kV，含有变配电所（站）、开关站、1～10kV高压配电线路。高压配电网具有为低压配电网变、配电源，以及直接为高压电用户送电等功能。高压配电线路通常采用直埋电缆、管道电缆等敷设方式。低压配电网电压等级为220V～1kV，含低压配电所、开关站、低压电力线路等设施，具有直接为用户供电的功能。

（五）城市燃气工程系统构成与功能

城市燃气工程系统由燃气气源工程、储气工程、输配气管网工程等组成。

1. 城市燃气气源工程

城市燃气气源工程包含煤气厂、天然气门站，石油液化气气化站等设施。煤气厂主要有炼焦煤气厂、直立炉煤气厂、水煤气厂、油制气煤气厂等四种类型。天然气门站收集当地或远距离输送来的天然气。石油液化气气化站是目前无天然气、煤气厂的城市用作管道燃气的气源，设置方便、灵活。气源工程具有为城市提供可靠的燃气气源的功能。

2. 燃气储气工程

燃气储气工程包括各种管道燃气的储气站、石油液化气的储存站等设施。

储气站储存煤气厂生产的燃气或输送来的天然气，调节满足城市日常和高峰小时的用气需要。石油液化气储存站具有满足液化气气化站用气需求和城市石油液化气供应站的需求等功能。

3. 燃气输配气管网工程

燃气输配气管网工程包含燃气调压站、不同压力等级的燃气输送管网、配气管道。一般情况下，燃气输送管网采用中、高压管道，配气管为低压管道。燃气输送管网具有中、长距离输送燃气的功能，不直接供给用户使用。配气管则具有直接供给用户使用燃气的功能。燃气调压站具有升降管道燃气压力之功能，以便于燃气远距离输送，或由高压燃气降至低压，向用户供气。

（六）城市供热工程系统构成与功能

城市供热工程系统由供热热源工程和传热管网工程组成。

1. 供热热源工程

供热热源工程包含城市热电厂（站）、区域锅炉房等设施。城市热电厂（站）是以城市供热为主要功能的火力发电厂（站），供给高压蒸汽、采暖热水等。区域锅炉房是城市地区性集中供热的锅炉房，主要用于城市采暖，或提供近距离的高压蒸汽。

2. 供热管网工程

供热管网工程包括热力泵站、热力调压站和不同压力等级的蒸汽管道、热水管道等设施。热力泵站主要用于远距离输送蒸汽和热水。热力调压站调节蒸汽管道的压力。

（七）城市通信工程系统构成与功能

城市通信工程系统由邮政、电信、广播电视等三个分系统组成。

1. 城市邮政系统

城市邮政系统通常有邮政局所、邮政通信枢纽、报刊门市部、售邮门市部、邮亭等设施。邮政局所经营邮件传递、报刊发行、电报及邮政储蓄等业务。邮政通信枢纽起收发、分拣各种邮件之作用。邮政系统具有快速、安全传递城市各类邮件、报刊及电报等功能。

2. 城市电信系统

城市电信系统从通信方式上分有线固定电话和移动无线电通信两部分，但目前的发展已远远超出了"通话"的要求，成为与互联网发展深度融合的通信基础设施。电信系统由电信局（所、站）工程和电信网工程组成。电信局（所、站）工程有长途电话局、市话局（含固话和移动通信的各级交换中心、汇接局、端局等）、微波站、移动电话基站、无线寻呼台以及无线电收发讯台等设施。电信局（所、站）具有各种电信量通信业务的收发、交换、中继等功能。电信网工程包括电信光缆、电信电缆、光接点、电话接线箱等设施，具有传送电信信息流的功能。

3. 城市广播电视系统

城市广播电视系统有无线电广播和有线广播两种发播方式。广电系统含有广电台站工程和有线电视网工程。广电台站工程有广播电节目制作中心、无线发射、有线电视前端等设施。有线电视网主要有有线电视的光缆、电缆以及光接点等。

（八）城市环境卫生工程系统的构成与功能

城市环境卫生工程系统有城市垃圾处理厂(场)、垃圾填埋场。垃圾收集站、转运站、车辆清洗场、环卫车辆场、公共厕所以及城市环境卫生管理设施，城市环境卫生工程系统的功能是收集与处理城市各种废弃物，综合利用，变废为宝，清洁市容，净化城市环境。

（九）城市防灾工程系统的构成与功能

城市防灾工程系统主要由城市消防工程、防洪（潮汛）工程、抗震工程（避灾空间）、人防工程及生命线系统等组成。

1. 城市消防工程系统

城市消防工程系统有消防站（队）、消防给水管网、消火栓等设施。消防工程系统的功能是日常防范火灾、及时发现与迅速扑灭各种火灾，避免或减少火灾损失。

2. 城市防洪（潮、汛）工程系统

城市防洪（潮、汛）工程系统有防洪（潮、汛）堤、截洪沟、泄洪沟、分洪闸、防洪闸、排涝泵站等设施。城市防洪工程系统的功能是采用避、拦、堵、截、导等各种方法，抗御洪水和潮汛的侵袭，排除城区涝渍，保护城市安全。

3. 城市抗震工程（避灾空间）系统

城市抗震的工程性措施主要在于加强建筑物、构筑物等抗震强度、合理布局避灾疏散场地和道路。

4. 城市人民防空袭工程系统（简称人防工程系统）

城市人防工程系统由防空袭指挥中心、专业防空设施、防空掩体工事、地下建筑、地下通道以及战时所需的地下仓库、水厂、变电站、医院等设施。平战结合，合理利用地下空间，地下商场、娱乐设施、地铁等均可属人防工程设施范畴。有关人防工程设施在确保其安全要求的前提下，尽可能为城市日常活动使用。城市人防工程系统的功能是提供战时市民防御空袭、核战争的安全空间和物资供应。

5. 城市生命线系统

城市生命线系统由城市急救中心、疏运通道以及给水、供电、燃气、通信等设施组成。城市生命线系统的功能是在发生各种城市灾害时，提供医疗救护、运输以及供水、电、通信调度等物质条件。

二、城市工程系统的相互关系

（一）城市工程系统与城市建设的关系

交通、给水、排水、供电、燃气、供热、通信、防灾、环境卫生等城市各专业工程系统是城市建设的主体部分，是城市经济、社会发展的支撑体系。城市各项工程系统的完备程度直接影响城市生活、生产等各项活动的开展。滞后或配置不合理的城市基础设施将严重阻碍城市的发展。适度超前，配置合理的城市基础设施不仅能满足城市各项活动的要求，而且有利于带动城市建设和城市经济发展，保障城市健康持续发展。因此，建设完备、健全的城市系统是城市建设最重要的任务。

（二）城市工程系统的相互关系

1. 城市交通工程系统与其他工程系统的关系

城市交通工程系统为城市提供客流交通和物资运输条件，也为城市各工程系统的建设提供各种设备、材料等物资运输条件。

城市道路是联系各项工程设施的纽带，是城市给水、排水、供电、燃气、供热、通信等工程管线敷设的载体。城市大部分的工程管线敷设于城市道路下面，部分工程管线沿道路上空架设。城市道路的坡向、坡度、标高将直接影响重力流方式的城市工程管线的敷设，如城市雨水管渠、污水管道以及重力流方式的其他液体流质的管道等。因此，城市道路的走向、纵坡、标高的确定需与有关工程系统统筹考虑，相互协调，共同确定。

此外，城市道路的路幅宽度、横断面形式等除了满足交通需求外，还要满足各种工程管线水平敷设的安全距离，防灾疏散的安全距离等要求。例如某条城市道路的车道数、路幅宽度均已满足交通量需求，但不能满足将在该道路敷设的各种工程管线的水平距离，或者防灾疏散时的安全距离，则该道路的路幅或红线宽度要增加到满足这些要求为止。

为了保证航空港通信、导航的安全，在飞机场周围一定范围，禁止或限制布置强磁场的电力设施和其他无线电通信设施。

2. 其他各工程系统的相互关系

除城市交通工程系统外，其他的城市各专业工程系统之间存在着彼此包容与排斥关系。为了节约集约利用城市空间，便于城市工程设施的综合利用与管理，在保证设施安全使用与管理方便的前提下，有些设施可集中布置。

城市给水工程系统与排水工程系统组成城市水工程系统，它们是一个不可分割的整体。但是，根据水质和卫生要求，城市取水口、自来水厂必须布置在远离污水处理厂、雨水排放口的地表水或地下水源的上游位置。而且，原则上给水管道与污水管道不布置在道路的同侧，若实在有困难，这两种管线需布置在道路同侧，也应有足够的安全防护距离。城市的垃圾转运站、填埋场、处理场等设施不应靠近水源，更不能接近取水口、自来水厂等设施。

城市供电工程系统与通信工程系统由于存在磁场与电压等因素，为了保证电信设备的安全，信息的正常传递，城市强电设施必须与通信设施有相应的安全距离，尤其是无线电收发讯区应有足够安全防护范围，以免强磁场的干扰。而且，原则上电信线路与电力线路不能布置在道路的同侧，以保证电信线路和设备的安全。在有困难的地段，应考虑电信线路采用光缆，或采用管道敷设，并保证有足够的安全距离。

为了保证各类工程设施的安全和整个城市的安全，易燃、易爆设施工程、管线之间应有足够的安全防护距离。尤其是发电厂、变电所、各类燃气气源厂、燃气储气站、液化石油气储配站、供应站等均应有足够的安全防护范围。原则上电力设施与燃气设施不应布置在相邻地域，电力线路与燃气管道、易燃易爆管道不得布置在道路的同侧，各类易燃易爆管道应有足够安全防护距离。此外，电力设施、燃气设施还须远离易燃、易爆物品的仓储区、化学品仓库等。

　　3. 城市工程管线综合关系

　　城市各类工程管线是各专业工程系统的物质输送纽带，它连通本专业系统各设施和用户。由于城市的地上空间、地下空间要保证满足城市生活、生产等各方面的需求，必须充分合理利用。因此，大部分工程管线都在城市道路的上部和下部空间中通行。在有限的通行空间中，要确保各种工程管线的通行安全，连接便利，互不干扰。因此，必须进行城市工程管线综合工作。在水平方向和垂直方向上，根据各种工程管线的使用、安全、技术、材料等因素，综合及合理地布置各类工程管线，既保证本专业系统工程管线衔接，又便于各专业系统工程管线彼此交叉通过。既要保证本专业系统工程管线在道路路段上和道路交叉口处的连接，又要保证各专业系统工程管线在路段和交叉口处的水平交叉时，能在竖向方面通过。

三、城市工程系统规划的范畴

　　城市基础设施建设需要城市各专业工程系统的规划，以利于科学、合理、有序地指导本专业工程系统设施建设，并为协调各专业城市工程系统的开发建设提供依据。在此基础上，根据城市规划，协调城市各专业工程系统规划，合理配置各项城市基础设施，达到城市建设协同联动进行。

　　我国的城市交通工程系统已形成与城市规划协调完善的城市交通工程系统规划体系，比较独立完整。相对而言，城市其他各专业工程系统与城市规划正在形成相协调的各专业工程系统规划，而且，它们关联度更紧密。因此，需要明确除城市交通工程系统以外的城市各专业工程系统规划的任务、内容深度、工作程序。建立与城市规划、城市建设相协调的城市工程系统规划体系。全面、系统地协调指导各专业工程系统的建设，适应当前和未来城市整体建设的需要。

　　本书的城市工程系统规划范畴为城市给水、排水、供电、燃气、供热、通信、环境卫生、防灾工程系统规划以及城市工程管线综合规划等领域。书中的城市工程系统规划有：①城市给水工程系统规划；②城市排水工程系统规划；③城市供电工程系统规划；④城市燃气工程系统规划；⑤城市供热工程系统规划；⑥城市通信工程系统规划；⑦城市环境卫生工程系统规划；⑧城市防灾工程系统规划；⑨城市工程管线综合规划。

　　上述城市各专业工程系统规划的工作层面为：宏观层面与城市总体规划相一致，微观层面到城市详细规划阶段。城市工程系统规划是各项城市工程设计的依据，工程设计在工程系统规划的基础上，进一步优化完善、深化设计，以便科学合理地实施工程建设。

第二节 城市工程系统规划的任务与意义

一、城市工程系统规划的任务

城市工程系统规划的总体任务是根据城市经济社会发展目标，结合本城市实际情况，合理确定城市规划期内各专业工程系统的规划建设标准、设施、规模和容量，科学布局各项设施，制定相应的建设策略和措施。城市各专业工程系统规划在城市经济社会发展总目标的前提下，根据本系统的实况和特性，明确各自的规划任务。各项城市工程系统规划的主要任务如下：

（一）城市给水工程系统规划的主要任务

根据城市和区域水资源的状况，最大限度地保护和合理利用水资源，合理选择水源，确定供水标准，预测供水负荷进行城市水源规划和水资源利用平衡工作；确定城市自来水厂等给水设施的规模、容量；科学布局给水设施和各级给水管网系统，满足用户对水质、水量、水压等要求；制定水源和水资源的保护措施。

（二）城市排水工程系统规划的主要任务

根据城市自然环境和用水状况，合理确定规划期内污水处理量、污水处理设施的规模与容量、降水排放设施的规模与容量；科学布局污水处理厂（站）等各种污水处理与收集设施、排涝泵站等雨水排放设施，以及各级污水管网；制定水环境保护、污水治理与利用等对策和措施。

（三）城市供电工程系统规划的主要任务

结合城市和区域电力资源状况，合理确定规划期内的城市用电标准，预测用电负荷，进行城市电源规划；确定城市输、配电设施的规模、容量以及电压等级；科学布局变电所（站）等变配电设施和输配电网络；制定各类供电设施和电力线路的保护措施。

（四）城市燃气工程规划的主要任务

结合城市和区域燃料资源状况，选择城市燃气气源，合理确定规划期内各种燃气的用气标准，预测用气负荷，进行城市燃气气源规划；确定各种供气设施的规模、容量；选择并确定城市燃气管网系统；科学布置气源厂、天然气门站、液化气气化站等产、供气设施和输配气管网；制定燃气设施和管道的保护措施。

（五）城市供热工程系统规划的主要任务

根据当地气候、生活与生产需求，确定城市集中供热对象、供热标准、供热方式；合理选择气源，预测供热负荷，进行城市热源工程规划，确定城市热电厂、热力站等供热设施的数量和容量；科学布局各种供热设施和供热管网；制定节能保温的对策与措施，以及供热设施的防护措施。

（六）城市通信工程系统规划的主要任务

结合城市通信实况和发展趋势，确定规划期内城市通信的发展目标，预测通信需求；合理确定邮政、电信、广播电视等各种通信设施的规模、容量；

科学布局各类通信设施和通信线路；制定通信设施综合利用对策与措施，以及通信设施的保护措施。

（七）城市环境卫生设施系统规划的主要任务

根据城市发展目标和城市规划布局，确定城市环境卫生设施配置标准和垃圾集运、处理方式；合理确定主要环境卫生设施的数量、规模；科学布局垃圾处理场等各种环境卫生设施；制定环境卫生设施的隔离与防护措施；提出垃圾回收利用的对策与措施。

（八）城市防灾工程系统规划的主要任务

根据城市自然环境、灾害区划和城市地位，确定城市各项防灾标准，合理确定各项防灾设施的等级、规模；科学布局各项防灾设施；充分考虑防灾设施与城市常用设施的有机结合，制定防灾设施统筹建设、综合利用、防护管理等对策与措施。

（九）城市工程管线综合规划的主要任务

根据城市规划布局和城市各专业工程系统规划，检验各专业工程管线分布的合理程度，提出对专业工程管线规划的修正建议，调整并确定各种工程管线在城市道路的水平排列位置和竖向标高；确认或调整城市道路横断面；提出各种工程管线的基本埋深和覆土要求。

总而言之，上述各工程系统规划的基本任务可以简要归纳为"选质定量、选点定源、选制定网"，即在规划中明确供给与服务的品质、标准并确定用（排）量和负荷，确定主要设施的规模并进行合理规划选址，因地制宜地选择管网形制或服务体系形式并确定其在城市中的布局。

二、城市工程系统规划的层面与期限

城市工程系统规划是城市发展规划的重要组成部分。为了全面、有效地实现城市经济、社会发展总目标，必须同步协调地编制有关城市整体发展的各项规划。因此。在编制城市规划的同时，应同步编制城市工程系统规划，即使城市各专业工程系统规划在城市用地和空间上得到保证，同时也使城市规划的各项建设在技术上得到落实。城市工程系统规划是城市各专业工程系统的发展规划，又是城市规划各阶段的专业工程规划。两者有非常紧密的联系，彼此相依，不可分割。

（一）城市工程系统规划各层面的主要内容

城市工程系统规划编制既可横向展开，又可纵向深入；既可与各阶级的城市规划（城市总体规划、分区规划、详细规划）同步进行，在不同层面上与各阶段的城市规划融为一体，形成城市各专业工程系统规划横向展开态势。又可依据城市发展总目标，从确定本专业系统的发展目标、主体设施与网络的总体布局，到具体的工程设施与管网的建设规划，形成纵向的本专业工程系统规划；亦可视为将各阶段城市规划中的工程规划进行纵向串联而成。

综上所述，城市工程系统规划即可形成与城市规划相一致的三个层面：城市工程系统总体规划、城市工程系统分区规划、城市工程系统详细规划。城市工程系统规划的三个层面所需解决的问题，以及与城市规划的相关关系简述如下：

1. 城市工程系统总体规划

城市工程系统总体规划是与城市总体规划相匹配的规划层面，本层面规划所解决的主要问题：

（1）从城市各专业工程系统的现状基础、资源条件和发展趋势等方面，分析和论证城市经济社会发展目标的可行性、城市总体规划布局的可行性和合理性；从本专业工程系统角度，提出对城市发展目标与总体布局的调整意见和建议。

（2）根据确定的城市发展目标、总体布局以及本专业系统上级主管部门的发展规划，确立本专业系统的发展目标，合理布局本专业系统的重大关键性设施和网络系统，制订本专业系统主要的技术政策、规定和实施措施。

2. 城市工程系统分区规划

城市工程系统分区规划是与城市分区规划相匹配的规划层面，本层面规划所需解决的主要问题：

（1）根据本分区的现状基础、自然条件等，对城市工程系统总体规划进行完善、充实或提出相应的调整建议。

（2）依据城市工程系统总体规划，结合本分区的现状基础、自然条件等，分析与论证城市分区规划布局的可行性、合理性，从本专业工程系统角度，对城市分区规划布局提出调整、完善等意见和建议。

（3）根据确定的城市工程系统总体规划、城市分区规划布局，布置本专业系统在本分区内的主体设施和工程管网，制定针对本分区的技术规定和实施措施。

3. 城市工程系统详细规划

城市工程系统详细规划是与城市详细规划相匹配的层面，本层面规划所需解决的主要问题：

（1）根据城市工程系统总体和分区规划，结合本详细规划范围内的各种现状实况，从本专业工程系统角度，对本范围城市详细规划的布局提出完善或调整意见。

（2）依据城市工程系统分区规划、城市详细规划布局，具体布置本详细规划范围内所有的室外工程设施和工程管线，提出相应的工程建设技术要求和实施措施。

（二）城市工程系统规划各层面的关系

1. 城市工程系统规划三个层面的相互关系

城市工程系统总体规划、城市工程系统分区规划、城市工程系统详细规划等三个层面的相互关系是逐层深化、逐层完善的关系，是上层面规划指导下层面规划的关系。即城市工程系统总体规划是城市工程系统分区规划和详细规划的依据，起到指导作用；而城市工程系统分区规划和详细规划是对前者的深化、完善和具体落实。同时，下层面规划也可对上层面规划的不合理部分进行调整，从而使整个工程系统规划向合理、科学、经济性完善。

城市工程系统的总体规划、分区规划、详细规划等三者纵向联通，形成完整的城市工程系统规划。

城市工程系统规划三个层面是依照城市规划层面而划分的。大城市、特大城市因规模等因素，宜设总体、分区、详细规划等三个层面；中小城市宜设总体（含分区）、详细规划等二个层面，即中小城市的工程系统总体规划的内容深度应达到城市工程系统分区规划的内容深度。

2. 城市工程系统规划三个层面与城市规划各层面的关系

城市工程系统总体规划与城市总体规划处于同一层面，城市工程系统总体规划也是城市总体规划的专业工程规划。

城市工程系统分区规划与城市分区规划为同一层面；城市工程系统详细规划与城市详细规划亦为同一层面，城市工程系统分区规划、详细规划也分别作为城市分区规划、城市详细规划的专业工程规划。城市工程系统规划与城市规划的关系详见图1-1。

（三）城市工程系统规划的规划期限

城市工程系统规划的规划期限一般与城市规划的规划期限相同，即城市工程系统总体规划的规划期限分近期和远期。近期建设规划期限一般为5年，远期规划期限为20年左右。有些城市专业工程系统规划为了近、远期规划建设衔接得更紧密，设有中期规划，其期限一般为10年。城市工程系统分区规划，详细规划的期限则与城市分区规划、城市详细规划的期限相同。

为了适应和及时指导现实建设，有些专业工程部分在近期规划的基础上，还根据专业工程建设的实况，作近期建设规划的滚动建设计划。即根据当年的建设实况和专业发展动态，当年年底作下年度的建设计划，修正和完善5年的近期建设规划，形成滚动渐进的近期规划，切实可行地向远期规划目标渐进。这是非常值得提倡的务实的好方法。

图1-1　城市工程系统规划与城市规划的关系框图

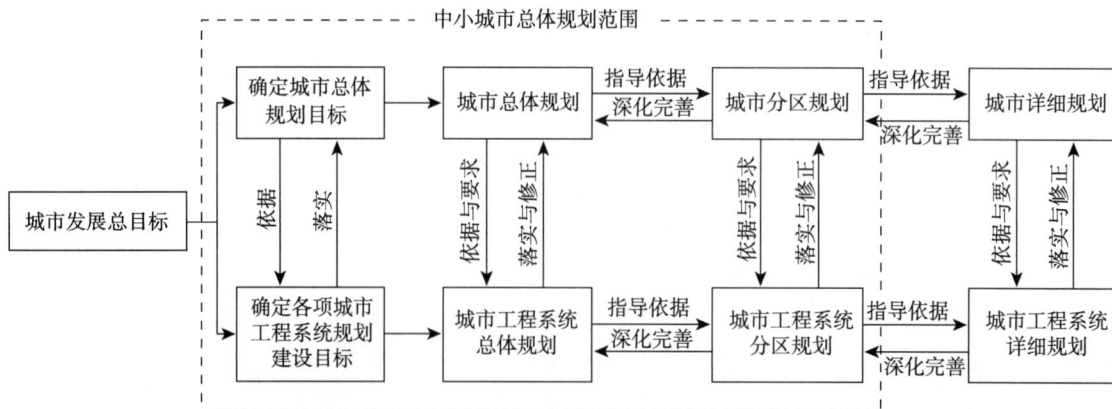

三、城市工程系统规划的意义与作用

（一）城市工程系统规划的意义

城市工程系统规划具有现实指导和未来导向意义。城市工程系统的各层面规划既能前瞻科学地指导各专业工程系统的总体开发建设，又可以详细、具体地指导各项工程设施设计。而且，经过对城市各专业工程系统规划的综合协调，能有效地指导城市基础设施的整体建设，提高城市基础设施建设经济性、可行性、科学性。充分发挥城市基础设施在城市发展中的保障与推动作用，保证城市健康、持续的发展。

（二）城市工程系统规划的作用

城市工程系统规划的作用主要体现如下：

1. 通过城市各专业工程系统规划所作的调查研究，对各项城市基础设施的现状和发展前景有深刻的剖析，抓住主要矛盾和问题结症，制定解决问题的对策和措施。

2. 城市工程系统规划明确本专业工程系统的发展目标与规模，统筹本专业系统建设，制定分期建设计划，有利于建设项目的落实与筹建。

3. 城市工程系统规划合理布局各项工程设施和管网，提供各项设施实施的指导依据，便于有计划地改造、完善现有的工程设施，最大限度地利用现有设施，及早预留和控制发展项目的建设用地和空间环境。

4. 城市工程系统详细规划对建设地区的工程设施和管网作具体的布置，作为工程设计的依据，有效地指导实施建设。

5. 通过城市各专业工程系统规划和工程管线综合规划，有利于协调城市基础设施建设，合理利用城市空中、地面、地下等各种空间，确保各种工程管线安全畅通。

第二章 城市工程系统规划的工作程序与内容深度

第一节 城市工程系统规划的工作程序

一、城市工程系统规划的总工作程序

城市工程系统规划是围绕着城市经济、社会全面发展的总目标展开的，与区域专业工程系统发展规划在专业工程系统方面有着承前启后、承上启下的关系，与城市规划密不可分，尤其是城市各专业工程系统之间有着相互配合、相互制约、彼此反馈的关系。城市工程系统规划有一个包容各专业工程系统在内的总工作程序，协调进行城市各专业工程系统规划。城市工程系统规划总工作程序分为四个阶段：拟定城市工程系统规划建设目标，进行城市工程系统总体规划、分区规划、详细规划。

（一）拟定城市工程系统规划建设目标

城市工程系统规划首先立足于城市各专业工程系统的现状基础，依据城市发展目标和城市各专业工程系统的上级主管部门制定的区域

专业工程系统发展规划（或行业发展规划），拟定城市工程系统规划建设目标，确定相应的规划与建设标准，使城市工程系统有自己的发展总目标，作为进行城市工程系统总体规划的目标和依据。

（二）编制城市工程系统总体规划

城市工程系统总体规划阶段基于城市各专业工程系统现状的调查研究，依据拟定的城市工程系统规划建设目标、各专业工程系统的区域发展规划或计划，以及城市规划总体布局，进行各专业工程系统总体规划的各项工作：预测各专业工程系统规划期限的负荷，布局各专业工程系统关键性主要设施和网络系统，提出各专业工程系统的技术政策措施，以及有关关键性设施的保护措施等。在各专业工程系统总体布局基本确定后，进行各专业工程系统的工程管线综合总体规划，检验和协调各专业工程系统主要设施和主要工程管线的分布，由此，反馈、调整有关专业工程系统规划布局。然后，各专业工程系统将本专业系统总体规划布局反馈给城市规划总体布局的同时，提出所发现的与城市规划总体布局的矛盾，提出协调解决问题的建议，从而进一步协调和完善城市规划总体布局。此外，通过城市各专业工程系统总体规划，落实区域专业工程系统发展规划的布局，同时，反馈所发现的城市工程系统与区域工程系统发展规划布局之间的矛盾，协调解决问题，完善区域专业工程系统规划布局。

（三）编制城市工程系统分区规划

城市工程系统分区规划阶段对规划分区范围内的工程系统现状进行调查研究，依据城市工程系统总体规划所确定的技术标准和主要工程设施布局以及城市分区规划布局，估算本分区的各专业工程系统负荷，布局本分区内的各专业工程设施和管网系统，提出本分区各专业工程设施的保护措施。在本分区各专业工程系统设施和管网布局基本确定后，进行城市工程管线综合分区规划，检验、协调各专业工程系统设施和管网的分布，若发现矛盾，反馈调整本分区有关专业工程系统规划布局。

然后，各专业工程系统将本专业系统分区规划反馈给城市分区规划布局，提出所发现的与分区规划布局的矛盾，提出协调、解决问题的建议，从而进一步完善城市分区规划布局。

同时，通过城市工程系统分区规划具体落实城市工程系统总体规划，并反馈所发现的问题，以便调整、完善该专业工程系统的总体规划。

（四）编制城市工程系统详细规划

在城市工程系统详细规划阶段，首先对本详细规划范围内的各专业现状工程设施、管线进行调查、核实。依据城市详细规划布局、本专业工程系统总体和分区规划确定的技术标准和工程设施、管线布局，计算本范围工程设施的负荷（需求量），布置工程设施和工程管线，提出有关设施、管线布置和敷设方式，以及防护规定。在基本确定各专业工程设施和工程管线布置后，进行详细规划范围内的工程管线综合规划，检验和协调各专业工程管线的布置。若发现矛盾，及时反馈与各专业工程管线规划人员，调整有关专业工程管线布置。

在编制工程系统详细规划过程中，及时发现与城市详细规划布局的矛盾，提出调整和协调详细规划布局的建议，以便及时完善详细规划布局。

通过工程系统详细规划，落实城市各专业工程系统总体、分区规划，并反馈总体、分区规划未预见的问题，以便完善总体规划、分区规划。

城市工程系统规划整体工作程序流程如图 2-1 所示。框图中实线框内为工程系统规划内容，虚线框内为外界因素，粗实线流线为主体工作程序流线，细实线为次工作程序流线，虚线流线为反馈流线。本章其他各专业工程系统规划工作框图均同此。

二、城市各专业工程系统规划的工作程序

城市各专业工程系统规划的工作程序总体上大致相同，但因涉及内容、特点不同略有差异。所以，需要分别表述如下：

（一）城市给水工程系统规划的工作程序

城市给水工程系统规划工作的具体程序为：城市用水量预测——确定城市给水系统规划目标——城市给水水源规划——城市给水网络与输配设施规划——分区给水管网与输配设施规划——详细规划范围内给水管网规划。

1. 城市用水量预测

首先进行城市用水现状与水资源研究，结合城市发展总目标，研究确定城市用水标准。在此基础上，根据城市发展总目标和城市规模，进行城市近远期规划用水量预测。

2. 确定城市给水工程系统规划目标

在城市水资源研究的基础上，根据城市用水量预测、区域给水系统与水资源调配规划，确定城市给水工程系统规划目标。

由于水是直接制约城市人口、经济发展的主要因素，因此，在确定城市给水系统规划目标后，应及时反馈给城市计划主管部门和规划主管部门，合理调整城市经济发展目标、产业结构、人口规模。同时，由于水资源是由区（流）域分布和调配。所以，确定城市给水系统规划目标后，及时反馈给区域水系统主管部门，以便合理调整区域给水系统与水资源调配规划，协调上下游城市用水，以及城镇、农村等用水。

3. 城市给水水源规划

在进行城市现状水源与给水网络研究的基础上，依据城市给水工程系统规划目标、区域给水系统与水资源调配规划，以及城市规划总体布局，进行城市取水工程、自来水厂等设施的布局，确定其数量、规模、技术标准，制定城市水资源保护措施。

城市取水工程直接涉及区域给水系统、水资源开发调配等。因此，进行此项工作后，应及时反馈给区域水系统主管部门，以便得以落实，并适当调整有关区域给水工程规划。

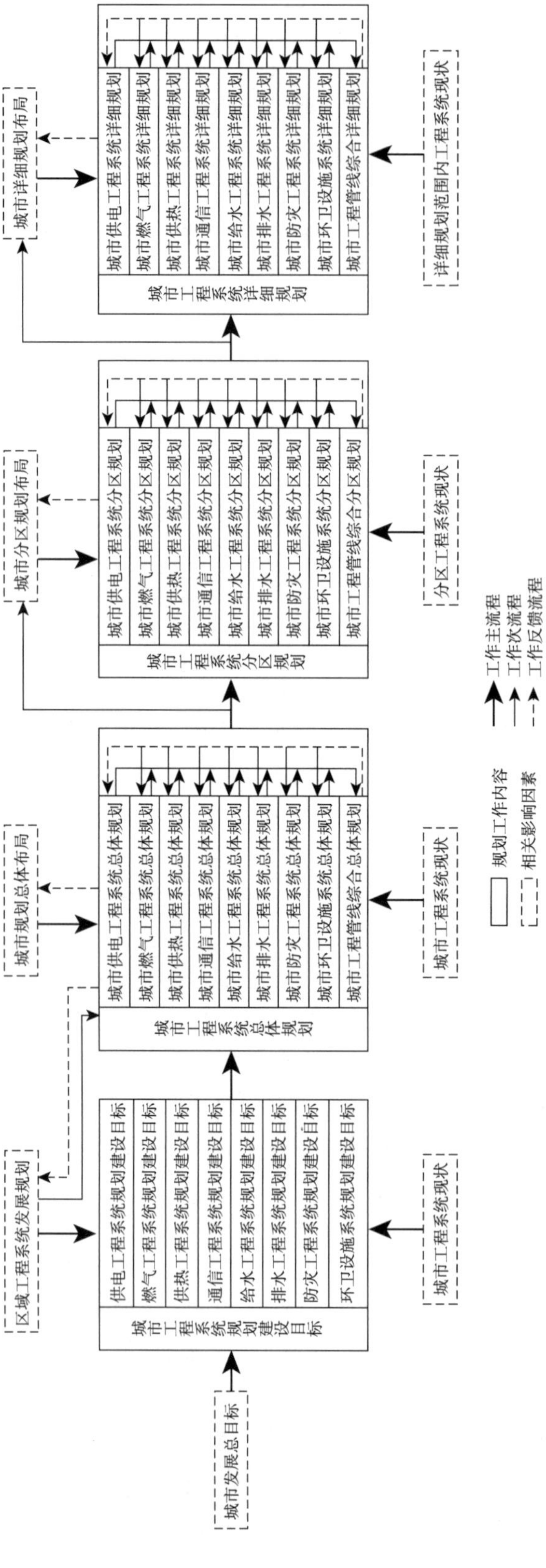

图2-1 城市工程系统
规划整体工
作程序框图

同时，城市水源设施有水质和用地条件的限定，与城市规划用地布局密切相关。因此，也必须及时反馈给城市规划部门，落实水资源设施的用地布局，并协调与污水处理厂、工业区等用地布局。

4. 城市给水网络与输配设施规划

在研究城市现状给水网络的基础上，根据城市给水水源规划、城市规划总体布局，进行城市给水网络和泵站、高位水池、水塔、调节水池等输配设施规划与布局；并及时反馈城市规划部门，落实各种设施用地布局。城市给水网络与输配设施规划将作为各分区给水管网规划的依据。

5. 分区给水管网与输配设施规划

此项工作首先根据分区规划布局、供水标准，估算分区用水量。然后，根据分区用水量分布状况、城市给水网络与输配设施规划，进行分区内的给水管网、输配设施规划与布局，并反馈给城市规划部门，落实输配设施用地布局。分区给水管网与输配设施规划将作为分区的各详细规划范围内给水管网规划的依据。

6. 详细规划范围内给水管网规划

本阶段工作应先根据详细规划布局、供水标准，计算详细规划范围内的用水量。然后，根据用户用水量分布状况，布置该范围内的给水管网，确定管径和敷设方式等。若详细规划范围为独立地区，供水自成体系者，则该阶段还应包括自备水源工程设施规划。若该范围有独立的净水设施，本阶段工作也包括该净水设施布置等内容。本阶段工作应及时与规划设计人员反馈、落实管道与设施的具体布置，详细规划该范围内给水管网规划，将作为该范围给水工程设计的依据。

城市给水工程系统规划工程程序流程，如图2-2所示。

（二）城市排水工程系统规划的工作程序

1. 城市排水工程系统规划工作主体程序

城市排水工程系统规划工作的主体程序分前后两部分。前部分为：城市污水量预测——确定城市排水系统规划目标。后部分有污水处理与雨水排放两条主体程序。

（1）污水处理的主体程序为：城市污水处理设施规划——城市污水管网与输送设施规划——分区污水管网与输送设施规划——详细规划范围内污水管网规划。

（2）雨水排放的主体程序为：城市雨水排放设施规划——城市雨水管网与输送设施规划——分区雨水管网与输送设施规划——详细规划范围内雨水管网规划。

2. 城市排水工程系统规划工作前部分程序

（1）城市污水量预测

在研究城市自然环境的基础上，根据城市发展总目标、城市规划用水量及重复利用状况。

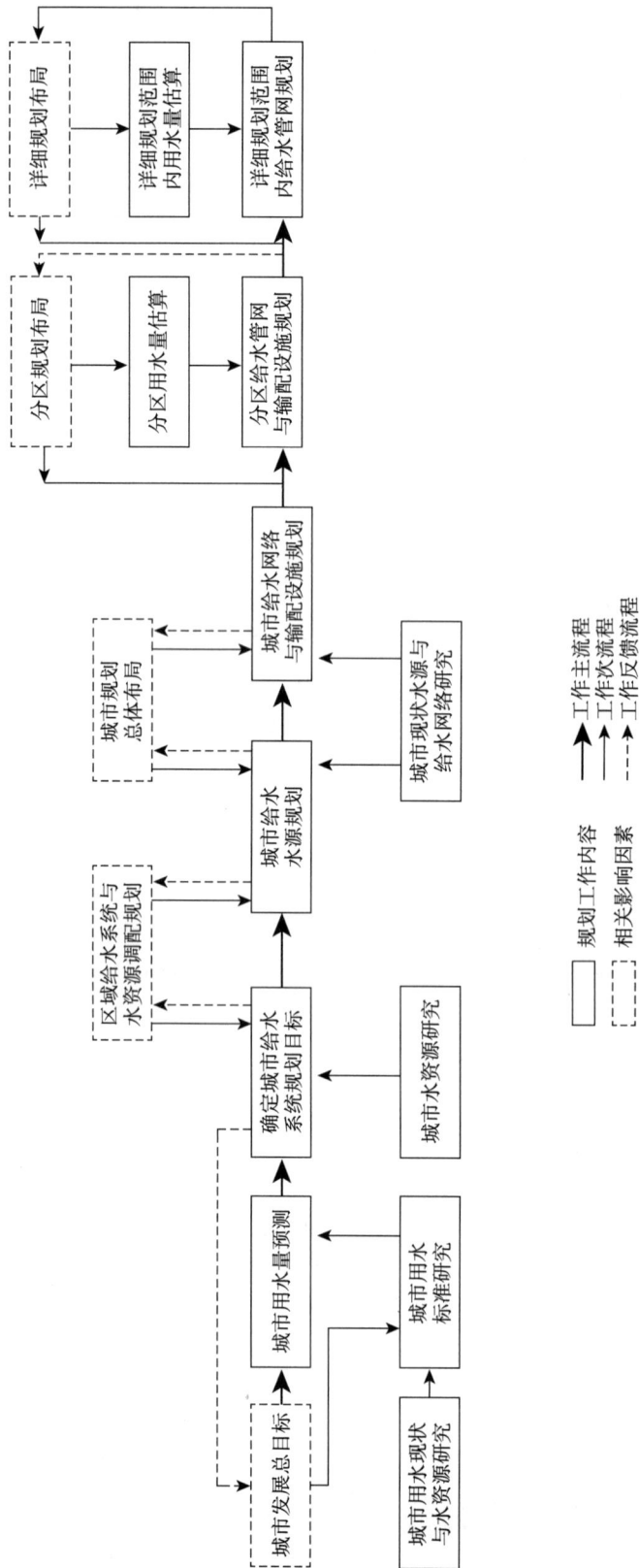

图 2-2 城市给水工程
系统规划工作
程序总框图

（2）确定城市排水系统规划目标

通过城市气象与水文等自然环境、城市现状雨水、污水排放与处理状况研究，根据区（流）域水利与污水处理规划，参考城市给水规划、防灾规划等相关规划的要求，确定城市排水系统发展、防洪排涝和排水资源利用目标，选择城市排水体制。

3. 城市排水工程系统规划工作后部分程序

（1）城市污水系统规划工作程序

①城市污水处理设施规划

在此项工作前，先进行城市现状污水处理设施与水环境分析，根据城市排水系统规划目标、城市规划总体布局，以及区（流）域水利与污水处理规划，进行各种类型城市污水处理厂等设施规划布局。

城市污水处理厂也是区（流）域污水处理规划的重要组成部分。因此，确定城市污水处理厂等设施布局后，应反馈至区（流）域水系主管部门，以便协调和完善区（流）域水利和污水处理规划。同时，城市污水处理厂的布局涉及城市规划总体布局，尤其与城市取水工程等影响甚大。因此，初步确定城市污水处理设施布局后，应及时反馈给城市规划主管部门，落实污水处理厂等设施的用地布局，适当调整城市总体用地布局。

②城市污水管网与输送设施规划

根据城市污水处理设施规划、城市规划总体布局，结合城市现状污水管网布局，进行城市污水管网与输送设施规划，并且反馈到城市规划部门，落实污水输送设施的用地布局。城市污水管网与输送设施规划将作为各分区污水管网与输送设施规划的依据。

③分区污水管网与输送设施规划

首先，根据分区规划布局、分区用水量、污水收集标准，估算分区污水量。然后，根据分区污水量、城市污水管网与输送设施规划，结合分区规划布局，进行分区污水管网与输送设施规划。

确定分区污水管网与输送设施布局后，应及时反馈到城市规划部门的用地布局，并适量调整、完善分区规划布局。

④详细规划范围内污水管网规划

在此项工作之前，先根据详细规划布局，估算该范围内的污水量。然后，根据该范围污水量分布、分区污水管网与输送设施规划，结合详细规划布局，布置该范围的污水管网。若该范围采用单独的污水处理系统，此步工作还应包括布置小型污水处理站等设施内容。初步确定污水管网布置后，反馈至城市规划设计人员，具体落实污水管网与设施位置。

（2）城市雨水系统规划工作程序

①城市雨水排放设施规划

首先进行城市降水等自然环境及现状雨水排放系统研究，依据城市排水系统规划目标，结合城市规划总体布局，进行城市雨水排放口、水闸、排涝站等雨水排放设施布局。

城市雨水排放设施涉及区（流）域水利规划，应及时反馈区（流）域水利、防洪主管部门，调整与完善区（流）域水利规划。同时，应反馈至城市规划部门，落实这些雨水排放设施的用地布局，并适当调整城市规划总体布局。

②城市雨水管网与输送设施规划

在城市雨水排放设施规划的同时，根据降水等自然环境及现状雨水排放设施研究，结合城市规划总体布局，进行城市雨水管网与输送设施规划。将此反馈于城市规划部门，落实管网和设施的用地布局，适当调整城市规划总体布局。城市雨水管网与输送设施规划是各分区配水管网与输送设施规划的依据。

③分区雨水管网与输送设施规划

首先，根据分区规划布局、城市降水自然环境，估算分区雨水量。然后，综合上述因素和城市雨水管网与输送设施规划，进行分区雨水管网与输送设施规划。将规划初步成果上报。

城市规划管理部门，具体落实管渠等用地布局，并适当调整城市雨水管网规划布局。分区雨水管网与输送设施规划将作为详细规划范围的雨水管网规划依据。

④详细规划范围内雨水管网规划

首先根据城市雨量强度公式，计算该范围的降水量。然后，依据分区雨水管网与输送设施规划，布置该范围内雨水管网及若干输送设施。同时，将此反馈给城市规划设计人员，具体布置落实雨水管网及设施的位置。详细规划范围内雨水管网规划将作为该范围的雨水排放工程设计的依据。

城市排水工程系统规划工程程序流程如图2-3所示。

（三）城市供电工程系统规划的工作程序

城市供电工程系统规划工作的主体程序为：城市供电负荷预测——确定城市供电系统规划目标——城市供电电源规划——城市供电网络与变电设施规划——分区供电、高压配电网络与变电设施规划——详细规划范围内送配电线路与变配电设施规划。

1. 城市供电负荷预测

首先通过调查，进行城市用电现状与历史研究，结合城市发展总目标，研究城市用电标准，同时进行城市用电发展态势分析。然后，根据城市发展总目标、城市用电标准、城市用电发展态势，进行城市近、远期规划的供电负荷预测。

2. 确定城市供电工程系统规划目标

结合城市供电负荷、用电发展态势和区域电力发展规划，研究确定城市供电系统规划目标。区域电力发展规划是上级电力主管部门针对区域内国民经济发展需求来确定的，由于受部门范围等各种因素的影响，区域供电发展规划往往与城市发展总目标之间有量的差异。因此，确定城市供电系统规划目标时，需兼顾这两者的因素。一旦确定城市供电工程系统规划目标后，应及时反馈给

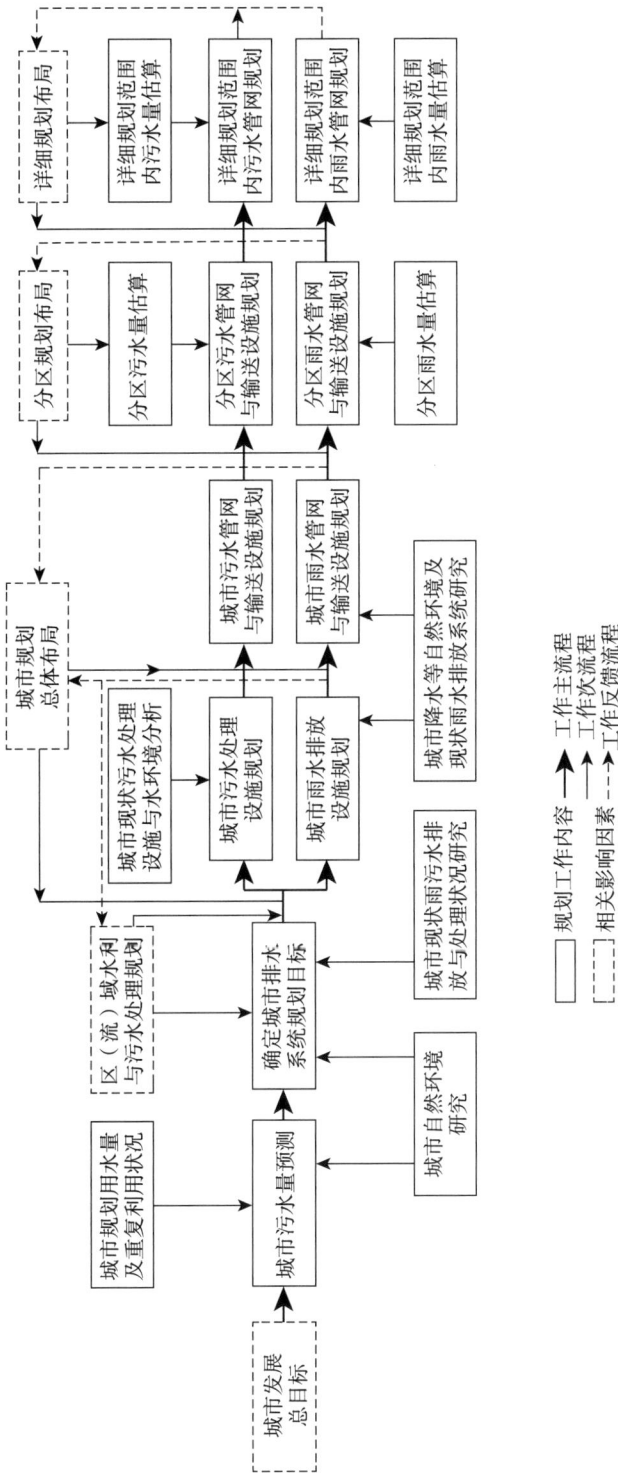

图 2-3　城市排水工程系统规划工作程序框图

城市发展总目标和区域电力发展规划，以便两者作适当的修正。

3. 城市供电电源规划

在进行城市供电电源规划前，必须进行电力资源的分析研究、城市现状电源与供电网络研究，以便掌握本城市供电潜力。然后，依据城市供电系统规划目标、区域电力发展规划，结合城市规划总体布局，进行城市电厂、区域变电站等供电电源规划。

由于区域电力发展规划的电源设施布局是针对全区域的，电厂、变电站等设施布局不一定与本城市需求完全吻合。因此，在进行城市电源规划时，应考虑区域供电布局条件。确定城市电源布局后，要及时反馈至区域电力发展规划主管部门，以便协调，适当调整区域电力设施布局。同时，城市规划总体布局是兼顾全城市进行的，往往对城市土地使用因素权重高，也受时间、专业等条件的限制，往往对城市供电设施布局缺乏详尽的考虑。因此，进行城市电源规划时，除了从供电系统考虑外，还要综合考虑城市土地使用等因素。在初步确定城市供电电源布局后，应及时反馈给城市规划部门，落实电源设施布局，同时，作相应的城市布局调整。

4. 城市供电网络与变电设施规划

根据城市供电电源规划、城市规划总体布局，结合城市现状电源与供电网络，进行城市供电网络与变电设施规划。

在初步确定城市供电网络与变电设施布局后，应及时反馈至城市规划部门，落实城市变电站、高压走廊的用地布局，并将对城市规划总体布局作相应的适当调整。城市供电网络与变电设施规划将作为各分区的供电、高压配电网络与变电设施规划的依据。

5. 分区送电、高压配电网络与变电设施规划

进行这步工作，首先应根据分区规划布局、城市供电标准，估算分区供电负荷。然后根据分区供电负荷分布、城市供电网络与变电设施规划，以及分区规划布局，进行分区送电、高压配电网络与变电设施规划。

在初步确定分区送电、高压配电网络和变电设施布局后，应及时反馈至城市规划部门，落实变电站、高压走廊的用地布局，并将适当调整分区规划布局。分区送电、高压配电网络和变电设施规划将作为分区内的各详细规划范围内送配电线路与变配电设施规划的依据。

6. 详细规划范围内送配电线路与变配电设施规划

在进行这项工作时，也应根据详细规划布局、城市供电标准，计算详细规划范围内的供电负荷。然后，根据供电负荷分布、详细规划布局和分区送电、高压配电网络与变电设施规划，进行详细规划范围内送配电线路与变配电设施规划。

在初定送配电线路和变电设施布置时，应及时反馈给城市规划设计人员，落实有关变配电设施的位置，并适当调整详细规划布局。详细规划范围内送配电线路和变配电设施规划将作为该范围供电工程设计的依据。

城市供电工程系统规划工程程序流程如图2-4所示。

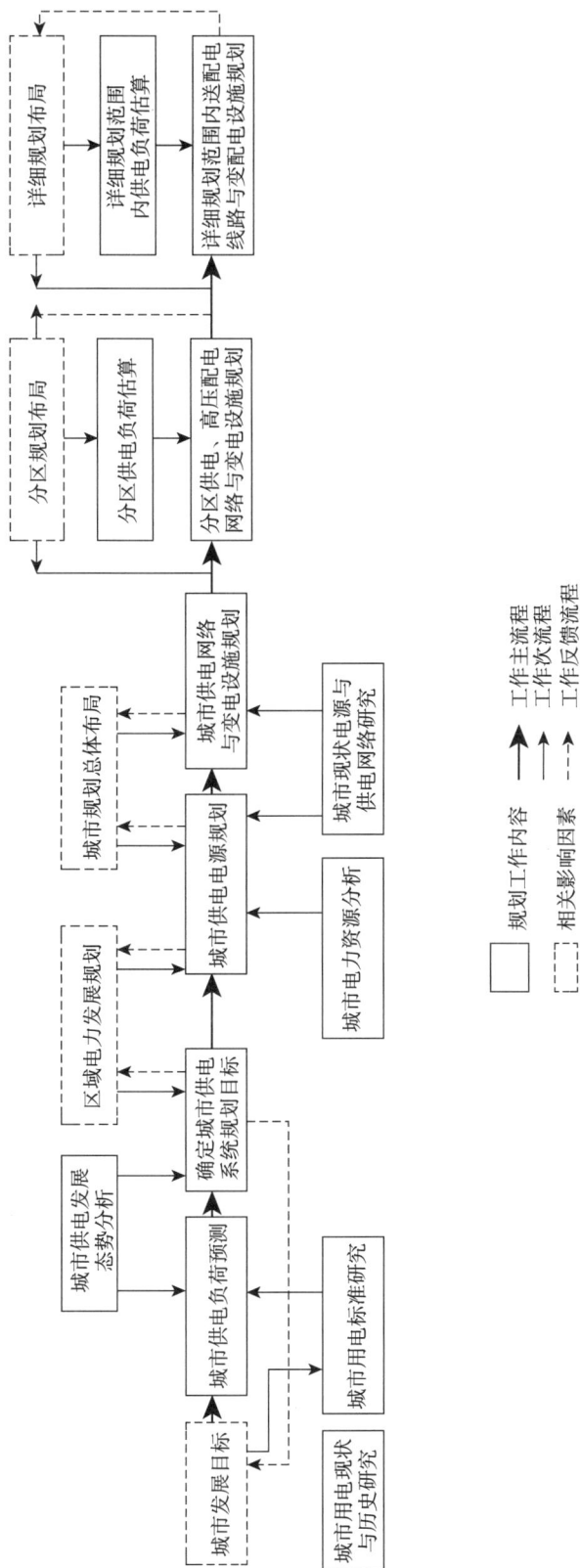

图 2-4　城市供电工程
系统规划工
作程序框图

（四）城市燃气工程系统规划的工作程序

城市燃气工程系统规划工作的主体程序为：城市燃气负荷预测——确定城市燃气系统规划目标——城市燃气气源规划——城市燃气网络与储配设施规划配设施规划——分区燃气管网与储配设施规划——详细规划范围内燃气管线与供应设施规划。

1. 城市燃气负荷预测

首先通过城市燃气供气现状研究，结合城市发展总目标，确定城市供气对象，研究确定城市供气标准。同时根据城市燃气发展态势分析，进行城市近、远期规划的燃气负荷预测。

2. 确定城市燃气工程系统规划目标

结合城市燃气负荷预测、城市燃气发展态势分析，以及区域燃气发展规划，同时作城市燃气资源研究。根据四者的分析研究，确定城市燃气工程系统规划目标。区域燃气发展规划往往是区域性燃气主管部门根据区域内国民经济发展需求、区域内燃气资源状况，以及区域外可供或可开发燃气资源状况制定的，有时某些区域会缺少此项发展规划。一旦确定了城市燃气系统规划目标后，及时反馈给区域燃气发展规划，以便其作适当的修正。

3. 城市燃气气源规划

在进行城市燃气气源规划前，必须作城市现状气源与供气网络研究，结合城市燃气资源研究成果，根据城市燃气系统规划目标、区域燃气发展规划和城市规划总体布局，进行城市煤气制气厂、液化石油气化站、天然气门站等燃气气源设施的规划布局。

城市天然气门站等设施涉及区域燃气发展布局。因此，这些设施的规模、布局确定后，应及时反馈给区域燃气主管部门，以便完善、修正区域燃气发展规划。同时，城市燃气气源设施因其自身及对周围地域安全的影响，以及其合理的服务范围等因素，在这些设施布局初步确定后，应及时反馈给城市规划总体布局，落实燃气气源设施用地布局，以便合理调整和完善城市规划布局。

4. 城市燃气网络与储配设施规划

根据城市燃气气源规划、城市规划总体布局以及城市现状气源与供气网络状况，进行城市燃气网络与储配设施规划。

在初步确定城市燃气网络与储配设施后，应及时反馈给城市规划总体布局，以便落实储配设施的用地布局，以及合理调整完善城市规划布局。城市燃气网络与储配设施规划将作为进行各分区的燃气管网与储配设施规划的依据。

5. 分区燃气管网与储配设施规划

进行这步工作，首先应根据分区规划布局、城市燃气供气对象与标准，估算分区的燃气负荷。然后，根据分区燃气负荷分布、城市燃气网络与储配设施规划，以及分区规划布局，进行分区的燃气管网与储配设施规划。

在初步确定分区燃气管网与储配设施布局后，应及时反馈至城市规划部门，落实储、配气站的用地布局，并将适当调整分区规划布局。分区燃气管网与储配设施规划将作为本分区的各详细规划范围内燃气管线与供应设施规划的依据。

6. 详细规划范围内燃气管线与供应设施规划

在进行此项工作时，也应先根据详细规划布局、城市燃气供应对象与标准，计算详细规划范围内燃气负荷。然后，根据燃气负荷分布、详细规划布局和分区燃气管网与储配设施规划，进行详细规划范围内燃气管线与供应设施规划。

在初定燃气管线与供应设施布置时，应及时与城市规划设计人员落实这些设施的位置与用地，并适当调整详细规划布局。详细规划范围内燃气管线与供应设施规划将作为该范围内燃气工程设计的依据。

城市燃气工程系统规划工程程序流程如图 2-5 所示。

（五）城市供热工程系统规划的工作程序

城市供热工程系统规划工作的主体程序为：城市供热负荷预测——确定城市供热系统规划目标——城市供热热源规划——城市供热网络与输配设施规划——分区供热管网与输配设施规划——详细规划范围内供热管网规划。

1. 城市供热负荷预测

首先进行城市供热现状与自然环境研究，结合城市发展总目标研究，确定城市供热对象与供热标准。在此基础上，根据城市发展总目标和城市规模，进行城市供热负荷预测。

2. 确定城市供热工程系统规划目标

在研究城市热能资源的基础上，根据城市供热负荷，确定城市供热工程系统规划目标。

3. 城市供热热源规划

进行城市供热热源规划，首先要进行城市现状热源与供热网络研究，然后，根据城市供热系统规划目标、城市规划总体布局以及城市热能资源研究，进行城市热电厂、区域（集中）锅炉房等热源设施规划。

初步确定热电厂、区域锅炉房等设施布局后，应及时反馈给城市规划部门，落实这些设施的用地布局。同时，热电厂等设施对大气、水体均有污染，并有增加大量交通运输量以及高压电力线路等因素，对城市布局影响甚大。因此，往往会由此调整城市规划布局。

4. 城市供热网络与输配设施规划

根据城市供热热源规划、城市规划总体布局，结合现状城市热源与供热网络，进行城市供热网络与输配设施规划。

在初步确定城市供热网络和输配设施布局后，及时反馈给城市规划部门，落实供热输配设施的用地布局。城市供热网络与输配设施规划将作为各分区供热管网与输配设施规划的依据。

5. 分区供热管网与输配设施规划

进行此步工作，首先根据分区规划布局、城市供热对象与标准，估算分区供热负荷。然后，根据分区供热负荷分布、城市供热网络、输配设施规划以及分区规划布局进行分区的供热管网与输配设施规划。由于受到城市地形地貌、

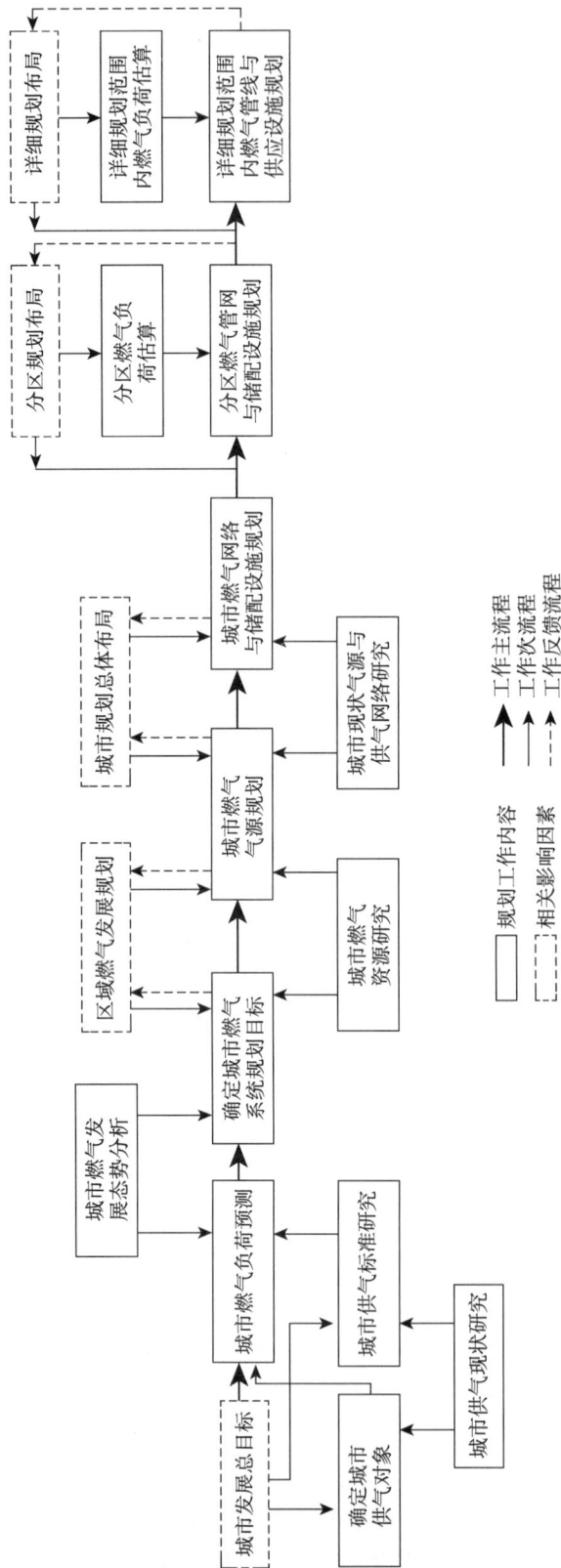

图 2-5 城市燃气工程
系统规划工作
程序框图

城市布局形态等因素影响，城市将采用不同的集中供热方式。因此在这步工作中，还包括本分区范围内集中锅炉房等设施的布局。

初步确定分区供热管网与输配设施布局后应及时反馈至城市规划部门，落实输配设施及以及集中锅炉等用地布局，适当调整分区规划布局。分区供热管网与输配设施规划将作为分区的各详细规划范围内供热管网规划的依据。

6. 详细规划范围内供热管网规划

在进行此项工作前，先根据详细规划布局、供热对象与标准，计算详细规划范围内供热负荷。然后，根据供热负荷分布、详细规划布局和分区供热管网与输配设施规划，进行详细规划范围内供热管网布置。若详细规划范围内采用集中锅炉房的供热方式，则该阶段还应包括该范围内集中锅炉房等设施布置。

在初定供热管网布置时，应及时反馈给城市规划设计人员，具体落实供热设施和管网的位置，并适当调整详细规划布局。详细规划范围内的，供热管网规划将作为该范围供热工程设计的依据。

城市供热工程系统规划工程程序流程如图 2-6 所示。

（六）城市通信工程系统规划的工作程序

1. 城市通信工程系统规划的主体程序

城市通信工程系统规划工作的主体程序分前后两个阶段，前阶段确定城市通信系统规划目标，后阶段又分成邮政、电信、广播电视等三部分主体程序。

（1）前阶段主体程序为：城市邮政、电信需求量预测——确定城市通信工程系统规划目标。

（2）后阶段的城市通信系统工程规划为分邮政、电信、广播电视等三部分进行，其程序如下：

①邮政系统规划工作程序为：城市邮政设施规划——分区邮政设施规划——详细规划范围内邮政设施规划。

②电信系统规划工作程序为：城市电信设施与网络规划——分区电信设施与线路规划　　详细规划范围内电信设施与线路规划。

③广播电视系统规划工作程序为：城市广播、电视台站与线路规划——分区广播、电视线路规划——详细规划范围内广播电视线路规划。

2. 城市通信工程系统规划前阶段工作程序

（1）城市邮政需求量预测

首先进行城市邮政现状及发展态势研究，根据城市发展总目标和城市规模，预测近、远期规划的城市邮政需求量。

（2）城市电信需求量预测

同样，先进行城市电信现状及发展态势研究，根据城市发展总目标和城市规模，预测近、远期规划的城市电信需求量。

（3）确定城市通信系统工程规划目标

通过城市邮政、电信需求量预测，进行城市广播电视现状与需求研究，结合区域通信规划，综合确定城市通信系统规划目标。

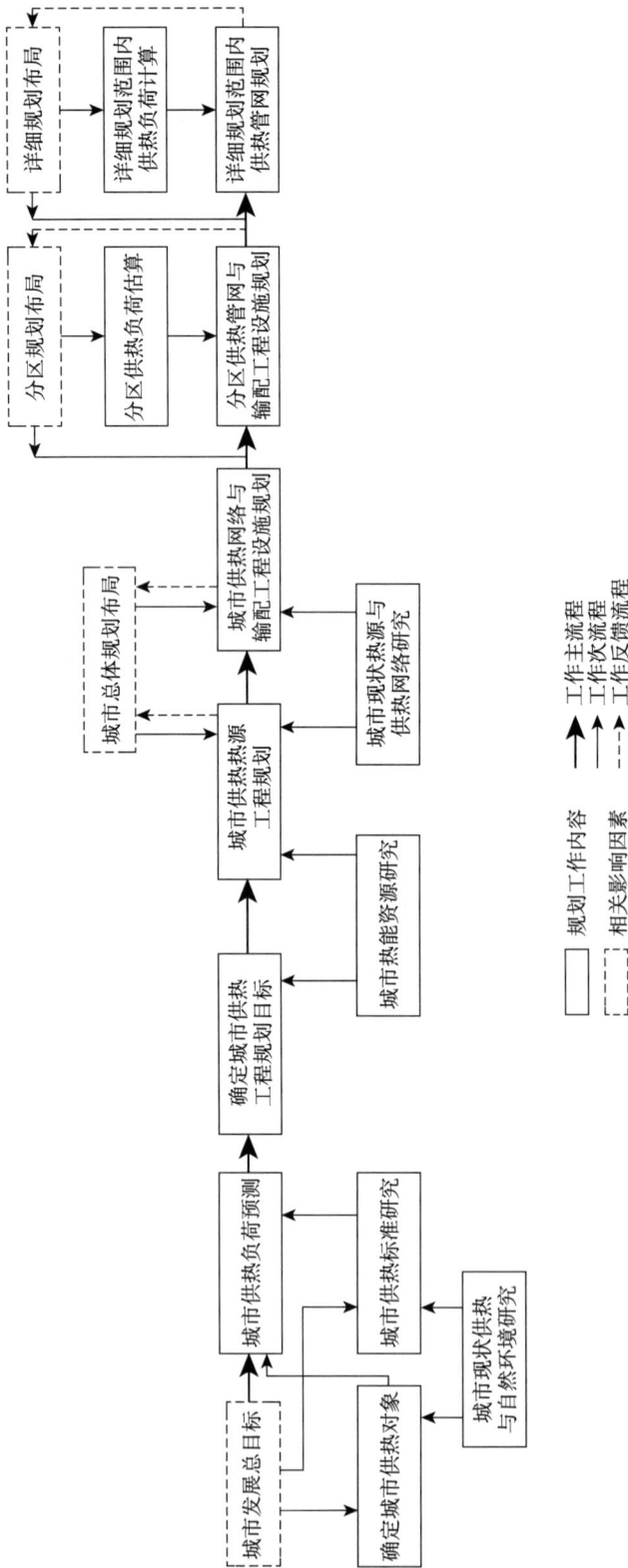

图 2-6　城市供热工程
　　　　规 划 工 作 程
　　　　序框图

3. 城市通信工程系统规划后阶段工作程序

(1) 城市邮政系统工程规划工程程序

①城市邮政设施规划：在城市现状邮政设施研究的基础上，根据城市通信系统规划目标和城市规划总体布局，进行城市邮政设施规划。确定城市邮政局所、邮政通信枢纽等邮政设施布局后，及时反馈给城市规划部门，落实这些设施的用地布局。

②分区邮政设施规划：先根据分区规划布局、城市邮政服务标准，估算分区邮政需求量。由此，再根据城市邮政设施规划分区规划布局进行分区邮政设施规划。初步确定邮政局所等设施布局后，反馈给城市规划部门，落实这些设施的用地布局。

③详细规划范围内邮政设施规划：先根据详细规划布局、邮政服务标准，计算该范围的邮政需求量。然后，依据分区邮政设施规划，布置详细规划范围内邮政设施。初步确定邮政设施布置后，及时与城市规划设计人员共同落实这些设施的具体布置。

(2) 城市电信系统规划工作程序

①城市电信设施与网络规划：在城市现状电信设施与网络研究的基础上，根据城市通信系统规划目标、城市规划总体布局，进行城市电信设施与电信网络规划。确定各类电话局所、基站等设施布局后，及时反馈给城市规划部门，落实这些设施的用地布局，并适当调整城市规划布局。

②分区电信设施与线路规划：先根据分区规划布局，城市电信服务标准，估算分区电信需求量。然后，根据城市电信设施与网络规划和分区规划布局，进行分区电信设施与线路规划。确定电话局所等设施后，反馈给城市规划部门，落实这些设施的用地布局。

③详细规划范围内电信设施与线路规划：根据详细规划布局、电信服务标准，计算该范围的电信需求量。再根据分区电信线路规划、详细规划布局，布置该范围内的电信设施与线路，并反馈于城市规划设计人员，共同确定电信设施布置。

(3) 城市广播电视系统规划工作程序

①城市广播电视台站与线路规划：根据城市通信系统规划目标、城市规划总体布局、广播电视通信特性，进行城市广播、电视台站规划和有线广播、有线电视线路规划。无线电广播、电视台站的电信信号、城市空间景观等因素与城市规划总体布局关系尤为密切。初步确定广播、电视台站布局后，及时与城市规划部门共同确定广播电视台站的布局和具体位置。若根据实际情况，确定的广播电视台位置与城市规划布局有冲突，而广播电视台位置无法调整，则需调整城市规划布局。

②分区广播、电视线路规划：根据分区规划布局和分区范围内有线广播、有线电视的需求量，进行有线广播、电视线路的规划。

③详细规划范围内广播电视线路规划：根据详细规划布局和该范围有线广播、电视的需求，进行有线广播、电视线路规划。

城市通信工程系统规划工程程序流程如图 2-7 所示。

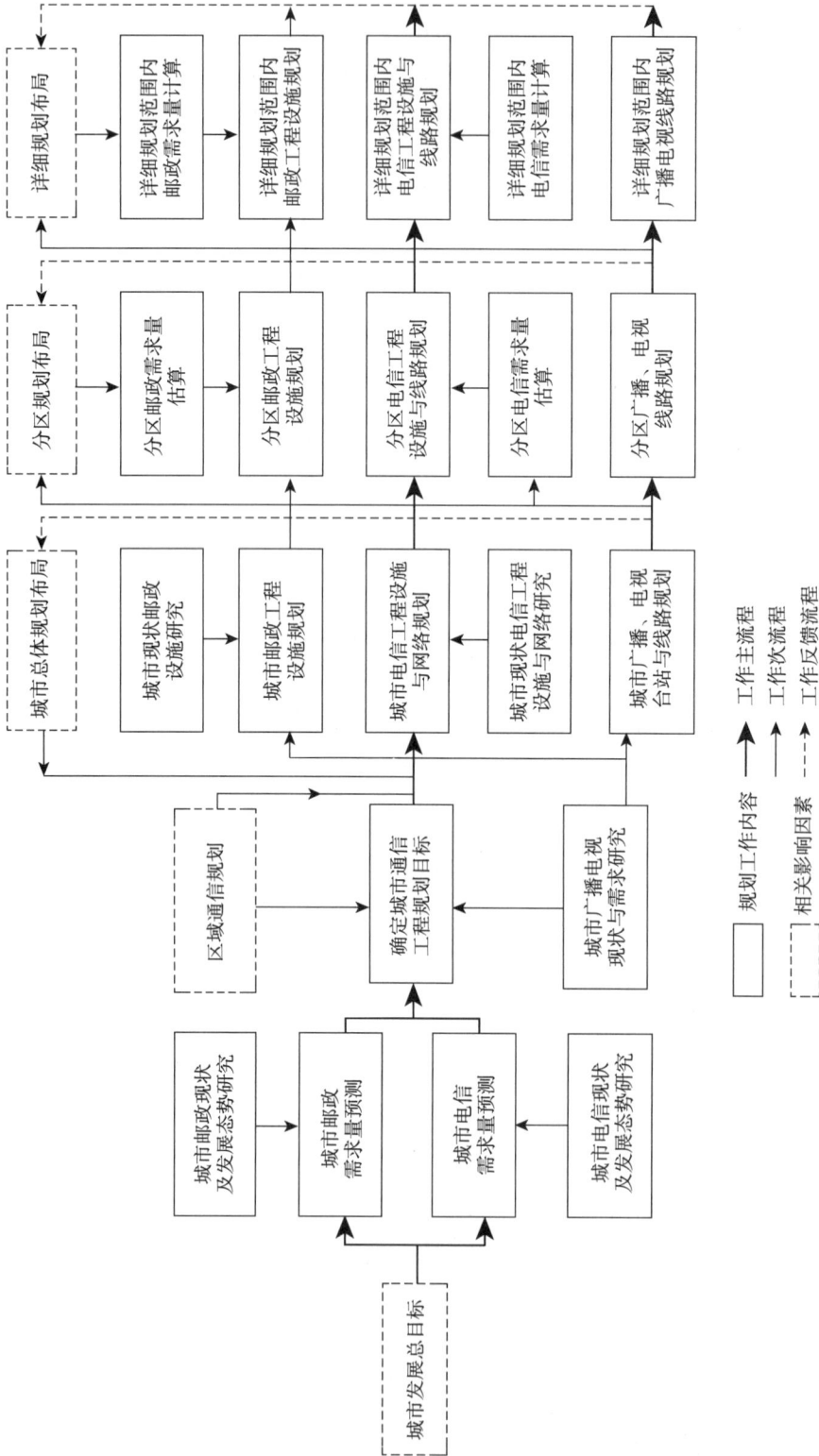

图2-7 城市通信工程
规划工作程
序框图

（七）城市环境卫生设施工程系统规划的工作程序

城市环境卫生设施工程系统规划工作程序为：城市废物量预测——确定城市环境卫生设施规划目标——城市各类环境卫生设施规划——分区环境卫生设施布局——详细规划范围环境卫生设施布置。

1. 城市废物量预测

进行城市废物产生现状与增长态势分析。根据城市发展目标和城市规模，预测城市近、远期各类废物量。

2. 确定城市环境卫生设施规划目标

进行城市现状环境卫生设施研究。根据上级主管部门对环境卫生的要求和城市近、远期废物量，确定城市环境卫生设施规划目标。

3. 城市各类环境卫生设施规划

在分析城市现状环境卫生设施的基础上，根据城市规划总体布局、环境卫生设施规划目标与标准，进行城市垃圾处理场、转运站等各类环境卫生设施的规划布局。垃圾处理场等设施对城市环境影响甚大，与城市规划总体布局关系密切。因此，在本项规划过程中，应及时与城市规划等部门反馈、协调。

4. 分区环境卫生设施布局

首先根据分区规划布局、环境卫生标准，估算分区的废物量。在此基础上，根据城市环境卫生设施规划，结合分区规划布局，进行分区内各类环境卫生设施布局。并协调分区规划布局和其他工程系统规划的关系。

5. 详细规划范围内环境卫生设施布置

根据详细规划布局和环境卫生标准，估算该范围废物产生量。结合该范围空间布局，布置垃圾收集、转运、公共厕所等环境卫生设施。并与详细规划空间布局彼此协调。

城市环境卫生工程系统规划工程程序流程如图2-8所示。

（八）城市防灾工程系统规划的工作程序

城市防灾工程系统规划的工作程序为：确定城市防灾标准与规划目标——

图2-8　城市环境卫生设施工程系统规划工作程序框图

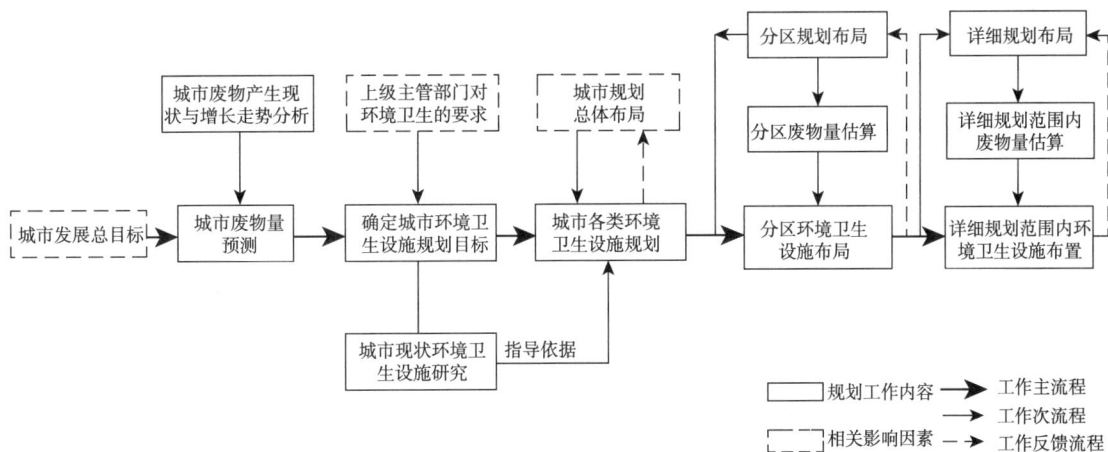

城市防灾系统（消防、防洪、人防、抗震、生命线系统）规划——分区防灾工程设施规划——详细规划范围内防灾工程设施规划。

1. 确定城市防灾标准与规划目标

综合分析研究城市现状防灾设施、城市气象、水文与工程地质、自然环境条件等；根据国家、区域防灾规划、城市性质与规模、城市灾害损失分析和城市发展总目标，确定城市防灾标准与规划目标。

2. 城市防灾系统规划

（1）城市消防工程设施规划：根据城市防灾（消防）标准与规划目标、城市总体布局，结合城市给水工程系统规划，进行城市消防工程设施规划，并及时反馈城市规划部门，共同确定消防站等设施的用地布局。

（2）城市防洪工程设施规划：根据城市防灾（防洪）标准、规划目标及城市总体布局，结合城市排水工程系统规划，进行城市防洪（潮、汛）等规划，并需与城市规划、水利等部门共同确定防洪堤、防洪闸等各类设施布局。

（3）城市人防工程设施规划：根据城市防灾（防空袭）标准、规划目标及城市规划总体布局，结合城市公共设施系统规划，进行城市人防工程设施规划，综合利用城市地下空间，并需与城市规划和有关部门共同确定重大防空设施布局。

（4）城市抗震设施规划：根据城市防灾（抗震）标准与规划标准、城市规划总体布局，结合城市绿化系统规划和道路交通规划，进行城市抗震工程设施、避震场所及疏散通道规划。

（5）城市生命线系统规划：根据城市防灾标准与规划目标，结合城市规划总体布局、交通、给水、供电、燃气、通信等工程系统规划，进行城市防灾救灾的道路、给水、供电、燃气、通信、救护等生命线系统设施规划，此项工作必须与城市规划部门和各专业工程规划部门相互反馈，共同确定规划布局。

3. 分区防灾工程设施规划

根据城市防灾系统规划、防灾标准，结合分区规划布局、分区内各专业工程系统规划，进行分区防灾工程设施规划，并反馈至分区规划部门和各专业工程系统规划部门，便于综合协调。

4. 详细规划范围内防灾工程设施规划

根据分区防灾工程设施规划、防灾标准、详细规划布局及该范围内各专业工程系统规划，进行该范围内防灾工程设施规划，并将此反馈给城市规划部门，以便协调。

城市防灾工程系统规划工程程序流程如图2-9所示。

（九）城市工程管线综合规划工作程序

城市工程管线综合规划工作程序为：城市工程管线综合总体规划——城市工程管线综合分区规划——城市工程管线综合详细规划。

1. 城市工程管线综合总体规划

首先，根据城市规划总体布局和各专业工程系统总体规划，汇总城市各

图 2-9　城市防灾工程系统规划工作程序框图

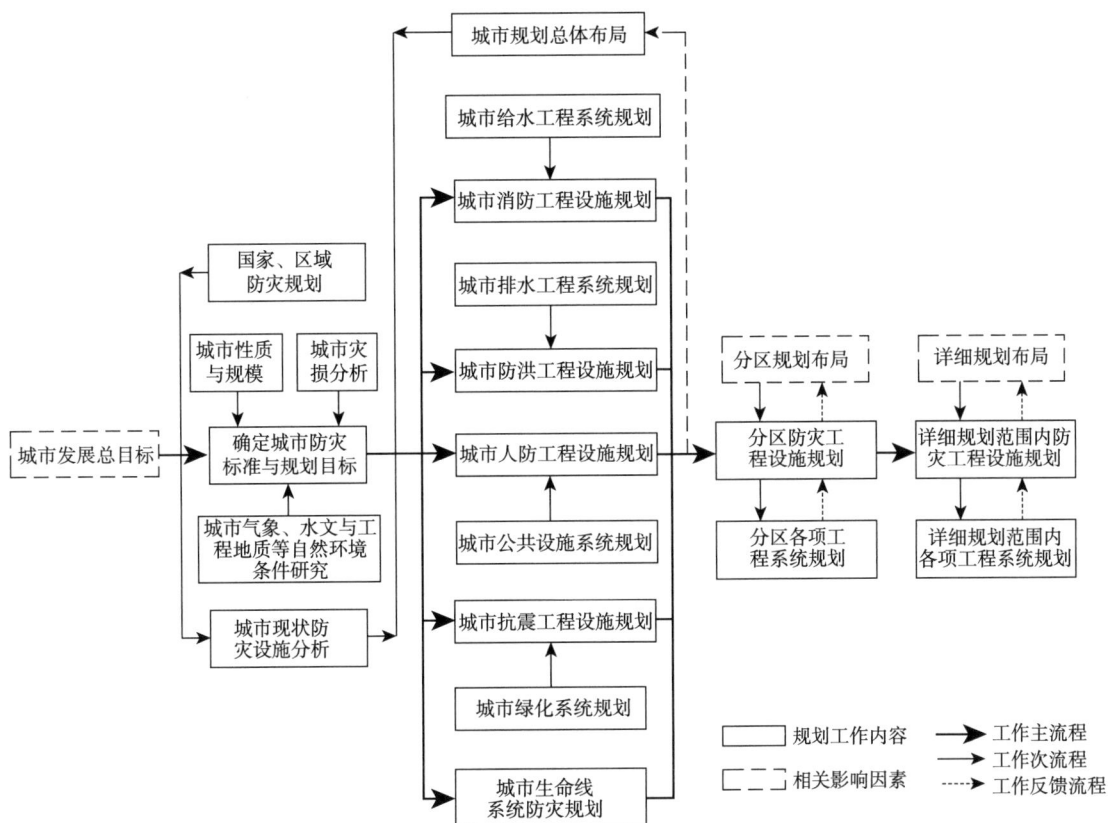

种工程设施和管线干管布局，检验其分布的合理性，提出调整分布的建议，制定工程管线在城市道路的排列规定，绘制城市工程管线综合总体规划图。

　　由此反馈给各专业工程系统总体规划，调整其布局，并为各专业工程系统分区规划提供依据，也作为进行城市工程管线综合分区规划的依据。

　　2. 城市工程管线综合分区规划

　　根据城市分区规划和各专业工程系统分区规划，汇总分区内各种工程设施和管线布局，检验其分布的合理性，提出相应的调整建议；根据工程管线综合总体规划的规定，初步确定城市道路的工程管线分布横断面，初定城市关键点工程管线的控制高程，绘制城市工程管线综合分区规划图。

　　由此反馈并修正分区各专业工程系统布局，为城市各专业工程系统详细规划提供依据，也作为工程管线综合详细规划的依据。

　　3. 城市工程管线综合详细规划

　　根据城市详细规划布局和各专业工程系统详细规划，汇总详细规划范围内各种工程管线和设施，检验其分布的合理性，提出调整分布的建议，确定工程管线水平位置、排列间距、埋置深度，初定道路交叉口处的工程管线竖向标高，绘制工程管线综合详细规划图。然后将此反馈给各专业工程系统详细规划部门，作为修正规划设计的依据，也作为该范围工程管线设计和管线综合设计的依据。

城市工程管线综合规划工程程序流程如图 2-10 所示。

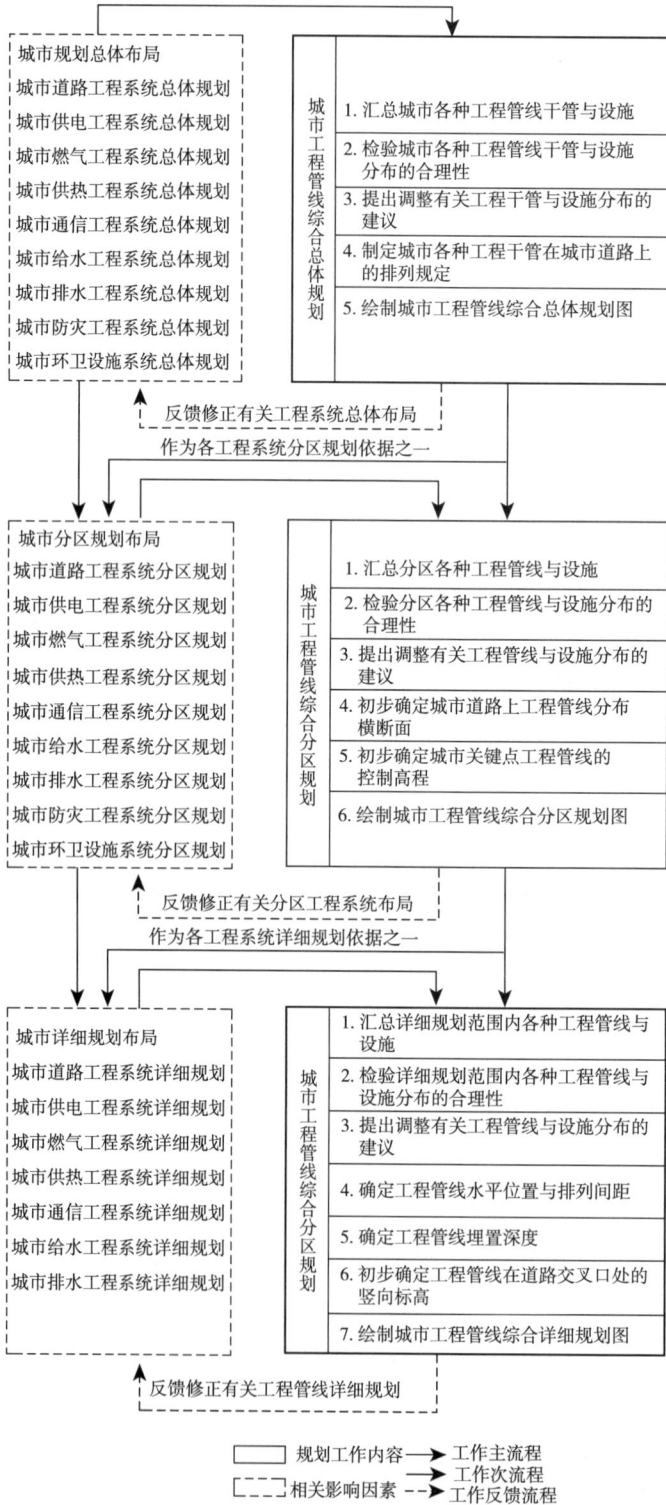

| 城市规划总体布局
城市道路工程系统总体规划
城市供电工程系统总体规划
城市燃气工程系统总体规划
城市供热工程系统总体规划
城市通信工程系统总体规划
城市给水工程系统总体规划
城市排水工程系统总体规划
城市防灾工程系统总体规划
城市环卫设施系统总体规划 | 城
市
工
程
管
线
综
合
总
体
规
划 | 1. 汇总城市各种工程管线干管与设施
2. 检验城市各种工程管线干管与设施分布的合理性
3. 提出调整有关工程干管与设施分布的建议
4. 制定城市各种工程干管在城市道路上的排列规定
5. 绘制城市工程管线综合总体规划图 |

反馈修正有关工程系统总体布局
作为各工程系统分区规划依据之一

| 城市分区规划布局
城市道路工程系统分区规划
城市供电工程系统分区规划
城市燃气工程系统分区规划
城市供热工程系统分区规划
城市通信工程系统分区规划
城市给水工程系统分区规划
城市排水工程系统分区规划
城市防灾工程系统分区规划
城市环卫设施系统分区规划 | 城
市
工
程
管
线
综
合
分
区
规
划 | 1. 汇总分区各种工程管线与设施
2. 检验分区各种工程管线与设施分布的合理性
3. 提出调整有关工程管线与设施分布的建议
4. 初步确定城市道路上工程管线分布横断面
5. 初步确定城市关键点工程管线的控制高程
6. 绘制城市工程管线综合分区规划图 |

反馈修正有关分区工程系统布局
作为各工程系统详细规划依据之一

| 城市详细规划布局
城市道路工程系统详细规划
城市供电工程系统详细规划
城市燃气工程系统详细规划
城市供热工程系统详细规划
城市通信工程系统详细规划
城市给水工程系统详细规划
城市排水工程系统详细规划 | 城
市
工
程
管
线
综
合
分
区
规
划 | 1. 汇总详细规划范围内各种工程管线与设施
2. 检验详细规划范围内各种工程管线与设施分布的合理性
3. 提出调整有关工程管线与设施分布的建议
4. 确定工程管线水平位置与排列间距
5. 确定工程管线埋置深度
6. 初步确定工程管线在道路交叉口处的竖向标高
7. 绘制城市工程管线综合详细规划图 |

反馈修正有关工程管线详细规划

规划工作内容　→ 工作主流程
相关影响因素　→ 工作次流程
　　　　　　　--> 工作反馈流程

图 2-10　城市工程管线
综合规划工作
程序框图

第二节　城市工程系统规划的内容与深度

一、城市给水工程系统规划的内容深度

（一）城市给水工程系统总体规划的内容深度

1. 城市给水工程系统总体规划的主要内容

（1）确定城市用水标准，预测城市总用水量；

（2）平衡供需水量，选择水源，进行城市水源规划；

（3）确定给水系统的形式、水厂供水能力和用地范围；

（4）布局供水重要设施、输配水干管、输水管网；

（5）制定水源保护和水源地卫生防护措施。

2. 城市给水工程系统总体规划图纸

（1）城市给水系统现状图：表达城市现状给水设施的布局和干线管网布局的情况。

（2）城市给水系统规划图：表达规划期末城市给水水源、给水设施的位置、规模、输配水干线管网布局、管径。

（二）城市给水工程系统分区规划的内容深度

1. 城市给水工程系统分区规划的主要内容

（1）估算分区用水量；

（2）明确分区内供水设施规模，确定主要设施位置和用地范围；

（3）落实、修正、补充给水工程系统总体规划确定的输配水管渠的位置、线路，估算控制管径。

2. 城市给水工程系统分区规划图纸

（1）分区给水系统现状图：表达分区内水厂、泵站、高地水池等主要供水设施和输配水管网现状。

（2）分区给水系统规划图：表达分区内各类规划供水设施的位置、用地范围、输配管网位置和管径。

（3）必要的附图。

（三）城市给水工程系统详细规划的内容深度

1. 城市给水工程系统详细规划的主要内容

（1）计算详细规划范围的用水量；

（2）布置详细规划范围的各类给水设施和给水管网；

（3）计算输配水管渠管径；

（4）选择供水管材；

（5）进行造价估算。

2. 城市给水工程系统详细规划图纸

（1）给水系统规划图：标明给水设施位置、规模、用地范围，给水管道的平面位置、管径、主要控制点标高。

（2）必要的附图。

二、城市排水工程系统规划的内容深度

（一）城市排水工程系统总体规划内容深度

1. 城市排水工程系统总体规划的主要内容

（1）确定排水体制；

（2）划分排水区域，估算雨水、污水总量，制定城市不同地区污水处理排放标准；

（3）进行排水管、渠系统规划布局，确定水闸雨水、污水主要泵站数量、位置；

（4）确定污水处理厂数量、规模、处理等级以及用地范围；

（5）确定排水干管、渠的走向和出口位置；

（6）提出污水综合治理利用措施。

2. 城市排水工程系统总体规划图纸

（1）城市排水系统现状图：表示现状城市排水系统的布置和主要设施情况。

（2）城市排水系统规划图：表示规划期末城市排水设施的位置、用地，排水干管渠的布置、走向、出口位置等。

（二）城市排水工程系统分区规划内容深度

1. 城市排水工程系统分区规划的主要内容

（1）估算分区的雨、污水排放量；

（2）按照确定的排水体制划分排水分区；

（3）确定排水干管的位置、走向、服务范围、控制管径以及主要工程设施的位置和用地范围。

2. 城市排水工程系统分区规划图纸

（1）分区排水系统现状图：表示分区范围内现状排水系统位置；雨水、污水管渠的平面位置、管径，泵站、水闸等排水设施的位置、规模。

（2）分区排水系统规划图：表示规划期末分区范围内的主要排水设施的位置、规模、用地范围，雨水、污水干管、渠的平面位置、走向、控制管径，排水放口位置。

（三）城市排水工程系统详细规划内容深度

1. 城市排水工程系统详细规划的主要内容

（1）计算详细规划内雨水排放量和污水量；

（2）确定规范范围内管线平面位置、管径、主要控制点标高；

（3）提出污水处理工艺初步方案；

（4）进行造价估算。

2. 城市排水工程系统详细规划图纸

（1）排水工程详细规划图：图中表示规划范围内各类排水设施的位置、规模、用地范围，排水管渠走向、位置、管径、长度和主要控制点的标高，以及出水口位置等。

（2）必要的附图。

三、城市供电工程系统规划的内容深度

（一）城市供电工程系统总体规划的内容深度

1. 城市供电工程系统总体规划的主要内容

（1）确定城市供电标准，预测城市供电负荷；

（2）选择城市供电电源，进行城市供电电源规划；

（3）确定城市供电电压等级和变电设施容量、数量，进行变电设施布局；

（4）布局城市高压送电网和高压走廊；

（5）提出城市高压配电网规划原则；

（6）制订城市供电设施保护措施。

2. 城市供电工程系统总体规划图纸

（1）城市电网系统现状图：电网系统较复杂的城市，要绘制 35kV 以上电网现状图；电网系统比较简单的城市，又在规划中反映了现状，或在城市建设现状图中清楚地反映了现状城市电网和供电设施的城市，可以不绘制城市电网系统现状图。

（2）负荷预测分布图：分区多的城市要编制负荷预测分布图；负荷点少又负荷均匀分布的城市，可以不绘制负荷分布图。

（3）城市电网系统规划图：表示电源、高压变电设施位置和容量、高压网络布局和线路走向、敷设方式、电压等级、高压走廊用地范围。

（二）城市供电工程系统分区规划的内容深度

1. 城市供电工程系统分区规划的主要内容

（1）估算分区供电负荷；

（2）确定分区供电电源方位；

（3）选择分区变、配电站容量和数量；

（4）进行高压配电网规划布局。

2. 城市供电工程系统分区规划图纸

（1）分区规划高压配电网平面布置图：图中表示变压配电站分布、电源进出线回数、线路走向、电压等级、敷设方式。

（2）必要的附图。如分区范围内现状有较多的高压送、配电线路、供电设施等，则需有分区高压送、配电网现状图等。

（三）城市供电工程系统详细规划的内容深度

1. 城市供电工程系统详细规划的主要内容

（1）计算供电负荷；

（2）选择和布局规划范围内变配电设施；

（3）规划设计高压配电网；

（4）规划设计低压电网；

（5）进行造价估算。

2. 城市供电工程系统详细规划图纸

（1）规划电网布置平面图：表示详细规划范围内送、配电线路的走向、位置、

敷设方式，变压配电站室分布，电源进出线回数与电压等级，道路照明线路和路灯位置等。

（2）必要的附图：若该详细规划范围是老城区，有较多的现状供电线路和设施，则需要有该范围的现状电网平面图。

四、城市燃气工程系统规划的内容深度

（一）城市燃气工程系统总体规划的内容深度

1. 城市燃气工程系统总体规划的主要内容

（1）确定供热对象和供气标准，预测城市燃气负荷；

（2）选择城市气源种类，进行城市燃气气源规划；

（3）确定城市气源设施和储配设施的容量数量和位置；

（4）选择城市燃气输配管网的压力级制；

（5）布局城市输气干管网；

（6）制订城市燃气设施的保护措施。

2. 城市燃气工程系统总体规划图纸

（1）城市燃气供应系统现状图：主要反映城市现状燃气输配设施的布局和干管网布局情况。

（2）城市燃气供应系统规划图：主要反映规划期末城市燃气气源输配设施的位置、容量和用地范围，以及输气干线管网布局。

（二）城市燃气工程系统分区规划的内容深度

1. 城市燃气工程系统分区规划的主要内容

（1）估算分区燃气的用气量；

（2）确定燃气输配设施的容量分布、用地范围；

（3）确定燃气输配管网的级配等级，布局输配干管网；

（4）制定燃气输配设施和管线的保护措施。

2. 城市燃气工程系统分区规划图纸

（1）分区燃气系统现状图：表示分区范围内现状燃气输配设施位置、容量、用地范围、管网分布和管径等状况。

（2）分区燃气系统规划图：表示分区范围内规划燃气输配设施位置、容量、用地范围、管网分布和管径等状况。

（3）必要的附图：如分区燃气负荷分布图等。

（三）城市燃气工程系统详细规划的内容深度

1. 城市燃气工程系统详细规划的主要内容

（1）计算详细规划范围内燃气用量；

（2）规划布局燃气输配设施，确定其容量位置和用地范围；

（3）规划布局燃气输配管网；

（4）计算燃气管网管径；

（5）进行造价估算。

2.城市燃气工程系统详细规划图纸

（1）燃气供应系统规划图：应标明燃气设施位置、容量和用地范围，燃气管网的走向、管径、管位、敷设方式。

（2）必要的附图。

五、城市供热工程系统规划的内容深度

（一）城市供热工程系统总体规划的内容深度

1.城市供热工程系统总体规划的主要内容

（1）确定城市供热对象和供热标准，预测城市供热负荷；

（2）选择城市热源和供热方式；

（3）确定热源设施的供热能力、数量和布局；

（4）布局城市供热设施和供热干管网；

（5）制定城市供热设施保护措施。

2.城市供热工程系统总体规划图纸

（1）城市供热系统现状图：主要反映城市现状集中供热设施布局和干管网布局情况。现状无集中供热的区域，应反映现有分散热源的分布。

（2）城市供热系统规划图。主要反映规划期末城市集中供热的热源，供热输配设施的容量、位置和用地状况。

（3）必要的附图。

（二）城市供热工程系统分区规划的内容深度

1.城市供热工程系统分区规划的主要内容

（1）估算分区的供热负荷；

（2）布局分区供热设施和供热干管网；

（3）计算城市供热干管的管径。

2.城市供热工程系统分区规划图纸

（1）分区供热系统现状图：表示分区范围内现状集中供热设施的位置、规模、用地范围、供热管网分布、管径等情况。

（2）分区供热系统规划图：表示分区范围内规划集中供热设施的位置、规模、用地范围、供热管网分布、管径等情况。

（3）必要的附图，如分区供热负荷分布图等。

（三）城市供热工程系统详细规划的内容深度

1.城市供热工程系统详细规划的主要内容

（1）计算规划范围内供热负荷；

（2）布局供热设施和供热管网；

（3）计算供热管道管径；

（4）估算规划范围内供热管网造价。

2.城市供热工程系统详细规划图纸

（1）供热系统规划图：应标明供热设施容量、位置和用地范围，供热管

网走向、管径、管位、敷设方式。若有现状供热管线，应区分现状与规划的管线。

（2）必要的附图。

六、城市通信工程系统规划的内容深度

（一）城市通信工程系统总体规划的内容深度

1. 城市通信工程系统总体规划的主要内容

（1）预测城市近、远期通信需求量，预测与确定城市近、远期电话普及率和装机容量，确定邮政、电话、移动通信、广播、电视等发展目标和规模；

（2）提出城市通信规划的原则及其主要技术措施；

（3）判定城市长途电话网近、远期规划；

（4）判定城市电话本地网近、远期规划；

（5）确定邮政和电话局所的规模、布局；

（6）确定广播和电视台站的规模和布局，进行有线广播、有线电视网的主干路规划和管道规划；

（7）划分无线电收发信区，制定相应主要保护措施；

（8）确定城市微波通道，制定相应的控制保护措施。

2. 城市通信工程系统总体规划图纸

（1）城市通信现状图表示城市现状的邮政和电信局所、广播电台、电视台、卫星接收站、微波通信站等设施，通信线路、微波通道位置等。通信种类多、复杂的城市可按邮政、电话、广播电台、无线电通信等专项分别绘制现状图。通信种类少而简单的城市可将城市通信现状图与城市总体规划中其他专业工程现状图合并，同在城市基础设施现状图上表示。

（2）城市通信系统总体规划图：表示城市邮政枢纽、邮政局所、电话局所、广播电台、电视台、广播电视制作中心、电视差转台、卫星通信接收站、微波站及其他通信设施等的规划位置和用地范围，无线电收发讯区位置和保护范围，电话、有线广播、有线电视及其他通信线路干线规划走向和敷设方式，微波通道位置宽度和高度控制。

（二）城市通信工程系统分区规划的内容深度

1. 城市通信工程系统分区规划的主要内容

（1）判定分区长途电话规划；

（2）确定新建邮政局所位置、电话局所位置和交换区界；

（3）确定分区内广播、电视台站规模及用地范围；

（4）确定分区内无线电收发信区范围和控制保护措施；

（5）确定分区内微波通道控制宽度，高度及控制保护措施；

（6）确定分区电话、有线广播、有线电视主干线和主要配线路由以及电信管道的管孔数。

2. 城市通信工程系统分区规划图纸

（1）分区通信系统现状图：表达分区范围内现状通信设施规模、分布及

用地范围等。

（2）分区通信系统规划图：表达规划的邮政和电信局所位置、用地范围；分区内广播电视位置设施和微波、卫星通信等设施位置、用地范围，无线电收发讯区位置和保护范围，所有通信主干线路、主要配线线路的位置、敷设方式；微波通道位置、控制宽度和高度。

（三）城市通信工程系统详细规划的内容深度

1. 城市通信工程系统详细规划的主要内容

（1）计算详细规划范围内的通信需求量；

（2）确定邮政、电信局所等设施的具体位置、规模和用地范围；

（3）确定通信线路的位置、敷设方式、管孔数、管道埋深等；

（4）划定规划范围内电台、微波站、卫星通信设施控制保护界线；

（5）进行造价估算。

2. 城市通信工程系统详细规划图纸

通信系统规划图：表示规划范围内的邮政、电信局所的平面位置，电话、有线电视广播等管线的位置及敷设方式、埋深和管孔数等。

七、城市环境卫生工程系统规划的内容深度

（一）城市环境卫生设施工程系统总体规划的内容深度

1. 城市环境卫生设施工程系统总体规划的主要内容（含分区规划）

（1）测算城市废物量，分析其组成和发展趋势，提出污染控制目标；

（2）确定城市废物的收运方案；

（3）选择城市废物处理和处置方法；

（4）布局各类环境卫生设施，确定服务范围、设置规模和标准、运作方式、用地指标等。

2. 城市环境卫生设施工程系统总体规划图纸

（1）城市环境卫生设施系统现状图。反映主要的环境卫生设施现状布局；

（2）城市环境卫生设施系统规划图。表示城市环境卫生设施和管理机构的位置、规模、服务范围等。

（二）城市环境卫生设施工程系统详细规划的内容深度

1. 城市环境卫生设施工程系统详细规划的主要内容

（1）估算规划范围内废物量；

（2）提出规划范围的环境卫生控制要求；

（3）确定垃圾收集运送方式；

（4）布局废物箱、垃圾收集点、垃圾转运站、公共厕所、环境卫生管理机构等设施，确定其位置、服务半径、用地范围；

（5）制定垃圾收集、运送设施的防护隔离措施。

2. 城市环境卫生设施工程系统详细规划图纸

环境卫生设施规划图：表示各类环境卫生设施的位置、规模和用地范围。

八、城市防灾工程系统规划的内容深度

（一）城市防灾工程系统总体规划的内容深度

1. 城市防灾工程系统总体规划的主要内容（含分区规划）

（1）确定城市消防、防洪、人防、抗震等设防标准；

（2）布局城市消防、防洪、人防等设施；

（3）组织城市防灾生命线系统；

（4）制定防灾对策与措施。

2. 城市防灾工程系统总体规划图纸

（1）城市防灾系统现状图：表达城市各类防灾设施的现状分布位置、等级、规模、疏散通道和疏散场地布局；

（2）城市防灾系统规划图：表达城市规划各类防灾设施的位置、等级、规模、疏散通道和疏散场地布局。

（二）城市防灾工程系统详细规划的内容深度

1. 城市防灾工程系统详细规划主要内容

（1）确定规划范围内各种消防设施的布局及消防通道间距等；

（2）确定规划范围内地下防空设施的规模、数量、位置、配套内容、抗力等级，明确平战结合的用途；

（3）确定规划范围内的防洪堤标高、排涝泵站位置等；

（4）确定规划范围内疏散通道、疏散场地布局；

（5）确定规划范围内生命线系统的布局，制定防护、维护措施。

因为城市防灾工程系统有部分设施同为城市给水、供电、燃气通信等工程设施，有些防灾工程设施又因其他因素，其造价难以估算。所以，城市防灾工程系统详细规划一般不作造价估算。

2. 城市防灾工程系统规划图纸

（1）防灾工程现状图：表达规划范围内现有各类防灾设施的位置、等级、规模。

（2）防灾工程详细规划图：表达规划范围内规划设施的位置、等级、规模、疏散通道和疏散场地位置和范围，生命线系统布置。

九、城市工程管线综合规划的内容深度

（一）城市工程管线综合总体规划的内容深度

1. 城市工程管线综合总体规划的主要内容（含分区规划）

（1）汇总各种工程设施和管线分布，分析其合理性；

（2）综合确定各种工程管线的干管走向、水平排列位置；

（3）确定关键点的工程管线的具体位置；

（4）提出对各专业工程设施和管线规划的修改建议。

2. 城市工程管线综合总体规划图纸

城市工程管线综合总体规划（含分区规划）图：表示城市各专业工程主

要设施和主干管的分布、位置，城市主要道路工程管线横断面位置等。

（二）城市工程管线综合详细规划的内容深度

1. 城市工程管线综合详细规划的主要内容

（1）检查规划范围内各专业工程详细规划的合理性；

（2）确定各种工程管线的平面分布位置；

（3）综合确定规划范围内道路横断面和管线排列位置；

（4）初定道路交叉口等控制点工程管线的控制标高；

（5）明确工程管线基本埋深和覆土要求；

（6）提出对各专业工程详细规划的修正意见。

2. 城市工程管线综合详细规划图纸

工程管线综合详细规划图：表示规划范围内各种工程管线的平面位置、管径、控制点的标高，各种工程管线间的水平间距，路段工程管线排列横断面，道路交叉口的工程管线交叉点的管线间垂直间距等。

第三节 城市工程系统规划基础资料

城市工程系统规划需要有自然环境、城市基本情况、城市规划、各专业工程等方面的基础资料。

一、自然环境资料

（一）气象资料

（1）气温：城市的年平均气温、极端最高气温、极端最低气温、最大冻土深度；

（2）风：常年主导风向、各季主导风向、风频、平均风速、最大风速、静风频率、风向玫瑰图、台风等；

（3）降水：平均年降水量、最大年降水量、降水强度公式、蒸发量；

（4）日照：平均年日照时数、四季日照情况、雷电日数。

（二）水文资料

（1）水系：城市及周围地区的江、河、湖、海、水库等分布状况，平均年径流量，年平均流量、最大流量、最小流量，平均水位、最高水位、最低水位，河床演变、泥沙运动、湖汐影响等；

（2）水源：城市及周围地区的水资源总量、地表水量、地下水量等；

①地表水：地表水量分布、过境客水量、水质、水温，大流域水源补给情况，水库储量等。

②地下水：地下水的种类（潜水、自流水、泉水等）、储量、流向、分布位置、水质、水温、硬度；地下水可开发量；回灌情况、土壤渗透、漏斗区的变化情况；地面沉降等。

（三）地质资料

（1）地质：城市及周围地区的地质构造与特征；

（2）土壤：城市及周围地区的地耐力、腐蚀程度、土质等物理化学性质；

（3）地震：地震断裂带、地震基本烈度以及滑坡、泥石流等情况。

（四）其他

（1）地形：城市及周围地区的各种比例的地形图；

（2）生态：城市及周围地区的植被状况，湿地、森林、海滩以及生物状况。

二、城市基本情况

（一）现状经济资料

现状城市及市域国民生产总值、国内生产总值、各行业产值、固定资产、城市建设投资、城市建设维护等费用，以及历年增长状况。

（二）现状人口资料

现状城市及市域人口数量、各类人口构成与分布状况，以及历年城市人口增长情况，城市流动人口资料等。

（三）现状城市用地资料

现状城市用地范围、面积，各类建设用地分布状况，以及历年城市建设用地增长情况。

（四）现状城市布局资料

现状城市各类公共设施、市政设施、工厂企业分布状况、道路交通设施分布状况。

（五）现状城市环境资料

现状城市大气、水体和噪音的环境质量以及固体废弃物状况。

三、城市规划资料

（一）城市总体规划资料

（1）城市规划年限、城市性质和人口规模；

（2）城市经济发展目标，各规划期产业结构、各行业的产值，大型工业项目的规模、产值和分布状况；

（3）各规划期的城市建设用地规模，各类规划建设用地布局，城市道路网和各类设施规划分布状况；

（4）城市规划居住人口分布状况；

（5）城市总体规划图、市域城镇体系规划图。

（二）分区规划资料

（1）分区的规划性质、用地规模、人口规模；

（2）分区内各类规划建设用地布局、用地面积,各街区容积率等控制指标；

（3）分区内各类工业性质、行业分布、工业产值或产量等；

（4）分区规划居住人口分布状况；

（5）分区规划道路系统及各类设施分布情况；

（6）分区土地使用规划图。

（三）详细规划资料

（1）详细规划范围内的用地面积、人口规模等；

（2）该范围内各街坊地块的用地面积、居住人口、各类建筑面积或地块容积率，或工业企业的性质、产值等；

（3）规划道路网，道路宽度、横断面，以及各类设施布置状况；

（4）详细规划总平面图，规划指标控制图。

四、各专业工程系统资料

（一）城市给水工程系统资料

1.城市水源资料

（1）城市水资源分布图，城市水资源分布状况，可利用的地下水、地表水资源量与开发条件；

（2）城市及周围的水库设计容量、死库容量、总蓄水量；

（3）城市现有的引水工程分布、规模、运行状况；

（4）城市取水口的位置、取水条件、原水水质状况。

2.城市现状供水设施资料

（1）城市给水系统现状图、分区或详细规划范围的给水设施、管线现状图；

（2）城市现有自来水厂的分布、规模、制水能力、供水能力、供水压力，运行情况；

（3）现有给水管网分布、走向、管径、管材，管网水质、运行情况；

（4）现状供水水质状况，饮用水（蒸馏水、纯水、矿泉水）制造、使用及销售情况；

（5）现状企业自备水源数量、分布、规模及使用情况。

3.现状供水资料

（1）城市现状总用水量，各类用水量，城市历年用水量增长情况；

（2）城市现状供水普及率、用水重复利用率及分质供水情况；

（3）城市现状供水水价及节约用水情况；

（4）城市用水保证率及不均匀情况。

（二）城市排水工程系统资料

1.城市排水状况资料

（1）城市现状排水体制、排水流域分区图、分区排水体系；

（2）城市现状总污水量,生活污水、工业废水产生量,历年污水量增长情况；

（3）主要污水源、工业废水潭分布状况；

（4）城市污水、雨水和工业废水处理利用情况；

（5）城市溃水排涝情况。

2.城市排水设施资料

（1）城市排水系统现状图,分区或详细规划范围的排水设施与管线现状图；

（2）城市现有污水处理厂的分布、数量、设计处理能力、实际处理能力、处理工艺、处理后水质等情况；

(3) 城市现状雨水、污水管网的分布、位置、管径、长度、高程、排水口位置；

(4) 城市污水泵站的分布、位置、数量、排水能力；

(5) 城市排涝泵站、水闸的分布、位置、排涝能力；

(6) 城市江、河堤的标高、工程质量、防洪标准、抗洪能力。

（三）城市供电工程系统资料

1. 区域动力资源

(1) 水力资源：本地区水力资源的蕴藏量、可开发量、分布地点及其经济指标；

(2) 热能资源：区域的煤、石油、燃气（天然气、沼气、煤气等）、地热等热能资源分布地点、储量、可开采量、经济指标以及能否供应本市等情况。

2. 电源资料

(1) 现状区域电力地理接线图，现有负荷和短路功率；

(2) 现有及计划修建的电厂和变电站的数量、位置、容量、电压等级等；

(3) 区域现有及计划修建的电力线路的走向、电压、回路数、容量等；

(4) 计划修建的电厂、电力线路的建设年限、发供电量等。

3. 现状城网资料

(1) 城市电网系统现状图，分区，高压送、配电网现状图，详细规划范围电网现状图；

(2) 现状城网电力线路的电压等级、敷设方式（架空、地埋）、导线材料；

(3) 现状城市变电所、配电所的分布、电压、容量和现有负荷等。

4. 电力负荷资料

(1) 工业用电负荷：各工厂企业规模、产品种类、现状用电量、最大负荷、单位产品耗电定额、功率因数、供电可靠性和质量要求，以及生产班次等情况。各工厂企业历年用电量，近期用电增长情况。各工厂企业发展规划、用电量及负荷增长趋势；

(2) 农业用电负荷：现状农业用电量、最大负荷、对供电可靠性和质量的要求，农业近期用电增长情况，农业主管部门的农业发展计划以及用电负荷的增长趋势；

(3) 生活用电负荷：现状城市居民用电量，居住建筑平均负荷（W/m² 建筑面积）或人均居住生活用电水平（W/ 人），现状各类公共设施用电量、用电水平（W/m² 建筑面积）；

(4) 市政公用设施用电负荷：现状道路照明用电量和用电水平（W/m² 道路面积），现状电气化运输用电量和用电水平（W/t·km），现状给水、排水等用电量和用电水平（W/m³ 给排水量），现状其他市政设施用电量；

(5) 全市现状电力负荷类型，各类负荷总量、比重及逐年增长情况。

（四）城市燃气工程系统资料

1. 燃气气源资料

(1) 当地燃料（煤、天然气、沼气）资源的储量、品值、煤质分析、原料生产设施现有生产能力、发展规划、服务年限等；

（2）目前由外地供应的燃料数量、品值、价格；

（3）城市现有燃气气源设施的供气规模（日平均供气量、日最大供气能力），气源性质、质量，以及调峰情况；

（4）计划部门或委托单位对本城市燃气气源的安排意见；

（5）燃气气源设施建设地区的基础设施及自然环境条件资料。

2. 输配系统资料

（1）城市燃气供应系统现状图、分区燃气系统现状图、详细规划范围燃气设施与管线现状图；

（2）燃气供气对象的分布、数量与规模；

（3）城市总能源构成与供应、消耗水平，居民、工业、公共建筑用户的燃料构成与供应、消耗，以及用煤、用电价格等资料；

（4）现有燃气输配系统的用气统计、不均匀系数、技术经济指标等资料；输配设施的能力以及输配设施的供电、供水、排水、道路等条件。

（五）城市供热工程系统资料

1. 城市供热现状资料

（1）城市集中供热系统现状图、分区供热系统现状图、详细规划范围供热设施与管线现状图；

（2）现状建筑物供热面积，民用采暖建筑面积，集中供热普及率；

（3）现有采暖供热的供热方式、比重、生活热水供应情况，热能利用状况；

（4）现有火电厂和热电厂（站）的概况，市区工业和民用锅炉的分布、供热能力；

（5）已利用的余热资源、供热能力、运行情况和开发前景。

2. 城市供热规划资料

（1）城市集中供热的规划普及率，集中供热的范围、对象，城市发展集中供热的政策；

（2）城市燃料产地和燃料质量分析资料；

（3）地热、太阳能等能源在当地利用的可能性与开发前景。

（六）城市通信工程系统资料

1. 邮政系统资料

（1）现状城市邮政服务网点分布，投递支局、所分布，局房、设备使用情况，城市邮路、邮件处理等情况；

（2）全市和城市现状及历史上主要发展时期的邮政业务总量、信函、期刊、报纸、包裹、邮政储蓄等增长情况；

（3）邮政系统的发展设想，主要为干线邮路组织、邮件处理、投递支局、所的发展、新业务开拓。

2. 电话系统资料

（1）全市和城市现状及历史上主要发展时期的电话普及率、总容量、实装率、电话待装户数等；

（2）现有电话局、所的分布，各局所交换机械设备形式和容量、交换区域界线、局房的新旧程度、使用年限；

（3）现有电话线路和设备种类与分布状况、可利用程度，电话号码资源的利用情况；

（4）电话系统建设动态和发展设想。

3．无线电通信系统资料

（1）移动通信现状：移动电话容量、用户数量、移动台数量与分布；现状无线寻呼发射台数量与分布，无线寻呼用户数量；

（2）现状微波通信发射站数量与分布、发射频道、频率；微波通道分布、控制高度、通道宽度；

（3）卫星通信收发站数量与分布；

（4）无线电台数量与分布、使用频率、设备容量、使用单位、业务功能、收发信区的范围及保护要求等；

（5）主管部门关于移动通信、微波通信、卫星通信、无线电台等发展设想。

4．广播电视资料

（1）现状无线广播电台数量与分布、频率、发射功串、容量、覆盖范围；

（2）现状有线广播电台分布、设备容量，主要干线分布情况；

（3）无线电视台的数量与分布、电视频道、覆盖范围，电视制作中心规模、容量，电视差转台分布等现状资料；

（4）有线电视台分布、频道数、有线电视入户串、节目数量、主干线分布与走向；

（5）主管部门关于广播电视的发展设想；

（6）有线电视、有线广播线路现状分布状况，总体规划和分区规划阶段，需要有线电视、有线广播线路主干线走向、位置、敷设方式等；详细规划阶段需要规划范围内现有的全部户外线路分布状况、线路位置、走向、敷设方式、线路回路、管孔数、线路材料等。

5．城市通信系统现状图、分区或详细规划范围的通信设施和线路现状图。

（七）城市环境卫生工程系统资料

1．城市环境卫生设施资料

（1）城市环境卫生设施分布现状图；

（2）城市现有垃圾处理场、堆埋场、中转站、收集点等设施的分布、数量、处理能力等情况；

（3）城市公共厕所、废物箱等设施分布、数量，现状设置标准等；

（4）城市环卫车停放场、洗车场等设施的分布、数量、规模；

（5）城市环卫管理机构的分布、数量等。

2．城市废弃物等资料

（1）城市现状生活垃圾、建筑垃圾、工业固体废弃物、危险固体废弃物的产生量、产生源；

（2）城市现状垃圾的收集、运输、处理方式等资料。

（八）城市防灾工程系统资料

1．城市防洪工程资料

（1）上游流域和城市河流两岸导治线的位置、走向及流域内的水土保持情况，城市河床断面、过水面积等；

（2）城市及周围地区现有与规划水库的蓄水标高、库容，各种频率的下泄流量，水库至城市的距离等；

（3）流域内其他水利工程设施分布、规模、容量；

（4）城市现有防洪工程设施的分布规模、抗洪能力、工程质量、使用情况等；

（5）桥涵的过水能力；

（6）流域和城市河流整治规划与实施情况；

（7）城市防洪设施标准。

2．城市抗震工程资料

（1）城市和区域地震历史记载资料；

（2）城市现状抗震设施等级、城市现状抗震能力、现状建筑状况、各项工程设施设防情况、危险和重点设防单位现状；

（3）城市抗震设防标准与等级。

3．城市消防工程资料

（1）城市消防设施现状，消防站（队）的位置、用地、消防装备、人员数量，消防水源、消防管网分布和压力状况，消防栓布局以及各单位消防组织情况；

（2）易燃易爆品的生产、储运设施和单位的分布状况，化工厂、化肥厂、油库，油品码头、化工仓库、煤气厂、燃气储罐或储罐区、调压站等设施的分布、规模；

（3）城市燃气管道、输油管道、易燃气体管道分布与维护状况；

（4）城市旧区和建筑密度高的地区的建筑的耐火等级及其分布。

4．城市人防工程资料

（1）城市战略地位与设防标准，重要军事、民用目标的分布状况；

（2）现有人防工程系统的布局与标准，防空洞、人防地下室、坑道、防空指挥中心的布局，隧道、大型管道沟等可作人防工事的民用设施情况；

（3）现有人防工程系统的使用、管理情况，救灾手段与方法；

（4）城市重点防护地区的疏散通道、疏散场地等。

5．城市生命线系统资料

（1）现有与规划的城市道路、供电、燃气、供水、通信等设施与管线的分布，尤其是地下交通通道、地下发电厂、地下变电所、地下水厂、地下通信中心等设施的分布、规模、容量和安全措施；

（2）城市急救中心、中心血站、中心医院的分布、规模等状况；

（3）城市综合防灾指挥机构等情况。

第三章 城市给水工程系统规划

　　我国城市规划体系内的给水工程系统规划，其工作内容和重点随着不同层面规划重心的调整而不断演变，其中尤以城市总体规划层面的给水工程系统规划变化最大。当前形势下，总规中的城市给水工程系统规划，普遍已经由偏重"工程"，逐步转向为偏重"政策"，即城市水资源保护与利用政策的制定，并提供相应的空间保障。而详细规划层面的给水工程系统规划除了传统的内容外，还可根据规划地区的实际情况，增加有关节水、雨污水综合利用设施规划等相关内容。

　　城市给水工程系统规划编制中，应充分考虑给水系统与水系统的其他子项之间的密切关系，如排水、防洪等；同时，也应注意城市规划其他内容（如城市规模论证中的水资源校核、水系规划、景观风貌规划、能源工程系统规划、竖向规划等）与给水工程系统规划的相关性和一致性。

第一节 城市用水量预测

一、城市用水分类

水是城市生存和发展过程中必不可少的支持要素，应用在城市生产和生活的每一方面。通常在进行用水量预测时，根据用水目的不同以及用水对象对水质、水量和水压的不同要求，将城市用水分为四类：

（一）生活用水

生活用水指城市居民生活用水和公共建筑用水等。生活用水量的多少取决于各地的气候、居住习惯、社会经济条件、水资源丰富程度等因素。就我国来看，随着人民生活水平的提高和居住条件的改善，生活用水量将有所增长。生活饮用水的水质关系到人体生命健康，必须符合相关国标（《生活饮用水卫生标准》）和地方标准，此外，城市用水管网必须达到一定的压力，才能保证用户使用。

（二）工业用水

工业用水主要指工业企业生产过程中的用水。其水量、水质和水压的要求，因具体生产工艺而不同，与城市生活用水的相关要求也有很大差异。由于产业结构调整（一般来讲，火电、冶金、造纸、石油、化工等行业的用水量较大，这些产业又是我国目前很多城市产业结构调整中重点削减的部分），工业企业工艺技术的改进和节水措施推广，工业用水重复率提高，单位产值的用水标准下降，会使城市整体的工业用水量下降，而工业企业总体数量的增加、规模的扩大又会使城市工业用水量增多，用量预测中必须注意这两种趋势的影响。

（三）市政与景观用水

市政与景观用水主要指道路保洁、绿化浇洒、车辆冲洗等用水以及城市公共水域的景观用水，一般根据路面状况、绿化树种、土壤覆盖、蒸发量等条件综合确定。市政与景观用水对水质要求不高。

（四）消防用水

消防用水指扑灭火灾时所需要的用水，一般供应室内外消火栓给水系统、自动喷淋灭火系统等。消防用水对水质没有特殊要求，可使用生活、工业及市政景观用水，但短时用量很大，对于防火要求高的地区，可设立专用消防给水系统，以保证对水量和水压的要求。

（五）其他用水

在城市用水量预测中，还应考虑管网漏损水量、并预留一些余量，以应对一些规划难以准确预见的用水因素。这部分用水量可总体称为"其他用水量"。而对于需要对城市周边村镇进行供水的给水工程系统来说，对城市周边地区的村镇生活和工业用水量也应进行测算，并计入总的城市用水量，避免在规划供应城乡的供水设施时因漏算这部分用水而产生失误。

二、城市用水量标准

用水量标准是计算各类城市用水总量的基础，是城市给水排水工程规划的主要依据,并且对城市用水管理也有重要作用。我国各地具体条件差异较大,规划时确定城市用水量标准,除了参照国家的有关规范外,还应结合地方标准、用水量统计资料和城市产业发展趋势综合确定。

(一) 生活用水标准

1. 居民生活用水量标准

城市中每个居民日常生活所用的水量范围称为居民生活用水量标准,单位常用L/人·d计。居民生活用水一般包括居民的饮用、烹饪、洗刷、沐浴、冲洗厕所等用水。居民生活用水标准与当地的气候条件、城市性质、社会经济发展水平、给水设施条件、水资源量、居住习惯等都有较大关系。表3-1是《室外给水设计规范》GB 50013—2006 中所规定的标准。《建筑给水排水设计规范》GB 50015—2003 从住宅室内设备用水的角度规定了住宅生活用水标准,见表3-2。

居民生活用水定额(单位:L/人·d) 表3-1

城市规模	特大城市		大城市		中小城市	
用水情况 分区	最高日	平均日	最高日	平均日	最高日	平均日
一	180~270	140~210	160~250	120~190	140~230	100~170
二	140~200	110~160	120~180	90~140	100~160	70~120
三	140~180	110~150	120~160	90~130	100~140	70~110

注:1. 特大城市指:市区和近郊区非农业人口100万人及以上的城市。
  大城市指:市区和近郊区非农业人口50万人及以上,不满100万人的城市。
  中,小城市指,市区和近郊区非农业人口不满50万人的城市。
2. 一区包括:贵州、四川、湖北、湖南、江西、浙江、福建、广东、广西、海南、上海、云南、江苏、安徽、重庆。
  二区包括:黑龙江、吉林,辽宁、北京、天津、河北、山西、河南、山东、宁夏、陕西、内蒙古河套以东和甘肃黄河以东的地区。
  三区包括:新疆、青海、西藏、内蒙古河套以西和甘肃黄河以西的地区。
3. 经济开发区和特区城市,根据用水实际情况,用水定额可酌情增加。
4. 当采用海水或污水再生水等作为冲厕用水时,用水定额相应减少。

住宅最高日生活用水定额及小时变化系数 表3-2

住宅类别		卫生器具设置标准	生活用水定额(最高日)(L/人·日)	小时变化系数 K_h
普通住宅	Ⅰ	有大便器、洗涤盆、无沐浴设备	85~150	3.0~2.5
	Ⅱ	有大便器、洗脸盆、洗涤盆、洗衣机、热水器和沐浴设备	130~300	2.8~2.3
	Ⅲ	有大便器、洗脸盆、洗涤盆、洗衣机、集中热水供应(或家用热水机组)和沐浴设备	180~320	2.5~2.0
别墅		有大便器、洗脸盆、洗涤盆、洗衣机、洒水栓、家用热水机组和沐浴设备	200~350	2.3~1.8

注:1. 当地主管部门对住宅生活用水定额有具体规定时,可按当地规定执行。
2. 别墅用水定额中含庭院绿化用水和汽车洗车用水。

《城市居民生活用水量标准》GB/T 50331—2002 　　表 3-3

地域分区	日用水量（L／人·d）	适用范围
一	80～135	黑龙江、吉林、辽宁、内蒙古
二	85～140	北京、天津、河北、山东、河南、山西、陕西、宁夏、甘肃
三	120～180	上海、江苏、浙江、福建、江西、湖北、湖南、安徽
四	150～220	广西、广东、海南
五	100～140	重庆、四川、贵州、云南
六	75～125	新疆、西藏、青海

注：1. 表中所列日用水量是满足人们日常生活基本需要的标准值。在核定城市居民用水量时，各地应在标准值区间内直接选定。

　　2. 城市居民生活用水考核不应以日作为考核周期，日用水量指标应作为月度考核周期计算水量指标的基础值。

　　3. 指标值中的上限值是根据气温变化和用水高峰月变化参数确定的，一个年度当中对居民用水可分段考核，利用区间值进行调整使用。上限值可作为一个年度当中最高月的指标值。

　　4. 家庭制水人口的计算，由各地根据本地实际情况自行制定的管理规则或办法。

　　5. 以本标准为指导，各地视本地情况可制定地方标准或管理办法组织实施。

2. 公共建筑用水量标准

公共建筑用水包括娱乐场所、宾馆、集体宿舍、浴室、商业、学校、办公等用水。其各自的用水量见表 3-4，是由《建筑给水排水设计规范》GB 50015—2003 规定的。

集体宿舍、旅馆和公共建筑生活用水定额及小时变化系数 　　表 3-4

序号	建筑物名称	单位	最高日生活用水定额（L）	使用小时数（h）	小时变化系数 K_h
1	单身职工宿舍、学生宿舍、招待所、培训中心、普通旅馆 设公共盥洗室 设公共盥洗室、淋浴室 设公共盥洗室、淋浴室、洗衣室 设单独卫生间、公用洗衣室	每人每日 每人每日 每人每日 每人每日	50～100 80～130 100～150 120～200	24	3.0～2.5
2	宾馆客房 旅客 员工	每床位每日 每人每日	100～150 50～80	24 10	2.5～2.0 2.0
3	医院住院部 设公用盥洗室 设公用盥洗室、淋浴室 设单独卫生间 医务人员 门诊部、诊疗所 疗养院、休养所住房部	每床位每日 每床位每日 每床位每日 每人每班 每病人每次 每床位每日	100～200 150～250 250～400 150～250 10～15 200～300	24 24 24 8 8～12 24	2.5～2.0 2.5～2.0 2.5～2.0 2.0～1.5 1.5～1.2 2.0～1.5
4	养老院、托老所 全托 日托	每人每日 每人每日	100～150 50～80	24 10	2.5～2.0 2.0
5	幼儿园、托儿所 有住宿 无住宿	每儿童每日 每儿童每日	50～100 30～50	24 10	3.0～2.5 2.0

续表

序号	建筑物名称	单位	最高日生活用水定额（L）	使用小时数（h）	小时变化系数 K_h
6	公共淋浴 淋浴 浴盆、淋浴 桑拿浴（淋浴、按摩池）	每顾客每次 每顾客每次 每顾客每次	100 120～150 150～200	12 12 12	2.0～1.5
7	理发室、美容院	每顾客每次	40～100	12	2.0～1.5
8	洗衣房	每kg干衣	40～80	8	1.5～1.2
9	餐饮业 中餐酒楼 快餐店、职工及学生食堂 酒吧、咖啡馆、茶座、卡拉OK	每顾客每次 每顾客每次 每顾客每次	40～60 20～25 5～15	10～12 12～16 8～18	1.5～1.2 1.5～1.2 1.5～1.2
10	商场 员工及顾客	每 m² 营业厅面积每日	5～8	12	1.5～1.2
11	办公楼	每人每班	30～50	8～10	1.5～1.2
12	教学、实验室 中小学校 高等院校	每学生每日 每学生每日	20～40 40～50	8～9 8～9	1.5～1.2 1.5～1.2
13	电影院、剧院	每观众每场	3～5	3	1.5～1.2
14	健身中心	每人每次	30～50	8～12	1.5～1.2
15	体育场（馆） 运动员淋浴 观众	每人每次 每人每场	30～40 3	4	3.0～2.0 1.2
16	会议厅	每座位每次	6～8	4	1.5～1.2
17	客运站旅客、展览中心观众	每人次	3～6	8～16	1.5～1.2
18	菜市场地面冲洗及保鲜用水	每 m² 每日	10～20	8～10	2.5～2.0
19	停车库地面冲洗水	每 m² 每次	2～3	6～8	1.0

注：1. 除养老院、托儿所、幼儿园的用水定额中含食堂用水，其他均不含食堂用水。
2. 除注明外，均不含员工生活用水，员工用水定额为每人每班40～60L。
3. 医疗建筑用水中已含医疗用水。
4. 空调用水应另计。

（二）工业用水量标准

工业企业职工生活用水标准可根据车间性质决定，淋浴用水标准，根据车间卫生特征确定。根据《建筑给水排水设计规范》GB 50015—2003和《工业企业设计卫生标准》GB Z1-2010，可按表3-5进行取用。在进行总体规划层面的用水量测算时，这部分用水量一般忽略不计。

工业企业职工生活用水量和沐浴用水量　　　　表3-5

用水种类	用水性质	用水量	备注
生活用水	管理人员 车间工人	30～50（L/人·班）	用水时间为8h，时变化系数为1.5～2.5
淋浴用水		40～60（L/人·次）	延续供水时间为1h

工业企业生产用水量，根据生产工艺过程的要求确定，可采用单位产品用水量、单位设备日用水量、万元产值取水量、单位建筑面积工业用水量作为工业用水标准。由于生产性质、工艺过程、生产设备、管理水平等不同，工业生产用水的变化很大。有时，即使生产同一类产品，不同工厂、不同阶段的生产用水量相差也很大。一般情况下，生产用水量标准由企业工艺部门来提供。规划时，缺乏具体资料，可参考有关同类型城市的工业区、开发区的相关技术经济指标。

为建设节水型社会，国家标准化管理委员会于2002年发布了《工业企业产品取水定额编制通则》GB/T 18820—2002、《取水定额 第1部分：火力发电》GB/T 18916.1—2002、《取水定额 第2部分：钢铁联合企业》GB/T 18916.2—2002、《取水定额 第3部分：石油炼制》GB/T 18916.3—2002、《取水定额 第4部分：棉印染产品》GB/T 18916.4—2002、《取水定额 第5部分：造纸产品》GB/T 18916.5—2002，这些标准可在规划地区产业较为明确的情况下，进行工业用水量预测时使用。

（三）市政与景观用水

用于街道保洁、绿化浇水和汽车冲洗等市政用水，由路面种类、绿化面积、气候和土壤条件、汽车类型、路面卫生情况等确定。

浇洒道路用水可按浇洒面积以 $2.0 \sim 3.0L/(m^2 \cdot d)$ 计算；浇洒绿地用水可按浇洒面积以 $1.0 \sim 3.0L/(m^2 \cdot d)$ 计算。

汽车冲洗用水量标准按小轿车 $250 \sim 400L/$ 辆·d；公共汽车、载重汽车 $400 \sim 600L/$ 辆·d。

景观用水量要根据城市景观水体的实际补给要求进行测算，主要考虑景观水体的蒸发、渗漏与自然补给状况，确定需要从城市供水系统进行补给的水量。

（四）消防用水量标准

根据《室外给水设计规范》GB 50013—2006，消防用水量、水压及延续时间等应按国家现行标准《建筑设计防火规范》GB 50016—2006 及《高层民用建筑设计防火规范》GB 50045—95（2005年版）等设计防火规范执行。根据《建筑设计防火规范》GB 50016—2006，消防用水量按同时发生的火灾次数和一次灭火的用水量确定。其用水量与城市规模、人口数量、建筑物耐火等级、火灾危险性类别、建筑物体积、风向频率和强度有关。根据《建筑设计防火规范》GB 50016 规定，城镇、居住区的室外消防用水量见表3-6。工厂、仓库和民用建筑在同一时间内的火灾次数见表3-7。建筑物的室外消火栓用水量见表3-8。

城市、居住区同一时间内的火灾次数和一次灭火用水量　　　　表3-6

人数 N（万人）	同一时间内的火灾次数（次）	一次灭火用水量（L/s）
$N \leqslant 1.0$	1	10
$1.0 < N \leqslant 2.5$	1	15
$2.5 < N \leqslant 5.0$	2	25
$5.0 < N \leqslant 10.0$	2	35
$10.0 < N \leqslant 20.0$	2	45
$20.0 < N \leqslant 30.0$	2	55

续表

人数 N（万人）	同一时间内的火灾次数（次）	一次灭火用水量（L/s）
$30.0 < N \leqslant 40.0$	2	65
$40.0 < N \leqslant 50.0$	3	75
$50.0 < N \leqslant 60.0$	3	85
$60.0 < N \leqslant 70.0$	3	90
$70.0 < N \leqslant 80.0$	3	95
$80.0 < N \leqslant 100.0$	3	100

注：城市的室外消防用水量应包括居住区、工厂、仓库、堆场、储罐（区）和民用建筑的室外消火栓用水量。当工厂、仓库和民用建筑的室外消火栓用水量按表 3-8 的规定计算，其值与按本表计算不一致时，应取较大值。

工厂、仓库、堆场、储罐（区）和民用建筑在同一时间内的火灾次数　表 3-7

名称	基地面积（hm²）	附有居住区人数（万人）	同一时间内的火灾次数（次）	备注
工厂	$\leqslant 100$	$\leqslant 1.5$	1	按需水量最大的一座建筑物（或堆场、储罐）计算
		> 1.5	2	工厂、居住区各一次
	> 100	不限	2	按需水量最大的两座建筑物（或堆场、储罐）之和计算
仓库、民用建筑	不限	不限	1	按需水量最大的一座建筑物（或堆场、储罐）计算

注：采矿、选矿等工业企业当各分散基地有单独的消防给水系统时，可分别计算。

工厂、仓库和民用建筑一次灭火的室外消火栓用水量（L/s）　表 3-8

耐火等级	建筑物类别		建筑物体积 V（m³）					
			$V \leqslant 1500$	$1500 < V \leqslant 3000$	$3000 < V \leqslant 5000$	$5000 < V \leqslant 20000$	$20000 < V \leqslant 50000$	$V > 50000$
一、二级	厂房	甲、乙类	10	15	20	25	30	35
		丙类	10	15	20	25	30	40
		丁、戊类	10	10	10	15	15	20
	仓库	甲、乙类	15	15	25	25	—	—
		丙类	15	15	25	25	35	45
		丁、戊类	10	10	10	15	15	20
	民用建筑		10	15	15	20	25	30
三级	厂房（仓库）	乙、丙类	15	20	30	40	45	—
		丁、戊类	10	10	15	20	25	35
	民用建筑		10	15	20	25	30	—
四级	丁、戊类厂房（仓库）		10	15	20	25	—	—
	民用建筑		10	15	20	25	—	—

注：1. 室外消火栓用水量应按消防用水量最大的一座建筑物计算。成组布置的建筑物应按消防用水量较大的相邻两座计算；

2. 国家级文物保护单位的重点砖木或木结构的建筑物，其室外消火栓用水量应按三级耐火等级民用建筑的消防用水量确定；

3. 铁路车站、码头和机场的中转仓库其室外消火栓用水量可按丙类仓库确定。

高层建筑室外消火栓给水系统的用水量，不应小于该规范表 3-9 的规定。

高层建筑室外消火栓给水系统的用水量标准　　　表 3-9

高层建筑类别	建筑高度 m	消水栓用水量（L/s）		每根竖管最小流量 L/s	每支水枪最小流量 L/s
		室外	室内		
普通住宅	≤ 50	15	20	10	5
	>50	15	20	10	5
1. 高级住宅； 2. 医院； 3. 二类建筑的商业楼、展览楼、综合楼、财贸金融楼、电信楼、商住楼、图书馆、书库；	≤ 50	20	20	10	5
4. 省级以下的邮政楼、防灾指挥调度楼、广播电视楼、电力调度楼； 5. 建筑高度超过 50m 的教学楼和普通的旅馆、办公楼、科研楼、档案楼等	>50	20	30	15	5
1. 高级旅馆； 2. 建筑高度超过 50m 或每层建筑面积超过 1000m² 的商业楼、展览楼、综合楼、电信楼、财贸金融楼； 3. 建筑高度超过 50m 或每层建筑面积超过 1500m² 的商住楼； 4. 中央和省级（含计划单列市）广播电视楼；	≤ 50	30	30	15	5
5. 网局级和省级（含计划单列市）电力调度楼； 6. 省级（含计划单列市）邮政楼、防灾指挥调度楼； 7. 藏书超过 100 万册的图书馆、书库； 8. 重要的办公楼、科研楼、档案楼； 9. 建筑高度超过 50m 的教学楼和普通的旅馆、办公楼、科研楼、档案楼等	>50	30	40	15	5

注：建筑高度不超过 50m，室内消火栓用水量超过 20L/s. 且设有自动喷水灭火系统的建筑物，其室内外消防用水量可按本表减少 5L/s。

（五）其他用水量

城镇配水管网的漏损水量宜按上述四项水量之和的 5% ~ 10% 进行测算，当管网系统较为老化、供水压力高时可取较高值。规划时，还应预留总用水量 5% 左右的弹性余量。城市周边村镇用水量要根据用水区域的大小，采用村镇相关用水标准（如《村镇供水工程技术规范》SL 310—2004 等）进行预测。

（六）城市用水量变化

城市用水量受人们作息时间的影响，总是不断变化的，通常所说的用水量标准只是一个平均值，不能确定城市给水系统的设计水量和各项单项工程的设计水量。为了准确进行取水工程、水处理厂和管网系统的规划设计，必须知道用水量逐日、逐时的变化情况。城市用水量的变化规律用时变化系数和时变化曲线来表示。

1. 日变化系数

一年中每日的用水量随季节和生活习惯等不同而有所变化。在规划设计年限内，用水最多一日的用水量，叫最高日用水量。城市给水规模就是指城市给水工程统一供水的城市最高日用水量，一般用来确定给水系统中各项构筑物的规模。而在城市水资源平衡中所用的水量，一般指平均日用水量。

$$K_d = \frac{年最高日用水量}{年平均日用水量}$$

K_d 通常为 1.1 ~ 1.5。规划时，可参考如下值：特大城市取 1.1 ~ 1.2；大城市取 1.15 ~ 1.3；中小城市取 1.2 ~ 1.5。气温较高的城市可选用上限值。

2. 时变化系数

在一天中，每小时的用水量也是在不断变化的，变化幅度与居民人数、居民作息制度、房屋设备情况、生活习惯等有关。最高日中，最高一小时用水量与平均时用水量的比值，叫时变化系数 K_h。

$$K_h = \frac{最大日最大时用水量}{最大日平均时用水量}$$

K_h 通常取值为 1.3 ~ 3.0。

三、城市用水量预测与计算

（一）城市用水量预测的基本方法

城市用水量预测与计算是指采用一定的理论和方法，有条件地预计城市将来某一阶段的可能用水量。一般以过去的资料为依据，以今后用水趋势、经济条件、人口变化、水资源情况、政策导向等为条件。每种预测方法是对各种影响用水的条件做出合理的假定，从而通过一定的方法，求出预期水量。城市用水量预测与计算涉及城市未来发展的诸多因素，所以一般采用多种方法相互校核。

城市用水量预测的时限一般与规划年限相一致，有近期（5年左右）和远期（15 ~ 20 年）之分。在可能的情况下，应提出远景规划设想，对未来城市用水量做出预测，以便对城市发展规划、产业结构、水资源利用与开发、城市基础设施建设等提出要求。

本部分主要介绍城市总体规划中城市用水量预测和计算的常用方法，其中对于分区规划和详细规划也有参考作用。

1. 综合指标法

综合指标法包括了人均综合指标法和单位用地指标法两类。

人均综合指标是指城市每日的总供水量除以用水人口所得到的人均用水

量。规划时，合理确定本市规划期内人均用水量标准是本法的关键。通常根据城市历年人均综合用水量的情况，参照同类城市人均用水指标确定。显然，城市中工业用水占有较大比例（通常在 50% 以上），而各城市的工业结构和规模及发展水平都有较大差别，不能盲目照搬。表 3—10 是 20 世纪 90 年代中期对我国部分城市进行调查统计后的结果。表 3—11 是《城市给水工程规划规范》所列的综合用水量规划指标。

城市综合用水量调查表（单位：L／人·d）　　　　表 3—10

城市规模	特大城市		大城市		中小城市	
用水情况分区	最高日	平均日	最高日	平均日	最高日	平均日
一	507 ~ 682	437 ~ 607	568 ~ 736	449 ~ 597	274 ~ 703	225 ~ 656
二	316 ~ 671	270 ~ 540	249 ~ 561	249 ~ 433	224 ~ 668	189 ~ 449
三	—	—	229 ~ 525	212 ~ 397	271 ~ 441	238 ~ 365

注：城市分类和分区见表 3-1 注。

城市单位人口综合用水量指标（单位：万 m³／万人·d）　　　　表 3—11

城市规模区域	特大城市	大城市	中等城市	小城市
一	0.8 ~ 1.2	0.7 ~ 1.1	0.6 ~ 1.0	0.4 ~ 0.8
二	0.5 ~ 0.9	0.4 ~ 0.8	0.35 ~ 0.75	0.3 ~ 0.7
三	0.4 ~ 0.8	0.35 ~ 0.7	0.3 ~ 0.6	0.25 ~ 0.6

注：1. 城市分类和分区见表 3-1 注；
　　2. 本表为规划其最高日指标，并已包括管网漏水失水量。

确定了用水量指标后，再根据规划确定的人口数，就可计算出用水总量，见式

$$Q=Nqk \tag{3—1}$$

式中　　Q——城市用水量；

　　　　N——规划期末人口数；

　　　　q——规划期限内的人均综合用水量标准；

　　　　k——规划期内城市用水普及率，一般情况下取 100%。

单位用地指标法是在确定城市单位建设用地的用水量指标后，根据规划的城市用地规模，推算出城市用水总量。这种方法对城市总体规划、分区规划、详细规划的用水量预测与计算都有较好的适应性。表 3—12 是《城市给水工程规划规范》中所推荐的指标。另外，还给出了按城市建设用地分类的用水量指标，见表 3—13 和表 3—14。

城市单位建设用地综合用水指标（万 m³/km²·d）　　　表 3-12

区域	城市规模			
	特大城市	大城市	中等城市	小城市
一区	1.0～1.7	0.7～1.3	0.6～1.0	0.4～0.9
二区	0.5～1.2	0.3～0.9	0.3～0.7	0.25～0.6
三区	0.5～0.8	0.3～0.7	0.25～0.5	0.2～0.4

注：1. 城市分类和分区见表 3-1 注；

　　2. 本表为规划其最高日指标，并已包括管网漏水失水量。

居住用地用水量指标（m³/hm²·d）　　　表 3-13

区域	城市规模			
	特大城市	大城市	中等城市	小城市
一区	180～280	160～250	130～230	125～220
二区	130～195	110～170	95～150	85～145
三区	130～185	110～160	95～140	85～133

注：1. 城市分类和分区见表 3-1 注；

　　2. 本表为规划其最高日指标。

其他用地水量指标（m³/hm²·d）　　　表 3-14

用地名称	用水量指标
仓储用地	20～50
对外交通	35～60
道路广场	20～25
市政公园用地	25～50
绿地	10～30
特殊用地	50～90

注：1. 沿海发达地区城市综合用水量指标可根据实际情况酌情增加。

　　2. 本表指标为最高日指标。

2. 趋势推演法

趋势推演法包括线性回归法和年增长率法两种。

线性回归法是根据过去相互影响、相互关联的两个或多个因素（也称为变量）的资料，由不确定的函数关系，利用数学方法建立相互关系，拟合成一条确定曲线或一个多维平面，然后将其外延到适当时间，得到预测值。回归曲线有线性和非线性两种，回归自变量有一元和多元之分。在编制给水专项规划进行城市用水量预测时，常采用线性回归法。

应该注意，线性回归是基于线性拟合外推的方法，对于用水条件变化较大的城市，采用此方法进行中长期用水量预测难以保证准确度，一般用于近期城市用水量预测。

年递增率法是根据历年来供水能力的年递增率，并考虑经济发展的速度，选定供水的递增函数，再由现状供水量，推求出规划期的供水量。其中常用复利公式来计算，假定每年的供水量都以一个相同的速率递增。

$$Q = Q_0 (1+\gamma)^n \tag{3-2}$$

式中　Q　——预测年规划的城市用水总量；

　　　Q_0　——起始年份实际的城市用水总量；

　　　γ　——城市用水总量的平均增长率；

　　　n　——预测年限。

这种方法的关键是合理地确定递增速率。各城市在对历年数据进行分析的基础上，考察增长的原因，及未来增长的可能性，选用合理的递增速率。据有关资料，近阶段我国城市用水增长速率，以年均 4％～ 6％较为适当。另外，预测起始年份的选择对预测结果也有一定影响。

年递增率法实际是一种拟合指数曲线的外推模型，若预测时限过长，可能影响预测精度。

3. 分类加和法

分类加和法是分别对各类城市用水进行预测，获得各类用水量，再进行加和，其精度较人均综合指标方法高。最基本的分类是分成综合生活用水、工业用水、市政与景观用水、消防用水、其他用水等几个部分。《室外给水设计规范》GB 50013—2006 给出了综合生活用水标准，见表 3–15。

综合生活用水定额（单位：L／人·d）　　　　　表 3–15

城市规模 用水情况 分区	特大城市		大城市		中小城市	
	最高日	平均日	最高日	平均日	最高日	平均日
一	260 ～ 410	210 ～ 340	240 ～ 390	190 ～ 310	220 ～ 370	170 ～ 280
二	190 ～ 280	150 ～ 240	170 ～ 260	130 ～ 210	150 ～ 240	110 ～ 180
三	170 ～ 270	140 ～ 230	150 ～ 250	120 ～ 200	130 ～ 230	100 ～ 170

注：同表 3-1 注。

城市或居住区的最高日综合生活用水量为：

$$Q_1 = qNf \ (m^3/d) \tag{3-3}$$

式中　q　——最高日综合生活用水量定额，$m^3/$（人·d），见表 3–15；

　　　N　——设计年限末规划人口数；

　　　f　——自来水普及率，％。

整个城市的最高日综合生活用水量定额应参照一般居住水平定出，如城市各区的房屋卫生设备类型不同，用水量定额应分别选定。一般地，城市计划人口数并不等于实际用水人数，所以应按照实际情况考虑用水普及率，以便得出实际用水人数。城市各区用水量定额不同时，最高日用水量应等于各区用水量的总和：

$$Q_1 = \Sigma q_i N_i f_i \tag{3-4}$$

式中，q_i、N_i 和 f_i 分别表示各区的最高日综合生活用水量定额、计划人口数和用水普及率。

除综合生活用水量外，还应考虑工业企业职工的生活用水和淋浴用水量 Q_2，以及市政及景观用水量 Q_3。

城市工业用水量在城市总用水量中占有较大比例，其预测的准确与否对城市用水量规划具有重要影响。城市工业用水量受城市规划中的工业结构调整、重大工业项目选址及城市用水政策制定等因素影响。因为影响城市工业用水量的因素较多，预测方法也比较多。除了单位用地指标法和趋势推演法外，常用万元产值指标法。

万元工业产值用水量指工业企业在某段时间内，每生产一万元产值的产品所使用的水量。根据确定的万元产值用水量和规划期的工业总产值，可以算出工业用水量 Q_4。

$$Q_4 = q \cdot B \ (1-n) \ (m^3/d) \tag{3-5}$$

式中　q ——城市工业万元产值用水量，m^3/ 万元；

　　　B ——城市工业总产值，万元；

　　　n ——工业用水重复利用率。

不同的行业和同行业不同企业之间的万元产值用水量的差距较大。这与当地水资源情况、工厂节水管理、设备的技术改造、产品结构、工业性质、工艺流程等都有关系。我国许多城市通过技术改造、推广节水措施、增加产值高用水少的企业等使万元产值用水量呈下降趋势，但下降速度在逐年减慢，如图 3-1 所示、反映我国工业万元产值用水量多年的变化情况。世界发达国家的情况也表明了这一规律。

工业生产所需要的总用水量为所取用新水与重复利用水量之和。工业用水重复利用率就是指在一定的时间内（如一年），生产过程中使用的重复利用水量与总用水量之比。科技的进步和节水措施的采用使工业产值不断增加，水的重复利用率逐渐提高，而万元产值用水量不断减少，当重复利用率增长到

万元产值取水量（m^3/万元）

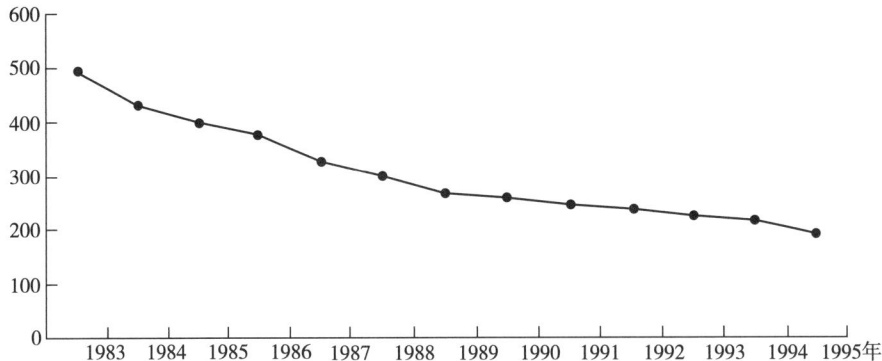

图 3-1　我国历年工业万元产值取水量

图 3-2　我国历年工业
用水重复利
用率

重复利用率（%）

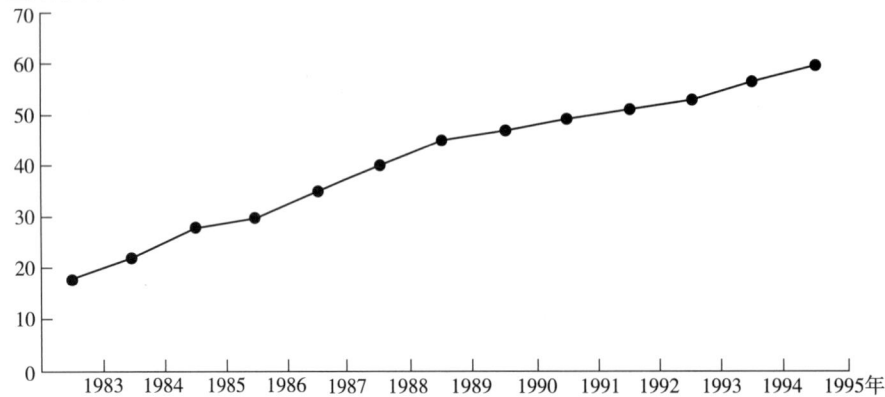

一定程度后，再提高就比较困难了，因此重复利用率的速度增长缓慢。图 3-2 是我国的工业用水平均重复利用率变化曲线。表 3-16 列有各种工业用水重复利用率的合理值。

各种工业用水重复利用率合理值　　　　　表 3-16

行业	钢铁	有色冶金	石油工业	一般化工	造纸	食品	纺织	印染	机械	火力发电
重复利用率（%）	90～98	80～95	85～95	80～90	60～70	40～60	60～80	30～50	50～60	90～95

除了上述各种用水量外，再增加相当于最高日用水量 10%～15% 的未预见水量和管网漏水量。

因此，设计年限内城市最高日的用水量为：

$$Q_d = (1.1～1.15)(Q_1 + Q_2 + Q_3 + Q_4) \quad (m^3/d) \tag{3-6}$$

从最高日用水量可得到最高时设计用水量：

$$Q_h = (1000 \times K_h Q_d) / (24 \times 3600) = K_h Q_d / 86.4 \quad (L/s) \tag{3-7}$$

式中　K_h——时变化系数；

　　　Q_d——最高日设计用水量。

如上式中令 $K_h=1$，即得最高日平均时的设计用水量。

还有一种分类方法是分成大生活用水和工业用水两类，其中大生活用水包括居民生活、公建、市政等用水。

预测时，除了计算出每类用水量外，还可以采用比例相关法。根据城市中各类用水的比例关系，只要计算出其中一类或几类用水量，就可以预测出总用水量。

（二）城市用水量预测应注意的问题

1. 注意预测方法的选用

以上介绍了城市用水量预测的一些方法。其根本思路都是按照历史用水量资料，对影响用水量大的因素进行分析，然后进行经验估算或建立模型预测，得出结果。各种方法应结合具体情况选用。在最充分地利用资料的条件下，选用最能显示其优点的预测方法。规划时，应采用多种方法进行预测，以相互校核。

2. 充分分析判别过去的资料数据

由于历史的原因，我国城市经济发展和建设有过一些波折，不同的历史阶段，用水量有不同的变化规律。选用数据时，应考虑各种历史因素，若采用不恰当的资料，可能使外推结果随时间失去精确性。例如改革开放以来，不少城市的供水递增率都很高，有一些都在8％以上，但这种情况只能存在于一定的历史阶段，若采用直接采用这些指标就可能失误很大。

3. 应充分考虑地方因素的影响

城市的经济发展水平、区域分布、水资源丰富程度、基础设施配套情况、人们的生活习惯、水价、工业结构等都是影响城市用水量的重要因素，各地有很大的不同，而国家标准和规范很难全面反映这些不同，因此在使用各种用水量指标进行预测时，应更多采用地方标准进行预测，切忌盲目套用国标。

4. 应注意人口的增长流动

用水量预测的许多指标都要根据城市人口取值，并直接使用城市人口作为变量，所以人口预测的准确与否将直接影响用水量预测结果。随着市场经济的发展和户籍政策的变化，人口的流动和变化是一个不可忽视的因素。大部分城市的用水资料中，没有计入流动人口和暂住人口。特别是沿海开放城市的流动人口数量多，导致历年统计值中人均用水标准偏高，在用水预测时要考虑这方面的影响。

5. 应掌握城市用水的变化趋势

一个特定的城市，在一定的历史阶段，受到技术经济发展和水资源的限制，城市用水量的变化呈阶段性。在初始阶段，经济发展和生活水平较低，用水量变化幅度较小，但随时间推移会增大；发展阶段，随着工业的发展、城市人口聚集、生活水平的提高，城市用水量骤增，变化幅度较大；饱和阶段，城市水资源的开发受到限制，重复用水措施大力推广，新增用水量主要靠重复用水来解决，城市用水总量趋于饱和，变化幅度逐渐变小有时还会负增长。这是许多城市的发展规律，在规划城市用水量时应注意这种趋势。

6. 应注意自备水源的用户用水量。

城市中的一些用水大户（如大型工矿企业）常自备水源供水，而不直接从城市管网中取水。这部分水量有时没有包含在历年数据中，预测时不应漏掉。在水资源规划和水量平衡时，对自备水源及使用自备水源的用户应进行统一的供水规划。

第二节　城市水资源开发利用规划与水源规划

一、城市水资源开发利用规划

（一）水资源量

我国是一个水资源贫乏的国家，人均径流量仅为世界人均占有量的1/4。水资源在地区分布上极不平衡，与人口、耕地的分布不相适应。且水量在时程分配上也极不均匀，年际变化大，旱涝灾害频繁发生。

水资源是指可供某个区域内人民生活、产业发展和城乡建设使用的淡水。包括可以利用的河流、湖泊的地表水，逐年可以恢复的地下水等天然淡水资源，以及淡化的海水、可回用的污水等人工淡水资源。我国许多地区水资源短缺现象十分严重，目前全国有一半以上城市缺水，主要分布在华北、胶东、西北、辽宁中南部及沿海地区。除了水资源先天不足外，由于污染造成的水质下降，也会造成沿江、河的城市的缺水。

一个城市可以利用的水资源量多寡，主要是由城市所在区域的天然条件决定的。在考察城市水资源量的时候，必须考虑城市所在区域的水资源情况。一般情况下，某个区域的水资源量为当地降水形成的地表水量以及贮存和转化的地下水量，加上外来水量（主要是河川径流量）的贮存量和动态水量。但必须注意，不是该区域所有的水资源量都是可以利用的。某区域的水资源可利用量指经济上合理、技术上可能和生态环境不遭受破坏的前提下，最大可能被控制利用的、具有一定保证率的一次性水量。它与区域内水资源总量、水资源开发的技术水平和当地经济发展水平有密切关系。区域水资源可利用量才是与该区域城乡总体用水量进行平衡的依据。

（二）水资源的开发利用过程

从城市发展史来看，各国水资源开发利用的过程是有一定规律性的。在某种技术经济条件下，每个区域都存在着极限水资源量，并在一定时期内保持相对稳定。通常可以把水资源开发利用过程划分为三个阶段：

1. 自由开发阶段

在自由开发阶段其主要特征是：城乡用水总量远低于该地区极限水资源容量。在这个阶段，人们解决城乡用水量增长问题的主要手段是就近开发新水源；水资源的开发有相当盲目性，甚至破坏性；供水成本和水价低廉；大部分水经一次使用后即排放，普遍存在着水资源浪费现象。在20世纪80年代以前，我国大多数区域的水资源开发处于这一阶段。

2. 水资源基本平衡到制约开发阶段

随着城市人口聚集，工业迅速发展，城市用水量急骤增加，开始加紧建设新的供水设施，新水源的开发受到越来越多因素的制约，城市水资源开发进入制约开发阶段，出现了一系列带有规律性的特征：为满足用水迅速增长需求大量抽取地下水，使地下水位开始大幅度下降；新水源的开发受到邻近地区水资源开发的制约，受到农业用水的制约和资金、能源、材料，甚至技术上的制约；

往往采用工程浩大和耗费巨资的蓄水、输水，甚至跨流域调水的办法来增加供水量；用水量的增长加大了废水排放量，由于废水处理设施建设跟不上，水体污染加剧，反过来更加剧了城市供水紧张的矛盾；尽管采用了一些区域间水资源调配措施，但用水需求的迅猛增长仍难以得到满足。在这个阶段，城乡用水总量开始向区域极限水资源容量靠近。目前我国很多缺水城市都处于这个阶段。

3. 水资源综合开发利用阶段

当用水总量已逼近区域极限水资源容量，城乡发展面临水资源门槛时，水资源开发进入第三个阶段，即水资源综合开发利用阶段。这阶段的主要特征是：由于新水源开发成本越来越高，开发重复用水与开发新水源相比，逐渐显示了越来越明显的优势，各种直接的和间接的重复用水系统迅速发展，节水新技术和新设备开发十分活跃，各种有关管理法规和管理体系也相应配套发展；人们已把用过的废水看成是可再生的二次水资源，城乡新增用水量主要靠直接或间接重复用水来解决。目前，我国大多数水资源严重短缺的城市都将逐步进入这一阶段。

（三）水资源平衡

城市规划中，预见一个地区的水资源是否能够支撑城市的长远发展，或者能够支撑多大规模的城市发展，需要对不同阶段的区域水资源可利用量进行测算，并与各阶段城乡可能的用水量进行比较，进行供需平衡，这就是城市规划工作中的水资源（供需）平衡。水资源平衡是一个动态的过程，在发现在城市发展的某些规划阶段可能出现的水资源短缺情况时，需要提出各种解决该问题的规划应对措施和手段，以实现水资源的相对平衡，同时，通过水资源平衡的研究，可以对城市发展过程中的规模论证、产业发展等方面提出调整的意见和建议。

水资源平衡过程中，首先需要测算本地可以供给的水资源量，即本地水资源可利用量部分。按照以上提出的水资源可利用量的定义，水资源可利用量主要可以分为地表淡水资源量和地下淡水资源量；本地区可利用的地表水资源量通常储存于水库和湖塘中，也包括跨区域河流（过境水量）可以留用于本地的水量。本地地表水资源可利用量丰水年和枯水年会有所变化，采用的数值一般为多年平均值，通过兴建地表水存蓄设施，或增加留用的过境水量，本地区地表水资源量也可能会有所增加。本地区地下水资源可利用量一般不会发生太大变化，但过度开采将造成地下水可利用量减少，地下水位下降，在采取了保护措施后，可以扭转地下水资源可利用量减少的局面。各地水利部门一般都会对本地水资源可利用量进行测算并提出相应报告，通过报告能够了解相应的水资源可利用量的现状数值。

进行水资源平衡的用水需求测算时，首先考虑的是某地区的城乡生活用水的需求，一般根据城市规划预测的城乡人口及其综合生活用水指标进行测算；其次是该地区工业和农业生产用水量的测算，按照工业产值及其用水标准测算工业用水量，根据耕地数量、牲畜数量及其用水指标测算农业用水量；然后，还要考虑本地水系的生态和景观补给用水需求。如火力发电厂等用水大户的用水需求，还可单独进行测算。

对上述供需两方面进行比较，如果本地多年平均的水资源可利用量大于规划各阶段的用水量，即充裕度达到1以上（充裕度越高，说明水资源相对于用水规模来说越丰沛），则可以认为：从水资源承载力的角度来看，规划各阶段的人口规模和采用的用水标准是较为合理的；否则，说明本地水资源可利用量不足以支撑规划确定的发展规模和用水标准，需要从开源和节流两方面采取相应的措施，实现水资源的供需平衡。

从"开源"角度来说，一个地区通过增加水利工程设施的数量和规模，增加过境水量的取用，可以提高本地的水资源可利用量，但这些做法的作用是有限的；通过跨区域引调水、海水淡化和污水处理回用，也可以获得额外的水资源可利用量，用以解决城市或区域水资源短缺问题，但这部分水资源的获得，需要付出较高的工程建设成本和水处理成本。上述方法中，污水作为大量、稳定的水资源，其处理回用体现了集约利用水资源和环保的理念，目前正越来越得到各缺水城市的重视。

从"节流"角度来看，解决一个地区的水资源短缺问题，要求地区发展的总体规模（人口数或开发建设强度）得到适度的控制，或者通过产业结构调整和节水技术发展，将综合用水标准控制在一定水平以下，从而控制规划地区在各个发展阶段的用水总量。生活用水标准和产业用水标准在合理区间内取值较低，也是国家和地区发展水平较高的一个标志。

（四）规划思路

城市规划，必须从各方面促进对区域水资源进行保护和可持续开发利用，保证城市的用水需要，引导城市和区域协调发展。

水资源开发利用规划的总体思路如下：

1. 用保结合。要有效利用水资源，首先要加强对水资源的保护，才能实现可持续开发利用。加强保护，首先是要加强水污染治理，避免人类生产生活活动对水资源的污染，这种污染治理，既包括对城市、独立工矿的点源污染治理，也包括对农村的面源污染治理；其次是要有节制地开发水资源，不能涸泽而渔，特别是地下水资源的开发，必须控制在逐年可恢复的地下水资源量以内，不能过量开采，地表水开发也应该保证一定的生态用水量；第三是认真研究水源地的选址和保护问题，对规划水源地与城乡其他建设区域之间的防护隔离地带要有前瞻性的考虑和刚性控制，避免城乡建设范围扩大影响到水源地的保护。

2. 加强大区域范围内的水资源开发利用协调，对有限的水资源进行合理分配。这种分配包括区域间的分配和城乡分配。区域间的水资源调配可以通过大区域、大流域管理机构进行总体调配，也可以通过签订市际水资源分配协议的方式进行协调，打破行政区划和部门分割的界限，从区域或流域的层次考虑水资源开发利用问题；城乡水资源的合理分配要体现在规划用量计算中。

3. 应充分考虑水资源对城市发展规模的制约作用。一定数量的水资源只能支持一定规模的城市和区域发展。规划时，要科学预测城市需水总量，做好城乡用水供需平衡，保证城市未来的发展规模与可利用的水资源相协调。在研究城市人口、城市用地、城市发展布局时，应分析水资源"门槛"对城市发展的限制。

4. 城市产业结构与布局必须与当地的水资源条件相适应。城市工业用水集中，水源保证率要求高，同时对水质也有一定的要求。因此在规划时，应特别注意水资源条件的约束，对城市产业结构和城市布局，提出调整与制约要求。在水资源紧张的地区，应慎重选择产业体系，合理研究产业区组合。

5. 认真分析城市缺水原因，走内涵发展之路，努力通过自身解决缺水问题。规划时，应针对不同的原因，提出相应的解决措施。其中，最重要的是要从城市及其所在区域的具体情况出发，优化城市用水结构，节约用水，走挖潜优化、内涵发展的道路。

（五）解决城市缺水的规划对策

城市缺水大致有三种类型，第一种是资源型缺水，表现为水资源绝对数量不足，达到"开源"极限；第二种是水质型缺水，即尽管城市水资源量较丰富，但由于污染严重，城市缺乏合乎水质要求的水源；第三种是工程型缺水，指城市工程设施陈旧，或投资不足，给水工程设施供水能力满足不了城市用水发展需要。

缺水已成为我国城市持续发展的制约因素，并且随着经济的发展和城市化水平的提高，这个问题将变得更加严峻。城市规划工作者必须充分认识我国城市水资源短缺的现实，采取各种对策，解决缺水问题，保证城乡用水需求。

解决城市缺水问题，需要加强环保，开源节流。主要措施包括本地存蓄、区域调水、整体供水、污水回用、海水淡化、分质供水等。具体如下：

1. 尽可能开发利用当地水资源，发挥水资源的潜力。在城市周围修建一定量的蓄水工程，以充分利用过境径流。山区和海岛地区，如缺少大的自然存蓄水体，可修建人工池库，截留丰水期的径流量，作为城市水源。在一些城市内部建设雨水水库和雨水贮留系统，蓄集雨、洪水，作为城市杂用水和河道冲洗用水，这样还可以起到蓄洪调峰的作用，减少洪涝灾害。水网地区，利用天然河湖蓄水，作为农业和城市补充水源。水质较好的河湖应与受污染的河流断开，形成相对独立的水系。

一些地区受季节性降水影响，地表水（特别是河流）在丰水期和枯水期的水质差别较大，水资源的保障能力较差。此种情况下，城市可采用避污（咸）蓄清（淡）的方法，即利用天然或人工池库蓄存一定的水量，作为污染期（咸潮期）的原水调节水库，保障水资源质和量的稳定。水质好时，直接从河道引水；水质差时，取用水库中的水。沿海地区河流受潮汐影响，氯离子浓度较高，可以建一定规模的蓄水库，保证咸潮期间的用水（上海的青草沙水源地就是这种蓄水库）。如果同一河段上的污水排放口和取水口相距较近，可采用间歇排放与取水，把排水与取水的时段相交错。

2. 城市当地水资源濒于枯竭或受到严重污染而不能使用时，可考虑远距离引水或跨流域调水。我国近年来修建了一大批长距离调水工程，解决了一些缺水城市的燃眉之急，发挥了巨大效益。

3. 采用区域整体供水，满足城镇密集地区的供水需求。城市化密集地区经济发达，而水污染往往也很严重，造成区域性缺水。区域供水可以发挥区域内水资源的优势，通过整体优化配置水资源，发挥规模效益，降低成本。

4. 加强污水的处理回用，充实城市水源。城市污水量大且集中，水质水量相对稳定，不受季节和干旱的影响，是解决城市水资源危机的有效方法。且城市污水厂建于城市周围可以取消长距离调水的输水管和取水构筑物，还能使污水排放减量，并节省治污费用。城市污水经过处理后，用于农业灌溉、工业回用（冷却水、工艺用水、洗涤水等）、城市杂用水（浇洒、景观、消防、绿化、洗车、冲厕、建筑施工等）、地下回灌、渔业养殖、河湖补充用水，甚至饮用水等方面。当然，污水回用的成本较高，是否采用污水回用措施，要视城市缺水状况和经济实力而定。

5. 经济实力较强的滨海城市为了解决缺水问题，可以采用成本较高的海水淡化措施。海水除了可以淡化为淡水外，还能够代替淡水直接应用在工业和生活方面。海水作为工业冷却水具有水源稳定、水温适宜、耗能低、投资少等优点，广泛用于电厂及石油化工等生产过程，可以节省大量淡水资源。在工业方面，海水还可用作冲灰、洗涤、甚至工艺用水。在生活方面，海水可用作冲厕、消防等用水。

6. 分质供水可以作到〝水〞尽其用，有效地利用各类水资源，保护优质水资源。通过分质供水实现水的优质优用，劣质劣用，一方面节省大量优质水，降低净水处理费用；另一方面可以开发新的水源（如海水、再生水、微咸水、雨水等），克服城市水资源短缺。另外，分质供水通过〝优质优价〞，可以强化节水意识，减少水资源浪费。

二、城市水源规划

（一）城市水源种类

1. 地下水

地下水指埋藏在地下孔隙、裂隙、溶洞等含水层介质中储存运移的水体。地下水按埋藏条件可分为包气带水、潜水、泵压水等，其中在城市中多开采潜水。地下水具有水质清洁，水温稳定，分布面广等特点。但地下水的矿化度和硬度较高，一些地区可能出现矿化度很高或其他物质（如铁、锰、氯化物、硫酸盐等）的含量较高的情况。地下水是城市的主要水源，若水质符合要求，一般都优先考虑。但必须认真地进行水文地质勘察，以保证对地下水的合理开发。

2. 地表水

地表水主要指江河、湖泊、蓄水库等。地表水源由于受地面各种因素的影响，具有浑浊度较高、水温变幅大、易受工农业污染、季节性变化明显等特点，但地表径流量大、矿化度和硬度低、含铁锰量低。采用地表水源时，在地形、地质、水文、人防、卫生防护等方面较复杂，并且需要完备的水处理工艺，所以投资和运行费用较大。地表水源水量充沛，常能满足大量用水的需要，是城市给水水源的主要选择。

3. 海水

海水含盐量很高，淡化比较困难。但由于水资源缺乏，世界上许多沿海国家开始开发利用海水。海水作为水源一般用在工业用水和生活杂用水方面，如工业冷却、除尘、冲灰、洗涤、消防、冲厕等。也有对海水进行淡化处理，作为生产工艺用水和饮用水。海水腐蚀和海生物附着会对管道和设备造成危害，但这一问题从技术上和经济上都可以得到合理解决。

4. 其他水源

微咸水主要埋藏在较深层的含水层中，多分布在沿海地区。微咸水的含氯量只有海水的 1/10。微咸水的水量充沛，比较稳定；水质因地而异，有一定变化。微咸水可作为农用灌溉、渔业、工业用水等。

再生水是指经过处理后回用的工业废水和生活污水。城市污水具有量大、就近可取、水量受季节影响小、基建投资和处理成本比远距离输水低等优点。城市污水处理后，可以用在许多方面，如农业灌溉，工业生产，城市生活杂用，地下回灌，水景用水，消防用水，渔业养殖，甚至饮用水等。再生水的利用应充分考虑对人体健康和环境质量的影响，按照一定的水质标准处理和使用。

暴雨洪水通常在干旱地区出现时间集中，不能为农田和城市充分利用，且短时间的大量积水，危害城市安全。暴雨洪水一般被城市管道收集后，经河道排入河海，成为弃水。但在缺水地区修建一定的水利工程，形成雨水贮留系统，一方面可以减少水淹之害，另一方面可以作为城市水源。

（二）城市水源选择

城市给水水源选择影响到城市总体布局和给水排水工程系统的布置，应进行认真深入的调查、踏勘，结合有关自然条件、水资源勘测、水质监测、水资源规划、水污染控制规划、城市远近期发展规模等进行分析、研究。选择城市给水水源应符合以下原则：

（1）水源具有充沛的水量，满足城市近、远期发展的需要。天然河流（无坝取水）的取水量应不大于河流枯水期的可取水量；地下水源的取水量应不大于开采贮量。采用地表水源时，须先考虑自天然河道和湖泊中取水的可能性，其次可采用挡河通坝蓄水库水，而后考虑需调节径流的河流。地下水贮量有限，一般不适用于用水量很大的情况。

（2）水源具有较好的水质。水质良好的水源有利于提高供水水质，可以简化水处理工艺，减少基建投资和降低制水成本。《地面水环境质量标准》GB 3838—2002 中把地面水分为 5 类，其中生活饮用水源的水质必须符合《生活饮用水水源水质标准》CJ 3020—93 中的要求，该标准中把水源水分为 2 级：一级水源水要求水质良好，地表水只需经简易净化处理（如过滤）、消毒后即可供生活饮用；地下水只需消毒处理；二级水源水要求水质受轻度污染，经常规净化处理（如絮凝、沉淀、过滤、消毒等），其水质达到《生活饮用水卫生标准》GB 5749—2006。若水质浓度超过二级标准限值的水源水，不宜作生活饮用水的水源；若限于条件需加以利用时，应采用相应净化工艺处理，达到标准，并经主管部门批准。

对于工业企业生产用水水源的水质要求则随生产性质及生产工艺而定。当城市有多种天然水源时，应首先考虑水质较好的容易净化的水源作供水水源，或考虑多水源分质供水。符合卫生要求的地下水，应优先作为生活饮用水源，按照开采和卫生条件，选择地下水源时，通常按泉水、承压水（或层间水）、潜水的顺序。对于工业企业生产用水水量不大或不影响当地生活饮用需要，也可采用地下水源。

（3）坚持开源节流的方针，协调与其他经济部门的关系。与水资源利用有关的其他经济部门有农业、水力发电、航运、水产、旅游、排水等，所以进行给水水源规划时要全面考虑、统筹安排，做到合理化综合利用各种水源。

（4）水源选择要密切结合城市近、远期规划和发展布局，从整个给水系统（取水、净水、输配水）的安全和经济来考虑。给水水源的选择对给水系统的布置形式有重要的影响，应根据技术经济的综合评定认真选择水源。

（5）选择水源时还应考虑取水工程本身与其他各种条件，如当地的水文、水文地质、工程地质、地形、人防、卫生、施工等方面条件。

（6）水源选择应考虑防护和管理的要求，避免水源枯竭和水质污染。

（7）保证安全供水。大中城市应考虑多水源分区供水，小城市也应有远期备用水源。在无多个水源可选时，结合远期发展，应设两个以上取水口。

（三）城市水源保护

城市水源一旦遭受破坏，很难在短时间内恢复，将长期影响城市用水供应。所以在开发利用水源时，应做到利用与保护相结合，在城市规划中明确保护措施。水源保护应包括水质和水量两个方面。

为了更好地保护水环境，根据不同水质的使用功能，划分水体功能区，从而可以实施不同的水污染控制标准和保护目标。城市规划中，也必须结合水体功能分区进行城市布局。通常根据《地面水环境质量标准》GB 3838—2002将水体划分为5类，表3-17是水域功能分类与要求的排放标准及水污染控制区的关系。

**地表水域功能分类与水污染防治控制区及污水
综合排放标准分级之间关系**　　　　　　　　　表3-17

地表水环境质量标准中水域功能分类		水污染防治控制区	污水综合排放标准的分级
Ⅰ类	源头水、国家自然保护区	特殊控制区	禁止排放污水区
Ⅱ类	集中式生活饮用水水源地一级保护区、珍贵鱼类保护区、鱼虾产卵场等	特殊控制区	禁止排放污水区

续表

地表水环境质量标准中水域功能分类		水污染防治控制区	污水综合排放标准的分级
Ⅲ类	集中式生活饮用水水源地二级保护区、一级鱼类保护区、游泳区	重点控制区	执行一类标准
Ⅳ类	工业用水区、人体非直接接触的娱乐用水区	一般控制区	执行二级或三级标准（排入城镇生物处理污水处理厂）
Ⅴ类	农业用水区、一般景观要求水域	一般控制区	

我国有关法规对给水水源的卫生防护提出了具体要求，城市给水工程系统规划应予执行。

1. 地表水源的卫生防护

在饮用水地表水源取水口附近，划定一定的水域和陆域作为饮用水地表水源一级保护区。其水质标准不低于《地面水环境质量标准》GB 3838—2002的Ⅱ类标准。在一级保护区外划定的水域和陆域为二级保护区，其水质不低于Ⅱ类标准。根据需要在二级保护区外划定的水域和陆域为准保护区。各级保护区的卫生防护规定如下：

(1) 取水点周围半径100m的水域内，严禁捕捞、停靠船只、游泳和从事可能污染水源的任何活动，并应设有明显的范围标志。

(2) 取水点上游1000m至下游100m的水域，不得排入工业废水和生活污水，其沿岸防护范围不得堆放废渣，不得设立有害化学物品仓库、堆站或装卸垃圾、粪便和有毒物品的码头，沿岸农田不得使用工业废水或生活污水灌溉及施用持久性或剧毒的农药，不得从事放牧等有可能污染该段水域水质的活动。

供生活饮用的水库和湖泊，应根据不同情况的需要，将取水点周围部分水域或整个水域及其沿岸划为卫生防护地带，并按上述要求执行。

受潮汐影响的河流取水点上、下游及其沿岸防护范围，由有关部门根据具体情况确定。

(3) 以河流为给水水源的集中式给水，应把取水点上游1000m以外的一定范围河段划为水源保护区，严格控制上游污染物排放量。排放污水时应符合《地面水环境质量标准》GB 3838—2002的有关要求，以保证取水点的水质符合饮用水水源水质要求。

(4) 水厂生产区的范围应明确划定，并设立明显标志，在生产区外围不小于10m范围内不得设置生活居住区和修建禽、畜饲养场、渗水厕所、渗水坑，不得堆放垃圾、粪便、废渣或铺设污水渠道，应保持良好的卫生状况和绿化。

单独设立的泵站、沉淀池和清水池的外围不小于10m的区域内，其卫生要求与水厂生产区相同。

2. 地下水源的卫生防护

饮用水地下水源一级保护区位于开采井的周围，其作用是保证集水有一定滞后时间，以防止一般病原菌的污染。直接影响开采井水质的补给区地段，必要时也可划为一级保护区。

二级保护区位于一级保护区外，以保证集水有足够的滞后时间，以防止病原菌以外的其他污染。准保护区位于二级保护区外的主要补给区，以保护水源地的补给水源水量和水质。各级保护区的卫生防护规定如下：

（1）取水构筑物的防护范围，应根据水文地质条件、取水构筑物的形式和附近地区的卫生状况进行确定，其防护措施与地面水的水厂生产区要求相同。

（2）在单井或井群影响半径范围内，不得使用工业废水或生活污水灌溉和施用有持久性毒性或剧毒的农药，不得修建渗水厕所、渗水坑、堆放废渣或铺设污水渠道，并不得从事破坏深层土层的活动。如取水层在水井影响半径内不露出地面或取水层与地面水没有互相补充关系时，可根据具体情况设置较小的防护范围。

（3）在水厂生产区的范围内，应按地面水厂生产区的要求执行。

（4）分散式给水水源的卫生防护地带，以地面水为水源时参照地面水源卫生防护中（1）和（2）的规定；以地下水为水源时，水井周围30m的范围内，不得设置渗水厕所、渗水坑、粪坑、垃圾堆和废渣堆等污染源，并建立卫生检查制度。

第三节　城市给水工程设施规划

一、城市给水工程系统布置

（一）城市给水工程系统组成与功能

城市给水工程系统由相互联系的一系列构筑物所组成，其任务是从水源取水，按照用户对水质的要求进行处理，然后将水输送到给水区，并向用户配水。

按照工作过程，城市给水工程系统可分以下几部分功能：

1. 取水工程

用以从选定的水源（包括地表水和地下水）取水，并输往水厂。工程设施包括水源和取水点、取水构筑物及将水从取水口提升至水厂的一级泵站等。

2. 水处理（净水）工程

将天然水源的水加以处理，符合用户对水质的要求。工程设施包括水厂内各种水处理构筑物或设备、将处理后的水送至用户的二级泵站等。

3. 输配水工程

输水工程是指从水源泵房或水源集水井至水厂的管道（或渠道），或仅起输水作用的从水厂至城市管网和直接送水到用户的管道，包括其各项附属构筑物、中途加压泵站等。配水工程又分为配水厂和配水管网两部分，配水厂是起调节加压作用的设施，包括泵房、清水池、消毒设备和附属建筑物；配水管网包括各种口径的管道及附属构筑物、高地水池和水塔。

以地面水为水源的给水系统常由上述三个部分组成，如图3-3所示。

以地下水为水源的给水系统，因水质较好，常省去水处理构筑物，只需

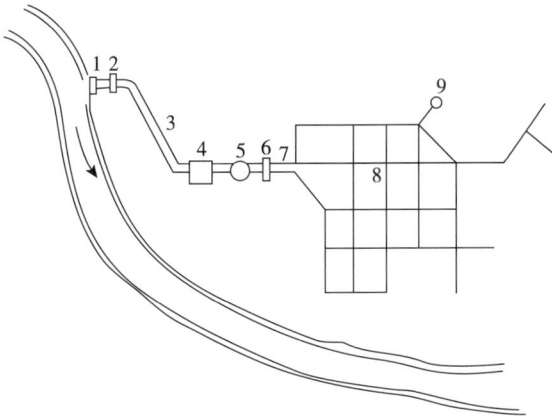

图 3-3　地面水源地给水系统
1- 取水构筑物;2- 一级泵站;3- 原水输水管;4- 水处理厂;5- 清水池;
6- 二级泵站;7- 输水管;8- 管网;9- 调节构筑物

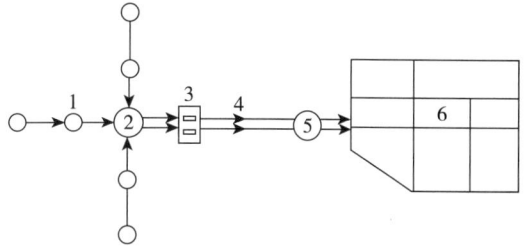

图 3-4　地下水的给水系统
1- 管井群;2- 集水池;3- 泵站;4- 输水管;5- 水塔;6- 管网

加氯消毒或直接使用。图 3-4 为以地下水为水源的给水系统。

（二）城市给水工程系统布置形式

根据城市布局，地形地质等自然条件，水源情况，用户对水量、水质、水压的要求等，城市给水系统可以有不同的布置形式。

1. 统一给水系统

根据生活饮用水水质要求，由同一管网供给生活；生产和消防用水到用户的给水系统，称为统一给水系统。该给水系统的水源可以一个，也可以多个，图 3-5 为三个水源的统一给水系统。统一给水系统多用在新建中小城镇、工业区、开发区及用户较为集中，各用户对水质、水压无特殊要求或相差不大，地形比较平坦，建筑物层数差异不大的情况。该系统管理简单，但供水安全性低。

2. 分质给水系统

取水构筑物从同一水源或不同水源取水，经过不同程度的净化过程，用不同的管道,分别将不同水质的水供给各个用户的给水系统叫分质给水系统（图 3-6）。

除了在城市中工业较集中的区域，对工业用水和生活用水，采用分质供

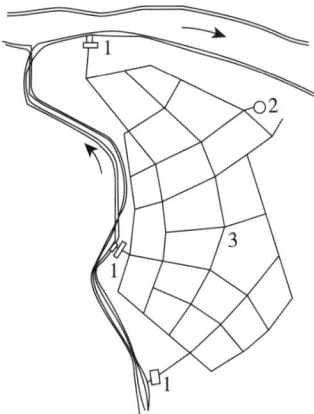

图 3-5　多水源给水系统（左）

1- 水厂;2- 加压水库;3- 管网

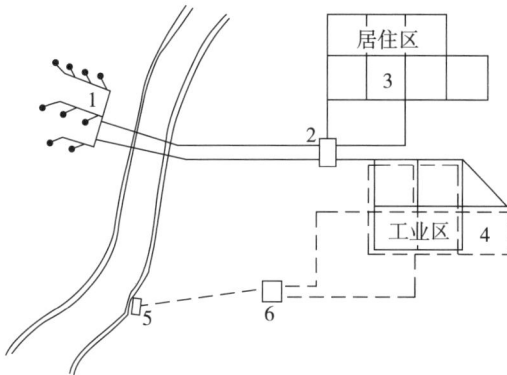

图 3-6　分质给水系统（右）

1- 管井;2- 泵站;3- 生活用水管网;4- 生产用水管网;5- 地面水取水构筑物;6- 工业用水处理构筑物

水外，可在城市一定范围内对饮用水与杂用水进行分质供水。城市生活中，直接用于饮用的水只占城市管网供水的很少一部分，为 1%～2%，而把其余所有的水都处理到饮用水标准，无疑是一种浪费。另外，随着水源水质的恶化，处理费用和难度越来越大。分质供水可以保证城市有限水资源优质优用。分质供水管理系统增多，管理复杂，对旧城区实施难度较大。对于水资源紧缺的新建居住区、工业区、海岛地区等可以考虑应用。

3. 分区给水系统

把城市的整个给水系统分成几个区，每区有泵站和管网等，各区之间有适当的联系，以保证供水可靠和调度灵活。分区给水可以使管网水压不超出水管所能承受的压力，减少漏水量和减少能量的浪费。但将增加管网造价且管理比较分散。该系统适用于给水区很大，地形起伏，高差显著及远距离输水的情况。

其中由同一泵站内的低压和高压水泵分别供给低区和高区用水，叫并联分区。其特点是供水安全可靠，管理方便，给水系统的工作情况简单；但增加了输水管长度和造价。主要适用于城区沿河岸发展而宽度较小或水源靠近高压区时。

高低两区用水均由低区泵站供给，高区用水再由高区泵站加压，叫串联分区。另外，大中城市的管网为了减少因管线太长引起的水头损失过大，并为提高管网边缘地区的水压，而在管网中间设加压泵站或由水库泵站加压，也是串联分区的一种形式。串联分区的特点是：输水管长度较短，可用扬程较低的水泵和低压管，但将增加泵站造价和管理费用。主要适用于城区垂直于等高线方向延伸、供水区域狭长、地形起伏不大、水厂又集中布置在城市一侧的情况。

分区给水系统如图 3-7 所示。

4. 循环和循序给水系统

在工业生产中，所产生的废水经过适当处理后可以循环使用，或用作其他车间和工业部门的生产用水，则称作循环系统或循序给水系统。大力发展循环和循序用水系统可以节约用水，提高工业用水重复利用率，也符合清洁生产的原则，对水资源贫乏的地区，尤为适用，见图 3-8、图 3-9。其实，这种系统在工业生产中应用广泛，许多行业的工业用水重复利用率可以达到 70% 以上。城市中，中水系统也可以看作循环给水系统。

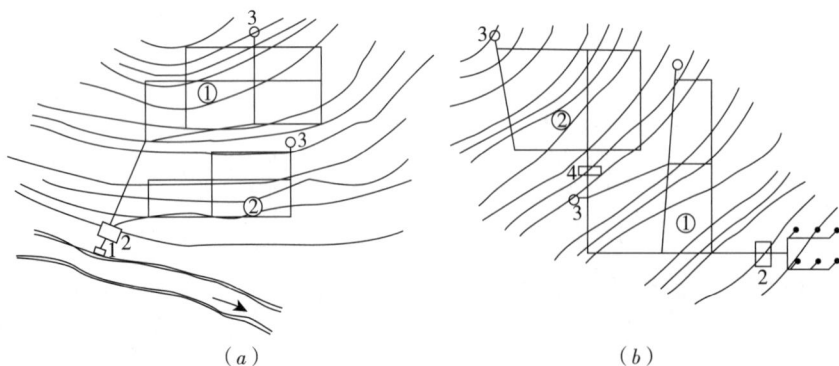

（a）　　　　　　　（b）

图 3-7　分区给水系统
（a）并联分区；（b）串联分区
①高区；②低区；1-取水构筑物；2-水处理构筑物和二级泵站；3-水塔或水池；4-高区泵站

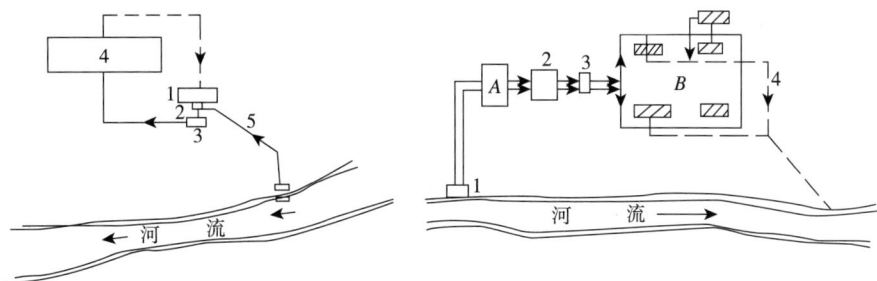

5. 区域性给水系统

由于水源受到污染，几个城镇或工业区集中在上游统一取水，沿线分别供水；或在干旱或水源贫乏地区，城镇或工业区只能远距离集中取水，这种将若干城镇或工业企业的给水系统联合起来的给水系统，称为区域性给水系统。该系统对水源缺乏地区，尤其是城市化密集地区的城镇较适用，并能发挥规模效应，降低成本。

（三）城市给水工程系统布置原则

确定城市给水工程系统是城市给水工程系统规划的主要内容。在规划设计中，应遵循国家的建设方针，根据城市总体规划的要求，在满足用户对水量、水质和水压需要的前提下，因地制宜地选择经济合理、安全可靠的给水系统。

给水工程系统布置的一般原则如下：

（1）根据城市规划的要求、地形条件、水资源情况及用户对水质、水量和水压的要求等来确定布置形式、取水构筑物、水厂和管线的位置。

（2）从技术经济角度分析比较方案，尽量以最少的投资满足用户对水量、水质、水压和供水可靠性的要求。考虑近、远期结合、分期实施。

（3）在保证水量的条件下，优先选择水质较好，距离较近，取水条件较好的水源。自地水源不能满足城市发展要求，应考虑远距离调水或分质供水，保证城市可持续发展。

（4）水厂位置应接近用水区，以便降低输水管道的工作压力和长度。净水工艺力求简单有效，并符合当地实际情况，以便降低投资和生产成本。

（5）输配水系统因造价较大，应在满足供水要求的前提下，考虑对管道采用新材料、新技术，减少金属管道和高压材料的使用。

（6）充分考虑用水量较大的工业企业重复用水的可能性，努力发展清洁工艺，以利于节省水资源，减小污染，减少费用。

（7）给水系统扩建时，应充分发挥现有给水系统的潜力，改造设备，改进净水工艺，调整管网，加强管理，以便尽可能提高现有给水系统的供水能力。

二、取水工程设施规划

取水工程是给水工程系统的重要组成部分，通常包括给水水源选择和取水构筑物的规划设计等。取水构筑物的作用是从水源经过取水口取到所需要的水量。在城市规划中，要根据水源条件确定取水构筑物的位置、取水量，并考虑取水构筑物可能采用的形式等。

（一）地下水取水构筑物

地下水取水构筑物的位置选择与水文地质条件、用水需求、规划期限、城市布局等都有关系。在选择时应考虑以下情况：

（1）取水点要求水量充沛、水质良好，应设于补给条件好、渗透性强、卫生环境良好的地段。

（2）取水点的布置与给水系统的总体布局相统一，力求降低取、输水电耗和取水井及输水管的造价。

（3）取水点有良好的水文、工程地质、卫生防护条件，以便于开发、施工和管理。

（4）取水点应设在城镇和工矿企业的地下径流上游，取水井尽可能垂直于地下水流向布置。

（5）尽可能靠近主要的用水地区。

由于地下水类型、埋藏深度、含水层性质不同，开采和取集地下水的方法和取水构筑物型式也不相同。主要有管井、大口井、辐射井、渗渠及复合井、引泉构筑物等，其中管井和大口井最为常见。地下水取水构筑物的型式及适用范围见表 3-18。

地下水取水构筑物的型式及适用范围　　　　　　　　　　　　　　表 3-18

型式	尺寸	深度	适用范围				出水量
			地下水类型	地下水埋深	含水层厚度	水文地质特征	
管井	井径 50～1000mm 常用 150～600mm	井深 20～1000m，常用 300m	潜水、承压水、裂隙水、溶洞水	200m 以内，常用 70m 以内	大于 5m 或有多层含水层	适用于任何砂、卵石、砾石地层及构造裂隙岩溶裂隙地带	单井出水量 500～6000m³/d，最大可达 2～3 万 m³/d·m
大口井	井径 2～10m 常用 4～8m	井深在 20m 以内，常用 6～15m	潜水、承压水	一般在 10m 以内	一般为 5～20m	砂、卵石、砾石地层，渗透系数最好在 20m/d 以上	单井出水量 500～10000m³/d，最大可达 2～3 万 m³/d·m
辐射井	集水井直径 4～6m，辐射管直径 50～300mm，常用 75～150mm	集水井井深，常用 3～12m	潜水、承压水	埋深 12m 以内，辐射管距降水层应大于 1m	一般大于 5m	补给良好的中粗砂、砾石层，但不可含有漂石	单井出水量 5000～50000m³/d，最大可达 310000 万 m³/d·m
渗渠	直径为 450～1500mm，常用为 600～1000mm	埋深 10m 以内，常用 4～6m	潜水、河床渗透水	一般埋深 8m 以内	一般为 4～6m	补给良好的中粗砂砾石、卵石层	一般为 10～30 m³/d·m，最大为 50～100 m³/d·m

（二）地表水取水构筑物

地表水取水构筑物位置的选择对取水的水质、水量、取水的安全可靠性、投资、施工、运行管理及河流的综合利用都有影响。所以应根据地表水源的水文、地质、地形、卫生、水力等条件综合考虑。选择地表水取水构筑物位置时，应考虑以下基本要求：

（1）设在水量充沛、水质较好的地点，宜位于城镇和工业的上游清洁河段。取水构筑物应避开河流中回流区和死水区，潮汐河道取水口应避免海水倒灌的影响；水库的取水口应在水库淤积范围以外，靠近大坝；湖泊取水口应选在近湖泊出口处，离开支流汇入口，且须避开藻类集中滋生区；海水取水口应设在海湾内风浪较小的地区，注意防止风浪和泥沙淤积。

（2）具有稳定的河床和河岸，靠近主流，有足够的水源，水深一般不小于2.5～3.0m。弯曲河段上，宜设在河流的凹岸，但应避开凹岸主流的顶冲点；顺直的河段上，宜设在河床稳定、水深流急、主流靠岸的窄河段处。取水口不宜放在入海的河口地段和支流向主流的汇入口处。

（3）尽可能减少泥砂、漂浮物、冰凌、冰絮、水草、支流和咸潮的影响。

（4）具有良好的地质，地形及施工条件。取水构筑物应建造在地质条件好、承载力大的地基上。应避开断层、滑坡、冲积层、流砂、风化严重和岩溶发育地段。应考虑施工时的交通运输和施工场地。

（5）取水构筑物位置选择应与城市规划和工业布局相适应，全面考虑整个给水排水系统的合理布置。应尽可能靠近主要用水地区，以减少投资。输水管的铺设应尽量减少穿过天然（河流、谷地等）或人工（铁路、公路等）障碍物。

（6）应考虑天然障碍物和桥梁、码头、丁坝、拦河坝等人工障碍物对河流条件引起变化的影响。取水口距离见表3-19。

取水口离公共设施的距离　　　　　　表3-19

公共设施	取水口位置	
支流汇入主流处分汊河流	在汇入口下游400m以外在分汊口上游500m以上	1—取水口；2—堆积锥；3—沙洲
桥梁	桥梁上有0.5～1.0km或下游1.0km以上。河流的泥沙和漂浮物少时可减少距离	

续表

公共设施	取水口位置
丁坝	与丁坝同岸时，取水口设在丁坝上游，而不宜在下游，与坝前浅滩上游端的距离，岸边式取水口不少于150～200m，河床式取水口设在丁坝对岸时，须有护岸工程 1—取水口；2—丁坝；3—淤积区；4—主流方向
码头	取水口不宜设在码头附近，距码头边缘至少100m，并应征求航运、港务部门意见。必须在码头附近取水时，宜用河床式取水构筑物
污水排放口	取水口应设在城市和工业企业上游。应在污水排水出口上游150m以上或下游1km以外，并建立卫生防护带。如取水岸边游污水排水口时，可用河床式取水口，以取得江心较好水质的水

(7) 应与河流的综合利用相适应。取水构筑物不应妨碍航运和排洪，并且符合灌溉、水力发电、航运、排洪、河湖整治等部门的要求。

(8) 取水构筑物的设计最高水位应按100年一遇频率确定。城市供水水源的设计最小（枯水）流量的保证率，一般采用90%～97%。设计枯水位的保证率，一般采用90%～99%。

地表水取水构筑物有多种型式，按水源可分为：河流、湖泊、水库、海水取水构筑物。

按取水构筑物的结构形式可分为：固定式，可用于不同取水量，全国各地都有使用，其可分为岸边式、河床式、斗槽式，其中前两者应用较普遍，后者使用较少；活动式，适用于中、小取水量，用在建造固定式有困难时，多在长江中、上游和南方地区，流量和水位变幅较大，取水深度不够的山区河流采用低坝式和底栏栅式。选择取水构筑物时，在保证取水安全可靠的前提下，应根据取水量和水质要求，结合河床地形、水流情况、施工条件等，通过一定的技术经济比较确定。

（三）取水构筑物用地指标

取水构筑物用地指标的确定按《室外给排水工程技术经济指标》，见表3-20。

取水构筑物用地指标　　　　　表3-20

设计规模	每m³/d水量取水构筑物用地指标（m²）			
	地表水水源		地下水水源	
	简单取水工程	复杂取水工程	深层取水工程	浅层取水工程
I类（水量10万m³/d以上）	0.02～0.04	0.03～0.05	0.10～0.12	0.35～0.40
II类（水量2～10万m³/d）	0.04～0.06	0.05～0.07	0.11～0.14	0.40～0.45

续表

设计规模	每 m³/d 水量取水构筑物用地指标（m²）			
	地表水水源		地下水水源	
	简单取水工程	复杂取水工程	深层取水工程	浅层取水工程
Ⅲ类（水量 1～2 万 m³/d）	0.06～0.09	0.06～0.10	0.13～0.15	0.42～0.55
（水量 1 万 m³/d 以下）	0.09～0.12	0.10～0.14	0.14～0.17	0.71～1.95

三、给水处理工程设施规划

（一）原水水质特点

由于河床冲刷、矿物溶解、微生物繁殖等自然过程，以及城市污水、化肥、农药等人为影响，使水源中的原水含有各种杂质。悬浮物和胶体会使水浑浊，并造成水的色、臭、味，甚至传播疾病，是饮用水处理的主要去除对象。水中的溶解物质主要是气体低分子和化学离子，其中的一些溶解杂质可使水产生色、臭、味，并且使人体致病，是饮用水处理和某些工业用水的去除对象。

未受污染的自然环境下各种水源水质特点如下：

1. 地下水水质特点

地下水经过地层渗滤，悬浮物和胶体已基本或大部分去除，水质清澈，且水源不易受外界污染和气温影响，因而水质、水温较稳定，一般宜作为饮用水和工业冷却用水的水源。因地下水溶解了各种可溶性矿物质，水的含盐量通常高于地表水（海水除外）。又因地下水含盐量和硬度较高，故用作某些工业用水水源未必经济。地下水含铁、锰量超过饮用水标准时，需经处理方可使用。

2. 江河水水质特点

江河水易受自然条件影响，水中悬浮物和胶态杂质含量较多，浊度高于地下水。我国各地区江河水的浊度相差很大，同一条河流，由于季节和地理条件的影响，相差也较大。江河水的含盐量和硬度较低。江河水易受工业废水、生活污水及其他各种人为污染，因而水的色、臭、味变化较大，有毒或有害物质易进入水体。其水温不稳定，夏季常不能满足工业冷却用水要求。

3. 湖泊及水库水质特点

湖泊及水库水，主要由河水供给，水质与河水类似。但由于湖（或水库）水流动性小，贮存时间长，经过长期自然沉淀，浊度较低。湖水有利于浮游生物的生长，所以湖水含藻类较多，使水产生色、臭、味。湖水也易受城市污水污染。由于湖水不断得到补给又不断蒸发浓缩，故含盐量往往比河水高。

4. 海水水质特点

含盐量高且所含各种盐类或离子的重量比例基本上一定。海水一般须经淡化处理才可作为居民生活用水。海水不经处理，一般宜作为工业冷却水或生活杂用。

目前由于工业废水、生活污水、农药、化肥的污染，地表水源的水质不断恶化，大量有机物和重金属离子进入水体，极大地威胁着人体健康。所以保护水源、强化水处理工艺是解决这个问题的关键。

（二）给水处理方法

通常天然水源的水质不能满足人们的生产生活需要。为了保障人体健康和工业生产，人们制定了各种供水水质标准。我国现行的《生活饮用水卫生标准》GB 5749—2006 规定了生活饮用水各种指标所应达到的限值。工业用水因种类繁多，水质要求各不相同，需由生产工艺、产品质量、设备材料以及水在生产中的用途来决定。随着科学技术的进步、人民生活需求的提高、水源污染的加剧，水质标准总是在不断改进、补充之中。

给水处理的目的是通过必要的处理方法去除水中杂质，使之符合生活饮用或工业使用所要求的水质。水处理方法应根据原水水质和用水对象对水质的要求确定。下面对几种主要的水处理方法作一简要介绍。

1. 澄清过滤和消毒

这是以地表水为水源的生活饮用水的常用处理工艺。但工业用水也常需澄清工艺。

澄清工艺通常包括混凝、沉淀和过滤。处理对象主要是水中悬浮物和胶体杂质。原水加药后，经混凝使水中悬浮物和胶体形成大颗粒絮凝体，而后通过沉淀池进行重力分离。澄清池是絮凝和沉淀综合于一体的构筑物。过滤池是利用粒状滤料截留水中杂质的构筑物并置于混凝和沉淀构筑物之后，用以进一步降低水的浑浊度。完善而有效的混凝、沉淀和过滤，不仅能有效地降低水的浊度，对水中某些有机物、细菌及病毒等的去除也是有一定效果的。根据原水水质不同，在上述澄清工艺系统中还可适当增加或减少某些处理构筑物。例如，处理高浊度原水时，往往需设置泥沙预沉池或沉沙池；原水浊度很低时，可以省去沉淀构筑物而进行原水加药后的直接过滤。但在生活饮用水处理中，过滤是必不可少的。大多数工业用水也往往采用澄清工艺作为预处理过程。如果工业用水对澄清要求不高，可以省去过滤而仅需混凝、沉淀即可。

消毒是灭活水中致病微生物，通常在过滤以后进行。主要消毒方法是在水中投加消毒剂以杀灭致病微生物。当前我国普遍采用的消毒剂是氯，也有采用漂白粉、二氧化氯及次氯酸钠、臭氧等。

"混凝—沉淀—过滤—消毒"可称之为生活饮用水的常规处理工艺。我国以地表水为水源的水厂主要采用这种工艺流程。也可根据水源水质不同，增加或减少某些处理构筑物。饮用水处理除了采用上述工艺流程外，在砂滤后还可增加活性炭过滤。有的工艺系统还更加复杂。

2. 除臭、除味

这是饮用水净化中所需的特殊处理方法。当原水中臭、味严重而采用澄清和消毒工艺系统不能达到水质要求时方才采用。除臭、除味的方法取决于水中臭味的来源。例如，对于水中有机物所产生的臭和味，可用活性炭吸附或氧化剂氧化法去除；对于溶解性气体或挥发性有机物所产生的臭和味，可采用曝气法去除；因藻类繁殖而产生的臭和味，可采用微滤机或气浮法去除藻类，也可在水中投加硫酸铜除藻；因溶解盐类所产生的臭和味，可采用适当的除盐措施等等。地下水由于微污染而引起的臭和味，可采用活性炭吸附或向水中投加氧化剂，如高锰酸钾等。

3. 除铁、除锰和除氟

当溶解于地下水中的铁、锰的含量超过生活饮用水卫生标准时，需采用除铁、锰措施。

常用的除铁、锰方法是：氧化法和接触氧化法。前者通常设置曝气装置、氧化反应池和砂滤池；后者通常设置曝气装置和接触氧化滤池。还可采用药剂氧化、生物氧化法及离子交换法等。通过上述处理方法（离子交换法除外），使溶解性二价铁和锰分别转变成三价铁和四价锰并产生沉淀物而去除。

当水中含氟量超 1.0mg/L 时，需采用除氟措施。除氟方法基本上分成三类：一是投入硫酸铝、氯化铝或碱式氯化铝等使氟化物产生沉淀；二是利用活性氧化铝或磷酸三钙等进行吸附交换；三是采用电化学法（如电渗析和电凝聚）。目前使用活性氧化铝除氟的较多。

4. 软化

处理对象主要是水中钙、镁离子。软化方法主要有：离子交换法和药剂软化法。前者在于使水中钙、镁离子与阳离子交换剂上的离子互相交换以达到去除目的；后者系在水中投入药剂，石灰、苏打等以使钙、镁离子转变为沉淀物而从水中分离。

5. 淡化和除盐

处理对象是水中各种溶解盐类，包括阴、阳离子。将高含盐量的水如海水及微咸水处理到符合生活饮用或某些工业用水要求时的处理过程，一般称为咸水"淡化"；制取纯水及高纯水的处理过程称为水的"除盐"。淡化和除盐主要方法有：蒸馏法、离子交换法、电渗析法及反渗透法等。离子交换法需经过阳离子交换剂和阴离子交换剂两种交换过程；电渗析法系利用阴、阳离子交换膜能够分别透过阴、阳离子的特性，在外加直流电场作用下使水中阴、阳离子被分离出去；反渗透法系利用高于渗透压的压力施于含盐水以使水通过半渗透膜而盐类离子被阻留下来。电渗析法和反渗透法属于膜分离法，通常用于高含盐量水的淡化或作为离子交换法除盐的前处理过程。

6. 水的冷却

冷却水占工业用水的 70% 以上，现在大多利用冷却塔和冷却池等敞开式循环冷却系统降低水温，循环再用。循环水水质含盐浓度较高，腐蚀性加强，易结垢，因此应对循环冷却水进行处理，控制沉淀物和腐蚀。

7. 预处理和深度处理

对于不受污染的天然地表水源而言，饮用水的处理对象主要是去除水中悬浮物、胶体和致病微生物，对此，常规处理工艺"混凝—沉淀—过滤—消毒"是十分有效的。但对于污染水源而言，水中溶解性的有毒有害物质，特别是具有致癌、致畸、致突变的有机污染物（即"三致物质"）或"三致"前体物（如腐殖酸等）是常规处理方法无法去除的。由于饮用水水质标准逐步提高，另一方面水源水质受到污染日益恶化，于是在常规处理基础上发展了预处理和深度处理。前者置于常规处理前，后者置于常规处理后，即"预处理十常规处理"或"常规处理＋深度处理"。预处理和深度处理的主要对象均是水中有机污染物，且主要用于饮用水处理厂。预处理的基本方法有：预沉淀、曝气、粉末活性炭吸附法、臭氧或高锰酸钾氧化法；生物滤池、生物接触氧化池及生物转盘等生物氧化法，等等。深度处理的基本方法有：活性炭吸附法；臭氧氧化或臭氧一活性炭联用法；合成树脂吸附法；光化学氧化法；超滤法及反渗透法等。上面几种方法的基本原理主要是：吸附，即利用吸附剂的吸附能力去除水中有机物；氧化，即利用氧化剂及光化学氧化法的强氧化能力分解有机物；生物降解，即利用生物氧化法降解有机物；膜滤，即以膜滤法滤除大分子有机物。

以上是给水处理的基本方法，为了达到某一处理目的，往往几种方法连用。

（三）给水处理厂规划

1. 厂址选择

给水处理厂厂址的确定是城市给水工程系统规划的一项主要任务。厂址选择必须综合考虑各种因素，通过技术经济比较后确定。以下几方面是在选址时应该考虑的。

（1）厂址应选择在工程地质条件较好的地方。一般选在地下水位低、承载力较大、湿陷性等级不高、岩石较少的地层，以降低工程造价和便于施工。

（2）水厂应尽可能选择在不受洪水威胁的地方；否则应考虑防洪措施。

（3）水厂周围应具有较好的环境卫生条件和安全防护条件。并考虑沉淀池料泥及滤池冲洗水的排除方便。

（4）水厂应尽量设置在交通方便、靠近电源的地方，以利于施工管理和降低输电线路的造价。

（5）厂址选址要考虑近、远期发展的需要，为新增附加工艺和未来规模扩大发展留有余地。

（6）当取水地点距离用水区较近时，水厂一般设置在取水构筑物附近，通常与取水构筑物建在一起。这样便于集中管理，工程造价也较低。当取水地点距离用水区较远时，厂址有两种选择：一是将水厂设在取水构筑物近旁；二是将水厂设在离用水区较近的地方。第一种选择优点是：水厂和取水构筑物可集中管理，节省水厂自用水（如滤池冲洗和沉淀池排泥）的输水费用并便于沉淀池排泥和滤池冲洗水排除，特别适合浊度较高的水源。但从水厂至主要用水区的输水管道口径要增大，管道承压较高，从而增加了输水管道的造价、给水系统的设施和管理工作。后一种方案的优缺点与前者正好相反。对高浊度水源，也可将预沉构筑物与取水构筑物建在一起，水厂其余部分设置在主要用水区附近。以上不同方案应综合考虑各种因素并结合其他具体情况，通过技术经济比较确定。

2. 水厂工艺流程选择

给水处理的工艺流程选择，决定于原水水质、对处理后水（生活用水或工业用水）的水质要求、经济运行情况以及设计生产能力等因素。以地表水

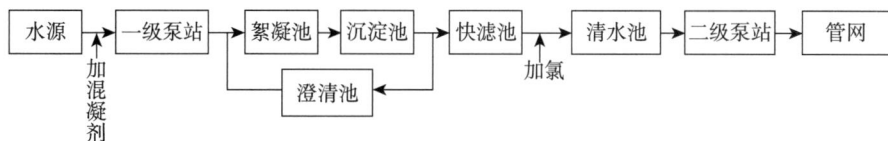

图 3-10 地面水净化流程方框图

为水源时，生活饮用水处理通常采用混合、絮凝、沉淀或澄清、过滤和消毒的工艺流程，常规净水工艺流程见图 3-10。工业用水或以地下水为水源的生活用水，净水工艺流程通常比较简单。遇特殊原水水质，如微污染原水、含藻类、含铁、锰、氟或以海水为水源时，则需进行特殊处理。一般净水工艺流程选择见表 3-21。

一般净水工艺流程选择 表 3-21

可供选择的净水工艺流程	适用条件
1. 原水→简单处理（如用筛隔滤、沉砂池）	水质要求不高，如某些工业冷却用水，只要求去除粗大杂质时，或地下水水质满足要求时采用
2. 原水→混凝、沉淀或澄清	一般进水悬浮物含量应小于 2000 ~ 3000mg/L，短时间内允许到 5000 ~ 10000mg/L，出水浊度约为 10 ~ 20 度，一般用于水质要求不高的工业用水
3. 原水→混凝沉淀或澄清→过滤→消毒	1. 一般地表水厂广泛采用的常规流程，进水悬浮物允许含量同上，出水浊度小于 3 度； 2. 山溪河流浊度经常较低，洪水时含泥砂量大，也可采用此流程，但在低浊度时可以不加凝聚剂或跨越沉淀直接过滤； 3. 含藻、低温低浊水处理时沉淀工艺可采用气浮池或浮沉池
4. 原水→接触过滤→消毒	1. 一般可用于浊度和色度低的湖泊水或水库水处理，比常规流程省去沉淀工艺； 2. 进水悬浮物含量一般应小于 100mg/L，水质稳定变化较小且无藻类繁殖时； 3. 可根据需要预留建造沉淀池（澄清池）的位置，以适应今后原水水质的变化
5. 原水→调蓄预沉、自然预沉或混凝预沉→混凝沉淀或澄清→过滤→消毒	1. 高浊度水二级沉淀（澄清），适用于含砂量大，砂峰持续时间较长时，预沉后原水含砂量可降低到 1000mg/L 以下； 2. 黄河中上游的中小型水厂和长江上游高浊度水处理时已较多采用两级混凝沉淀工艺； 3. 利用岸边的天然洼地、湖泊、荒滩地修建调蓄兼预沉水库进行自然预沉。有效调蓄库容的调蓄时间约为 7 ~ 10 天。出水浊度一般为 20 ~ 100 度。汛期或风季出水浊度在 300 以下。可用挖泥船排泥； 4. 中、小型水厂，有时在滤池后建造清水调蓄水库； 5. 西南地区很多水厂采用沉砂池、人字形折板絮凝池和组合沉淀池。进水浊度 1000 度时，沉淀水浊度小于 10 ~ 15 度

3. 水厂布置

水厂包括平面布置和工艺流程的竖向布置。

水厂平面布置是在水厂场地内将各项构筑物和建筑物进行合理安排和布置，以便于生产管理和物料运输，并留出今后的发展余地。布置要求流程合理，管理方便，因地制宜，布局紧凑。地下水厂因生产构筑物少，平面布置较为简单。地表水厂通常由下列各部分组成见表 3-22。水厂中绿化面积不宜小于水厂总面积的 20%。各功能区用地所占比例见表 3-23。

地表水厂组成部分 表 3-22

名称	组成部分
生产区	预沉淀池、絮凝池、沉淀池、过滤池等经水构筑物，冲洗水塔、清水池、加药间、加氯间、二级泵房、变配电室、排水泵房以及药库和氯库等
辅助生产区	综合办公楼、化验室、控制室、仓库、车库、检修车间、堆砂场、管配件堆场等
各类管道	生产管道及给水管、排水管、加药管、排洪沟、电缆沟槽等
其他设施	道路、绿化、照明、大门、围墙等，以及食堂、浴室、锅炉房和值班宿舍等生活设施

地表水厂各区占地比例 表 3-23

功能区	生产区	辅助生产车间区	管理区	道路绿化
比例（%）	40 ~ 50	10	5	30 ~ 40

水厂平面布置时，最先考虑生产区的各项构筑物的流程安排，所以工艺流程的布置是水厂平面布置的前提。

水厂中各净水构筑物之间的水流应为重力流，流程中相邻构筑物水面的高差应满足一定的水头损失要求，从而结合地形布置。图 3-11 为某水厂平面布置图。该水厂供水总规模 40 万 m³/d，分两期建设，每期 20 万 m³/d。该水

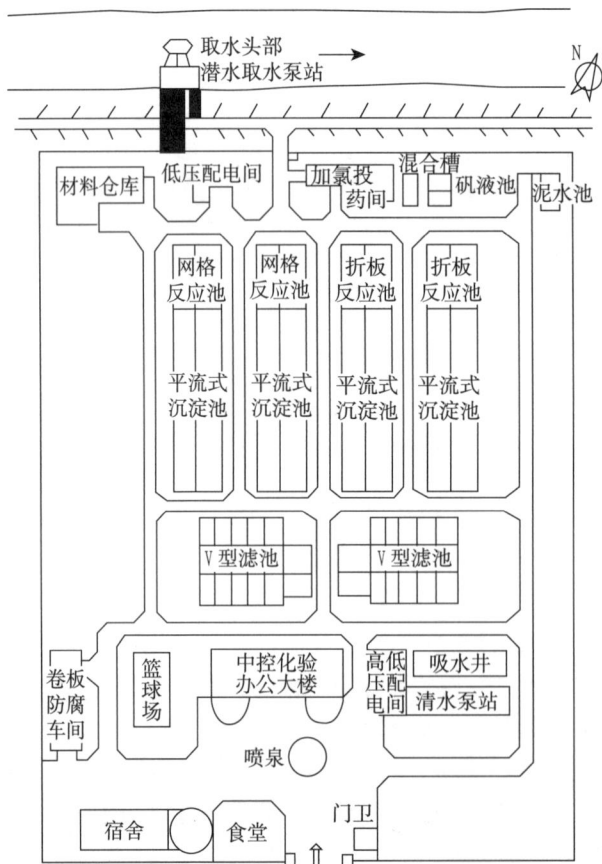

图 3-11 某水厂平面布置图

厂生活区、辅助生产区分开布置，并考虑了分期建设和今后发展的可能。

4. 水厂用地

净水厂用地指标根据《室外给水排水技术经济指标》确定，见表 3-24 和表 3-25，此外，《城市给水工程规划规范》也给出了地面水净水厂用地的指标，可参见表 3-26。

在城市给水工程系统中，还有一种配水厂，它只包括加压泵房、清水池及消毒设备和附属建筑物，但不包括水质处理部分，主要用来向不同的地区分配水。城市配水厂的位置一般位于距各配水区相对距离比较适中的地区。配水厂用地应按远期配水规模进行规划并加以控制，但可分期建设。配水厂的用地控制指标见表 3-27。只经过简单处理的地下水净水厂的用地指标也可参照本表。

地面水净水厂用地指标　　　　　　　　表 3-24

水厂设计规模	每 m³/d 水量用地指标（m²）	
	地面水沉淀净化工程综合指标	地面水过滤净化工程综合指标
Ⅰ类（水量 10 万 m³/d 以上）	0.2 ~ 0.3	0.2 ~ 0.4
Ⅱ类（水量 2 ~ 10 万 m³/d）	0.3 ~ 0.5	0.4 ~ 0.8
Ⅲ类（水量 2 万 m³/d）	0.5 ~ 1.0	
Ⅳ类（水量 1 ~ 2 万 m³/d 以下）		0.8 ~ 1.4
（水量 0.5 ~ 1 万 m³/d）		1.2 ~ 1.7
（水量 5 千 m³/d）		1.5 ~ 2.0

地下水除铁处理净水厂用地指标　　　　　　表 3-25

水厂设计规模	每 m³/d 水量用地指标（m²）
Ⅰ类（水量 2 ~ 6 万 m³/d）	0.3 ~ 0.4
Ⅱ类（水量 1 ~ 2 万 m³/d 以下）	0.3 ~ 0.4
（水量 0.5 ~ 1 万 m³/d）	0.4 ~ 0.7
（水量 1 ~ 5 千 m³/d）	2.0 ~ 2.5
（水量 1 千 m³/d 以下）	2.5 ~ 3.5

地表水厂用地指标　　　　　　　　表 3-26

水厂设计规模	每 m³/d 水量用地指标（m²）
水量 5 ~ 10 万 m³/d	0.8 ~ 0.3
水量 10 ~ 30 万 m³/d	0.5 ~ 0.2
水量 30 万 m³/d 以上	0.3 ~ 0.1

配水厂用地指标　　　　　　　　表 3-27

水厂设计规模	每 m³/d 水量用地指标（m²）
水量 5 ~ 10 万 m³/d	0.40 ~ 0.20
水量 10 ~ 30 万 m³/d	0.20 ~ 0.15
水量 30 万 m³/d 以上	0.20 ~ 0.08

第四节 城市给水管网规划

一、输水管渠布置

城市输水和配水系统是保证输水到给水区内，并且配水到所有用户的全部设施，包括输水管渠、配水管网、泵站、水塔和水池等。输水管渠指从水源到城镇水厂或者从城镇水厂到给水工程管网的管线或渠道。

（一）输水管渠的定线

选择与确定输水管线走向和具体位置，应遵循下列原则：

（1）根据城市总体规划，结合当地地形条件，进行多方案技术经济比较，确定输水管位置；

（2）定线时力求缩短线路长度，尽量沿现有或规划道路定线，少占农田，减少拆迁，减少与河流、铁路、公路、山岳的交叉，便于施工和维护；

（3）选择最佳的地形和地质条件，努力避开滑坡、坍方、岩层、沼泽、侵蚀性土壤和洪水泛滥区，以降低造价和便于管理；

（4）规划时考虑近、远期的结合和分期实施的要求。

（二）输水管渠的规划布置

输水管条数主要根据输水量、事故时须保证的用水量、输水管长度、当地有无其他水源和用水量增长情况而定。供水不许间断时，输水管一般不宜少于2条；当输水管小、输水管长，或有其他水源可以利用时，或用水可以暂时中断时，可考虑单管输水另加水池。若管线长、水压高、地形复杂、交通不便，应采用较大水池容积。

输水管渠的流量确定可参见表3-28。

水源低于给水区时，须采用泵站加压输水，有的还在输水途中设置加压泵站；水源位置高于给水区，可采用重力输水。根据水源和给水区的地形高差及地形变化，输水管有重力管和压力管之分。远距离输水，地形起伏变化较大，采用压力管的较多。重力输水比较经济，管理方便，应优先考虑。重力管又分为明渠和暗管两种。暗管定线简单，只要将管线埋在水力坡线以下并尽量按最短的距离供水。暗管主要输送生活饮用水或清水。明渠一般只输送浑水。当输送原水时，应有防止污染、保护水质和水量的措施。在地形起伏地区，远距离输水可采用重力管与压力管相结合的方式。上坡部分用压力管，下坡部分用无压（重力）或有压管渠。为避免输水管局部损坏时，输水量降低过多，可在平行的2条或3条输水管之间设连通管，并装置必要的阀门，以缩小事故检修时的断水范围。其管径可与输水管相同或小20%~30%。

二、给水管网布置

（一）给水管网的布置形式

给水管网的作用就是将输水管线送来的水，配送给城市用户。根据管日中管线的作用和管径的大小，将管线分为干管、分配管（配水管）、接户管（进

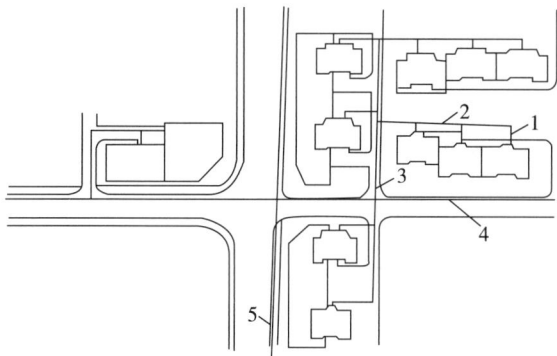

图 3-12　管网分级布置图
1- 接户管；2- 分配管；3- 小区支管（分配管）；
4- 小区干管；5- 城市支管

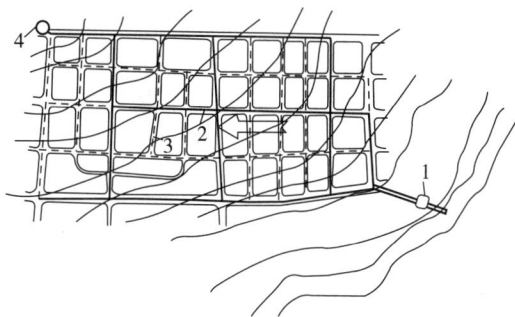

图 3-13　城市给水管网示意图
1- 水厂；2- 干管；3- 支管；4- 高低水库

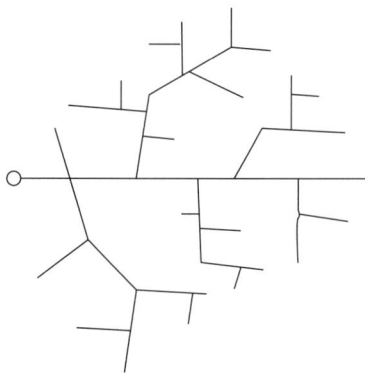

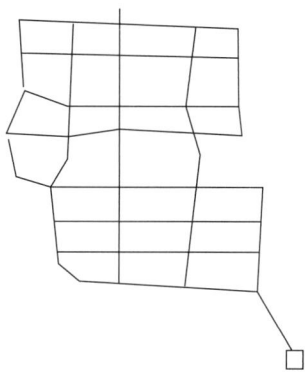

图 3-14　树状网图
（左）
图 3-15　环状网图
（右）

户管）3 种。如图 3-12 所示。干管的主要作用是输水和为沿线用户供水，管径一般在 200mm 以上。给水管网的布置和计算，一般只限于干管间的连接管。配水管主要把干管送来的水，配给接户管和消火栓，管径一般至少 100mm，大城市 150～200mm，同时供给消防用水的配水管管径应大于 150mm。接户管是从分配管接到用户去的管线，其管径视用户用水的多少而定，但不宜小于 20mm，一般的民用建筑用一条接户管，对于供水可靠性要求较高的建筑物，用 2 条或 2 条以上，而且最好由不同的配水管接入，保证供水安全可靠性。图 3-13 是一座城市的给水管网布置图。

给水管网的布置形式主要有树状网（图 3-14）和环状网（图 3-15）两种。

1. 树状管网

树状网以水厂泵站或水塔到用户的管线布置成树枝状，管径随所供给用户的减少而逐渐变小。树状网构造简单、长度短、节省管材和投资；但供水的安全可靠差，并且在树状网末端，因用水量小，管中水流缓慢，甚至停留，致使水质容易变坏，而出现浑浊水和红水的可能。树状管网一般用于小城镇和小型工矿企业或城镇建设初期，以后再连成环状网，从而减少一次投资费用。对用地狭长和用户分散的地区，也可先采用树状网。在详细规划中，小区或街坊内的管网，由于从邻近道路上的干管或分配管接人，也多布置成树状网。

2. 环状管网

给水管线纵横相互接连，形成闭合的环状管网。环状网中，任一管道都可由其余管道供水，从而提高了供水的可靠性。环状网能降低管网中的水头损失，并大大减轻水锤造成的影响。但环状网由于增加了管线的总长度，使投资增加。环状网用在供水安全可靠性要求较高地区。

在城市给水工程管网布置中，常是由环状网和树状网相结合的。一般城市中心地区，布置成环状网。而郊区或城市次要地区，则布置成树状。城市建设中，通常近期采用树状网，远期随用水量和用水程度提高，再逐步增设管线构成环状网。在规划时，应以环状网为主，考虑城市分期建设的安排，对主要管线以环状网搭起供水管线骨架。

（二）城市给水管网布置原则

给水管网的布置要求供水安全可靠，投资节约，一般应遵循如下原则：

（1）按照城市规划布局布置管网，应考虑给水系统分期建设的可能，并需有充分发展的余地。若近期用水所需管径远小于规划期末的管径，则具体实现时，可将一条大的给水管道分成两条不同管径的管道，近期先在道路一侧铺一条管道；另一侧的管道留待需要时铺设。

（2）干管布置的主要方向应按供水主要流向延伸，而供水的流向取决于最大用户或水塔调节构筑物的位置，即管网中干管输水到它们的距离要求最近。

（3）管网布置必须保证供水安全可靠，宜布置成环状，即按主要流向布置几条平行干管，其间用连通管连接。干管位置尽可能布置在两侧有用水量较大的道路上，以减少配水管数量。平行的干管间距为 500～800m，连通管间距 800～1000m。

（4）干管一般按规划道路布置，尽量避免在高级路面或重要道路下敷设。管线在道路下的平面位置和高程应符合城市地下管线综合设计要求。

（5）干管应尽可能布置在高地，这样可保证用户附近配水管中有足够的压力和减低管内压力，以增加管道的安全。若城市地形高差较大时，可考虑分压供水或局部加压，不仅能节约能量，还可以避免地形较低处的管网承受较高压力。

（6）输水管和管网延伸较长时，为保持管网末端所需水压，二级泵房的扬程将很高，使泵房附近干管压力过高，既不经济也不安全，可考虑在管网中间增设加压泵房，直接管网抽水进行中途加压，这样使二级泵房的扬程只须满足加压泵房附近管网的服务水压。当二级泵房附近的管网用水量占很大比例时，所节约的抽水能量极为明显。加压泵房可设一处或多处。

（7）给水管网按最高日最高时流量设计，如果昼夜用水量相差较大，高峰用水时间较短，可考虑在适当位置设调节水池和泵房，利用夜间用水量减少进行蓄水；日间供水，增加高峰用水时的供水量。从而缩小高峰用水时水厂供水范围、降低出厂干管的高峰供水量。

（8）管线应遍布在整个给水区内，保证用户有足够的水量和水压。

（9）力求以尽可能短的距离敷设管线，以降低管网造价和供水能量费用。

（10）城镇生活饮用水管网严禁和非生活饮用水管网连接，严禁和各单位自备生活饮用水供水系统直接接通。

（11）为保证消火栓处有足够的水压和水量，应将消火栓与干管相连接，消火栓的布置，首先应考虑仓库、学校、公共建筑等集中用水的用户。

（三）城市给水管网敷设

城市给水管线基本上埋在道路、绿地底下，特殊情况时（如过桥时）才考虑敷设在地面上。城市给水管网敷设可以从以下几方面考虑：

（1）水管管顶以上的覆土深度，在不冰冻地区由外部荷载、水管强度、土壤地基、与其他管线交叉等情况决定，金属管道一般不小于0.7m，非金属管道不小于1.0～1.2m。

（2）冰冻地区，管道除了以上考虑外，还要考虑土壤冰冻深度。缺乏资料时，管底在冰冻线以下的深度如下：

管径 d=300～600mm 时为 $0.75d$，d>600mm 时，为 $0.5d$。

（3）在土壤耐压力较高和地下水位较低处，水管可直接埋在管沟中未扰动的天然地基上。在岩基上，应铺设砂垫层。对淤泥和其他承载能力达不到设计要求的地基，必须进行基础处理。

（4）城镇给水管道与建筑物、铁路和其他管道水平净距，应根据建筑物基础的结构、路面种类、卫生安全、管道埋深、管径、管材、施工条件、管内工作压力、管道上附属构筑物的大小及有关规定等确定。

（5）给水管道相互交叉时，其净距不应小于0.151m。与污水管相平行时，间距取1.5m。生活饮用水给水管道与污水管道或输送有毒液体管道交叉时，给水管道应敷设在上面，且不应有接口重叠；当给水管敷设在下面时，应采用钢管或钢套管。

（6）给水管线穿越铁路和公路时，一般均在路基下垂直方向穿越，也可根据具体情况架空穿越。对铁路，要求管架底高出路轨面的高度不得小于6～7m。穿越临时铁路或一般公路，或非主要路线且水管埋设较深时，可不设套管，但管道顶到铁路轨底的深度不得小于1.2m，管道到路基面的高不应小于0.7m。穿越较重要的铁路或交通频繁的公路时，水管须放在钢筋混凝土套管内，或穿越管采用钢管。管道穿越铁路的两端应设阀门井。

（7）管线穿越河川山谷时，可利用现有桥梁架设水管，或敷设倒虹管，或建造水管桥，应由河道特性、通航情况、河岸地质地形条件、过河管材料和直径、施工条件选用。给水管架设在现有桥梁下穿越河流最为经济，施工、检修方便，一般架在桥梁的人行道下，常用于小口径管道。河床河岸地质条件较好、河岸地形平坦而稳定，可架设在支墩上过河。若两岸陡峭、水流湍急，水下施工困难，可建造桁架（悬索、斜索、拱架等）来支承管道。河道很宽（超过60m时），河道不许停航，可建拱管桥。当河道较宽、航运繁忙、不允许在河中建管道支座时，可用倒虹管，直接从河底穿越。倒虹管施工和检修不便，要有较好的防腐措施，一般采用钢管。倒虹管的位置应避开锚地，并位于不冲刷的河段。一般应至少敷设两条，每条均能输送设计流量。倒虹管顶在河床下的深度，一般不小于0.5m，但在航道范围内不应小于1m。

三、给水管网的水力计算

（一）给水系统的流量关系

给水系统各组成部分的作用和系统所处的位置不同，则各项构筑物、设备、管道的设计流量要求也不同。表3-28列出了给水构筑物的设计流量。

给水系统的设计流量 表3-28

序号	计算公式	说明
1	取水构筑物，一级泵房，净水构筑物，从水源到水厂的输水管等，按最高日平均时流量加水厂自用水量计算：$$Q_d = \frac{\alpha Q_d}{T} \quad (m^3/h)$$ 或 $$Q_h = \frac{\alpha Q_d}{3.6T} \quad (L/s)$$	Q_d——最高日设计流量（m^3/h） α——水厂自身用水系数，1.05～1.10，原水含悬浮物较多时取大值 T——一级泵房或水厂每天工作时间（h），大、中水厂一般为24h连续运行，小水厂有时为8h或16h K_h——时变化系数
2	地下水源时，一级泵站按最高日平均时流量计算：$$Q_h = \frac{Q_d}{T} \quad (m^3/h)$$	
3	管网按最高日最高时流量计算：$$Q_h = K_h \frac{Q_d}{T} \quad (m^3/h)$$ 或 $$Q_h = K_h \frac{Q_d}{3.6T} \quad (L/s)$$	
4	输水管： 1）网前设有配水厂或水塔，从二级泵站到配水厂或水塔的输水管，按二级泵房最大供水量计算； 2）网中或网后设有大量调节构筑物的输水管应按最高日最高时流量减去调节构筑物入管网的流量计算； 3）输水管同时有消防给水任务时，因分别按包括消防补充水量或消防流量进行复核。并应按输水管事故时进行复核	
5	二级泵房能力以及清水池和管网调节构筑物的调节容积按照用水量曲线和拟定的二级泵房工作曲线确定	

（二）给水管网的水力计算

给水管网进行水力计算的目的在于由最高日最高时用水量确定管段的流量，继而确定管径，再计算管路的水头损失，确定所需供水水压。在专业工程设计中，还要确定水塔高度和水泵扬程。

1. 管段流量确定

管网的水力计算主要针对干管网。如图3-16所示干管网，1，2，……，7等管线交叉所形成的节点；两节点间的管线称为管段；起点和终点重合的管线，构成管网的环，如环Ⅰ、Ⅱ，管网由多个管段组成。多水源管网中，连接多个水压已定的水源节点（泵站、水塔等），形成虚环。管段内的流量包括沿线流量和转输流量两部分，沿线流量是指供给该管段两侧用户所需流量。转输流量是转输到管段下游用户的流量。为计算方便，将管段的沿线流量简化为两个相等的从管段的起端和末端集中流出的流量，其所产生的水头损失与沿线变化的流量所产生的水头损失基本相同，把这种简化后的集中流量称为节点流量。管网水力计算，首先须求出沿线流量和节点流量。

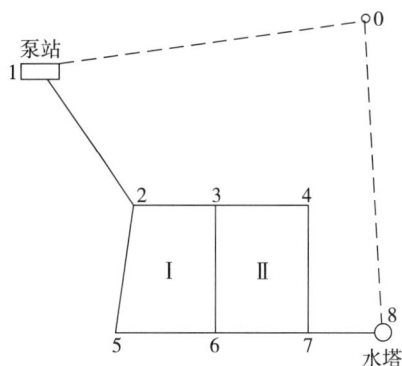

图 3-16 干管网

城市给水管线，因干管和分配管上接出许多用户，沿管线配水。实际配水过程中，用户用水情况复杂。为简化计算，通常假定用水量均匀分布在全部干管上，得出单位长度的流量，称为长度比流量：

$$q_s = \frac{Q - \Sigma q}{\Sigma l} \qquad (3-8)$$

式中　q_s ——长度比流量（L/s·m）；

　　　Q ——管网总用水量（L/s）；

　　　Σq ——大用户集中用水量总和（L/s）；

　　　Σl ——干管总长度（m），不包括穿越广场、公园等无建筑物地区的管线；只有一侧配水的管线，长度按一半计算。

从比流量求出各管段沿线流量公式如下：

$$q_l = q_s l \qquad (3-9)$$

式中　q_l ——沿线流量（L/s）；

　　　l ——该管段的长度（m）。

每一管段的流量包括沿线配送用户的沿线流量 q_l 和流入下游管段的转输流量 q_t。前者从管段开始逐渐减少至零，而后者在整个管段上是不变的。由于沿线流量沿管段变化，难于确定管径和水头损失，所以常常将沿线流量转化成节点流出的流量，即沿线不再有流量流出，管段中的流量不再沿管线变化，就可由流量求出管径。计算时采用折算方法，在求得管网各节点流量后，管网计算图上便只有集中于节点的流量（包括原有的集中流量），而管段的计算流量为：

$$q = q_t + 0.5 \Sigma q_l \qquad (3-10)$$

2. 管段的计算流量

管网各管段的沿线流量简化成各节点流量后，每一管段就可拟定水流方向和计算流量。

树状网各管段的计算流量容易确定。水厂送水至每一个用户只能沿唯一一条管路通道，管网中每一管段的水流方向和计算流量都是确定的，每一管段的计算流量等于该管段后面各节点流量和大用户集中用水量之和。

环状网各管段的计算流量不是唯一确定解。配水干管相互连接环通，环路中每一用户所需水量可以沿二条或二条以上的管路通道供给，各管环每条配水干管管段的水流方向和流量值都是不确定的，人为拟定各管段的流量分配。

环状网最高日最高时的流量分配，将影响据此选择的管径大小，要全面顾及经济和安全供水的要求适当分配，可综合遵循如下原则进行各干管流量分配：

(1) 顺着管网主要供水方向，使水厂出水尽量沿最近路线输送到大用户和边远用水户，以节约输水电耗和管网基建投资；

(2) 顺主要供水方向延伸的几条平行干管所分配的计算流量应大致接近，避免各干管管径相差悬殊而造成当大管损坏后配水困难的不安全情况；

(3) 必须满足每一节点进、出水流量平衡。假定离开节点的流量为正，流向节点的流量为负，即每一节点必须满足所有流量的代数和为零，可用公式表示为：

$$q_i + \Sigma Q_i = 0 \qquad\qquad (3-11)$$

式中　q_i——某节点的节点流量（L/s）；

　　　ΣQ_i——某节点连接的各干管计算流量的代数和（L/s）。

3. 管径确定

管网中用水量最高日最高时各管段的计算流量分配确定后，一般就作为确定管径 d 的依据（管网中有的管段从供水安全等考虑，有的需适当放大管径）：

$$d = \sqrt{\frac{4Q}{\pi v}} \ \ (m)$$

式中　Q——最高日最高时的管段计算流量（m^3/s）；

　　　v——管内流速（m/s）。

有了流量，还必须选用较恰当的流速，才能确定管径。关于管内流速，应从技术和经济二方面因素恰当选用。从技术上说，给水管为防止流速过大而容易因水锤作用等导致管道爆裂事故，流速一般不得大于 2.5 ~ 3.0m/s；浑水输水管为防止泥、砂等杂质沉积管中，流速不得小于 0.6m/s。从经济上说，应根据当地的管网造价和输水电价等，选用经济合理的流速。

我们把管网投资费用和日常运行费用之和最小时的流速 v_e 称为经济流速。由于市售水管均限于一定规格的标准管径，一般常不能恰好根据总费用最小的经济流速 v_e 选到最经济的管径，因此各地应按各种标准管径，在当地适用的较经济的一定流量范围（称为经济界限流量）选定管径，称为经济管径。设计时，如缺乏适合当地的各种管径经济界限流量资料，则可参考下述范围选定较经济的管径：

d=100 ~ 300mm 时，v_e=0.1 ~ 1.1m/s；

d=350 ~ 600mm 时，v_e=1.1 ~ 1.6m/s；

d=600 ~ 1000mm 时，v_e=1.6 ~ 2.1m/s。

4. 管段水头损失计算

在管网布置，计算节点流量，确定各管段计算流量和管径的基础上，根据管道材料和管道长度进行各管段水头损失计算，最后结合整个管网地形情况等，确定管网中的供水最不利点（控制点），计算所需的二级泵站水泵扬程和水塔高度。

给水管网主要是是长直管段组成，水力计算中主要考虑管线沿程水头损失，配件和附件等局部水头损失通常均忽略不计。

管段沿程水头损失 h 可按下式计算：

$$h=il=\lambda \frac{1}{a}\frac{v^2}{2g} \cdot l=\frac{8\lambda}{\pi g d^5}Q^2 \cdot l=KAlQ^2 \text{ (m)} \tag{3-12}$$

式中　h ——管段沿程水头损失（m）；

　　　i ——单位管段长度的水头损失，或称水力坡度；

　　　λ ——管道阻力系数，与管壁表面粗糙度有关；

　　　l ——管段长度（m）；

　　　d ——管道内径（m）；

　　　v ——管内的平均流速（m/s）；

　　　g ——重力加速度，g=9.81m/s^2；

　　　Q ——流量（m^3/s）；

　　　A ——管内水流比阻（s^2/m^6）；

　　　K ——流速 v<1.2m/s 时，比阻值的修正系数；当 $v \geqslant$ 1.2m/s 时，K=1.0。

管网水力计算工作中，流量 Q 常用单位"L/s"表示，则水头损失 h 可按下式计算：

$$h=KalQ^2=SQ^2 \text{ (m)} \tag{3-13}$$

式中　Q ——流量（L/s）；

　　　l ——管段长度（m）；

　　　a ——比阻（s^2/L^2），a=A×10^{-6}；

　　　S ——管道摩阻（ms^2/L^2），$S=Kal$。

管段比阻 a 值和修正系数 K 值可参见相关的给水工程设计手册。

四、给水管材和管网附属设施

（一）给水管材

给水工程中，管网投资约占工程费用的50%~80%，而管道工程总投资中，管材费用至少在1/3以上。管材对水质也有重要影响。

给水管网属于城市地下永久性隐蔽工程设施，要求很高的安全可靠性。给水管网是由众多水管联接而成，水管为工厂现成品，运到施工现场后进行埋管和接头。水管性能要求有承受内外荷载的强度、一定的水密性、内壁光滑、寿命长、价格便宜、运输安装方便，并有一定抗侵蚀性，目前常用的给水管材有下列几种：

1. 灰铸铁管

灰铸铁管具有经久耐用、耐腐蚀性强、使用寿命长的优点，但质地较脆，不耐振动和弯折、重量大。是以往使用最广的管材，主要用在 $DN80 \sim DN1000$ 的地方。但在运行中易发生爆管，已不适应城市的发展趋势。

2. 球墨铸铁管

球墨铸铁管强度高、耐腐蚀、使用寿命长，安装施工方便，能适用于各种场合，如高压、重载、地基不良、振动等条件，并较适合于大、中口径管道，是管道抗震的主要措施之一。

3. 钢管

有较好的机械强度，耐高压、耐振动，重量较轻、单管长度大、接口方便，有强的适应性，但耐腐蚀性差，防腐造价高。钢管一般不埋地，多用在大口径（1.2m 以上）和高压处，及因地质、地形条件限制及穿越铁路、河谷和地震区时。

4. 钢筋混凝土管

防腐能力强，不需任何防腐处理，有较好的抗渗性和耐久性，但水管重量大、质地脆，装卸和搬运不便。现在多用预应力钢筋混凝土管作为大口径输水管。大口径输水管易爆管、漏水。为克服这个缺陷，现采用预应力钢筒混凝土管（PCCP 管），是利用钢筒和预应力钢筋混凝土管复合而成，具有抗震性好，使用寿命长，不宜腐蚀、渗漏的特点，是较理想的大水量输水管材。

5. 塑料管

表面光滑、不易结垢、水头损失小、耐腐蚀、重量轻、加工连接方便，但管材强度低、性质脆、抗外压和冲击性差。多用于小口径，如城市住宅主管安装，不宜埋在城市车行道下。

6. 玻璃钢管

重量轻、运输安装方便、内阻小、耐腐蚀性强，使用寿命可达 50 年以上。但价格高、刚度差。

给水管材的选择取决于承受的水压、输送的水量、外部荷载、埋管条件、供应情况、价格因素等。根据各种管材的特性，其大致适用性如下：

（1）长距离大水量输水系统，若压力较低，可选用预应力钢筋混凝土管；若压力较高，可采用预应力钢筒混凝土管和玻璃钢管。

（2）城市输配水管道系统，可采用球墨铸铁管或玻璃钢管。

（3）室内及小区内部可使用塑料管。

（二）泵站、水塔和水池

1. 泵站

水泵是输送和提升水流的机械，在给水系统中必须利用水泵来提升水量，满足使用要求。水泵一般布置在泵站内。按照泵站在给水系统中所起的作用，可分类如下：

（1）一级泵站。直接从水源取水，并将水输送到净水构筑物，或直接输送到配水管网、水塔、水池等构筑物中。又称取水泵房、水源泵房。

（2）二级泵站。通常设在净水厂或配水厂内，自清水池中取净化了的水，加压后通过管网向用户供水。又称清水泵房。

（3）加压泵站。加压泵站用于升高输水管中或管网中的压力，自输水管线一般管网或调节水池中吸水压入下一段输水管或管网，以便提高水压满足用户的需要。多用于地形高差太大，或水平供水距离太远，而将供水管网划成不同的区而设置的分压或分区给水系统。

又称中途泵房、增压泵房。

（4）调节泵站。建有调节水池的泵房，可增加管网高峰时用水量。

按照泵站室内地面与室外地面的位置，可分为地面式、半地下式和地下式泵站；按外形可分为矩形泵房、圆形泵房、半圆形泵房。泵站主要由设有机组的泵房、吸水井和配电设备组成。泵站的占地应根据水泵台数、型号、构造型式、辅助设施等来确定，通常一二级泵站的用地一般都算在取水工程和水厂指标中。泵站独立设置时，其占地可参考表3-34。

2.水塔

水塔是给水系统中调节流量和保证水压的构筑物。调节水量主要是调节泵站供水量和用水量之间的流量相差，其容积由二级泵站供水线和用水量曲线确定。水塔高度由所处地面标高和保证的水压确定，一般建在高处。水塔多用于城镇和工业企业的小型水厂，以保证水量和水压，其调节容量较小，在大中城市一般不用。水塔可根据在管网中的位置，分为网前水塔、网中水塔和对置水塔。

3.水池

一级泵站通常均匀供水到水厂，二级泵站根据用水量变化供水到管网，两者供水量不平衡，就在一二级泵站间建清水池，目的在于调节一二级泵站流量的相差。清水池容积由一二级泵站的供水量曲线确定。有高地可以利用时，设高地水池，具有保证水压的作用。大、中、小水厂都应设清水池，以调节水量变化，并贮存消防用水。供水范围较大、昼夜供水量相差大的城市及低压区需提高水压的用水户可设水池来调节水量和局部加压。

（三）管网附属设施

1.阀门井

阀门是用来调节管线中的流量或水压。主要管线和次要管线交接处的阀门常设在次要管线上。一般把阀门放阀门井内，其平面尺寸由水管直径及附件的种类和数量定。一般阀门井内径1000～2800mm（管径 $DN75～DN1000$ 时）。井口一般 $D=700mm$，井深由水管埋深决定。

2.排气阀和排气阀井

排气阀装在管线的高起部位，用以在投产、平时或检修后排出管内空气。地下管道的排气阀安装在排气阀井中，井的内径从1200～2400mm（管径 $DN100—DN200$ 时），深度也由管道埋深确定。

3. 排水阀和排水阀井

为排除管道中沉淀物检修时放空存水，设在管线最低处。井的内径为 1200 ～ 1800mm（管径 $DN200 ～ DN1000$ 时），埋深由排水管埋深确定。

4. 消火栓

分地上式和地下式，地上式易于寻找，使用方便，但易碰坏。地下式适于气温较低的地区，一般安装在阀门井内。室外消火栓间距在 120m 以内，连接消火栓的管道直径应大于 100mm，在消火栓连接管上应有阀门。消火栓应设在交叉路口的人行道上，距建筑物在 5m 以上，距离车行道也不大于 2m，便于消防车驶近。

第四章　城市排水工程系统规划

　　近年来，随着对环境保护的重视程度不断提高，我国城市污水收集处理系统建设的步伐越来越快，另一方面，由于城市雨涝现象频频发生，对于我国城市雨水排除系统建设滞后的批评声逐步增多；这些情况都使得排水工程系统规划在城市规划中的地位和作用越来越大，编制要求也越来越高。

　　城市排水工程系统在很大程度上不仅行使一般的排水功能，从更高层面来看，它更应该是区域性水资源综合利用与水污染综合治理系统的组成部分，城市排水问题绝不仅仅是工程问题，而是涉及城市与环境之间在水方面关系处理的问题，城市排水工程系统规划，首先应该具备人与自然和谐相处的理念，并用这一理念来引领规划。具体来说，就是在规划中因地制宜地进行区域排水的管理，控制和减轻水环境污染，有效利用雨洪和污水资源。

　　城市排水工程系统规划编制，应充分考虑排水系统与城市规划其他系统之间的关系。城市排水工程系统规划与城市的竖向规划、水系规划密切相关，因为地形和水系状况是组织排水系统的最为重要的依据；同时，城市排水工程系统规划与给水工程系统规划是一个有机整体，城市用水量决定了城市的污水量，同时城市的污水和雨洪水也是很多缺水城市的重要水资源；城市的开发量、开发模式以及绿地系统规划决定了未来城市地表覆盖情况，这也是影响城市排水的重要因素。近年来，海绵城市建设与低影响开发（LID，也叫低冲击开发，即 Low Impact Development）模式在我国城市建设中得到提倡和推广，就是因为其有利于从根本上解决城市排水存在的诸多问题。

第一节　城市排水体制与排水工程系统形制

与供应系统的源头—处理设施—管网输配系统的组构方式正好相反，排除系统的组构流程是收集系统—处理设施—受体。城市排水工程系统一般由雨水和污水两个系统组成，两种系统的组合后的收集、输送、处置方式称为排水体制。排水体制不同，排水工程系统在建设、运营、管理方面的差异很大，因此在规划开始阶段，必须首先应该根据未来城市的发展状况，确定城市排水体制。

一、城市排水工程系统的体制

（一）城市排水分类

城市排水按照来源和性质分为三类：生活污水、工业废水和降水。通常所言的城市污水是指排入城市排水管道的生活污水和工业废水的总和。

1. 生活污水

指人们在日常生活中所使用过的水，主要包括从住宅、机关、学校、商店及其他公共建筑和工厂的生活间，如厕所、浴室、厨房、洗衣房、盥洗室等排出的水。生活污水中含有较多有机物和病原微生物等，需经过处理后才能排入水体、灌溉农田或再利用。

2. 工业废水

工业生产过程中所产生或使用过的水，来自车间或矿场。其水质随着工业性质、工业过程以及生产的管理水平的不同而有很大差异。根据污染程度的不同，又分为生产废水和生产污水。

生产废水是在使用过程中，受到轻度污染或仅水温增高的水。如机器冷却水，通常经某些简单处理后即可在生产中重复使用，或直接排入水体。

生产污水是在使用过程中，受到较严重污染的水，需经处理后方可再利用或排放。这类水多半具有较大危害性。不同工业废水所含污染物质也不同。其中不少工业废水含有的物质是工业原料，具有回收利用价值。

3. 降水

指在地面上径流的雨水和冰雪融化水，在降水过程中，雨水挟带了淋洗大气及冲洗建筑物、地面时所挟带的各种污染物，导致初期雨水通常比较脏，含有较多污染物。雨水时间较为集中，径流量大，特别是暴雨时会造成灾害，需及时排除。

另外冲洗街道水、消防用后水，因性质与雨水相似，也并入雨水。通常雨水不需处理，可直接就近排入水体。在地面污染较为严重的地方，可设初期雨水调蓄池，将初期雨水截流并入污水管网送往污水处理厂进行处理。

（二）城市排水工程系统的体制分类

对生活污水、工业废水和降水采用的不同的系统组构方式称为排水体制。总体上可分为合流制和分流制两类。

1. 合流制排水系统

合流制排水系统是将生活污水、工业废水和雨水混合在一个管渠内排除的系统。

（1）直排式合流制。管渠系统的布置就近坡向水体，分若干个排水口，混合的污水经处理和利用直接就近排入水体。这种排水系统对水体污染严重，但管渠造价低，又不设污水厂，所以投资省。这种体制在城市建设早期多使用，不少老城区都采用这种方式。因其所造成的污染危害很大，目前一般不宜采用（图4-1）。

（2）截流式合流制。

在早期直排式合流制排水系统的基础上，临河岸边建造一条截流干管，同时，在截流干管处设溢流井，并设污水处理厂。晴天和初雨时，所有污水都排送至污水处理厂，经处理后排入水体。当雨量增加，混合污水的流量超过截流干管的输水能力后，将有部分混合污水经溢流井溢出直接排入水体。这种排水系统比直排式有了较大改进。但在雨天，仍有部分混合污水不经处理直接排入水体，对水体污染较严重。为了进一步改善和解决污水处理厂晴、雨天水量变化较大引起的管理问题，可在溢流井后设雨水调蓄池，待雨停之后，把积蓄的混合污水送污水处理厂进行处理；随着技术的发展，还可以考虑使用处理混合污水的调蓄池，将混合污水就地处理后排放，污泥压缩后打入城市污水管道，送至污水处理厂处理，但投资相对较大。截流式合流制多用于老城区旧合流制系统的改建（图4-2）。

2. 分流制排水系统

将生活污水、工业废水和雨水分别在两个或两个以上各自独立的管渠内排除的系统。

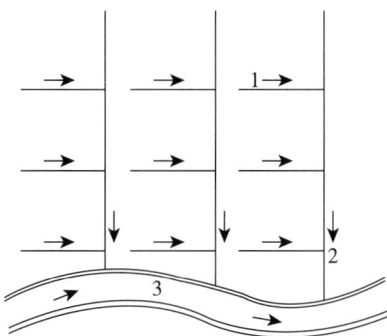

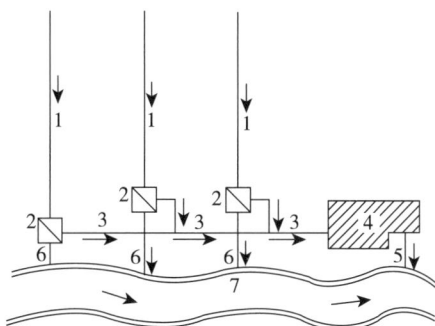

图4-1 直排式合流制排水系统（左）

1- 合流支管；2- 合流干管；3- 河流

图4-2 截流式合流制排水系统（右）

1- 合流干管；2- 溢流井；3- 截流主干管；4- 污水厂；5- 出水口；6- 溢流干管；7- 河流

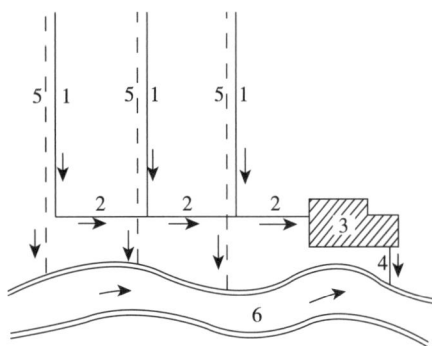

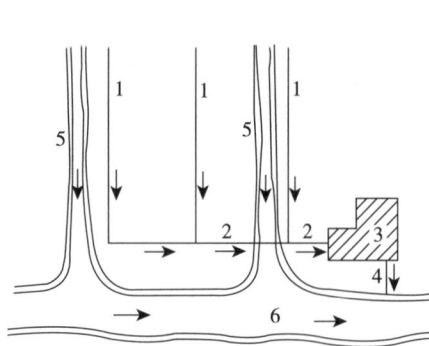

图 4-3 完全分流制排水系统（左）

1- 污水干管；2- 污水主干管；3- 污水厂；4- 出水口；5- 雨水干管；6- 河流

图 4-4 不完全分流制排水系统（右）

1- 污水干管；2- 污水主干管；3- 污水厂；4- 出水口；5- 明渠或小河；6- 河流

（1）完全分流制。分设污水和雨水两个管渠系统，前者汇集生活污水、工业废水，送至处理厂，经处理后排放和利用；后者汇集雨水和部分工业废水（较洁净），就近排入水体。该体制卫生条件较好，但仍有初期雨水污染问题，其投资较大。新建的城市和重要工矿企业，一般应采用该形式。工厂的排水系统，一般采用完全分流制，甚至要清浊分流，分质分流。有时，需几种系统来分别排除不同种类的工业废水（图 4-3）。

（2）不完全分流制。只有污水管道系统而没有完整的雨水管渠排水系统。污水经由污水管道系统流至污水厂，经过处理利用后，排入水体；雨水通过地面漫流进入不成系统的明沟或小河，然后进入较大的水体。

这种体制投资省，主要用于有合适的地形，有比较健全的明渠水系的地方，以便顺利排泄雨水。对于新建城市或发展中地区，为了节省投资，常先采用明渠排雨水，待有条件后，再改建雨水暗管系统，变成完全分流制系统。对于地势平坦，多雨易造成积水地区，不宜采用不完全分流制（图 4-4）。

（3）截流式分流制。截流式分流制是完全分流制的一种"高级"形式，即在分设污水和雨水两个管渠系统的基础上，为减轻较脏的初期雨水对水环境的污染，在雨水管渠的末端增设截流管，将初期雨水截流至污水处理设施处理后排除。这种系统不但将污水收集处理，而且将少量排放到雨水管渠的污水以及初期雨水也进行收集处理，环保效果最好，当然，管网建设的投资也最大（图 4-5）。

图 4-5 截流式分流制系统

1- 污水干管；2- 雨水干管；3- 截流井；4- 初期雨水截流干管；5- 污水处理厂；6- 出水口

（三）城市排水体制的选择

城市排水体制的确定，不仅影响排水系统的设计施工、投资运行，对城市布局和环境保护也影响深远。一般应根据城市总体规划、环境保护的要求、污水利用处理情况、原有排水设施、水环境容量、地形、气候等条件，从全局出发，通过技术经济比较，综合考虑确定。下面从不同角度来进一步分析各种体制的使用情况。

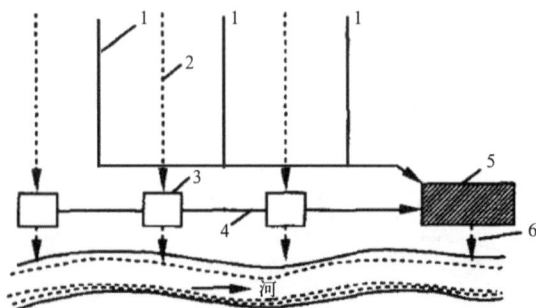

1. 环境保护方面

截流式合流制同时汇集了部分雨水输送到污水处理厂，有利于减少初期雨水的污染。但同时截流式合流制在暴雨时，把一部分混合污水通过溢流井泄入水体，易造成污染。分流制把城市污水全部送至污水厂进行处理，但初期雨水径流未加处理直接排入水体，对水体也有一定程度的污染。截流式分流制能够较好地解决污水和初期雨水污染两方面的问题。

2. 工程投资方面

合流制泵站和污水处理厂的造价比分流制高，但管渠总长度短，在旧系统改造方面简便易行，所以，合流制的总造价要较分流制低。截流式合流制在建设成本方面具有优势，因此在很多欧美发达国家的城市里，截流式合流制仍广泛存在。在分流制系统中，从初期投资看，不完全分流制初期只建污水排除系统而缓建雨水排除系统，便于分期建设，能节省初期投资费用，缩短施工期限，较快发挥效益，以后随城市的发展，再建雨水管渠。

3. 近、远期关系方面

排水体制的选择要处理好近、远期建设的关系，在规划设计时应做好分期工程的协调与衔接，使前期工程在后期工程中得到全面应用，特别对于含有新旧城区的城市规划而言，更需注意。在城市发展的新区，可以分期建设，先建污水管，收纳污染严重的污水，后建雨水管或用明渠过渡；在城市发展进度很快，地形平坦，综合开发的新区，雨水系统宜于一次建成。而在地形平坦，下游有一条较充沛的水流，污水浓度较大，街道狭窄的地区，可采用合流制。由于旧城区多为合流制，则只需在合流管出口处埋设截流管，即可初步改善环境质量，与分流制相比，工程量少，易于上马且工时短。旧城区的合流制过渡到分流制涉及许多问题，需因地制宜，综合考虑，进行技术经济比较。

4. 施工管理方面

合流制管线单一，减少与其他地下管线、构筑物的交叉，管渠施工较简单。另外，合流管渠中流量变化较大，对水质也有一定影响，不利于泵站和污水厂的稳定运行，造成管理维护复杂，运行费用增加。而分流制水量水质变化较小，有利于污水处理和运行管理。

总之，排水体制的选择应因时因地而宜。一般新建的排水系统宜采用分流制。但在附近有水量充沛的河流或近海，发展又受到限制的小城镇地区，在街道较窄，地下设施较多，修建污水和雨水两条管线有困难的地区；或在雨水稀少，废水全部处理的地区等，采用合流制有时是有利的。

一个城市，通常采用混合型的排水系统，既有分流制，也有合流制，这是与城市发展的不同时期相联系的。城市建设初期，周围水体良好，因受建设资金限制，多采用合流制，甚至排式；随着城市发展和水环境恶化，逐渐在水体岸边进行污水截流，排入污水处理厂；而新建城区往往直接按雨、污分流规划设计，有的结合旧区改造，变合流制为分流制，这样导致了城市中存在混合的排水体制。混合制有两种情况，一种是分流制区域和合流制区域相互独立，分别明显；另一种是同一区域既有分流制管道，又有合流制管道，甚至是同一干管中同时接纳污水和雨水混合水流。城市中由于各地区自然条件及建设情况的不同，因地制宜地采用不同的排水体制都是合理的。

二、雨污分流的城市排水工程系统

城市排水工程系统通常由排水管道（管网）、雨污水处理系统（污水处理厂）和出水口组成。管道系统是收集和输送雨污水的设施，包括排水设备、检查井、管渠、泵站等。雨污水处理系统是改善排水水质并回收利用的工程设施，包括城市及一些自备污水处理厂（站）。出水口是将雨污水直接排入或处理后排入水体并与水体混合的工程设施。

（一）生活污水排水管道系统

生活污水排水系统的任务是收集居住区和公共建筑的污水送至污水厂，经处理后排放或再利用。

1. 室内污水管道系统和设备。收集生活污水并将其排出至室外庭院、街坊或小区的污水管道中。生活污水出户管流入下一级管道系统。在每一出户管与室外庭院（或街坊）管道相接的连接点设检查井，供检查和清通管道用。

2. 室外污水管道系统。分布在房屋出户管外，埋在地下靠重力流输送。其中敷设在一个庭院内，并连接各房屋出户管的为庭院管道系统；敷设在一个街坊内，并连接一群房屋出户管或整个街坊内房屋出户管的管道系统为街坊管道系统。敷设在居住小区或住宅组团内连接房屋出户管的管道系统称为居住小区或住宅组团管道系统。生活污水从室内管道系统，再流入街道管道系统。为了控制庭院或街坊污水管道并使其良好的工作，在该系统的终点设检查井，称为控制井，通常设在庭院内或房屋建筑界线内便于检查的地点（图4-6）。敷设在街道下，用以排除庭院或街坊污水管道流下来的污水管道系统，称为街道污水管道系统。在一个市区内由支管、干管和主干管等组成。支管承受庭院或街坊污水管道的污水，通常管径不大；干管是汇集输送由支管流来的污水；主干管是汇集输送由两个以上干管流来的污水，并将污水送至污水处理厂或排放地点。总干管的尾部通常不接其他管道。室外污水管道系统上的附属构筑物有

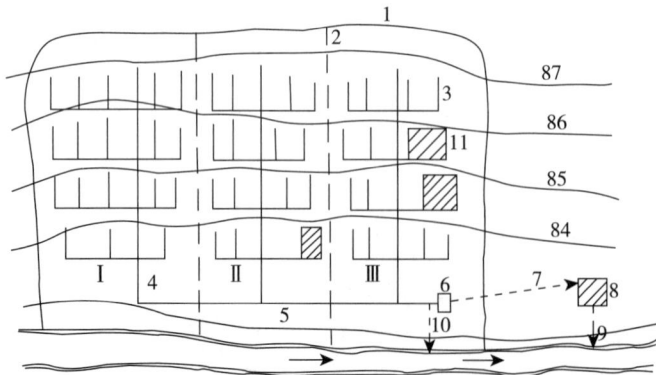

图4-6 城市污水排水系统组成示意图

1-城市边界；2-排水流域分界线；3-污水支管；4-污水干管；5-污水主干管；6-污水泵站；7-压力管；8-污水处理厂；9-出水口；10-事故出水口；11-工厂；Ⅰ、Ⅱ、Ⅲ-排水流域

检查井、跌水井、倒虹管等。

3. 污水泵站。污水一般以重力流排除，但受到地形等条件的限制需把低处的水向上提升，需要设泵站，分为中途泵站、终点泵站和局部泵站。

4. 污水处理厂。供处理和利用污水和污泥的一系列构筑物及附属构筑物的综合体。

5. 出水口。在管道系统的中途，某些易于发生故障的部位，设辅助性出水口，在必要时，使污水从该处排入水体。图4-7为一城市污水排水系统平面示意图。

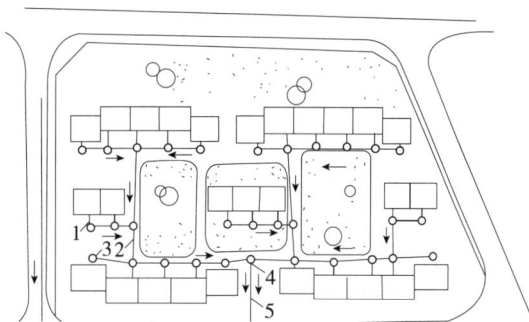

图4-7 街坊污水管道系统布置图
1- 出户井；2- 组团污水管；3- 检查井；4- 控制井；5- 连接管；6- 小区污水检查井；7- 小区污水管；8- 城市污水支管

（二）工业废水排水管道系统

工业废水排水管道系统是将车间及其他排水对象所排出的不同性质的废水收集起来，送至回收利用和处理构筑物或排放。经回收、处理后的水，可再利用，也可排入水体或排入城市生活污水排水管道系统。若水质比较干净可以不经处理直接排入水体。工业废水排水管道系统主要由以下几部分组成：

1. 厂区管道系统；

2. 生产废水处理回用设施连接的回用水管道和出水口（渠）；

3. 生产污水处理设施的出水口（渠），或连接生产污水处理设施与城市生活污水管道的排水管道。

（三）城市雨水排水管渠系统

雨水排水管渠系统用来收集径流的雨水，并将其排入水体。主要由以下几部分组成：

1. 房屋雨水管道系统和设备。收集房屋、工厂车间或大型建筑的屋面雨水，包括天沟、竖管及房屋周围的雨水管沟；

2. 街坊或厂区雨水管渠系统；

3. 街道雨水管渠系统。包括雨水口、检查井、跌水井及支管、干管等。若设计区域傍山建造，需在建设区周围设截洪沟渠（管）；

4. 雨水泵站及压力管。雨水一般就近排入水体，不需处理。若自流排放有困难时，设雨水泵站排水；

5. 雨水出水口、截流管与溢流设施。如需要处理初期雨水，则在雨水管末端设置截流管、溢流井，连接溢流管渠和出水口，如直接排放，则只需设置出水口。

三、雨污合流的城市排水工程系统

（一）合流制管渠系统特点

合流制管渠系统是在同一管渠内排除生活污水、工业废水及雨水的管渠系统。常用的是截流式合流管渠系统，它在临河的截流管上设溢流井，晴天时，截流管以非满流将生活污水和工业废水送往污水厂处理。雨天时，随雨量增加，截流管以满流将生活污水、工业废水和雨水的混合污水送往污水厂处理。当雨水径流量继续增加到混合污水量超过截流管的设计输水能力时，溢流井开始溢流，并随雨水径流量的增加，溢流量增大。当降雨时间继续延长时，由于降雨强度的减弱，雨水溢流井处的流量减少，溢流量减小。最后，混合污水量又重新等于或小于截流管的设计输水能力，溢流停止，全部混合水又都流向污水处理厂。

截流式合流制消除了晴天时城市污水的污染及雨天时较脏的初期雨水与部分城市污水对水体的污染，在一定程度上满足了保护环境的需求。但在暴雨天，则有一部分带有生活污水和工业废水的混合污水溢入水体，使水体受到周期性污染。另外，合流制晴雨天水质水量变化较大，给污水处理厂的运用管理带来一定困难。但合流制的总投资比分流制节省，许多城市的旧城区多习惯采用合流制形式排污。

（二）合流制排水系统适用条件

（1）雨水稀少的地区。

（2）排水区域内有一处或多处水源充沛的水体，其流量和流速都足够大，一定量的混合污水排入水体后对水体造成的危害程度在允许范围以内。

（3）街坊和街道的建设比较完善，必须采用暗管渠排除雨水，但街道横断面比较窄，地下管线多，施工复杂，管渠的设置位置受到限制时。

（4）地面有一定坡度倾向水体，当水体高水位时，岸边不受淹没。污水在中途不需泵站提升。

（5）水体卫生要求特别高的地区，污、雨水均需要处理者。

在考虑采用合流制管渠系统时，首先应满足环境保护的要求，充分考虑水体的环境容量限制。

（三）合流制排水系统布置

截流式合流制排水系统除应满足管渠、泵站、污水处理厂、出水口等布置的一般要求外，尚应考虑以下的要求：

（1）管渠的布置应使所有服务面积上的生活污水、工业废水和雨水都能合理地排入管渠，并能以可能的最短距离坡向水体。

（2）在合流制管渠系统的上游排水区域内，如有雨水可沿地面的街道边沟排泄，则可只设污水管道。只有当雨水不宜沿地面径流时，才布置合流管渠。

（3）截流干管一般沿水体岸边布置，其高程应使连接的支、干管的水能顺利流入，并使其高程在最大月平均高水位以上。在城市旧排水系统改造中，如原有管渠出口高程较低，截流干管高程达不到上述要求时，只有降低高程，设防潮闸门及排涝泵站。

（4）暴雨时，超过一定数量的混合污水都能顺利地通过溢流井泄入水体，以尽量减少截流干管的断面尺寸和缩短排放渠道的长度。

（5）溢流井的数目不宜过多，位置应选择适当，以免增加溢流井和排放渠道的造价，减少对水体的污染。溢流井尽可能位于水体下游，并靠近水体。

（四）城市旧合流制排水管渠系统改造

我国大多数城市旧排水管渠系统都采用直排式的合流排水管渠系统，然而随着城市社会经济的发展和水环境污染的加剧，在进行城市旧城改建规划时，对原有排水管渠进行改建，势在必行。旧排水系统改造中，除加强管理、养护，严格控制工业废水排放，新建或改建局部管渠与泵站等措施外，在体制改造上通常有以下两种途径：

1. 改合流制为分流制

一般方法是将旧合流制管渠局部改建后作为单纯排除雨水（或污水）的管渠系统，另外新建污水（或雨水）管渠系统。这样可以解决城市污水对水体的污染。这种办法在城市半新建地区、成片彻底改造旧区、建筑物不密集的工业区以及其他地形起伏有利改造的地区，都是可能和比较现实的。否则是难以实现的。因为把合流制改为分流制须具备一些条件：住房内部有完善的卫生设备，能够雨、污严格分流；城市街道横断面有足够的位置，有可能增设污（或雨）水管渠；施工中对城市交通不会造成过大影响。针对我国旧区改建的现状，某些地区可以考虑由合流制逐步过渡到分流制。

一种做法是在规划中近期采用合流制，埋设污水截流总管，但可采用较低的截流倍数，以便在较短时期内，使城市旧区水体的污染面貌得以迅速的初步改善。但随旧区的逐步改造以及道路的拓宽与新辟，可以相应地埋设污水管，接通截流总管，并收纳污水管经过地区新建的或改造的房屋的污水，以及收纳原有建筑物（包括工厂）的污染严重的污水，这样便可逐步地由合流制过渡到合流与分流并存，最后做到旧区大部分污染严重的污水分流到污水管中去，基本上达到分流制的要求。而把原有合流管道作为雨水管道。此外，利用原已建成的合流管的截流设施，在下雨时，还可以截流一部分污染严重的初期雨水，防止溢入水体。这种做法可以充分利用原合流管在雨水收集系统方面自成体系、口径较大和直排水体的特点。

另一种做法是以原有合流管道作污水管道来进行分流，而另建一套简易和雨水排泄系统。通过采用街道暗沟、明渠等排泄雨水，这样可以免去接户管的拆装费用，也可避免破坏道路，增设管道。等有条件时，可以把暗沟、明渠等改为雨水管道。这种方法经济，适用于过渡时期的改造。

2. 保留合流制，修建截流干管

将合流制改为分流制几乎要改建所有的污水出户管及雨水连接管，要破坏很多路面，且需很长时间，投资也巨大。所以目前旧合流制管渠系统的改造大多保留原有体制，沿河修建截流干管，即将直排式合流制改造成为截流式合流制管渠系统。也有城市为保护重要水源河道，在沿河修建雨污合流的大型合流管渠，将雨污水一同引往远离水源地的其他水体。截流式合流制因混合污水的溢流而造成一定的环境污染，可采取一定措施的补救：

（1）建混合污水贮水池或利用自然河道和洼塘，把溢流的合流污水调蓄起来，雨后再把贮存的水送往污水处理厂，能起到沉淀的预处理作用；

（2）在溢流出水口设置简单的处理设施，如对溢流混合污水筛滤、沉淀等；

（3）适当提高截流倍数，增加截流干管及扩大污水处理厂容量等；

（4）使降雨尽量多地分散贮留，尽可能向地下渗透，减少溢流的混合污水量。主要手段有依靠公园、运动场、广场、停车场地下贮留雨水，依靠渗井、地下盲沟、渗水性路面渗透雨水，削减洪峰。

四、城市排水工程系统形制

（一）城市排水工程系统的形制

城市排水工程系统的管网和设施布置方式，要根据地形、竖向规划、污水处理厂位置、周围水体情况、污水种类和污染情况及污水处理利用的方式、城市水源规划、大区域水污染控制规划等来确定。下面是几种以地形为主要考虑因素的系统形制。

1. 正交式

在地势向水体适当倾斜的地区，各排水流域的干管可以最短距离与水体垂直相交的方向布置，称正交式。其干管长度短，口径小，污水排出迅速，造价经济。但污水未经处理直接排放，使水体污染严重。这种形制在现代城市中仅用于排除雨水（图4-8a）。

2. 截流式

针对正交式布置，在河岸再敷设总干管，将各干管的污水截流送至污水厂，这种布置称为截流式。这种方式对减轻水体污染，改善和保护环境有重大作用。适用于合流制和分流制污水排水系统，将生活污水及工业废水经处理后排入水体。也适用于区域排水系统，区域总干管截流各城镇的污水送至城市污水厂进行处理。对截流式合流制排水系统，因雨天有部分混合污水排入水体，易造成水体污染（图4-8b）。

现在部分城市如上海已经开始建设带有初期混合雨水调蓄池的截流式管网。

3. 平行式

在地势向河流方向有较大倾斜的地区，为了避免因干管坡度及管内流速过大，使管道受到严重冲刷或跌水井过多，可使干管与等高线及河道基本上平行，主干管与等高线及河道成一倾斜角敷设，称为平行式布置（图4-8c）。

4. 分区式

在地势高低相差很大的地区，当污水不能靠重力流流至污水处理厂时，可采用分区布置形式，分别在高、低区敷设独立的管道系统。高区污水以重力流直接流入污水厂，低区污水利用水泵抽送至高区干管或污水处理厂。这种方式只能用于个别阶梯地形或起伏很大地区，其优点是能充分利用地形排水、节省电力。若将高区污水排至低区，然后再用水泵一起抽送至污水处理厂则是不经济的（图4-8d）。

5. 分散式

当城市周围有河流，或城市中央部分地势高，地势向周围倾斜的地区，

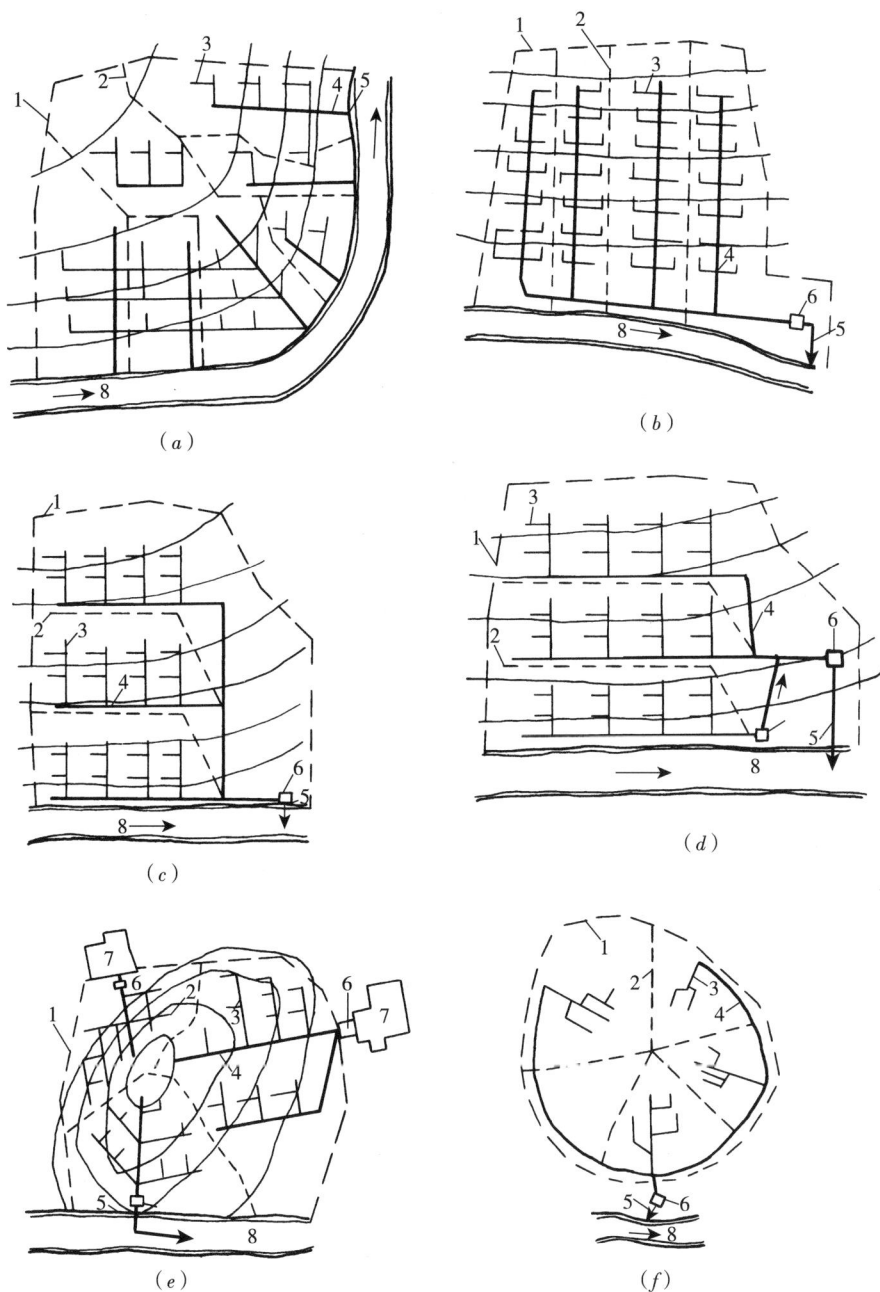

图 4-8 排水系统的
布置形式
(a) 正交式；(b) 截流式；
(c) 平行式；(d) 分区式；
(e) 分散式；(f) 环绕式
1- 城市边界；2- 排水流
域分解线；3- 支管；4-
干管；5- 出水口；6- 泵站；
7- 灌溉田；8- 河流

各排水流域的干管常采用辐射状分散布置，各排水流域具有独立的排水系统。这种布置具有干管长度短、口径小、管道埋深浅、便于污水灌溉等优点，但污水处理厂和泵站的数量将增多。在地形平坦的大城市，采用辐射状分散布置可能是比较有利的（图 4-8e）。

6. 环绕式

由于建造污水处理厂用地不足，以及建造大型污水处理厂的基建投资和运行管理费用也较小型厂经济等原因，故不希望建造数量多规模小的污水厂，而倾向于建造规模大的污水厂，所以分散式发展成环绕式。即在四周布置总干管，将干管的污水截流送往污水处理厂（图4-8f）。

（二）城市排水工程系统形制的选择

城市排水工程系统的形制选择主要是确定城市排水系统各组成部分的位置关系，这是城市排水工程规划的主要内容。它是在预测城市排水量、确定排水体制及基本确定了污水处理与利用方案的基础上进行的。城市排水系统的形制选择与排水体制有密切关系。分流制中，污水系统的布置要确定污水处理厂、出水口、泵站、主要管渠的位置；雨水系统布置要确定雨水管渠、排洪沟和出水口的位置等；合流制系统的布置要确定管渠、泵站、污水处理厂、出水口、溢流井的位置。在确定城市排水工程系统的规划形制时，要考虑地形、地物、城市功能分区、污水处理和利用方式、原有排水设施的现状及分期建设等的影响。

1. 污水排放系统的形式

通常根据城市的地形和区划，按分水线和建筑边界线、天然和人为的障碍物划分排水流域，如果每个流域的排水系统自成体系，单独设污水处理厂和出水口，称为分散布置；如将各流域组合成为一个排水系统，所有污水汇集到一个污水处理厂处理排放，称为集中布L通常集中布置干管较长，需穿越天然或人为障碍物较多，但污水厂集中，出水口少易于加强管理；分散布置则干管较短，污水回收利用便于接近用户，利于分期实施。但需建几个污水厂。对于较大城市，用地布局分散，地形变化较大，宜采用分散布置；对中小城市，在布局集中及地形起伏不大，无天然或人为障碍物阻隔，宜采用集中布置。实际过程中，常对不同方案进行技术经济比较确定。

2. 污水处理厂及出水口位置

污水出水口一般位于城市河流下游，特别应在城市给水系统取水构筑物和河滨浴场下游，并保持一定距离（通常至少100m），出水口应避免设在回水区，防止回水污染。污水处理厂位置一般与出水口靠近，以减少排放渠道的长度。污水处理厂一般也在河流下游，并要求在城市夏季最小频率风向的上风侧，与居住区或公共建筑有一定的卫生防护距离。当采取分散布置，设几个污水处理厂与出水口时，将使污水处理厂位置选择复杂化，可采取以下措施弥补：如控制设在上游污水处理厂的排放，将处理后的出水引至灌溉田或生物塘；延长排放渠道长度，将污水引至下游再排放；提高污水处理程度，进行三级处理等。

3. 污水的利用和处理方式

污水的最终出路无外乎排入水体、灌溉农田和重复使用。直接排放水体对环境造成严重污染。但排海（江）工程利用大海（江）的巨大自净能力来稀释污水，不失为一种经济有效的处理方法。处理后的污水进行农田灌溉或水产养殖，或直接对污水进行土地处理，都是对污水利用的较好方式。城市污水重复利用随着水资源的日益匮乏而越来越受到重视，污水的利用方式对城市排水系统的布置有较大影响，并应考虑城市水源和给水工程系统的规划。城市污水的不同处理要求和处理方式也对城市排水系统的布置产生影响。

4．工业废水和城市污水的关系

工业废水中的生产废水一般由工厂直接排入水体或排入城市雨水管渠。生产污水排放有两种情况：一是工厂独立进行无害化处理后直接排放；二是一般性的生产污水直接排入城市污水管道，而有毒害的生产污水经过无害化处理后直接排放或先经预处理后再排往城市污水厂合并处理。一般地，当工业企业位于城市内，应尽量考虑工业生产污水（无毒害）排入城市污水管道系统，一起排除与处理，这是比较经济合理的。而第一种情况有利于较快地控制生产污水污染。

5．污水主干管的位置

每一个排水流域一般有一条或几条主干管，来汇集各干管的污水。为了使干管便于接入，主干管不能埋置太浅；但也不宜太深，给施工带来困难，增加造价。原则上在保证干管能接入的前提下尽量使整个地区管道埋深最浅。主干管通常布置在集水线上或地势较低的街道上。若地形向河道倾斜，则主干管常设在沿河的道路上。主干管不宜设置在交通频繁的街道上，最好设在次要街道上，便于施工和维修。主干管的走向取决于城市布局及污水厂的位置，主干管终端通向污水厂，其起端最好是排泄大量工业废水的工厂，管道建成后可立即得到充分利用，水力条件好。在决定主干管具体位置时，应尽量避免减少主干管与河流、铁路等的交叉，避免穿越劣质土壤地区。

6．泵站的数量位置

由主干管布置情况综合考虑决定。排水管道为保证重力流，都有一定坡度，在一定距离后，管道将埋置很深，造成工程量太大和施工困难，所以采取在管道中途设置提升泵站的方法，来减少管道埋深。但中途泵站的设置将增加泵站本身造价及运行管理费用。应通过技术经济比较来综合确定。

7．雨水管渠布置

根据分散和直接的原则，密切结合地形，就近将雨水排入水体。布置中可根据地形条件，按分水线划分排水区域，各区域的雨水管渠一般采取与河湖正交布置，以便采用较小的管径，以较短距离将雨水迅速排除。

8．排水管与竖向设计关系

排水管道布置应与竖向设计相一致。竖向设计时结合土方量计算，应充分考虑城市排水要求。排水管道的流向及在街道上的布置应与街道标高、坡度协调，减少施工难度。另外，发生管道溢流，可使溢流水沿地面排除，减少路面积水。

9．排水方式的选择

传统的排水系统采用重力流排水方式，需要有较大的管径和必要的坡度，通常埋设较深，开挖面积大，工程费用高，对地域广阔、人口密度低、地形地质受限的地区很不适应。近年来，一些城市开始采用压力式或真空式排水方式，得到较好的应用，尤其适应于地形地质变化大的地区，管网密集、施工困难的地区，不准破坏景观的自然风貌和历史文化保护区，居民分散、人口密度低的别墅、观光区等。在这些地区，相对于重力流方式具有管道口径小、工程量小、施工方面、建设周期短、建设费用低、方便污水厂选址等优点，但其管理维护要求高。所以多应用在一些特殊地段上。

第二节　城市雨污水量的预测与计算

一、城市污水量预测和计算

（一）城市污水量预测和计算

城市污水量包括城市生活污水量和部分工业废水量，与城市性质、发展规模、经济生活水平、规划年限等有关。居民生活污水定额和综合生活污水定额应根据当地采用的用水定额，结合建筑内部给排水设施水平和排水系统普及程度等因素确定。可按当地相关用水定额的 80% ~ 90% 采用。污水量与用水量密切相关，通常根据用水量乘以污水排除率即可得污水量。根据规划所预测的用水量，通常可选用城市污水排放系数、城市生活污水排放系数和城市工业废水排放系数来计算城市污水量，污水排放系数应是在一定的计量时间（年）内的污水排放量与用水量（平均日）的比值。按城市污水性质的不同可分为：城市污水排放系数、城市综合生活污水排放系数和城市工业废水排放系数，当城市供水量、排水量统计分析资料缺乏时，城市分类污水排放系数可根据城市居住、公共设施和分类工业用地的布局，结合以下因素，按表 4-1 的规定确定。

<table>
<tr><td colspan="2" align="center">城市排水排水率</td><td align="center">表 4-1</td></tr>
<tr><td colspan="2" align="center">污水性质</td><td align="center">排除率</td></tr>
<tr><td colspan="2" align="center">城市污水</td><td align="center">0.75 ~ 0.90</td></tr>
<tr><td colspan="2" align="center">城市生活污水</td><td align="center">0.85 ~ 0.95</td></tr>
<tr><td rowspan="3" align="center">工业废水</td><td align="center">一类工业</td><td align="center">0.80 ~ 0.90</td></tr>
<tr><td align="center">二类工业</td><td align="center">0.80 ~ 0.95</td></tr>
<tr><td align="center">三类工业</td><td align="center">0.75 ~ 0.95</td></tr>
</table>

注：1. 城市生活污水量指居民生活污水与公共设施污水两部分之和。

2. 排水系统完善的地区取大值，一般地区取小值。

3. 工业分类按《城市用地分类与规划建设用地标准》中对工业用地的分类。

4. 城市工业供水量，系工业所取用新鲜水量，即工业取水量。

<table>
<tr><td colspan="2" align="center">城市污水分类排放系数表</td><td align="center">表 4-2</td></tr>
<tr><td align="center">城市污水分类</td><td align="center">污水排放系数</td></tr>
<tr><td align="center">城市污水</td><td align="center">0.70 ~ 0.80</td></tr>
<tr><td align="center">城市综合生活污水</td><td align="center">0.80 ~ 0.90</td></tr>
<tr><td align="center">城市工业废水</td><td align="center">0.70 ~ 0.90</td></tr>
</table>

1. 生活污水设计流量

居住区生活污水设计流量按下式计算：

$$Q_1 = (n \cdot N \cdot K_z) / (24 \times 3600) \tag{4-1}$$

式中 Q_1——居住区生活污水设计流量（L/s）；

n——居住区生活污水定额（L/（cap·d））；

N——设计人口数；

K_z——生活污水量总变化系数；

注：cap——"人"（计量单位）。

居住区生活污水定额可参考居民生活用水定额或综合生活用水定额。居住生活污水定额是指居民每人每天日常生活中洗涤、冲厕、洗澡等产生的污水量（L/cap·d）。综合生活污水定额指居民生活污水和公共设施(包括娱乐场所、宾馆、浴室、商业网点、学校和机关办公室等地方）排出污水两部分的总和（L/cap·d）。

居民生活污水定额和综合生活污水定额应根据当地采用的用水定额，结合建筑内部给排水设施水平和排水系统普及程度等因素确定。在按用水定额确定污水定额时，对给排水系统完善的地区可按用水定额的90%计，一般地区可按用水定额的80%计。设计中可根据动的用水定额确定污水定额。若当地缺少实际用水定额资料时，可根据《室外给水设计规范》条文规定的居民生活用水定额（平均日）和综合生活用水定额（平均日）结合当地的实际情况选用。然后根据当地建筑内部给排水设施水平和给排水系统完善程度确定居民生活污水定额和综合生活污水定额。

2. 设计人口

指污水排水系统设计期限终期的规划人口数，是计算污水设计流量的基本数据。该值是由城镇(地区)的总体规划确定的。由于城镇性质或规模不同，城市工业、仓储、交通运输、生活居住用地分别占城镇总用地的比例和指标有所不同。因此，在计算污水管道服务的设计人口时，常用人口密度与服务面积相乘得到。

人口密度表示人口分布的情况，是指住在单位面积上的人口数，以 cap/hm^2 表示。若人口密度所用的地区面积包括街道、公园、运动场、水体等在内时，该人口密度称作总人口密度。若所用的面积只是街区内的建筑面积时，该人口密度称作街区人口密度。在规划或初步设计时，计算污水量是根据总人口密度计算。而在技术设计或施工图设计时，一般采用街区人口密度计算。

3. 变化系数

在进行污水系统的工程设计时，常用到变化系数的概念，从而考虑污水处理厂和污水泵站的设计规模和管径。

一日之中，白天和夜晚的污水量不一样；各小时的污水量也有很大变化；即使在一小时内污水量也是变化的。但是，在城市污水管道规划设计中，通常都假定在 1 小时内污水流量是均匀的。

污水量的变化情况常用变化系数表示。变化系数有日变化系数、时变化系数和总变化系数：

$$日变化系数\ K_d = \frac{最高日污水量}{平均日污水量}$$

$$时变化系数\ K_h = \frac{最高日最高时污水量}{最高日平均时污水量}$$

$$总变化系数\ K_z = K_d K_h$$

污水量变化系数随污水流量的大小而不同。污水流量愈大，其变化幅度愈小，变化系数较小；反之则变化系数较大。综合生活污水量总变化系数可按当地实际综合生活污水量变化资料采用，没有测定资料时，可按本规范表4-3的规定取值。

生活污水量总变化系数   表4-3

污水平均日流量（L/s）	5	15	40	70	100	200	500	1000	≥1500
K_z	2.3	2.0	1.8	1.7	1.6	1.5	1.4	1.3	1.2

综合生活污水量总变化系数   表4-4

平均日流量（L/s）	5	15	40	70	100	200	500	≥1000
总变化系数	2.3	2.0	1.8	1.7	1.6	1.5	1.4	1.3

注：当污水平均日流量为中间数值时，总变化系数可用内插法求得。

4. 工业企业生活污水及淋浴污水的设计流量

工业区内生活污水量、沐浴污水量的确定，应符合现行国家标准《建筑给水排水设计规范》GB 50015—2003 的有关规定。一般按下式计算：

$$Q_2 = (A_1 B_2 K_2 + A_2 B_2 K_2)/3600T + (C_1 D_1 + C_2 D_2)/3600 \qquad (4-2)$$

式中　　Q_2——工业企业生活污水及淋浴污水设计流量（L/s）；

A_1—— 一般车间最大班职工人数（cap）；

A_2——热车间最大班职工人数（cap）；

B_1—— 一般车间职工生活污水定额，以25（L/（cap·班））计；

B_2——热车间职工生活污水定额，以35（L/（cap·班））计；

K_1—— 一般车间生活污水量时变化系数，以3.0计；

K_2——热车间生活污水量时变化系数，以2.5计；

C_1—— 一般车间最大班使用淋浴职工人数（cap）；

C_2——热车间最大班使用淋浴职工人数（cap）；

D_1—— 一般车间淋浴用水定额，以40（L/（cap·班））计；

D_2——热车间淋浴用水定额，以60（L/（cap·班））计；

T——每班工作时数（h），淋浴时间以60min计。

5. 工业废水设计流量计算

工业区内工业废水量和变化系数的确定，应根据工艺特点，并与国家现行的工业用水量有关规定协调。工业废水设计流量一般按下式计算：

$$Q_3 = m \cdot M \cdot K_z / 3600T \tag{4-3}$$

式中　　Q_3——工业废水设计流量（L/s）；

　　　　m——生产过程中每单位产品的废水量（L/单位产品）；

　　　　M——产品的平均日产量；

　　　　T——每日生产时数（h）；

　　　　K_z——总变化系数。

　　生产单位产品或加工单位数量原料所排除的平均废水量，也称作生产过程中单位产品的废水量定额。工业企业的工业废水量随各行业类型、采用的原材料、生产工艺特点和管理水平等有很大差异。近年来，随着国家对水资源开发利用和保护的日益重视，有关部门正在制定各工业的工业用水量等规定，排水工程设计时应与之协调。国家《污水综合排放标准》GB 8978—1996 对矿山工业、焦化企业（煤气厂）、有色金属冶炼及金属加工、石油炼制工业、合成洗涤剂工业、合成脂肪酸工业、湿法生产纤维板工业、制糖工业、皮革工业、发酵、酿造工业、铬盐工业、硫酸工业（水洗法）、苎麻脱胶工业、粘胶纤维工业（单纯纤维）、铁路货车洗刷、电影洗片、石油沥青工业等部分行业规定了最高允许排水量或最低允许水重复利用率。在排水工程设计时，可根据工业企业的类别，生产工艺特点等情况，按有关规定选用工业量定额。

　　在不同的工业企业中，工业废水的排除情况不一致。某些工厂的工业废水采用均匀排放的，但很多工厂废水排出情况变化很大，甚至一些个别车间的废水也可能在短时间内一次排放。因而工业废水量的变化取决于工厂的性质和生产工艺过程。工业废水量的日变化一般较少，其日变化系数一般是1，时变化系数可实测。

　　某些工业废水量的时变化系数大致如下，可供参考用：冶金工业1.0～1.1；化学工业1.3～1.5；防治工业1.5～2.0；食品工业1.5～2.0；皮革工业1.5～2.0；造纸工业1.3～1.8。

　　6. 地下水渗入量

　　在地下水位较高地区，因当地土质、管道及接口材料，施工质量等因素的影响，一般均存在地下水渗入现象，设计污水管道系统时宜适当考虑地下水渗入量。地下水渗入量 Q_4 一般以单位管道延长米或单位服务面积公顷计算。日本规程（指针）规定采用经验数据为每人每日最大污水量的10%～20%。

　　7. 城市污水设计总流量计算

　　根据《室外给水设计规范》GB 50013—2006，城镇旱流污水设计流量，应按下列公式计算：

$$Q_{dr} = Q_d + Q_m \tag{4-4}$$

式中　　Q_{dr}——截流井以前的旱流污水设计流量（L/s）；

　　　　Q_d——设计综合生活污水量（L/s）；

　　　　Q_m——设计工业废水量（L/s）；

以上 Q_d 为 Q_1 与 Q_2 之和，Q_m 即为 Q_3。

城市污水总的设计流量是居住区生活污水、工业企业生活污水和工业废水设计流量三部分之和。在地下水位较高地区，还应加入地下水渗入量 Q_4。因此，城市污水设计总流量一般为：

$$Q=Q_1+Q_2+Q_3+Q_4 \tag{4-5}$$

上述求污水总设计流量的方法是假定排出的各种污水，都在同一时间内出现最大流量的。污水管道设计是采用这种简单累加法来计算流量的。但在设计污水泵站和污水厂时，如果也采用各项污水最大时流量之和作为设计依据，将很不经济。因为各种污水最大时流量同时发生的可能性很小，各种污水流量汇合时，可能互相调节，而使流量高峰降低。因此，为了正确地、合理地决定污水泵站和污水厂各出力构筑物的最大污水设计流量，就必须考虑各种污水流量的逐时变化。即知道一天中各种污水每小时的流量，然后将相同小时的各种流量相加，求出一日中流量的逐时变化，取最大时流量作为总设计流量。按这种综合流量计算法求得的最大污水量，作为污水泵站和污水处理厂构筑物的设计流量，是比较经济合理的，但往往由于缺乏污水量逐时变化资料而不便采用。因此，在《城市排水工程规划规范》中规定，城市污水量宜根据城市综合用水量（平均日）乘以城市污水排放系数确定。城市综合生活污水量宜根据城市综合生活用水量（平均日）乘以城市综合生活污水排放系数确定。城市工业废水量宜根据城市工业用水量（平均日）乘以城市工业废水排放系数，或由城市污水量减去城市综合生活污水量确定。城市污水工程规模和污水处理厂规模应根据平均日污水量确定。而城市排水管渠断面尺寸应根据规划期排水规划的最大秒流量，即设计污水管道系统时，应分别列表计算各居住区生活污水、工业废水和工厂生活污水设计流量，然后得出污水设计流量。

二、雨水管渠排水量计算

（一）设计参数的选择

1. 暴雨强度公式

雨量分析的目的是通过对降雨过程的多年资料的统计和分析，找出表示暴雨特征的降雨历时、降雨强度与降雨重现期之间的相互关系，作为雨水管渠设计的依据。

降雨量是降雨的绝对量，用深度 h（mm）表示。降雨强度指某一连续降雨时段内的平均降雨量，用 i 表示。即：

$$i=\frac{h}{t} \text{（mm/min）} \tag{4-6}$$

式中　　i——降雨强度（mm/min）；

　　　　t——降雨历时，即连续降雨的时段（min）；

　　　　h——相应于降雨历时的降雨量（mm）。

降雨强度也可用单位时间内单位面积上的降雨体积表示。q_0 和 i 的关系如下

$$q_0 = (L/s \cdot 10^4 m^2) \quad q_0 = \frac{1 \times 1000 \times 10000}{100 \times 60} i = 16.7i \qquad (4-7)$$

在设计雨水管渠时，假定降雨在汇水面积上均匀分布，并选择降雨强度最大的雨作为设计根据，根据当地多年（至少 10 年以上）的雨量记录，可以推算出暴雨强度的公式。按照规范，暴雨公式一般采用下列形式：

$$q = \frac{167 A_1 (1 + c lg P)}{(t+b)^n} \qquad (4-8)$$

式中　　q——暴雨强度（L/s $\cdot$ $10^4 m^2$）；

$\qquad\quad P$——重现期（年）；

$\qquad\quad t$——降雨历时（min）；

A_1，c，b，n——地方参数。

2. 重现期

暴雨强度的频率是指等于或大于该暴雨强度发生的机会，以 N（％）表示；而暴雨强度的重现期指等于或大于该暴雨强度发生一次的平均时间间隔，以户表示，以年为单位。显然，暴雨强度年频率 N 与它的重现期 P 互为倒数。强度大的暴雨，其发生的平均时间间隔即重现期长；强度小的暴雨，其重现期也短。针对不同重要程度地区的雨水管渠，应采取不同的重现期来设计。因为若取重现期过大，则使管渠断面尺寸很大，工程造价会很高；若取的过小，一些重要地区如中心区、干道则会经常遭受暴雨积水损害。

雨水管渠设计重现期，应根据汇水地区性质、地形特点和气候特征等因素确定。同一排水系统可采用同一重现期或不同重现期。发达国家的主要城市目前雨水管网的设计重现期一般取 5～10 年，而我国目前的城市雨水管网设计重现期一般采用 0.5～3 年，重要干道、重要地区或短期积水即能引起较严重后果的地区，可采用 3～5 年，并应与道路设计协调。近年来，由于各城市屡受水淹之苦，因此各城市根据自身情况逐步提升雨水管网的设计重现期，一些特大城市和大城市在雨水管网设计中已经将新建雨水管网的设计重现期提升到了 5 年及 5 年以上。

设计降雨重现期（年）　　　　　　　　表 4-5

地形		地区使用重要性质		
地形分级	地面坡度	一般居住区 一般道路	中心区、使馆区、工厂区、 仓库区、干道、广场	特殊重 要地区
有两向地面排水出路的平缓地形	＜0.002	0.333～0.5	0.5～1	1～2
有一向地面排水出路的谷线	0.002～0.01	0.5～1	1～2	2～3
无地面排水出路的封闭洼地	＞0.01	1～2	2～3	3～5

注："地形分级"与"地面坡度"是地形条件的两种分类标准，符合其中的一种情况，即可按表选用。如两种不利情况同时占用，则宜选用表内数据的高值。

3. 集水时间

连续降雨的时段称为降雨历时，降雨历时可以指全部降雨的时间，也可以指其中任一时段。设计中通常用汇水面积最远点雨水流到设计断面时的集水时间作为设计降雨历时。

对管道的某一设计断面，集水时间 t 由两部分组成（图 4-9）：从汇水面积最远点流到第一个雨水口 a 的地面集水时间 t_1 和从雨水口流到设计断面的管内雨水流行时间 t_2。可用公式表示：

$$t = t_1 + mt_2 \qquad (4-9)$$

式中 t_1 受地形、地面铺砌、地面种植情况和街区大小等因素的影响，一般为 $5 \sim 15$min。式中 m 为折减系数，规范中规定：管道用 2，明渠用 1.2。t_2 为雨水在上游管段内的流行时间。

$$t_2 = \sum \frac{L}{60 \upsilon} (\text{min}) \qquad (4-10)$$

式中　　L——上游各管段的长度（m）；

　　　　υ——上游各管段的设计流速（m/s）。

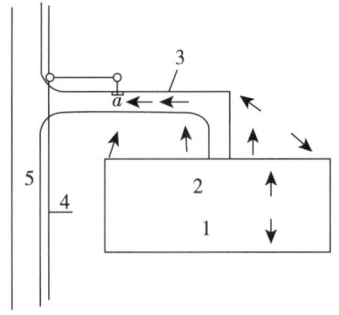

图 4-9　地面集水时间 t 示意图
1- 房屋；2- 屋面分水线；
3- 道路边沟；4- 雨水管；
5- 边沟

4. 径流系数

降落在地面上的雨水，只有一部分径流入雨水管道，其径流量与降雨量之比就是径流系数 φ 影响径流系数的因素有地面渗水性、植物和洼地的截流量、集流时间和暴雨雨型等。规范中主要根据地面种类对径流系数作了规定，见表 4-6。由不同种类地面组成的排水面积的径流系数 φ 用加权平均法计算。

$$\psi = \frac{\sum f_i \psi_i}{\sum f_i} \qquad (4-11)$$

式中　　f_i——汇水面积上各类地面的面积；

　　　　ψ_i——相应于各类地面的径流系数。

城市综合径流系数取值也可参考表 4-7。

单一覆盖径流系数　　　　　　　表 4-6

覆盖种类	径流系数
各种屋面、混凝土和沥青路面	0.90
大块石铺砌路面、沥青表面处理的碎石路面	0.60
级配碎石路面	0.45
干砌砖石和碎石路面	0.40
非铺砌图路面	0.30
绿地和草地	0.15

城市综合径流系数　　　　　　　表 4-7

序号	不透水覆盖面积情况	综合径流系数
1	建筑稠密的中心区（不透水覆盖面积＞70%）	0.6～0.8

续表

序号	不透水覆盖面积情况	综合径流系数
2	建筑较密的居住区（不透水覆盖面积 50% ~ 70%）	0.5 ~ 0.7
3	建筑较稀的居住区（不透水覆盖面积 30% ~ 50%）	0.4 ~ 0.6
4	建筑很稀的居住区（不透水覆盖面积 < 30%）	0.3 ~ 0.5

5. 雨水管渠设计流量公式

在确定了降雨强度 i （mm/min）或 q （L/s·hm²）、径流系数 ψ 后，再知道设计管段的排水面积 F （hm²），就可以计算管段的设计流量：

$$Q=167f_i\psi i=\psi F q \tag{4-12}$$

第三节 城市雨污水管渠系统规划

一、城市污水管网布置

在进行城市污水管道的规划设计时，先要在总平面图上进行管道系统平面布置，也称定线。主要内容有：确定排水区界，划分排水流域；选择污水厂和出水口的位置；拟定污水干管及主干管的路线；确定需要抽升的排水区域和设置泵站的位置等。平面布置得正确合理，可为设计阶段奠定良好基础，并节省整个排水系统的投资。

（一）污水管网的布置形式

污水管道平面布置，一般按先确定主干管、再定干管、最后定支管的顺序进行。在总体规划中，只决定污水主干管、干管的走向与平面位置。在详细规划中，还要决定污水支管的走向及位置。

1. 污水干管的布置形式

按干管与地形等高线的关系分为平行式和正交式两种。平行式布置是污水干管与等高线平行，而主干管则与等高线基本垂直，适应于城市地形坡度很大时，可以减少管道的埋深，避免设置过多的跌水井，改善干管的水力条件（图 4-9a）。正交式布置是干管与地形等高线垂直相交，而主干管与等高线平行敷设，适应于地形平坦略向一边倾斜的城市。由于主干管管径大，保持自净流速所需坡度小，其走向与等高线平行是合理的（图 4-9b）。

2. 污水支管的布置形式

污水支管的平面布置取决于地形、建筑特征和用户接管的方便。一般有三种形式：

（1）低边式：将污水支管布置在街坊地形较低一边，其管线较短，适于街坊狭长或地形倾斜时（图 4-10a）。

（2）围坊式：将污水支管布置在街坊四周，适于街坊地势平坦且面积较大时（图 4-10b）。

（3）穿坊式：污水支管穿过街坊，而街坊四周不设污水管，其管线较

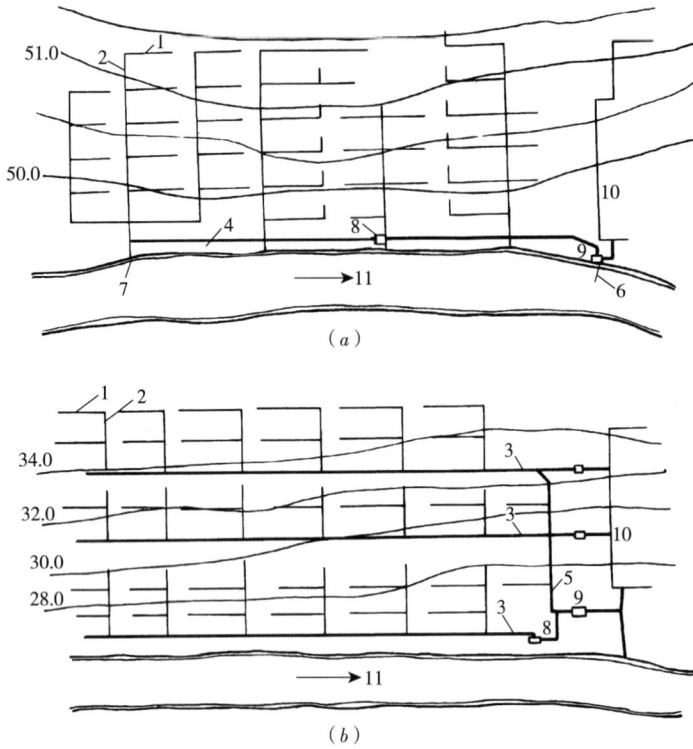

图 4-10 污水干管的布置

(a) 正交布置；(b) 平行布置

1- 支管；2- 干管；3- 地区干管；4- 截流干管；5- 主干管；6- 出口渠渠头；7- 溢流口；8- 泵站；9- 污水厂；10- 污水灌溉田；11- 河流

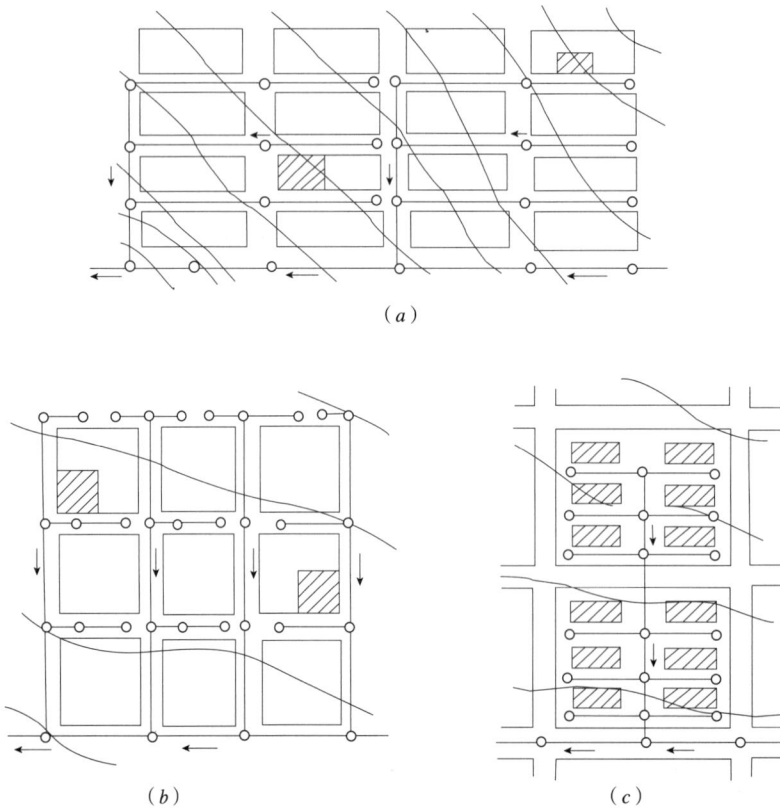

图 4-11 污水干管的布置

(a) 低边式；(b) 围坊式；(c) 穿坊式

短，工程造价低，适于街坊内部建筑规划已确定或街坊内部管道自成体系时（图 4-10c）。

（二）污水管网的布置原则

划分排水区界是管道平面布置的起始工作，排水区界是排水系统敷设的界限。在排水区界内应根据地形和城市的竖向规划，划分排水流域。一般地，流域边界应与分水线相符合。在地形起伏及丘陵地区，流域分界线与分水线基本一致。在地形平坦无显著分水线的地区，应使干管在最大合理埋深的情况下，让绝大部分污水自流排出。每一个排水流域往往有一个或一个以上的干管，根据流域就能查明水流方向和污水要抽升的地区。

在进行定线时，要在充分掌握资料的前提下综合考虑各种因素，使拟定的路线能因地制宜地利用有利条件而避免不利条件。通常影响污水管平面布置的主要因素有：

地形和水文地质条件；城市总体规划、竖向规划和分期建设情况；排水体制、线路数目；污水处理利用情况、处理厂和排放口位置；排水量大的工业企业和公建情况；道路和交通情况；地下管线和构筑物的分布情况。

在具体规划布置时，要考虑以下的一些原则：

（1）尽可能在管线较短和埋深较小的情况下，让最大区域上的污水自流排出。

（2）地形是影响管道定线的主要因素。定线时应充分利用地形，在整个排水区域较低的地方，如集水线或河岸低处敷设主干管及干管，便于支管的污水自流接入。地形较复杂时，宜布置成几个独立的排水系统，如由于地表中间隆起而布置成两个排水系统。若地势起伏较大，宜布置成高低区排水系统，高区不宜随便跌水，利用重力排入污水厂，并减少管道埋深；个别低洼地区应局部提升。

（3）污水主干管的走向与数目取决于污水厂和出水口的位置与数目。如大城市或地形平坦的城市，可能要建几个污水厂分别处理与利用污水，就需设几个主干管。小城市或地形倾向一方的城市，通常只设一个污水厂，则只需敷设一条主干管。若区域几个城镇合建污水厂，则需建造相应的区域污水管道系统。

（4）污水管道尽量采用重力流形式，避免提升。由于污水在管道中靠重力流动，因此管道必须有坡度。在地形平坦地区，管线虽不长，埋深亦会增加很快，当埋深超过最大埋深深度时，需设中途泵站抽升污水。这样会增加基建投资和常年运行管理费用，但不建泵站，使管道埋深过深，会使施工困难大且造价增高。所以需进行方案比较，选择最适当的定线位置，尽量节省埋深，又可少建泵站。

（5）管道定线尽量减少与河道、山谷、铁路及各种地下构筑物交叉，并充分考虑地质条件的影响。污水管特别是主干管，应尽量布置在坚硬密实的土壤中。如通过劣质土壤（松软土、回填土、土质不均匀等）或地下水位高的地段时，污水管道可考虑绕道或采用建泵站及其他施工措施的办法加以解决。

（6）污水干管一般沿城市道路布置。不宜设在交通繁忙的快车道下和狭窄的街道下，也不宜设在无道路的空地上，而通常设在污水量较大或地下管线较少一侧的人行道、绿化带或慢车道下。道路宽度超过40m时，可考虑在道路两侧各设一条污水管，以减少连接支管的数目及与其他管道的交叉，并便于施工、检修和维护管理。污水干管最好以排放大量工业废水的工厂（和污水量大的公共建筑）为起端，除了能较快发挥效用外，还能保证良好的水力条件。

（7）管线布置应简捷顺直，不要绕弯，注意节约大管道的长度。避免在平坦地段布置流量小而长度大的管道，因流量小，保证自净流速所需的坡度较大，而使埋深增加。

（8）管线布置考虑城市的远、近期规划及分期建设的安排，与规划年限相一致。应使管线的布置与敷设满足近期建设的要求，同时考虑远期有扩建的可能。规划时，对不同重要性的管道，其设计年限应有差异。城市主干管，年限要长，基本应考虑一次建后相当长时间不再扩建，而次干管、支管、接户管等年限可依次降低，并考虑扩建的可能。

（三）污水管道的敷设

城市污水管网是城市重要的工程管线设施，其在城市道路上的敷设必须满足一定的要求，通常应考虑以下几方面：

（1）因污水管道主要是重力流管道，其埋设深度较其他管线大，且有很多支管，连接处都要设检查井，对其他管线的影响较大，所以在管线综合时，应首先考虑污水管道在平面和垂直方向上的位置。

（2）由于污水管道渗漏的污水会对其他管线产生影响，所以应考虑管道损坏时，不影响附近建筑物、构筑物的基础或污染生活饮用水，管道之间的最小净距要求见管线综合部分。当其他管线与排水管道有少许相碰时，管道顶部允许作适当压缩后便于各自按原坡度通过。

（3）管道的埋设深度指管底内壁到地面的距离，见图4-12。因为管道埋深越大，工程造价就越高，施工难度也越大，所以管道埋深有一个最大限值，称为最大埋深。具体应根据技术经济指标和当地情况确定。通常在干燥土壤中，最大埋深不超过7～8m；在多水、流砂、石灰岩地层中，不超过5m。

（4）管道的覆土厚度是管道外壁顶部到地面的距离，尽管管道埋深越小越好，但管道的覆土厚度有一个最小限值，叫最小覆土厚度，通常由所在地区的冻土深度、管道的外部荷载、房屋连接管的埋深等因素决定。规范规定，无保温措施的生活污水管道或水温与生活污水接近的废水管道，管底可埋设在冰冻线以上0.15m。污水管道在平行道下的最小覆土厚度不小于0.7m。考虑房屋污水排出管的衔接，污水支管起点埋深一般不小于0.6～0.7m。因此，综合以上几点因素后，其中的最大值就是管道的最小覆土厚度。通常最大覆土厚度不宜大于6m；在满足各方面要求的前提下，理想覆土厚度为1～2m。

（5）在排水区域内，对管道系统的埋设深度起控制作用的点称为控制点。每条管道的起点都是这些管道的控制点。这些控制点中离出水口或污水厂最远

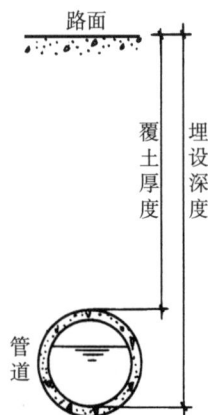

图4-12 覆土厚度

或最低的一点，就是系统的控制点。控制点一般是该排水管道系统的最高点，是控制整个系统标高的起点。这些控制点处管道的埋深，往往影响整个污水管道系统的埋深。在规划设计时，尽量采取一些措施来减少控制点管道的埋深：如增加管道强度，减少埋深，填土提高地面高程以保证最小覆土厚度；必要时设置泵站，提高管位等。

（四）管渠的断面和衔接

排水管渠的横断面形式须满足静力学、水力学及经济和养护管理上的要求。即要求管道有足够的稳定性和坚固性，良好的输水性，管材造价低，便于清通等。常用管渠的断面形式有圆形、半椭圆形、马蹄形、矩形、梯形及蛋形等。其中圆形管道具有水力条件好，能适应流量变化，并且便于预制和运输，受力条件好，用材省等优点，所以应用很广泛。对大型管渠，常用砖石砌筑、预制组装以及现场浇筑的方法施工，渠道断面多为较宽浅的形式。

污水管道在管径、坡度、高程、方向发生变化及支管接入的地方都需设检查井，其中在考虑检查井内上下流管道衔接时应遵循以下原则：

（1）尽可能提高下游管段的高程，以减少埋深，降低造价；

（2）避免上游管段中形成回水而造成淤积；

（3）不允许下流管段的管底高于上游管段的管底。

管道的衔接方法主要有水面平接、管顶平接，特殊情况下需用管底平接，如图4-13所示。

水面平接指污水管道上、下游管段的水面高程相同。同径管段往往是下游管段的充盈深大于上游管段的充盈深，为避免上游管段回水而采用水面平接。在平坦地区，为减少管道埋深，异管径的管段有时也采用水面平接。但由于小口径管道的水面变化大于大口径管道的水面变化，难免在上游管道中形成回水。

管顶平接指污水管道水力计算中，上、下游管段的管顶内壁位于同一高程。采用管顶平接时，可以避免上游管段产生回水，但增加了下游管段的埋深，管顶平接一般用于不同口径管道的衔接。

特殊情况下，下游管段的管径小于上游管段的管径（坡度突然变陡时）而不能采用管顶平接或水面平接时，应采用管底平接，以防下游管段的管底高于上游管段的管底。有时为了减少管道系统的埋深，虽然下游管道管径大于上游，也可采用管底平接。

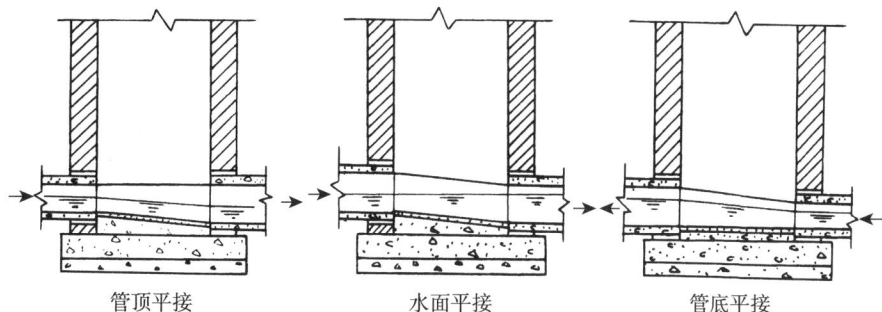

图4-13 管道的衔接

管顶平接　　　水面平接　　　管底平接

城市污水管道一般都采用管顶平接法。在坡度较大的地段，污水管道可采用阶梯连接或跌水井连接。无论采用哪种衔接方法，下游管段的水面和管底部都不应高于上游管段的水面和管底。污水支管与干管交汇处，若支管管底高程与干管管底高程的相差较大时，需在支管上设置跌水井，经跌落后再接入干管，以保证干管的水力条件。

二、城市雨水管渠系统布置

（一）城市雨水管渠系统规划的内容

降落至地面上的雨水，部分被植物截流、渗入土壤和填充洼地，其余部分沿地面流入雨水管渠和水体，这部分雨水称为地面径流。雨水径流的总量并不大，但全年雨水绝大部分常在极短时间内倾泻而下，形成强度猛烈的暴雨，若不能及时排除，便会造成巨大的危害。雨水管渠系统的任务就是及时地排除暴雨形成的地面径流。雨水短时的径流大，所需雨水管渠也大，造价也很高。在进行城市排水规划时，除了建立完善的雨水管渠系统外，应对城市的整个水系进行统筹规划，保留一定的水塘、洼地、截洪沟，考虑防洪的"拦、蓄、分、泄"功能。不少城市在建设中，忽略了这个问题，把具有自然防洪能力的水库、河塘、冲沟都填掉，结果使城市饱受洪水之苦。

随着城市化进程和路面普及率的提高，大地的保水、滞洪能力大大下降，雨水的径流量增大很快，通过建立一定的雨水贮留系统，一方面可以避免水淹之害，另一方面可以利用雨水作为城市水源，缓解用水紧张。

城市雨水管渠系统是由雨水口、雨水管渠、检查井、出水口等构筑物组成的一整套工程设施。城市雨水管渠系统规划的主要内容有：确定或选用当地暴雨强度公式；确定排水流域与排水方式，进行雨水管渠的定线；确定雨水泵房、雨水调节池、雨水排放口的位置；决定设计流量计算方法与有关参数；进行雨水管渠的水力计算，确定管渠尺寸、坡度、标高及埋深。

（二）雨水管渠系统布置的要求

雨水管渠系统的布置，要求使雨水能顺畅及时地从城镇和厂区内排出去。一般可从以下几个方面进行考虑：

（1）充分利用地形，就近排入水体。规划雨水管线时，首先按地形划分排水区域，再进行管线布置。根据地面标高和河道水位，划分自排区和强排区。自排区利用重力流自行将雨水排入河道；强排区需设雨水泵站提升排入河道。根据分散和直捷的原则，多采用正交式布置，使雨水管渠尽量以最短的距离重力流排入附近的池塘、河流、湖泊等水体中。只有当水体位置较远且地形较平坦或地形不利的情况下，才需要设置雨水泵站。一般情况下，当地形坡度较大时，雨水干管宜布置在地形低处或溪谷线上；当地形平坦时，雨水干管宜布置在排水流域的中间，以便尽可能扩大重力流排除雨水的范围。

（2）尽量避免设置雨水泵站。由于暴雨形成的径流量大，雨水泵站的投资也很大，且雨水泵站在一年中运转时间短，利用率低，所以应尽可能靠重力流排水。但在一些地形平坦、地势较低、区域较大或受潮汐影响的城市，在必须设置的情况下，把经过泵站排泄的雨水径流量减少到最小限度。

（3）结合街区及道路规划布置。道路通常是街区内地面径流的集中地，所以道路边沟最好低于相邻街区地面标高，尽量利用道路两侧边沟排除地面径流。雨水管渠应平行道路敷设，宜布置在人行道或草地带下，不宜布置在快车道下。另外，也不宜设在交通量大的干道下。从排除地面径流而言，道路纵坡最好0.3%～6%。

（4）结合城市竖向规划。进行城市竖向规划时，应充分考虑排水的要求，以便能合理利用自然地形就近排出雨水，还要满足管道埋设最不利点和最小覆土要求。另外，对竖向规划中确定的填方或挖方地区，雨水管渠布置必须考虑今后地形变化，进行相应处理。

（5）雨水管渠采用明渠或暗管应结合具体条件确定。一般在城市市区，建筑密度较大，交通频繁地区，均采用暗管排雨水，尽管造价高，但卫生情况较好，养护方便；在城市郊区或建筑密度低、交通量小的地方，可采用明渠，以节省工程费用，降低造价。在受到埋深和出口深度限制的地区，可采用盖板明渠排除雨水。

（6）雨水出口的设置。雨水出口的布置有分散和集中两种布置形式。当出口的水体离流域很近，水体的水位变化不大，洪水位低于流域地面标高，出水口的建筑费用不大时，宜采用分散出口，以便雨水就近排放，使管线较短，减小管径。反之，则可采用集中出口。

（7）调蓄水体的布置。充分利用地形，选择适当的河湖水面和洼地作为调蓄池，以调节洪峰，降低沟道设计流量，减少泵站的设置数量。必要时，可以开挖一些池塘，人工河，以达到储存径流，就近排放的目的。调蓄水体的布置应与城市总体规划相协调，把调蓄水体与景观规划、消防规划结合起来，起到游览、休闲、娱乐、消防贮备用水的作用，在缺水地区，可以把贮存的水量用于市政绿化和农田灌溉。调蓄水体宜布置在低洼处或滩涂上，使设计水位低于道路标高，减少竖向工程量。若调蓄水体的汇水面积较大或呈狭长时，应尽量纵向延伸，与城市内河结合，接纳城市雨水。没有调蓄水体时，城市雨水应尽量高水高排，以减少雨洪量的蓄集。也可以在公园、校园、运动场、广场、停车场、花坛下修建雨水人工贮留系统，使所降雨水尽量多地分散贮留。

（8）雨水口的布置。雨水口的布置应使雨水不致漫过路口而影响交通，因此一般在街道交叉路口的汇水点、低洼处应设置雨水口，不宜设在对行人不便的地方。街道两旁雨水口的间距，主要取决于街道纵坡、路面积水情况及雨水口的进水量，一般25～60m（图4-14）。

（9）城市中靠近山麓建设的中心区、居住区、工业区，除了应设雨水管道外，尚应考虑在规划地区周围或超过规划区设置排洪沟，以拦截从分水岭以内排泄下来的洪水，使之排入水体，保证避免洪水的损害。

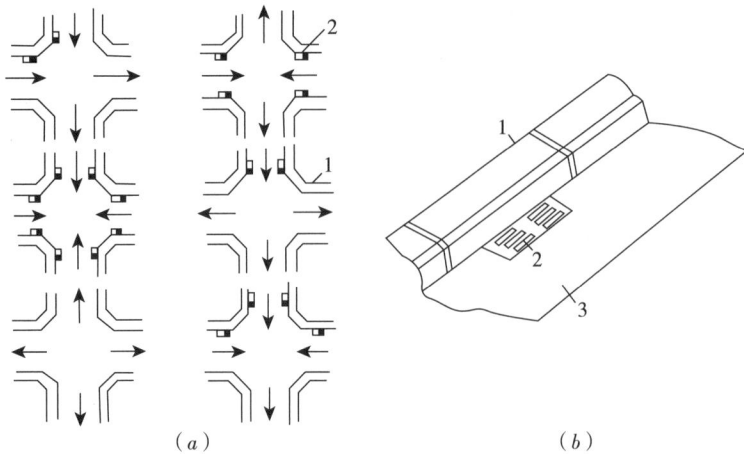

图 4-14　雨水口布置
1- 路边石；2- 雨水口；
3- 道路断面

(a)　　　　　　　　　　(b)

三、排水管材、泵站及管道附属构筑物

（一）排水管材

城市排水多用管道，管道是由预制管敷设而成的。在地形平坦、埋深或出水口深度受到限制的地区，也用沟渠排水。它是用土建材料在现场修筑而成的。

排水管渠的材料必须满足一定的要求，才能保证正常的排水功能。通常有如下要求：有承受内外部荷载的足够强度；内壁整齐光滑，减少水流阻力；有抗冲刷、磨损和腐蚀的能力；不透水性强；便于就地取材，减少运输施工费用。常用管道多是预制的圆形管子，绝大多数为非金属材料，其具有价格便宜和抗蚀性好的特点。

1. 混凝土管和钢筋混凝土管

这两种管道，制作方便，造价低，在排水管道中应用很广。但具有抵抗酸、碱侵蚀及抗渗性能差、管节短、节口多、搬运不便等缺点。混凝土管内径不大于 600mm，长度不大于 1m，适用于管径较小的无压管；钢筋混凝土管口径一般 500mm 以上，长度在 1～3m 之间。多用在埋深大或地质条件不良的地段。

2. 陶土管

陶土管由塑性黏土焙烧而成。带釉的陶土管内外壁光滑，水流阻力小，不透水性好，耐磨损，抗腐蚀。尤其适于排除酸碱废水。但质脆易碎，抗弯抗拉强度低，不宜敷在松土中或埋深较大的地方。陶土管直径不大于 600mm，其管长在 0.8～1.0m。

3. 金属管

常用的金属管有排水铸铁管、钢管等。具有强度高，抗渗性好，内壁光滑，抗压、抗震性强，且管节长，接头少。但价格贵，耐酸碱腐蚀性差。室外重力排水管道较少采用。只用在排水管道承受高内压，高外压，或对渗漏要求高的地方，如泵站的进出水管，穿越河流、铁道的倒虹管，或靠近给水管和房屋基础时。

4. 大型排水管渠

排水管道的预制管管径一般小于 2m。当排水需要更大的口径时，可建造大型排水渠道，常用建材有砖、石、混凝土块或现浇钢筋混凝土等，一般多采用矩形、拱形等断面，主要在现场浇制、铺砌或安装。

此外，玻璃纤维混凝土管、塑料管等已被用作排水管道，具有较好的性能，有良好的发展前景。特别是塑料管已在居住小区中被广泛使用。

合理地选择管材，对降低排水系统的造价影响很大，一般应考虑技术、经济及市场供应因素。对腐蚀性污水采用陶土管、石棉水泥管、砖渠或加有衬砌的钢筋混凝土管。压力管段（泵站压力管、倒虹管）采用金属管、钢筋混凝土管或预应力钢筋混凝土管。地震区、施工条件较差地区（地下水位高，有流砂等）及穿越铁路等，也可用金属管。而一般重力流管道通常用陶土管、混凝土管、钢筋混凝土管。另外，选用管材应尽量考虑当地市场供应情况，降低运输的施工费用。

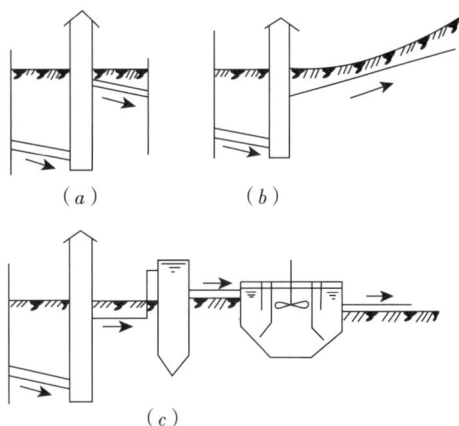

图4-15 污水泵站的设置地点
(a) 中途泵站；(b) 局部泵站；(c) 终点泵站

（二）排水泵站

将各种污水由低处提升到高处所用的抽水机械称为排水泵。由安置排水泵及有关附属设备的建筑物或构筑物（如水泵间、集水池、格栅、辅助间及变电室）组成排水泵站。排水泵站按排水的性质可分为污水泵站，雨水泵站、合流泵站和污泥泵站等。按在排水系统中所处的位置，又分为局部泵站、中途泵站和终点泵站（图4-15）。

由于排水管道中的水流基本上是重力流，管道需沿水流方向按一定的坡度倾斜敷设。在地势平坦地区，管道埋深增大，使施工困难，费用升高，需设置泵站，把离地面较深的污水提升到离地面较浅的位置上。这种设在管道中途的泵站称作中途泵站。当污水和雨水需直接排入水体时，若管道中水位低于河流中的水位，就需设终点泵站。有时，出水管渠口即使高出常水位，但低于潮水位，在出口处也需建造终点雨水泵站。当设有污水处理厂时，为了使污水能自流流过地面上的各处理构筑物，也需终点泵站。在污水处理厂中，处理和输送污泥过程中，都需设污泥泵站。在某些地形复杂的城市，需把低洼地区的污水用水泵送至高位地区的干管中；另外，一些低于街道管道的高楼的地下室、地下铁道和其他地下建筑物的污水也需用泵提升送人街道管道中，这种泵站称为局部泵站。

泵站在排水系统总平面图上的位置安排，应考虑当地的卫生要求、地质条件、电力供应、施工条件及设置应急出口管渠的可能，进行技术经济分析比较后，进行决定。

排水泵站的型式有干式、湿式；有圆形、矩形；有分建式、合建式；有半地下式、全地下式等之分，主要根据进水管渠的埋深、进水流量、地质条件等而定。

排水泵站宜单独设置，与居住房屋、公共建筑保持适当距离，以防止泵站臭味和机器噪音对居住环境的影响。泵站周围应尽可能设置宽度不小于10m的绿化隔离带。

排水泵站的占地随流量、性质等不同而相异，参见表4—8。

泵站建设用地指标单位：m²　　　　　　　表4—8

建设规模 泵站性质	I	II	III	IV
污水	2000 ~ 2700	1500 ~ 2000	1000 ~ 1500	600 ~ 1000
合流	1500 ~ 2200	1200 ~ 1500	800 ~ 1200	400 ~ 800

注：建设规模：
　　I 类：20 ~ 50 万 m³/d；II 类：10 ~ 20 万 m³/d；
　　III 类：5 ~ 10 万 m³/d；IV 类：2 ~ 5 万 m³/d；
　　V 类：0.5 ~ 2 万 m³/d。
　　表中指标为泵站围墙内，包括整个流程中的构筑物和附属建筑物、附属设施等占地面积。
　　小于IV类规模的泵站，用地面积按N类规模的指标控制。大于 I 类规模的泵站，每增加
　　10 万 m³/d，用地指标增加 300 ~ 400m²。

（三）排水管道系统附属构筑物

为排除污水，除管渠本身外，还需在管渠系统上设置某些附属构筑物。这些构筑物有的数量较多，在管渠系统的总造价中占相当比例。下面对其作简要介绍，以便在城市排水规划、管线综合和道路交通规划时有所考虑。

1. 检查井

检查井用来对管渠进行检查和清通，也有连接管段的作用。一般设在管渠交汇、转弯、管渠尺寸或坡度改变及直线管段相隔一定距离处。相邻两检查井之间管渠应成一条直线。直线管道上检查井间距通常 25 ~ 60m，管径越大，间距越大。检查井有不用下人的浅井和需下人的深井。

2. 跌水井

当遇到下列情况且跌差大于 1m 时需设跌水井：管道中流速过大，需加以调节处；管道垂直于陡峭地形的等高线布置，按原坡度将露出地面处；接入较低的管道处；管道遇上地下障碍物，必须跌落通过处。在转弯处不设跌水井，常用跌水井有竖管式、阶梯式等。

3. 溢流井

多用在截流式合流制排水系统中，晴天时，管道中污水全部送往污水厂处理；雨天时，管道中混合污水仅有部分送污水厂处理，超过截流管道输水能力的那部分混合污水不做处理，直接排入水体。在合流管道与截流管道交接处，应设溢流井完成截流和溢流作用（图4—16）。溢流井可能设置的位置，尽可能靠近水体下游，最好在高浓度工业污水进水点上游。

4. 雨水口

雨水口是在雨水管渠或合流管渠上收集雨水的构筑物。地面上的雨水经过雨水口和连接管流入管道上的检查井和进入排水管渠。雨水口设置要求能迅速有效地收集雨水，宜在汇水点上或截水点上，一般设在交叉路口、路侧边

沟的一定距离处及设有道路边石的低洼地方（图4-14）。雨水口的间距一般为25～60m。雨水口由进水箅、井筒、连接管组成。雨水口按进水箅在街道上设置位置可分为边沟式雨水口、侧面式雨水口、联合式雨水口。

5. 倒虹管

排水管渠遇到河流、山涧、洼地或地下构筑物等障碍物时，不能按原有坡度埋设，而是按下凹的折线方式从障碍物下通过，这种管道称为倒虹管。倒虹管由进水井、管道及出水井三部分组成。管道有折管式和直管式两种。折管式施工麻烦，养护困难（图4-17），只适于河滩很宽情况。直管式施工和养护较前者简单（图4-18）。倒虹管应尽量与障碍物正交通过。倒虹管顶与河床距离一般不小于0.5m。其工作管线一般不小于两条，但通过谷地、旱沟或小河时，可敷设一条。

6. 出水口

排水管渠出水口的位置和形式，应根据出水水质、水体的水位及变化情况、水流方向、下游用水情况、水岸变迁（冲淤）情况和夏季主导风向等因素确定。出水口一般设在岸边，当排水需要同受纳水体充分混合时，可将出水口伸入水体中，伸入河道中心的出水口应设标志。污水管的出水口一般都应淹没在水体中，管顶高程在常水位以下，以使污水和河水混合得好，而避免污水沿河滩泄流，造

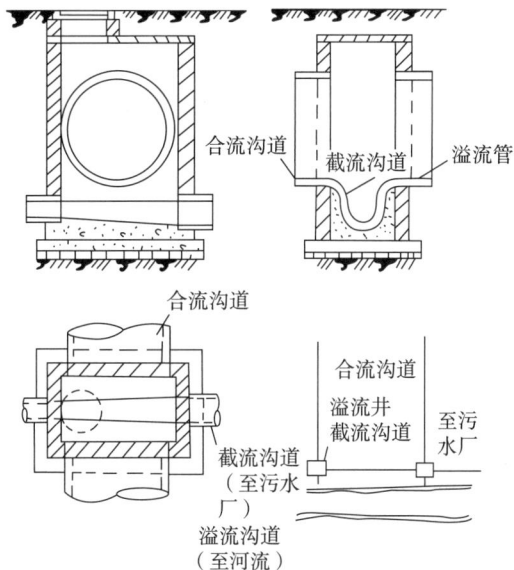

图4-16 截流槽式溢流井

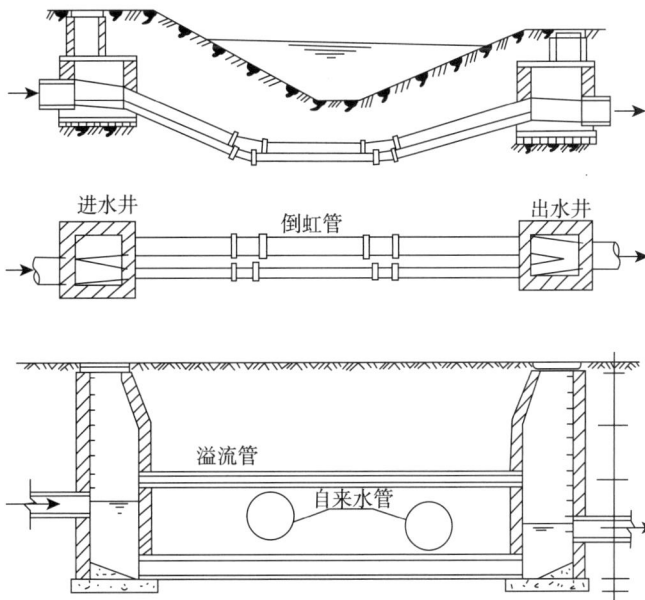

图4-17 穿越河道的折管式倒虹管

图4-18 避开地下管道的直管式倒虹管

131

成污染。雨水管出水口可采用非淹没式，管底标高在水体最高水位以上，一般在常水位以上，以免水体水倒灌。否则应设防潮闸门或排涝泵站。出水口与水体岸边接连处，一般做成护坡或挡土墙，以保护河岸及固定出水管渠与出水口。

第四节　城市雨污水管网的水力计算

一、城市污水管网的水力计算

在完成了污水管道系统的平面布置后，便可进行污水管道的水力计算。污水管道水力计算的目的，在于合理经济地选择管道管径、坡度和埋深。

（一）管道水力计算的基本公式

管道中的污水流动，通常是依靠水的重力从高处流向低处。污水中含有一定量的固体杂质，但主要是水分，所以按水力学规律来计算城市污水的流动。污水在管道中的流动按均匀流（即假定过水断面上每一条流线的流速大小和方向沿流程不变）计算。由于污水中含有杂质，流速过小则会产生淤泥，降低输水能力。但流速过大，则会过大冲刷而损坏管壁。所以要选择合理流速，避免上面的情况。另外，由于城市污水量难以准确计算，变化较大，所以设计时要留出部分管道断面，避免污水溢流。同时，管道中淤积的污泥会腐化而散发出有毒害的臭气，且污水内所含的易燃液体（如汽油、苯、石油等）易挥发成爆炸性气体，需让污水管道通风，也不能满流。

管道水力学的两个基本公式（均匀流）：

流量公式　　$Q=w \cdot v$ 　　　　　　　　　　　　　　　　　　　（4—13）

流速公式　　$v=C\sqrt{RJ}$ 　　　　　　　　　　　　　　　　　　（4—14）

式中　　Q——设计管段的设计流量（m^3/s）；

　　　　w——设计管段的过水断面面积（m^2）；

　　　　v——过水断面的平均流速（m/s）；

　　　　R——水力半径（过水断面面积与湿周的比值）（m）；

　　　　J——水力坡度（即水面坡度，等于管底坡度 i）；

　　　　C——流速系数（或谢才系数）。一般 $C=\dfrac{1}{n}R^{1/6}$ 　　　（4—15）

式中　　n——管壁粗糙系数，由管渠材料定，见表4—9。

排水管渠粗糙系数表

表4—9

管渠种类	n 值	管渠种类	n 值
陶土管	0.013	浆砌砖渠道	0.015
混凝土和钢筋混凝土管	0.013～0.014	浆砌块石渠道	0.017
石棉水泥管	0.012	干砌块石渠道	0.020～0.030
铸铁管	0.013	土明渠（带或不带草皮）	0.025～0.030
钢管	0.012	木槽	0.012～0.014
水泥砂浆抹面渠道	0.013～0.014		

由于 w、R 均为管径 D 和充满度 H/d 的函数，所以：

$$Q=\omega \upsilon=f_1（D,h/D,\upsilon）$$

$$\upsilon=\frac{1}{n}R^{2/3}i^{1/2}=f_2（n,D,h/D,i）\qquad (4-16)$$

即六个水力要素中，除 Q、n 已知外，尚有四个未知。所以为简化计算，编制了水力计算图和水力计算表供计算时使用。当选定管材和管径后，在流量 Q、坡度 i、流速 υ、充满度 H/d 四个因素中，只要已知其中任意两个，就可由图表查出另外两个。

（二）污水管道水力计算的设计数据

为保证排水管道设计的经济合理，《室外排水设计规范》GB 50013—2006 对充满度、流速、管径与坡度做了规定，作为设计时的控制数据。

图 4-19　充满度示意图

1. 设计充满度

污水管道是按不满流的情况进行设计的。在设计流量下，管道中的水深 h 和管径 D 的比值称为设计充满度（图 4-19）。设计充满度有一个最大的限值，即规范中规定的最大设计充满度（表 4-10）。明渠的超高（渠中最高设计水面至渠顶的高度）应不小于 0.2m。

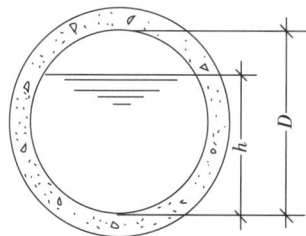

污水管道最大允许流速、最大设计充满度、最小设计流速、最小设计坡度　　　　表 4-10

管径 (mm)	最大允许流速 (m/s)		最大设计充满度	在设计充满度下最小设计流速 (m/s)	按照设计充满度下最小设计流速控制的最小坡度		最小设计充满度	最小计算充满度下不淤流速 (m/s)	按照最小计算充满度下不淤流速控制的最小坡度	
	金属管	非金属管			坡度	相应流速 (m/s)			坡度	相应流速 (m/s)
150					0.007	0.72			0.005	0.40
200			0.6		0.005	0.74			0.004	0.43
300			0.7	0.7	0.0027	0.71	0.25	0.4	0.002	0.40
400			0.7		0.002	0.77			0.0015	0.42
500					0.0016	0.81			0.0012	0.43
600					0.0013	0.82			0.001	0.50
700					0.0011	0.84			0.0009	0.52
800	≤ 10	≤ 5	0.75	0.8	0.001	0.88	0.3	0.5	0.0008	0.54
900					0.0009	0.9			0.0007	0.54
1000					0.0008	0.91			0.0006	0.54
1100					0.0007	0.91			0.0006	0.62
1200					0.0007	0.97			0.0006	0.66
1300			0.8	0.9	0.0006	0.94	0.35	0.6	0.0005	0.63
1400					0.0006	0.99			0.0005	0.67
1500				1.0	0.0006	1.04			0.0005	0.70
> 1500					0.0006				0.0005	

注：1. n=0.014

　　2. 计算污水管道充满度时，不包括淋浴水量或短时间内忽然增加的无水量。但管径 ≤ 300mm 时，按满流复核。

　　3. 含有机械杂质的工业废水管道，其最小流速宜适当提高。

2. 设计流速

设计流速指管渠在设计充满度情况下，排泄设计流量时的平均流速。为防止管道因淤积而堵塞或因冲刷而损坏，规范对设计流速规定了最低限值，即最小设计流速（又称自净流速或不淤流速）及最高限值，即最大设计流速（表4-6）。就整个污水管道系统来讲，各设计管段的设计流速从上游到下游最好是逐渐增加的。

3. 最小管径

一般污水管道系统的上游部分流量很小，若根据流量计算，管径也将很小。管径过小极易堵塞。另外，采用较大管径，可选用较小的坡度，使管道埋深减小。因此规定了一个允许的最小管径。若按计算所得的管径小于最小管径，则采用最小管径。规范中对最小管径做了规定（表4-11）。

污水管道的最小管径和最小设计坡度　　　　　表4-11

管道位置	最小管径（mm）	最小设计坡度
在街坊和厂区内	200	0.004
在街道下	300	0.003

4. 最小设计坡度

坡度和流速之间存在着一定的关系，同最小设计流速相应的坡度是最小设计坡度（表4-7）。相同直径的管道，如果充满度不同，可以有不同的最小设计坡度。

当设计流量很小而采用最小管径的设计管段称为不计算管段。由于这种管段不进行水力计算，没有设计流速，因此直接规定管道的最小设计坡度（表4-7）。

（三）污水管道水力计算的方法

污水管道系统平面布置完成后，即可划分设计管段，计算每个管段的设计流量，以便进行水力计算。水力计算的任务是计算各设计管段的管径、坡度、流速、充满度和井底高程。

污水管道中，任意两个检查井间的连续管段，如果流量基本不变，管道坡度不变，则可选择相同的管径。这种管段称为设计管段，作为水力计算中的一个计算单元。通常根据管道平面布置图，以街坊污水支管及工厂污水出水管等接入干管的位置作为起讫点，划分设计管段。管段的起讫点须设置检查井。

每一设计管段的污水设计流量可以由三部分组成：

本段流量——是从管段沿线街坊流来的污水量；

转输流量——是从上游管段和旁侧管段流来的污水量；

集中流量——是从工厂或公共建筑流来的污水量。

为简化计算，假定本段流量集中在起点进入设计管段，且流量不变。从上游管段和旁侧管段流来的转输流量以及集中流量对这一管段是不变的。

本段流量可用下式计算：

$$q=Fq_0K \qquad (4-17)$$

式中 q——设计管段的本段流量（L/s）；

        F——设计管段服务的街坊面积（hm^2）；

        K——生活污水总变化系数；

        q_0——单位面积的本段平均流量,即比流量（$L/s \cdot hm^2$）。可用下式求得：

$$q_0=\frac{n \cdot N}{86400} \qquad (4-18)$$

式中 n——污水量标准（L/人·d）；

        N——人口密度（人/hm^2）。

总体规划时，只估算干管和主干管的流量，详细规划时，应计算支管的流量。

在确定了设计流量后，就可以从上游管段开始依次进行各设计管段的水力计算，通常进行列表计算，水力计算步骤如下：

（1）从管道平面布置图上量出每一设计管段的长度。

（2）计算每一设计管段的地面坡度，其中地面坡度 $=\dfrac{地面高差}{距离}$，作为确定管道坡度时的参考。

（3）确定管段的管径，并相应的设计流速 υ，设计坡度 i，设计充满度 h/D。的限定，由于流量 Q、流速 υ、充满度 h/D、坡度 i、管径 D 等各水力因素之间存在相互制约的关系，实际计算中，查水力计算图（或表）存在着试算的过程，其中 υ、h/D、i 常作为限制条件，应满足规范的要求。

（4）计算各管段上端、下端的水面、管底标高及埋设深度。根据求得的管道坡度，计算管道上端至下端的降落量。

为了得到其他各管段上下端的管底高程，应定各管段在检查井处的衔接方法。一般原则是当下游管径等于或大于上游管径时，用管顶平接；当下游管径小于上游管径时，用管底平接；通常当上下游管径相同，而采用管顶平接出现下游水位高于上游水位时，用水面平接。

二、城市雨水管渠水力计算

（一）水力计算的设计规定

雨水管道一般采用圆形断面，但当直径超过 2m 时，也可用矩形、半椭圆形或马蹄形。明渠一般采用矩形或梯形。为保证雨水管渠正常工作，避免发生淤积、冲刷等情况，规范对有关设计数据作了规定。

（1）设计充满度为 1，即按满流计算。明渠超高应大于或等于 0.2m。

（2）满流时管道内最小设计流速不小于 0.75m/s，起始管段地形平坦，最小设计流速不小于 0.6m/s。最大允许流速同污水管道。明渠最小设计流速不得小于 0.4m/s，最大允许流速根据管渠材料确定。

（3）最小管径和最小设计坡度：雨水支干管最小管径 300mm，相应最小设计坡度 0.002；雨水口连接管最小管径 200mm，设计坡度不小于 0.01。梯形明渠底宽最小 0.3m。

（4）覆土与埋深：最小覆土在车行道下一般不小于 0.7m；在冰冻深度小于 0.6m 的地区，可采用无覆土的地面式暗沟；最大埋深与理想埋深同污水管道。明渠应避免穿过高地。

（5）管道在检查井内连接，一般用管顶平接。不同断面管道必要时也可采用局部管段管底平接。

雨水管渠水力计算仍按均匀流考虑，水力计算公式基本上与污水管道相同，但按满流即 $h/D=1$ 计算。工程设计中，通常在选定管材后 n 为已知值，混凝土和钢筋混凝土雨水管道的管壁粗糙系数 n 一般采用 0.013。另外，Q、v、i、D 的关系可据满流圆形管道水力计算图查得。

（二）雨水管渠的设计步骤

（1）划分排水流域和管道定线。根据城市规划图和排水区地形，划分排水流域。地形平坦，无明显分水线的按城市主要街道汇水面积拟定。进行管道定线，确定水流方向，使雨水以最短距离按重力流就近排入水体。

（2）划分设计管段和沿线汇水面积，雨水管道设计管段的划分应使管段内地形变化不大，管段上下端流量变化不多，无大流量交汇。沿线汇水面积的划分，要根据实际地形条件，当地形平坦，则根据就近排除的原则，把汇水面积按周围管道布置，用等分角线划分；当有适宜的地形坡度时，则按雨水汇入低侧的原则划分。将设计管段长度和计算面积量出。

（3）由各流域的具体条件确定设计管网的重现期、径流系数、街坊集水时间等设计参数。

（4）确定管道的最小埋深，并由竖向规划读出设计管段的地面标高，准备进行水力计算。

（5）由暴雨公式列表计算各管段内设计流量，定出各设计管段的管径、坡度、流速、管底标高和管道埋深。计算设计流量时，先由地形假定流速 v，算得集流时间 t，再由暴雨公式得出 Q，由 Q 确定管段的 d、i、v 和标高。最后要校核假定的 v 与实际的 v，要求两者相近，否则需重新假定 v 再作计算。

三、城市合流管渠水力计算

（一）设计流量的确定

合流管渠的设计流量由生活污水量、工业废水量和雨水量三部分所组成。生活污水量按平均流量计算，即总变化系数为 1。工业废水量用最大班内的平均流量计算。雨水量按上一节的方法计算。截流式合流制排水设计流量，在溢流井上游和下游是不同的。

（1）第一个溢流井上游管渠的设计流量（如图 4-20 中，1～2 管段）。

图 4-20　设有溢流井的合流管渠

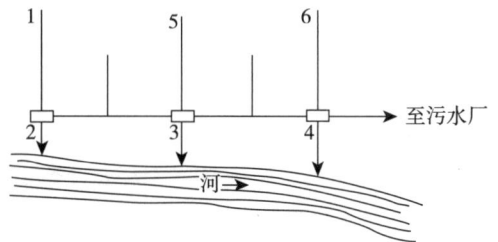

$$Q=Q_d+Q_m+Q_s=Q_{dr}+Q_s \qquad (4-19)$$

式中　　Q——设计流量（L/s）；

　　　　Q_d——设计综合生活污水设计流量（L/s）；

　　　　Q_m——设计工业废水量（L/s）；

　　　　Q_s——雨水设计流量（L/s）；

　　　　Q_{dr}——截流井以前的旱流污水量（L/s）。

（2）溢流井下游管渠的设计流量（如图4-22，2～3管段）。合流管渠溢流井下游管渠的设计流量，对旱流污水量 Q_h 仍按上述方法计算，对未溢流的设计雨水量则按上游旱流污水量的倍数（n_0）计。此外，还需计入溢流井后的旱流污水量 $Q_{h'}$，和溢流井以后汇水面积的雨水流量 $Q_{y'}$。

$$Q'=(n_0+1)Q_{dr}+Q'_h+Q'_y \qquad (4-20)$$

式中　n_0——截流倍数，即开始溢流时所截留的雨水量与旱流污水量之比。

截流井以后管渠的设计流量，应按下列公式计算：

$$Q'=(n_0+1)Q_{dr}+Q'_s+Q'_{dr} \qquad (4-21)$$

式中　　Q'——截流井以后管渠的设计流量（L/s）；

　　　　n_0——截流倍数，即开始溢流时所截留的雨水量与旱流污水量之比；

　　　　Q'_s——截流井以后汇水面积的雨水设计流量（L/s）；

　　　　Q'_{dr}——截流井以后的旱流污水量（L/s）。

上游来的混合污水量 Q' 超过 $(n_0+1)Q_h$ 的部分从溢流井溢入水体。当截流干管上设几个溢流井时，上述确定设计流量的方法不变。

（二）设计数据的规定

（1）设计充满度：全部设计流量用满流计算。

（2）设计最小流速：合流管渠（满流时）设计最小流速0.75m/s。鉴于合流管渠在晴天时管内充盈度很低，流速很小，易淤积，为改善旱流的水力条件，需校核旱流时管内流速，一般不宜小于0.2～0.5m/s。

（3）设计重现期：合流管渠的雨水设计重现期一般应比同一情况下雨水管渠的设计重现期适当提高（一般可比雨水管渠的设计大20%～30%），以防止混合污水的溢流。

（4）截流倍数：截流倍数根据旱流污水的水质、水量情况、水体条件、卫生方面要求及降雨情况等综合考虑确定。我国一般采为1～5，较多用3（具体见表4-12）。随着对水环境保护要求的提高，采用的 n_0 有逐渐增大的趋势。

不同排放条件下的 n_0 值　　表4-12

排放条件	n_0
在居住区内排入大河流	1～2
在居住区内排入小河流	3～5
在区域泵站前及排水总管的端部，根据居住区内水体的不同特性	0.5～2
在处理构筑物年前根据不同的处理方法与不同构筑物的组成	0.5～1
工厂区	1～3

第五节　城市污水处理与利用

一、城市污水的性质

（一）污水的污染指标

城市污水中含有大量有毒、有害的物质，如不加处理控制，直接排入水体（江、河、湖、海、地下水）和土壤中，会对环境造成污染。

污水的污染物可分为无机性和有机性两大类。无机性的有矿粒、酸、碱、无机盐类、氮磷营养物及氰化物、砷化物和重金属离子等。有机性的有碳水化合物、蛋白质、脂肪及农药、芳香族化合物、高分子合成聚合物等。污水的污染指标是用来衡量水在使用过程中被污染的程度，也称污水的水质指标。下面对常用的指标作一解释。

1. 生物化学需氧量（BOD）

城市污水中含有大量有机物质，其中一部分在水体中因微生物的作用而进行好氧分解，使水中溶解氧降低，至完全缺氧；在无氧时，进行厌氧分解，放出恶臭气体，水体变黑，使水中生物灭绝。由于有机物种类繁多，难以直接测定，所以采用间接指标进行表示。生化需氧量（BOD）就是一个反映水中可生物降解的含碳有机物的含量及排到水体后所产生的耗氧影响的指标。污水中可降解有机物的转化与温度、时间有关。为便于比较，一般以20℃时，经过 5d 时间，有机物分解前后水中溶解氧的差值称为 5d20℃ 的生物需氧量，即 BOD_5，单位通常用 mg/L。BOD 越高，表示污水中可生物降解的有机物越多。

2. 化学需氧量（COD）

BOD 只能表示水中可生物降解的有机物，并易受水质的影响，所以为表示一定条件下，化学方法所能氧化有机物的量，采用化学需氧量（COD）。即高温、有催化剂及强酸环境下，强氧化剂氧化有机物所消耗的氧量，单位为mg/L。化学需氧量一般高于生化需氧量。

3. 悬浮固体（SS）

悬浮固体是水中未溶解的非胶态的固体物质，在条件适宜时可以沉淀。悬浮固体可分为有机性和无机性两类，反映污水汇入水体后将发生的淤积情况，单位为 mg/L。因悬浮固体在污水中肉眼可见，能使水浑浊，属于感官性指标。

4. pH 值

酸度和碱度是污水的重要污染指标，用 pH 值来表示。它对保护环境、污水处理及水工构筑物都有影响，生活污水呈中性或弱碱性，工业污水多呈强酸或强碱性。

5. 氮和磷

氮和磷是植物性营养物质，会导致湖泊、海湾、水库等缓流水体富营养化，而使水体加速老化。生活污水中含有丰富的氮、磷，某些工业废水中也含大量氮、磷。

6. 有毒化合物和重金属

这类物质对人体和污水处理中的生物都有一定的毒害作用，如氰化物、砷化物、汞、镉、铬、铅等。

7. 感官性指标

城市污水呈现一定的颜色、气味将降低水体的使用价值，也使人在感官上产生不愉快的感觉。温度升高也是水体污染的一种形式，会使水中溶解氧含量降低；所含毒物的毒性加强；破坏鱼类正常生活环境。

（二）城市污水的性质

污水的性质取决于其成分，不同性质的污水反映出不同的特征。城市污水由生活污水和部分工业废水组成。

1. 生活污水的成分和特征

生活污水含有碳水化合物、蛋白质、脂肪等有机物，具有一定的肥效，可用于农用灌溉。生活污水一般不含有毒物质，但含有大量细菌和寄生虫卵，其中也可能包括致病菌，具有一定危害。生活污水的成分比较固定，只是浓度有所不同。表4-13是国内若干城市生活污水的成分组成及变动范围。

生活污水成分组成　　　　　　　　表4-13

成分项目	pH值	BOD$_5$ (mg/L)	耗氧量 (mg/L)	悬浮物 (mg/L)	氨氮 (mg/L)	磷 (mg/L)	钾 (mg/L)
数量	7.1~7.7	15~59	30~88	50~330	15~59	30~34.6	17.7~22

2. 生产污水的成分和特征

生产污水的成分主要取决于生产过程中所用的原料和工艺情况，所含成分复杂多变，多半具有危害性，各工厂的污水情况要具体分析。

（三）污水的水质标准

为控制水污染，我国已制定了各种水质标准，在规划时需要参照。水质标准分为水域水质标准（根据人类对水体的使用要求制定）和排水水质标准（根据水体的环境容量和现代技术经济条件制定）。水域水质标准有：《地面水环境质量标准》GB 3838—2002，《工业企业设计卫生标准》GBZ 1—2002，《海水水质标准》GB 3097—1997，《渔业水质标准》GB 11607—89，《再生水回用于景观水体的水质标准》CJ/T 95—2000，《城市污水再生利用城市杂用水水质》GB/T 18920—2002，《农田灌溉水质标准》GB 5084—92 等。排水水质标准是对排入水体的污水水质进行严格的控制，如：《污水综合排放标准》GB 8978—96，《污水排入城市下水道水质标准》GJ 18—86，《城市污水处理厂污水污泥排放标准》GJ 3025—93 及各行业污水排放标准等。这些标准都是浓度标准，即规定了企业或设备的排放口的污染物的浓度限值。排放标准中的总量控制标准是指对一个工厂的排放口、一个小范围（可能有若干个工厂）的总排污量、一条河流流域的总排污量等提出限值。这种标准可以消除一些企业用清水稀释来降低排放浓度的现象，有利于对水体的环境容量有总体把握。我国一些城市已经实施了总量控制标准，取得了较好的效果。

（四）水体的污染与自净

水体污染是指排入水体的污染物在数量上超过了该物质在水体中的本底含量和水体的环境容量，使水体中的水产生了物理和化学上的变化，破坏了固有的生态系统，导致水体失常，降低了水体的使用价值。造成水体污染的因素是多方面的，如直接排放未经处理的城市污水和工业废水；施用的化肥、农药及地面污染物，随雨水径流进入水体；大气中的污染物质沉降或随降水进入水体等。当然第一项是最主要的。排入水体的污染物会对水质产生物理、化学、生物等的影响。

当污水排入水体后，在一定范围内，水体具有净化水中污染物质的能力，称为水体自净。水体自净过程很复杂，经过水体的物理、化学和生物的作用，使排入污染物质的浓度，随着时间的推移在向下游流动的过程中自然降低。从外观看，河流受生活污水污染后，河水变浑，有机物和细菌含量增加，水质下降；随着水流离管道出水口愈来愈远，河水逐渐变清，有机物和细菌恢复到原有状态。

必须指出，水体自净有一定的限度，即水环境对污染物质都有一定的承受能力，叫水环境容量。如果水体承纳过多污水，则会破坏水体自净能力，使水体变得黑臭。随着城镇发展，对一条河流，已无所谓上游、下游，因为对一个城市来说，河流的下游是另一个城市的上游。由于污水的不断排放，整条河流始终处于污染状态。所以进行城市总体规划和给水排水规划时，一定要充分考虑流域水体的环境容量，并从整个区域或流域来处理水污染控制问题。

二、污水处理方法与方案选择

（一）污水处理方法简介

污水处理技术，就是采用各种方法将污水中所含有的污染物分离出来，或将其转化为无害和稳定的物质，从而使污水得到净化。

现代的污水处理技术，按其作用原理，可分为物理法、化学法和生物法三类。

1. 物理法

污水的物理处理法，就是利用物理作用，分离污水中主要呈悬浮状态的污染物质，在处理过程中不改变其化学性质，属于物理法的处理技术有：

（1）沉淀（重力分离）。利用污水中的悬浮物和水比重不同的原理，借重力沉降（或上浮）作用，使其从水中分离出来。沉淀处理设备有沉砂池、沉淀池及隔油池等。

（2）筛滤（截留）。利用筛滤介质截留污水中的悬浮物。筛滤介质有钢条、筛网、砂、布、塑料、微孔管等。属于筛滤处理的设备有格栅、微滤机、砂滤池、真空滤机、压滤机（后两种多用于污泥脱水）等。

（3）气浮。此法是将空气打入污水中，并使其以微小气泡的形式由水中析出，污水中比重近于水的微小颗粒状的污染物质（如乳化油等）粘附到空气泡上，并随气泡上升至水面，形成泡沫浮渣而去除。根据空气打入方式的不同，气浮处理设备有加压溶气气浮法、叶轮气浮法和射流气浮法等。

（4）离心与旋流分离。利用悬浮固体和废水质量不同造成的离心力不同，让含有悬浮固体或乳化油的废水在设备中高速旋转，结果质量大的悬浮固体被抛甩到废水外侧，使悬浮体与废水分别通过不同排出口得以分离。旋流分离器有压力式和重力式两种。

（5）反渗透。用一种特殊的半渗透膜，在一定的压力下，将水分子压过去，而溶解于水中的污染物质则被膜所截留，污水被浓缩，而被压透过膜的水就是处理过的水。

属于物理法的污水处理技术还有蒸发等。

2．化学法

污水的化学处理法，就是通过投加化学物质，利用化学反应作用来分离、回收污水中的污染物，或使其转化为无害的物质。属于化学处理法的有：

（1）混凝法。水中的呈胶体状态的污染物质，通常都带有负电荷，胶体颗粒之间互相排斥，形成稳定的混合液，若向水中投加带有相反电荷的电解质（即混凝剂），可使污水中的胶体颗粒改变为呈电中性，失去稳定性，并在分子引力作用下，凝聚成大颗粒而下沉。这种方法用于处理含油废水、染色废水、洗毛废水等，其可以独立使用也可以和其他方法配合，作预处理、中间处理、深度处理工艺等。

（2）中和法。用于处理酸性废水或碱性废水。向酸性废水中投加碱性物质如石灰、氢氧化钠、石灰石等，使废水变为中性。对碱性废水可吹入含有 CO_2 的烟道气进行中和，也可用其他酸性物质进行中和。

（3）氧化还原法。废水中呈溶解状态的有机或无机污染物，在投加氧化剂或还原剂后，发生氧化或还原作用，使其转变为无害的物质。常用的氧化剂有空气、纯氧、漂白粉、氯气、臭氧等，氧化法多用于处理含酚、氰废水。常用的还原剂则有铁屑、硫酸亚铁、亚硫酸氢钠等，还原法多用于处理含铬、含汞废水。

（4）吸附法。将污水通过固体吸附剂，使废水中的溶解性有机污染物吸附到吸附剂上，常用的吸附剂为活性炭、硅藻土、焦炭等。此法可吸附废水中的酚、汞、铬、氰等有毒物质。此法还有脱色、脱臭等作用，用于深度处理。

（5）离子交换法。使用离子交换剂，其每吸附一个离子，也同时释放一个等当量的离子。常用离子交换剂有无机离子交换剂（沸石）和有机离子交换树脂。离子交换法在工业废水处理中应用广泛。

（6）电渗析法。污水通过由阴、阳离子交换膜所组成的电渗析器时，污水中的阴、阳离子就可以得到分离，达到浓缩和处理的目的。此法可用于酸性废水回收，含氰废水处理等。

属于化学法处理技术的还有电解法、化学沉淀法、汽提法、吹脱法和萃取法等。

3. 生物法

污水的生物处理法，就是利用微生物新陈代谢功能，使污水中呈溶解和胶体状态的有机污染物被降解并转化为无害的物质，使污水得以净化，属于生物处理法的工艺有：

(1) 活性污泥法。这是目前使用很广泛的一种生物处理法。将空气连续鼓入曝气池的污水中，经过一段时间，水中即形成繁殖有大量好氧性微生物的絮凝体——活性污泥。活性污泥能够吸附水中的有机物。生活在活性污泥上的微生物以有机物为食料，获得能量并不断生长增殖，有机物被去除，污水得以净化。从曝气池流出的含有大量活性污泥的污水——混合液，经沉淀分离，水被净化排放，沉淀分离后的污泥作为种泥，部分地回流曝气池。活性污泥法自出现以来，经过多年演变，出现了各种活性污泥的变法，但其原理和工艺过程没有根本性的改变，如分步曝气法、延时曝气法、厌氧—好氧活性污泥法（A/O）、间歇式活性污泥法（SBR）、AB法、氧化沟法。

(2) 生物膜法。使污水连续流经固体填料（碎石、炉渣或塑料蜂窝），在填料上就能够形成污泥状的生物膜，生物膜上繁殖着大量的微生物，能够起与活性污泥同样的净化作用，吸附和降解水中的有机污染物，从填料上脱落下来的衰死生物膜随污水流入沉淀池，经沉淀池澄清净化。生物膜法有多种处理构筑物，如生物滤池、生物转盘、生物接触氧化以及生物流化床等。

(3) 自然生物处理法。利用在自然条件下生长、繁殖的微生物处理污水，形成水体(土壤)－微生物－植物组成的生态系统对污染物进行一系列的物理、化学和生物的净化。生态系统可对污水中的营养物质充分利用，有利绿色植物生长，实现污水的资源化、无害化和稳定化。该法工艺简单、费用低、效率高，是一种符合生态原理的污水处理方式。但容易受自然条件影响，占地较大。主要有稳定塘和土地处理法两种技术。

(4) 厌氧生物处理法。利用兼性厌氧菌在无氧的条件下降解有机污染物。主要用于处理高浓度、难降解的有机工业废水及有机污泥。主要构筑物是消化池，近年来开发了厌氧滤池、厌氧转盘、上流式厌氧污泥床、厌氧流化床等高效反应装置。该法能耗低且能产生能量，污泥产量少。

(二) 污泥的处置利用

污泥是污水处理的副产品，属于城市固体废物，有相当大的产量，约为处理的水体积的5%左右。污泥含有水分和固体物质，主要是所截留的悬浮物质及经过处理后使胶体物质和溶解物质所转化的产物。污泥聚集了污水中的污染物，还含有大量细菌和寄生虫卵，所以必须经过适当处理，防止二次污染。

污泥主要有以下几种：初沉池污泥、二沉池污泥、栅渣、沉砂沉渣及浮渣等。初沉池污泥的成分以有机物为主，二沉池污泥含有生物体和化学药剂。污泥中含有大量水分，沉淀池污泥含水率一般在95%以上。

污泥的最终处置主要是根据一定的环境要求和经济条件，最终部分或全部加以利用以及排入大海或土壤，返回到自然环境中。污泥利用和处置前一般要进行浓缩，根据不同的处置方法，通常还要进行稳定、调理、脱水，甚至消毒等过程。

污泥可以用于农业肥料，这可以充分利用污泥中的营养成分，但应进行无害化灭菌处理。污泥也可以用于工业作建筑材料。污泥不能利用时，其最终处置方法有填埋、焚烧、投海等。在考虑利用处置方法时，一定要注意防止对环境污染及减少处理费用。

（三）污水处理方案选择

污水处理方案的选择在于最经济合理地解决城市污水的管理、处理和利用问题，应根据污水水质、排放水体要求、废水出路和水量等因素确定。污水处理的最主要目的是使处理后出水达到一定的排放要求，不污染环境，又要充分考虑水体自净能力节约费用。在缺水地区，污水处理应考虑回用问题。

在考虑污水处理方案时，首先需确定污水应达到的处理程度，一般划分为三级。一级处理的内容是去除污水中呈悬浮状态的固体污染物质，物理处理法中的大部分只能完成一级处理的要求。一级处理的效果很低，BOD去除率只有30%左右，一般作为二级处理的预处理。二级处理是大幅度地去除污水中呈胶体和溶解状态的有机性污染物质（如BOD），其处理效果较好，BOD去除率可达90%以上，可以达到排放标准。三级处理进一步去除二级处理所未能去除的污染物质，如悬浮物、未被生物降解的有机物及磷、氮等，以满足水环境标准、防止封闭式水域富氧化和污水再利用的水质要求。三级处理也可看作深度处理（相对于常规处理，即一二级处理而言）的一种情况。分级情况见表4-14。

污水处理的分级　　　　　　　　　　表4-14

处理级别	污染物质	处理方法	
一级处理	悬浮或胶态固体、悬浮油类、酸、碱	格栅、沉淀、混凝、浮选、中和	
二级处理	溶解性可降解有机物	生物处理	
三级处理	不可降解有机物	活性炭吸附	焚烧
	溶解性无机物	离子交换、电渗析、超滤、反渗透、化学法、臭氧氧化	

污水处理流程的选择一般应根据各方面的情况，经过技术经济综合比较后确定，主要因素有：原污水水质、排水体制、污水出路、受纳水体的功能、城市建设发展情况、经济投资、自然条件、建设分期等。其中最重要的是污水处理的程度。城市污水处理的基本流程见图4-21。

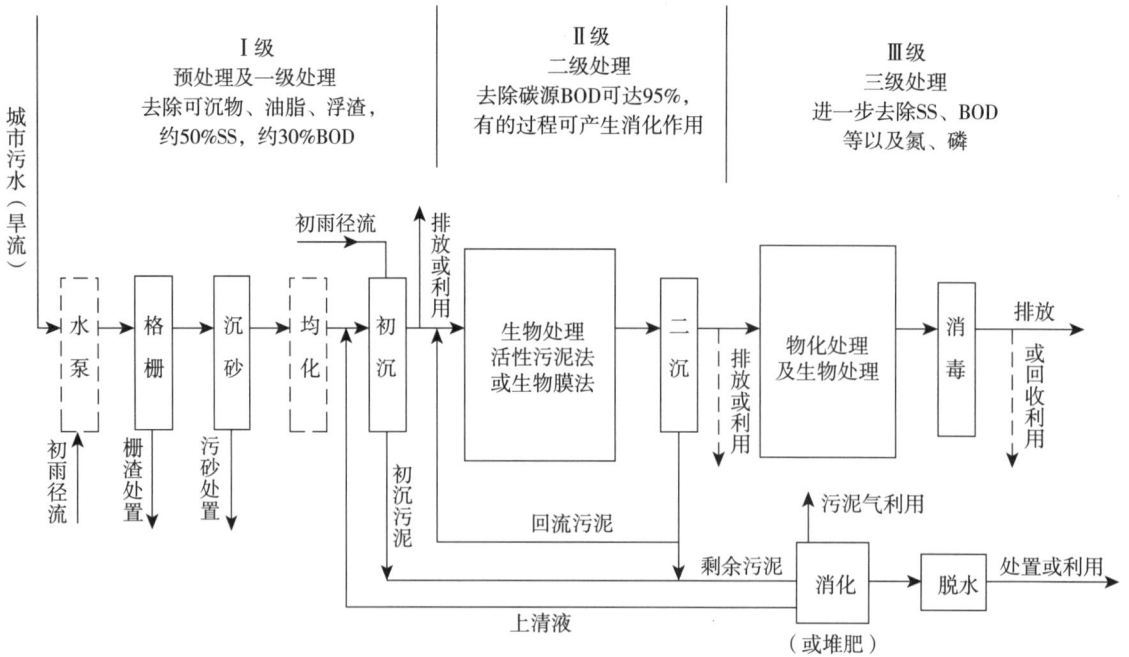

图4-21 城市污水处理基本流程

注：1.泵有时不需要，亦可能移至沉砂后，或与均化结合。

2.在小型污水厂中，可酌情使用均化。

3.初雨径流一般只处理到初沉为止。

4.在有条件的地方，可结合采用稳定塘及（或）土地处理。

三、城市污水处理厂规划

城市污水处理厂是城市排水工程的重要组成部分，恰当地选择污水处理厂的位置对于城市的总体布局、城市环境保护、污水的利用和出路、污水管网系统的布局、污水处理厂的投资和运行管理等都有重要影响。

（一）城市污水处理厂厂址选择

（1）污水处理厂应设在地势较低处，便于城市污水自流入厂内。厂址选择应与排水管道系统布置统一考虑，充分考虑城市地形的影响。

（2）污水处理厂宜设在水体附近，便于处理后的污水就近排入水体，尽量无提升，合理布置出水口。排入的水体应有足够环境容量，减少处理水对水域的影响。

（3）厂址必须位于集中给水水源的下游，并应设在城镇、工厂厂区及居住的下游和夏季主导风向的下方。厂址与城镇、工厂和生活区应有300m以上距离，并设卫生防护带。

（4）厂址尽可能少占或不占农田，但宜在地质条件较好的地段，便于施工、降低造价。充分利用地形，选择有适当坡度的地段，以满足污水在处理流程上的自流要求。

（5）结合污水的出路，考虑污水回用于工业、城市和农业的可能，厂址应尽可能与回用处理后污水的主要用户靠近。

（6）厂址不宜设在雨季易受水淹的低洼处。靠近水体的污水处理厂要考虑不受洪水的威胁。

（7）污水处理厂选址应考虑污泥的运输和处置，宜近公路和河流。厂址处要有良好的水电供应，最好是双电源。

（8）选址应注意城市近、远期发展问题，近期合适位置与远期合适位置往往不一致，应结合城市总体规划一并考虑。厂址用地应考虑扩建的可能。

（二）城市污水厂的用地

污水处理厂占地面积与污水量及处理方法有关，表4-15列出不同规模污水厂的用地指标。

污水处理厂建设用地指标（单位：m²/m³·d）　　　　表4-15

建设规模 处理级别	Ⅰ类	Ⅱ类	Ⅲ类	Ⅳ类	Ⅴ类
一级	0.3～0.4	0.4～0.6	0.6～0.8	0.8～1.0	1.0～1.4
二级	0.5～0.6	0.6～0.8	0.8～1.2	1.2～1.5	1.5～2.0

注：1. 建设规模：
　　Ⅰ类：20～50万 m³/d；Ⅱ类：10～20万 m³/d；
　　Ⅲ类：5～10万 m³/d；Ⅳ类：2～5万 m³/d；
　　Ⅴ类：0.5～2万 m³/d。
2. 表中指标规模大的取下限，规模小的取上限。
3. 表中指标不包括污水处理厂出水回用需增加的用地。
4. 深度处理的面积应视情况增加。

1. 污水处理厂的平面布置

处理厂建筑有两种：生产性的处理构筑物和建筑物，如泵站、鼓风机站、药剂间等；辅助性建筑物，如化验室、修理间、仓库、办公室等。平面布置就是对处理构筑物、管渠、辅助性建筑物、道路、绿化等进行布置。布置应当紧凑，减少处理厂占地和连接管长度，并应考虑工人操作运行的方便；各处理构筑物间的连接管应简单、短捷，尽量避免立体交叉；构筑物布置要结合地形、地质条件，尽量减少土石方量和劣质地基；平面布置应考虑近、远期结合，有条件时，可按远期规划水量布置，将处理构筑物分成若干系统，分期建设。

2. 污水处理厂的高程布置

处理厂高程布置的任务是确定各处理构筑物和泵房的高程，使水能顺利地流过各处理构筑物。当地形有利，厂内有自然坡度时，应充分利用，合理布置，以减少填、挖土方量，甚至不用提升泵站。

四、工业废水的排放处理

城市污水总量中，工业废水量通常占一半以上，是城市水体污染的主要危害者。因此，城市排水工程规划必须考虑工业废水的排除。

前已述及，工业废水分为生产废水与生产污水两种，它们的水质不同，要求各工业企业在排水管道设计中，必须作好清浊分流，分别排放。生产废水一般由工厂直接排入水体或排入城市雨水管渠。规划中统一考虑接入雨水管渠的位置，并在雨水管渠设计中计入这部分水量。生产污水的排放存在两种情况：

一种是生产污水排入城市污水管道系统，与生活污水一并处理排放；另一种是单独形成工业生产污水的排除处理系统。

（一）生产污水和城市污水的混合排放处理

当工业企业位于城市内或城市附近，应尽量考虑将工业生产污水直接排入城市污水管道系统，一起排除与处理，这是比较经济与合理的。但并不是所有工业企业的生产污水都能这样，由于有些工业生产污水含有毒、有害物质，排入后可能使污水管道遭到腐蚀损坏，或影响污水处理厂运转管理。因此，对于工业生产污水排入城市污水管道，必须严格控制，加强管理，正确分析合并处理的可行性。当废水中污染物质主要为易降解的有机物时，合并处理可以节省费用，有利于统一管理，得到较好效果。

规范规定，工业废水排入城市排水管道，必须符合如下要求：水温不高于40℃；不阻塞管道，不产生易燃、易爆和有毒气体；对病原体必须严格消毒灭除；不伤害养护工作人员；有害物质最高容许浓度，应符合《污水排入城市下水道水质标准》GJ 18—86规定。当工业企业排出的生产污水，不能满足上述要求时，应在厂区内设置局部处理设施，对生产污水进行处理，符合排入城市排水管道规定要求后，再排入城市污水管道。

（二）生产污水的独立排放处理

一般在以下几种情况下采用：

（1）生产污水水质复杂，不符合排入城市污水管道的水质要求时；

（2）生产污水量大，利用城市污水管道排除时污水管道的管径需增加较大，不经济时；

（3）工厂位于城市远郊或离市区较远，利用城市污水管道排除生产污水有困难或增加管道连接不经济时；

当生产污水自成独立排除系统时，为了回收与处理的需要，常按生产污水的成分、性质的不同，分为各种管道系统，如酸性污水管道、碱性污水管道、含油污水管道等。这些生产污水管道一般由一个厂或几个厂连成系统，专设污水处理站进行回收与处理后，直接排放。

在城市排水工程规划中，对于独立的生产污水管道系统，应统一考虑其出水口的位置，控制其出水水质，要求符合国家规定的排放标准后方允许排出。

五、中水系统规划

进行城市排水工程规划时，应选择污水的出路，即污水处理利用方式，然后才能进行排水管网和污水处理设施的规划。污水的最终出路通常有三条：直接排放水体或土壤；处理后排放；处理后回用作水源。第一种方式在我国城市几乎已无法承受；第二种方式是目前规划中最常采用的手段；第三种方式对于缺水地区是最有价值和应用前景的一条出路。城市污水可回用于农业、工业和城市市政。农业上，利用经处理的城市污水进行农田灌溉或鱼类、水生植物的养殖。工业上，处理后的污水一般可用作冷却水、生产工业用水、洗涤水等。

另外，不同处理程度处理的水可作为城市杂用水，如洗车、浇洒绿化、冲厕、消防、空调补充用水、水景用水及回灌地下等。当然，不同用途的水必须经过不同程度的处理，达到一定的水质标准后才能使用。

（一）城市中水系统概述

中水系统是指，将城市污水或生活污水经一定处理后用作城市杂用或工业用的污水回用系统。是相对于给水（上水）和排水（下水）系统而言的。现在研究和实施较多的是建筑中水系统，即建筑物的各种排水经处理回用于建筑物和小区杂用的供水系统。经过国内外多年的实践，中水系统对于节约用水、减少水环境污染，具有明显效益。

根据《污水再生利用工程设计规范》，中水水源取自生活用后排放的污水、冷却水，甚至雨水和工业废水。选择中水水源一般按下列顺序取舍：冷却水、淋浴水、盥洗排水、洗衣排水、厨房排水、厕所排水，其中应最先选用前四类排水。其排水量大，有机物浓度低，处理简单。医院污水不宜作为中水水源。中水水源水量应是中水回用量的 $110\% \sim 115\%$。

中水系统按规模可分建筑中水系统、小区中水系统、城市中水系统。

建筑中水系统是将单幢建筑物或相邻几幢建筑物产生的一部分污水经适当处理后，作为中水，进行循环利用的系统。该方式规模小，不需在建筑外设置中水管道。进行现场处理，较易实施，但投资和处理费用较高，多用于用水单独的办公楼、宾馆等公共建筑。

小区中水系统是在一个范围较小的地区，如一个住宅小区、几个街坊或小区联合成一个中水系统，设一个中水处理厂，然后根据各自需要和用途供应中水。该方式管理集中，基建投资和运行费用相对较低，水质稳定。

城市中水系统是利用城市污水处理厂的深度处理水作为中水，供给具有中水系统的建筑物或住宅区。如位于邻近城市污水处理厂的居住小区或高层建筑群，一般可利用城市污水处理厂的出水作为小区或楼群的中水回用水源，该方式规模大，费用低，管理方便。但需单独敷设城市中水管道系统。

目前主要是一个建筑或几个建筑物建一个小型中水系统，就近回用于这些建筑物。从运行和管理角度，小区中水系统有广泛的发展前景，特别适应于新建居住区、商业区、开发区等。

中水系统由中水原水系统、中水处理设施和中水供水系统组成。中水原水系统主要是原水采集系统，如室内排水管道、室外排水管道及相应的集流配套设施；中水处理设施用于处理污水达到中水的水质标准；中水供水系统用来供给用户所需中水，包括室内外和小区的给水管道系统及设施。

（二）中水系统规划的要求

中水系统兼及给水系统和排水系统的功能，所取原水来自集流的城市排水，中水处理设施既是污水处理厂又是给水净化厂，而其出水系统是中水系统的给水系统。除了符合城市给水排水工程规划的原则外，进行中水系统规划还应注意以下的问题：

（1）中水系统主要为解决用水紧张问题而建立的，所以应根据城市用水量和城市水源情况进行综合考虑。中水系统作为城市污水重复利用的主要方式应给予广泛关注，缺水地区应在规划时明确建立中水系统的必要性，水量平衡、水源规划、处理、管网布置都应在总体规划中有所反映，作为具体规划设计时的依据。

（2）总体规划中明确建中水系统的城市，应在给水排水工程的分区规划和详细规划中，结合城市具体情况，对一些具体问题进行技术经济分析后予以确定：如所需要回用的污水量，中水系统的所用的形式，中水原水集流的形式，中水处理站（厂）的位置，中水系统建设的分期等。

（3）中水系统管网的布置要求与给水排水管网相似。管网规划设计应与城市排水体制和中水系统相一致。中水系统应保持其系统的独立，禁止与自来水系统混接。对已建地区，因地下管线繁多，中水管道的敷设应尽量避开管线交叉，敷设专用管线，新建地区的中水系统应与道路规划、竖向规划和其他管线规划相一致。

（4）中水处理站（厂）应结合用地布局规划，合理预留。单幢建筑物的中水处理设施一般放在地下室，小区多设在街坊内部，以靠近中水原水产生和中水用水地点，缩短集水和供水管线。要求中水处理站（厂）与住宅有一定的间隔，严格定出防护措施，防止臭气、噪声、振动等对周围环境的影响。

（5）中水系统比之城市污水厂的回用处理显得分散，投资和处理费用增高，回用面小，难于管理。原则上应使建筑中水系统向小区或城市中水系统方面发展，要求在整个规划范围内统筹考虑，增加回用规模，降低成本。

第五章　城市供电工程系统规划

　　一次能源是指自然界中以原有形式存在的、未经加工转换的能量资源,又称天然能源。一次能源包括化石燃料（如原煤、石油、原油、天然气等）、核燃料、生物质能、水能、风能、太阳能、地热能、海洋能、潮汐能等。一次能源又分为可再生能源和不可再生能源,前者指能够重复产生的天然能源,如太阳能、风能、水能、生物质能等,这些能源均来自太阳,可以重复产生;后者将在未来逐步消耗殆尽,主要是各类化石燃料、核燃料。20 世纪 70 年代出现能源危机以来,各国都重视非再生能源的节约,并加速对再生能源的研究与开发。

　　二次能源是指由一次能源经过加工转换以后得到的能源,包括电能、汽油、柴油、液化石油气和氢能等。二次能源又可以分为"过程性能源"和"含能体能源",电能就是应用最广的过程性能源,而汽油和柴油是目前应用最广的含能体能源。二次能源的产生不可避免地要伴随着加工转换的损失,但是它们比一次能源的利用更为有效、更为清洁、更为方便,所以人们在日常生产和生活中经常利用的能源多数是二次能源。电能是二次能源中用途最广、使用最方便、最清洁的一种，它对国民经济的发展和人民生活水平的提高起着特殊的作用。

城市规划，需要重点研究的是具有公共服务属性，以系统方式供给的能源供应系统，即"公共能源供应系统"的规划，一般情况下，城市公共能源供应系统包括了城市供电工程系统、燃气工程系统和（集中）供热工程系统三个部分。在城市公共能源供应系统规划中，需要在国际、国家和区域能源资源约束的背景下，预测城市对公共能源的总体需求，探索环保、高效的城市公共能源供应方式，满足节能减排大趋势的要求，协调未来城市能源供需之间的关系，协调城市公共能源供应系统发展与城市经济社会发展、空间发展以及其他基础设施等子系统发展之间的关系。在城市公共能源供应系统内部，也需要协调各种能源供应系统之间的关系，包括未来能源供应形式组合和转换的趋势、供应量的平衡、设施的布局等。

城市供电工程系统是城市公共能源供应系统的重要组成部分，也是区域性供电系统的组成部分。由于电力广泛应用于城市生产生活的各个领域，因此供电工程系统的各项设施需要全面覆盖整个城市，其网络服务范围随着城市发展范围的变化而变化延伸；另一方面，供电工程系统对于安全防护有着较高的要求，其自身也有着一定的安全和生态影响，因此，供电工程系统的设施和网络也需要与城市的其他部分以安全空间隔离防护，供电网络的组构形式、供电设施的布局和安全防护，是城市规划中需要加以重点研究的内容。

第一节　城市电力负荷预测与计算

城市电力负荷预测是为了明确城市或规划地区的用电构成，提出各发展时期用电量及负荷发展的水平，以决定电源、变电站等输配电设施的容量及空间规模，规划建设满足城市经济社会各个发展阶段要求的供电系统。

一、城市用电负荷分类

城市电力负荷是指在城市内或城市局部片区内所有用电户在某一时刻实际耗用的有功功率之和。

（一）按城市全社会用电分类

（1）农、林、牧、副、渔、水利业用电；

（2）工业用电；

（3）地质普查和勘探业用电；

（4）建筑业用电；

（5）交通运输、邮电通信业用电；

（6）商业、公共饮食、物资供销和金融业用电；

（7）城乡居民生活用电；

（8）其他事业用电。

（二）按产业用电分类：

（1）第一产业用电；

（2）第二产业用电；

（3）第三产业用电；

（4）城乡居民生活用电。

在城市电力工程系统规划过程中，一般可以参照以上的4类用电分类方法，按居民生活用电和产业用电两个大类分别进行负荷的预测。

二、城市用电负荷预测方法

通过预测城市的用电负荷，可以确定各规划阶段城市电源和输配电设施的容量。而用电负荷可以根据用电量推算出来，因此，城市规划中，用电量预测和用电负荷预测是紧密相关的。

（一）常用预测方法

城市规划通常采用的用电量和用电负荷预测方法有：电力弹性系数法、回归分析法、增长率法、横向比较法、人均用电指标法、负荷密度法、单耗法等。

（二）预测方法的适用性

用电量增长速度与国民生产总值、国内生产总值或工农业总值的增长速度之间的比值，称电力弹性系数。根据电力弹性系数的变化趋势可以推测，为适应某一阶段经济发展水平的需要，应该会有多大的电能消费增长率。近年来，国内外动能经济的规划工作，多采用电力弹性系数法进行研究。如果电力弹性系数大于1，说明该地区电力需求发展速度高于国民经济生产总值的发展速度，应采取电力工业优先发展的建设方针。电力弹性系数法多用于大范围区域的电力需求预测。

除了电力弹性系数法，上述城市用电负荷预测方法又可以分为两大类，一类方法是从用电增长预测入手，根据现状用电量或用电负荷及其发展趋势，采用诸如弹性系数法、回归分析法、增长率法、横向比较法等方法推算规划各阶段城市（或城市中的规划地段）的用电量和用电负荷；另一类方法是从负荷密度、人均用电指标或产值单耗等规划用电指标入手，根据规划用地面积、规划人口规模或规划产值来预测城市（或城市中的规划地段）用电量及用电负荷。两类方法可以互相校核。

在总体规划阶段的城市用电负荷预测中，如果城市经济和人口规模增长较为稳定，产业结构变化不大，其用电量或用电负荷与规划年份之间有着明显的相关关系，这时，可以采用电力弹性系数法、回归分析法、增长率法等方法预测城市用电量和用电负荷。而当城市经济和人口发展速度变化较大，特别是在规划产业结构将作大的调整的情况下，趋势预测的方法会产生较大误差，这时，宜根据规划各阶段城市规模和产业发展的情况，确定合理的用电指标进行城市用电量和用电负荷预测。

在城市总体规划阶段，当采用人均用电指标法或横向比较法预测或校核某城市的总用电量时，其人均综合用电量指标的选取，应根据城市的性质、人口规模、地理位置、社会经济发展水平、产业结构、地区动力资源和能源消费结构、电力供应条件、居民生活水平及节能措施等因素，以该城市的人均综合用电量现状水平为基础，进行综合研究分析、比较后，因地制宜选定。

在各种用电指标中，"规划城市居民生活用电指标"是主要用于预测城市居民生活用电量的远期控制性标准。"规划单项建设用地负荷密度指标"则是用于编制城市总体规划或分区规划时采用负荷密度法预测用地用电负荷的远期控制性标准。而"城市建筑单位建筑面积负荷密度指标"则是用于编制城市详细规划时采用单位建筑面积负荷密度法预测各类建筑用电负荷和控制性标准。

规划人均用电水平指标可参考表5-1和表5-2选取。

规划人均综合用电量指标 表5-1

指标分级	城市用电水平分类	人均综合用电量（kWh/人·a）	
		现状	规划
I	用电水平较高城市	3500～2501	8000～6001
II	用电水平中上城市	2500～1501	6000～4001
III	用电水平中等城市	1500～701	4000～2501
IV	用电水平较低城市	700～250	2500～1000

规划人均居民生活用电量指标 表5-2

指标分级	城市居民生活用电水平分类	人均居民生活用电量（kWh/人·a）	
		现状	规划
I	生活用电水平较高城市	400～201	2500～1501
II	生活用电水平中上城市	200～101	1500～801
III	生活用电水平中等城市	100～51	800～401
IV	生活用电水平较低城市	50～20	400～250

三、城市电力负荷预测

（一）城市电力负荷预测推算方法

城市电力负荷预测可从规划区用电量预测入手，然后由用电量转化为规划区负荷预测；也可从确定规划区的负荷密度标准入手进行预测。

1．用电量转算为负荷

电力负荷最大预测值可由年供电量的预测值除以年综合最大负荷利用小时数而求得。然后分配落实到各分区得出全市负荷的分布情况。其中年供电量的预测值等于年用电量与地区线路损失电量预测值之和。年综合最大负荷利用小时数，可由平均日负荷率、月不平衡负荷率和季不平衡负荷率三者的连乘积再乘以8760（一年的小时数）而求得。也可将每月的典型日负荷曲线相加，求出年平均日负荷率，再乘以 8760 而求得。

一般情况下城市年综合最大负荷利用小时数一般为 5000 ~ 6500 小时。按不同产业划分的年最大负荷利用小时数：第一产业为 2000 ~ 2800 小时，第二产业为 4000 ~ 5500 小时，第三产业为 3500 ~ 4000 小时，城乡居民生活用电为 2500 ~ 3500 小时。

2. 负荷密度法推算负荷

负荷密度法适用于规划区内大量分散的电负荷预测，按规划区域面积，以平均 kW/km^2（或 hm^2）表示。规划区内少数集中用电的大用户则应视做点负荷单独计算。采用负荷密度法，应首先调查规划区内各类用地的现有负荷，分别计算现有负荷密度值。必要时，可将各分区再分为若干小区进行计算后加以合成。然后根据城市功能区和大用户的用电规划，并参考国内外类似城市、类似地区的用电规划资料，估计规划期内各类功能用地可能达到的负荷密度预测值。

从各类功能用地的负荷密度汇总计算规划区内总负荷预测值时，应同时考虑各类功能用地之间负荷的同时系数和单独计算的大用户用电负荷预测值。

各类用电的最大负荷并不是同一时间出现的，即实际最大负荷小于各类最大负荷之和。实际最大负荷值与各类最大负荷之和的比值称为同时系数。取值一般参考经验数据：各类用户综合值为 0.85 ~ 1.0，用户特别多时为 0.7 ~ 0.85，用户较少时为 0.95 ~ 1.0，大范围区域或系统综合值为 0.85 ~ 0.95。

（二）城市总体规划（含分区规划）电力负荷预测

编制或修订城市总体规划中电力规划时，规划人均城市居民生活用电量指标应根据城市性质、人口规模、地理位置、经济基础、居民生活消费水平、民用能源消费结构及电力供应条件的不同，在调查研究的基础上，因地制宜确定。如对居民收入高、热季长、居民现状生活用电水平偏高的城市，其规划人均生活用电指标可适当提高，但不宜大于 3000kWh/ 人·年。我国中、西部地区中人口多、经济较不发达，电力能源供应紧缺城市，其规划人均生活用电指标可适当降低，但不宜低于 150kWh/ 人·年。

编制新兴城市总体规划或新建地区分区规划中电力规划时，可选用分类综合用电指标（表 5-3）；其规划范围内的居住、公共设施、工业三大类主要用地用电可选用规划单项建设用地供电负荷密度指标（表 5-4）。

分类综合用电指标表　　　表 5-3

用地分类		综合用电指标	备注
居住用地	一类居住用地 低层高品质住宅	18 ~ 22W/m²	按每户 2 台及以上空调、2 台电热水器、有烘的洗衣机，有电灶，家庭全电气化
	二类居住用地 中级住宅	15 ~ 18W/m²	按有空调、电热水器，无电灶，家庭基本电气化
	三类居住用地 普通住宅	10 ~ 15W/m²	每户一般 76m² 以下，安装有一般家用电器

续表

用地分类		综合用电指标	备注
公共设施用地	行政办公用地	15～26W/m²	行政、党派和团体等机构用地
	商业设施用地	20～44W/m²	商业、金融业、服务业、旅馆业和市场等用地
	文化设施用地	20～35W/m²	新闻出版、文艺团体、广播电视、图书展览、游乐等设施用地
	体育用地	14～30W/m²	体育场馆和体育训练基地
	医疗卫生用地	18～25W/m²	医疗、保健、卫生、防疫、康复和急救设施等用地
	教育科研设计用地	15～30W/m²	中小学、高校、中专、科研和勘测设计机构用地
	文物古迹用地	15～18W/m²	
	其他公共设施用地	8～10W/m²	宗教活动场所、社会福利院等
工业用地	一类工业用地	20～25W/m²	无干扰、污染的工业，如高科技电子工业、缝纫工业、工艺品制造工业
	二类工业用地	30～42W/m²	有一定干扰、污染的工业，如食品、医药、纺织等工业
	三类工业用地	45～56W/m²	指部分中型机械、电器工业企业
仓储用地	一类仓储用地	5～10W/m²	
	二类仓储用地		
	三类仓储用地	1.5～2W/m²	
对外交通用地	铁路公路站	25～30W/m²	
	港口用地	① 100～500kW ② 500～2000kW ③ 2000～5000kW	①年吞吐量10～50万吨港 ②年吞吐量50～100万吨港 ③年吞吐量100～500万吨港 不同港口用电量差别很大，实用中宜作点负荷调查比较确定
	机场用地	35～42W/m²	
道路广场用地	道路用地	17～20kW/km²	kW/km²系全开发区（新区）考虑的该类用电负荷密度
	广场用地		
	社会停车场库用地		
市政公用设施用地	供应（供水、供电、供燃气、供热）设施用地	830～850kW/km²	同上
	交通服务用地		
	邮电设施用地		
	环卫设施用地		
	施工与维修设施用地		
	其他（如消防等）		

规划单项建设用地供电负荷密度指标　　表 5-4

类别名称	单项建设用地负荷密度（kW/hm²）
居住用地用电	100 ～ 400
公共设施用地用电	300 ～ 1200
工业用地用电	200 ～ 800

（三）详细规划电力负荷预测

在编制城市详细规划中进行供电规划负荷预测时，一般采用负荷密度法进行预测。详细规划中的负荷密度采用单位建筑面积负荷密度。

居住建筑、公共建筑、工业建筑等三大类建筑采用单位建筑面积负荷密度指标见表 5-5。

规划单位建筑面积负荷指标　　表 5-5

类别名称	单位建筑面积负荷指标（W/m²）
居住建筑用电	20 ～ 26
公共建筑用电	30 ～ 120
工业建筑用电	20 ～ 80

住宅建筑规划单位建筑面积负荷指标是指在一定的规划范围内，同类型住宅建筑最大用电负荷之和除以其住宅建筑总面积，并乘以归算至住宅 10kV 配电室处的同时系数。

公共建筑规划单位建筑面积负荷指标为某公共建筑物的年最大负荷除以其总建筑面积，并归算至 10kV 变（配）电所处的单位建筑面积最大负荷。

公共建筑单位建筑面积负荷密度大小，主要取决于建筑等级、规模和需要配套的用电设备完善程度。除此之外，宾馆、饭店还与所选用空调制冷机组型式的选用、综合性营业项目（餐饮、娱乐、影剧等）的多少有关。商贸建筑还与营业场地的大小、经营商品的档次、品种等有关。据对我国城市公共建筑用电现状调查分析：一般中高档宾馆单位建筑面积负荷密度约为：25 ～ 40W/m²（吸收式制冷）和 40 ～ 80W/m²（压缩式制冷）两个档次。一些五星级宾馆可达 100W/m²。商场的单位建筑面积负荷密度大致分为：大型商场 80 ～ 100W/m²，中型商场 30 ～ 50W/m²。写字楼、行政办公楼的负荷比较稳定，其单位建筑面积负荷密度一般在 40 ～ 60W/m² 左右。

工业建筑规划单位建筑面积负荷指标为归算至工业厂房的 10kV 变（配）电所处的单位建筑面积最大负荷。

工业建筑用电指标主要根据我国改革开放以来已开发建成的新建工业区和经济技术开发区内的工业标准厂房用电的实测数据。主要适用各城市新建工业区或经济技术开发区中以电子、纺织、轻工制品等工业为主的综合工业标准厂房用电标准。

第二节　城市供电电源规划

一、城市电源类型与特点

（一）城市电源类型

城市电源通常分为城市发电厂和电源变电所两种基本类型。

城市电力可以由城市发电厂直接提供，也可由外地发电厂经高压长途输送至电源变电所，再进入城市电网。电源变电所起到向城市内各片区变电所分配电力的作用，并控制电力流向和调整电压。

（二）电源特点与适用性

1. 城市发电厂

城市发电厂有火力发电厂、水力发电站、风力发电厂、太阳能发电厂、地热发电厂和原子能发电厂等。目前我国作为城市电源的发电厂，以火电厂和水电站为主。

（1）火力发电厂：利用煤、石油、天然气、沼气、煤气等燃料发电的电厂称为火力发电厂，简称火电厂。

火力发电厂通常按照蒸汽参数（蒸汽压力和温度）来分类，有低温低压电厂、中温中压电厂、高温高压电厂、超高压电厂、亚临界压力电厂等五种。也可以燃料种类分类，有燃煤发电厂、燃油发电厂、燃气发电厂。装有供热机组的电厂，除发电外，还向附近工厂、企业、住宅区供生产用气和采暖用热水、称为热电厂或热电站（表5-6）。

我国火电厂采用蒸汽参数和相应的电厂容量　　　　表5-6

电厂类型	气压（大气压）		气温（℃）		电厂和机组容量的大致范围
	锅炉	汽轮机	锅炉	汽轮机	
低温低压电厂	14	13	350	340	1万kW以下的小型电厂（1500～3000kW机组）
中温中压电厂	40	35	450	435	1～20万kW中小型电厂（6000～50000kW机组）
高温高压电厂	100	90	540	535	10～60万kW大中型电厂（2.5～10万kW机组）
超高压电厂	140	135	540	535	25万kW以上的大型电厂（12.5～20万kW机组）
亚临界压力电厂	170	165	570	565	60万kW以上的大型电厂（30万kW机组）

火力发电厂也可以以装机容量来划分规模（表5-7）：

火力发电厂装机容量的划分规模　　　　表5-7

规模	大型	中型	小型
装机容量（万kW）	>25	2.5～25	<2.5

（2）水力发电站：利用河流、瀑布等水的位能发电的电厂称为水力发电站，简称水电站。

水力发电站可以按水电站使用水头、集中水头、径流调节等三种方式进行分类。

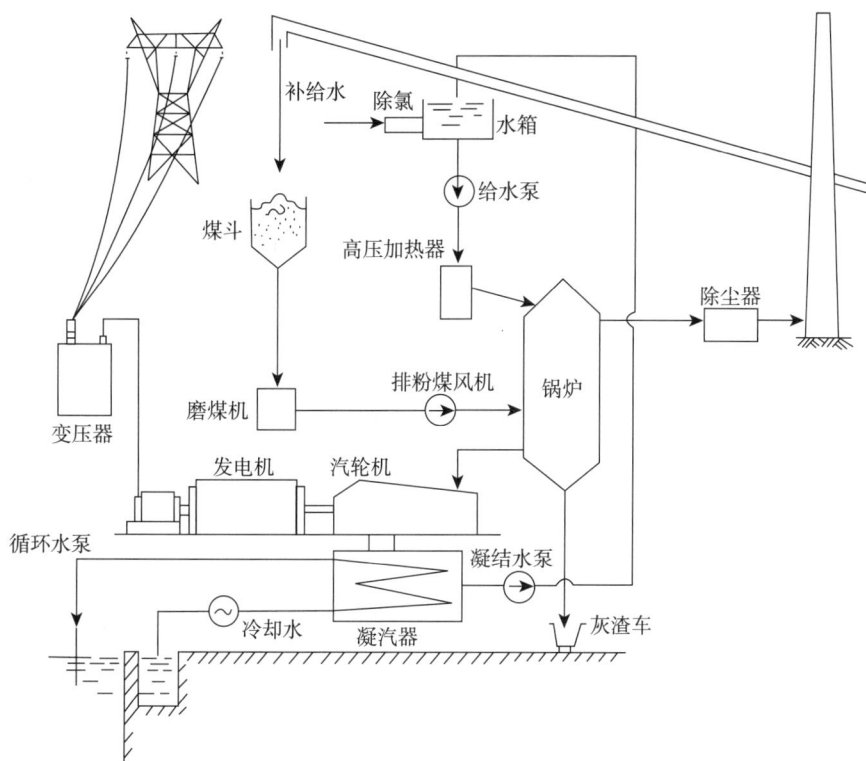

图5-1　火电厂发电生产流程图

①按水电站使用水头分类，可以分为：

a. 高水头水电站，使用水头在 80m 以上。

b. 中水头水电站，使用水头在 30～80m。

c. 低水头水电站，使用水头在 30m 以下。

此外还有抽水蓄能电站、潮汐发电站、波力发电站。

②按集中水头的方式分类，可以分为：

a. 堤坝式水电站：此类水电站又分为河床式和坝后式两种。

河床式水电站：水电站建于河流中、下游的平原河段，水位不高，厂房和坝位均位于河床中，起挡水作用，如图5-2所示。

坝后式水电站：水电站建于河流中、上游的峡谷河段，由于水头高，厂房无法挡水，厂房置于坝体下游或坝内，如图5-3所示。

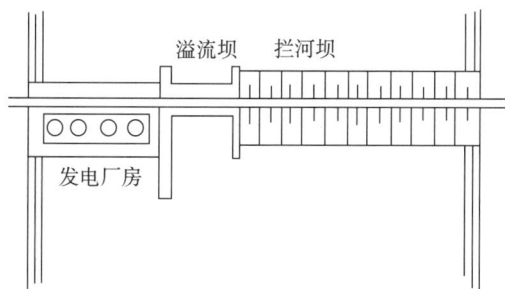

图5-2　河床式水电站

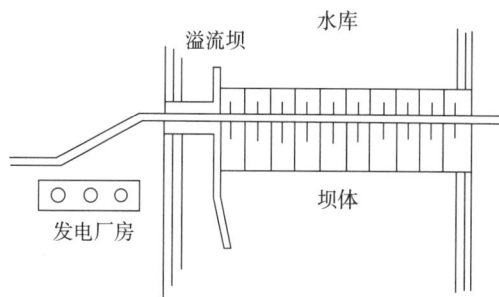

图5-3　坝后式水电站

b. 引水式水电站：这种水电站建于河流中、上游，河段上部不允许淹没，河段下部有急滩、陡坡或大河湾，在河段上游筑坝引水，用引水渠道、压力隧洞、压力水管等将水引到河段末端，用以集中落差。也有由坝及引水道共同集中落差的混合式枢纽布置，如图5-4所示。

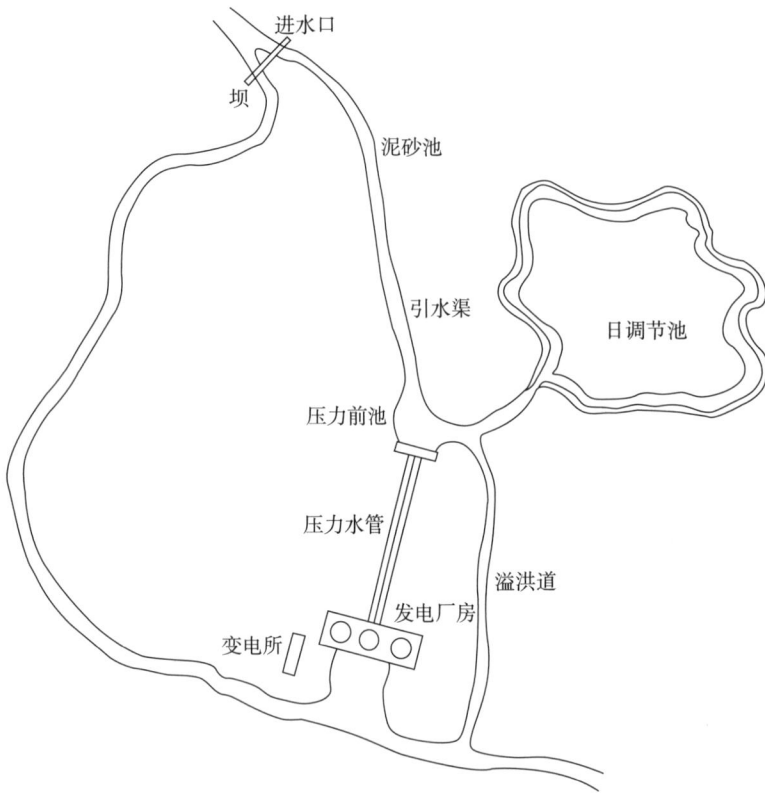

图 5-4　引水式水电厂布置示意

c. 混合式水电站：由于河流的峡谷河段或水库边缘地形陡，水电站用地条件差，则在略远离水库的下游位置建厂，引水库水发电，如图5-5所示。

③按径流调节分类：

a. 蓄水式水电站：这种水电站有水库，能进行径流调节，按水库容量和调节性能的作用，又可分为日调节、月调节、年调节和多年调节。

b. 径流式水电站：无调节径流，靠天然径流发电。

水力发电厂装机容量的划分规模　　　　　表 5-8

规模	大型	中型	小型
装机容量（万 kW）	>15	1.2 ~ 15	<1.2

(3) 风力发电厂

风力发电厂利用风力带动风轮机旋转，从而带动发电机发电。此类电厂

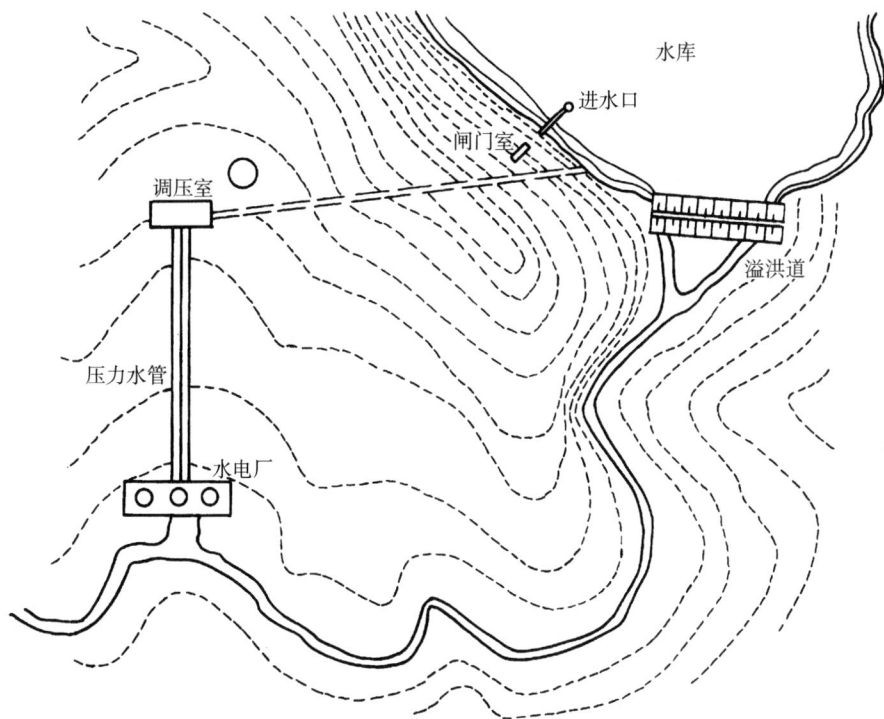

图 5-5 混合式水电厂布置示意

最大优点是不消耗燃料，环境影响小，但大部分风力发电厂规模小，且有季节性、间断性等特点，可作为城市或乡村补充利用的电源。

（4）地热发电厂

地热发电厂利用地下热水和地下蒸汽的热量进行发电。其最大优点是不消耗燃料，无环境污染，能量稳定，而且地热电站用过的水可以用于取暖、洗浴、医疗和提取化学物质。地热储量大，热值高的地方，此类电厂可作为城市主要电源之一。

（5）原子能发电厂

原子能发电厂又称为核电站，利用核反应所释放出来的热量发电，其能量大，规模大，供电稳定，但对安全性要求极高。在许多发达国家，核电站已成为城市和区域主要电源之一，我国已建成大亚湾核电站和秦山核电站两座规模较大的核电站，并计划在未来 10 ～ 15 年修建一批新的核电站，作为城市和区域主要电源。

2. 电源变电所

我国城市变电所等级按进线电压的等级分级：有 500、330、220、110、66、35 等级别的变电所，其中城市或城镇的电源变电所的等级一般为 35kV 或 35kV 以上。对于大中城市来说，通常以 220kV ～ 500kV 甚至更高等级的变电所作为电源变电所，而对于规模较小的城市和城镇，其电源变电所的进线电压等级通常为 110kV 或 35kV。

电源变电所可以按功能、构造形式进行分类。

（1）按功能分类：

①变压变电所：将较低电压变为较高电压的变电所，称为升压变电所。将较高电压变为较低电压的变电所，称降压变电所。通常发电厂的变电所大多为升压变电所，城区的电源变电所一般都是降压变电所。

②变流变电所：即将交流电变成直流电，或者由直流电变为交流电。前一种变电所又称为整流变电所。通常长距离区域性输送电采用前一种变电所，而后一种变电所则通常作为城市或区域的电源变电所。

（2）按构造形式分类：

按构造形式分类，变电所分为户外式、户内式、地下式、移动式。城市的电源变电所等级较高，一般是户外式变电所。

二、城市电源设施主要技术经济指标

（一）火力发电厂主要技术经济指标

（1）火电厂单位容量占地指标可参考表5-9，燃煤电厂的贮灰场场址应尽量利用荒、滩地筑坝或山谷。荒、滩地筑坝用地指标可参考表5-10。

火电厂占地控制指标　　　　　表5-9

总容量（MW）	机组组合（台数×机组容量MW）	厂区占地（hm²）	单位容量占地（hm²/万kW）
200	4×50	16.51	0.85
300	2×50+2×100	19.02	0.63
400	4×100	24.58	0.61
600	2×100+2×200	30.10	0.50
800	4×200	33.84	0.42
1200	4×300	47.03	0.39
2400	4×600	66.18	0.28

注：1. 供水为直流冷却系统。
2. 铁路运煤、储煤25天。

荒、滩地筑坝灰场用地控制指标　　　　　表5-10

电厂规划容量（万kW）	单机排灰量（t/h）	全厂年排灰量（万t/a）	一期（五年）贮灰量（万t）	用地面积（hm²）	二十年贮灰量（万t）	用地面积（hm²）
4×5	9.04	25.31	126.56	29.80	506.2	119.2
4×10	17.10	47.88	239.40	54.00	957.6	216
4×20	31.60	88.48	442.40	96.80	1769.6	387.2
4×30	46.30	129.64	648.20	139.60	2592.8	558.4
4×60	91.60	256.48	1282.40	270.40	5129.6	1081.6

注：上表系按燃煤发热量18.82J/kg，灰粉30%，堆粉高50m，坝高6.0m，坝顶宽3.0m，坝体1：1.5堆放，坡脚（5.0m边沟）用地，四台机全年运行7000h计算的。

（2）新建、扩建火电厂主要指标可参考表5-11。

新建、扩建火电厂占地指标　　表 5-11

分类	装机容量（万 kW）	占地面积(hm²)	分类	装机容量（万 kW）	占地面积（hm²）
新建厂	2×1.2=2.4	2.4	扩建厂	4×12.5=50	21
	2×2.5=5	5		4×30=120	28
	2×5=10	8		2×1.2+2×2.5=7.4	3.7
	2×12.5=25	15		2×2.5+2×5=15	7.5
	2×30=60	18			
扩建厂	4×1.2=4.8	3.2		2×5+2×12.5=35	14
	4×2.5=10	6.5		2×12.5+2×30=35	25
	4×5=20	12		2×30+2×60=180	36

（二）水电站主要技术经济指标

水电站的一些主要技术经济指标实例见表 5-12。水电站的选址一般位于城市建设用地之外，其占地面积要根据实际需要确定。

水电站主要技术经济指标（实例）　　表 5-12

电厂代号	多年平均流量	正常高水位(m) 死水位	装机总容量 （万 kW）	年发电量 （亿 kWh）	职工人数
1	834	1735 1694	122.5	57	807
2	357	108 86	66.25	18.4	654
3	621	167.5 144	44.75	22.9	524
4	278	318.8 218.8	40.2	17.3	683
5	88.4	198 187	6	2.9	407

（三）核电站主要技术经济指标

国外一些核电站的实例见表 5-13。

国外核电站人员及占地面积　　表 5-13

项目	单位	美国得雷登电站	加拿大道格拉斯角电站	英国亨特基顿电站	意大利和利扬诺电站	日本东海电站
装机容量	万 kW	20	20	2×16	15	1.17
人员总数	人	91	90	342	110	82
其中：监督人员	人	22		39	32	9
操作维修	人	56		293	56	66
其他	人	13		10	22	7
占地面积	hm²	396	933		64	1.5
实际用地面积	hm²	7.3	16.2		7.7	0.7

（四）变电所主要技术经济指标

各种等级的变电所主要技术经济指标见表5-14～表5-16。

220～500kV 变电所规划用地面积控制指标　　表5-14

序号	变压等级（kV） 一次电压/二次电压	主变压器容量 （MVA）/台（组）	变电所结构型式	用地面积（m²）
1	500/220	750/2台（组）	户外式	90000～110000
2	330/220及330/110	90～240/2台	户外式	45000～55000
3	330/110及330/10	90～240/2台	户外式	40000～47000
4	220/110（66,35） 及220/10	90～180/2～3台	户外式	12000～30000
5	220/110（66,35）	90～180/2～3台	户外式	8000～20000
6	220/110（66,35）	90～180/2～3台	半户外式	5000～8000
7	220/110（66,35）	90～180/2～3台	户内式	2000～4500

35～110kV 变电所规划用地面积控制指标　　表5-15

序号	变压等级（kV） 一次电压/二次电压	主变压器容量 （MVA/台＜组＞）	变电所结构型式及用地面积（m²）		
			全户外式 用地面积	半户外式 用地面积	户内式 用地面积
1	110（66）/10	20～63/2～3	3500～5500	1500～3000	800～1500
2	35/10	5.6～31.5/2～3	2000～3500	1000～2000	500～1000

35kV～500kV 变电所单台主变压器容量表　　表5-16

变电所电压等级	单台主变压器容量（MVA）	变电所电压等级	单台主变压器容量（MVA）
500kV	500　750　1000　1500	110kV	20　31.5　40　50　63
330kV	90　120　150　180　240	66kV	20　31.5　40　50
220kV	90　120　150　180　240	35kV	5.6　7.5　10　15　20　31.5

变电所的平面布置形式见图5-6～图5-10。

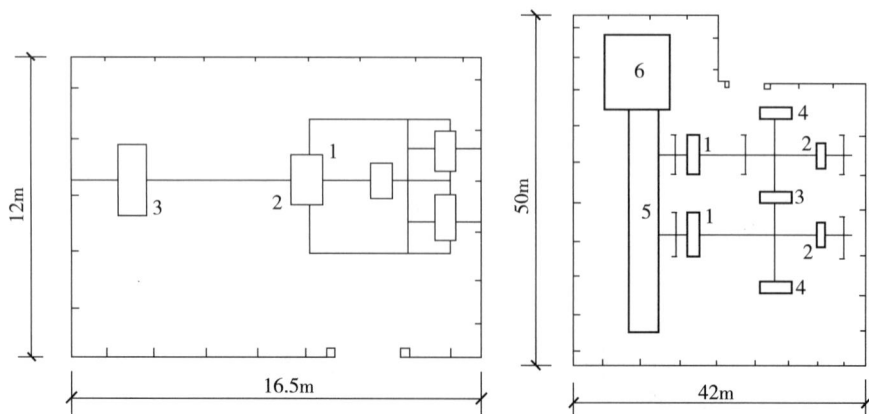

图5-6　35kV-1变电站（左）

1-变压器；2-熔断器；3-油开关

图5-7　35kV-2变电站（右）

1-变压器；2-熔断器；3-油开关；4-避雷器；5-屋内配电装置；6-主控制室

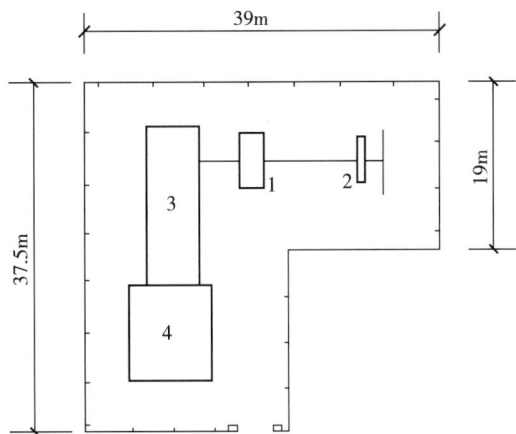

图 5—8　110kV 变电站类型 1
1— 变压器；2— 油开关；3— 室内配电装置；4— 主控制室

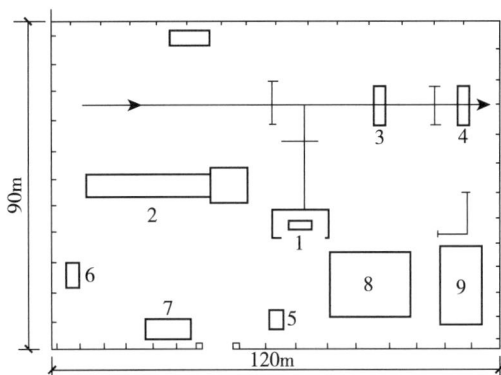

图 5—9　220kV 变电站
1— 主变压器；2— 主控制室；3—220kV 空气开关；4— 避雷器；5—
油库；6— 材料库；7— 锅炉、警卫；8—66kV 屋外配电装置；9—35kV
屋外配电装置

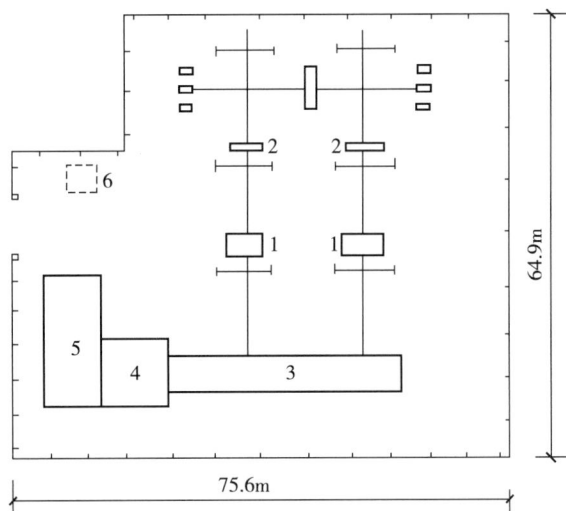

图 5—10　110kV 变 电
站类型 2
1— 变压器；2— 油开关；3—
屋内控制配电装置；
4— 主控制室；5— 辅助建
筑；6— 油库

三、城市电源设施布局规划

（一）火电厂选址要点

（1）燃煤电厂运行中有飞灰，燃油电厂排出含硫酸气，因此，火电厂厂址应位于城市的边缘或外围，布置在城市主导风向的下风向，并与城市生活区保持一定距离（表5—17）。当然，一些以天然气为燃料的发电厂污染较小，选址时重点考虑安全因素。

（2）火电厂应有便利的运输条件。大中型燃煤火电厂应接近铁路、公路或港口，并尽可能设置铁路专用线。电厂铁路专用线选线要尽量减少对铁路干线通过能力的影响，并应避免切割铁路正线。专用线设计应尽量减少厂内股道，缩短线路长度，简化厂内作业系统。

（3）燃煤电厂的燃料消耗量很大，中型电厂的年耗煤量一般在 50 万吨以上，大型电厂每天约耗煤在万吨以上，因此，厂址应尽可能接近燃料产地，靠近煤源，以便减少燃料运输费，减少铁路运输负担。同时，由于减少电厂贮煤量，相应地也减少了厂区用地面积，在劣质煤源丰富的矿区建立坑口电站是最经济的，可以减少铁路运输（用皮带直接运煤），进而降低造价，节约用地。

燃油电厂一般布置在炼油厂旁边，不足部分油量采用公路或水路方式运输。储油量一般在 20 天左右。天然气电厂选址则要与天然气长输管线或储存基地邻近。

（4）火电厂生产用水量大，包括汽轮机凝汽用水，发电机和油的冷却用水，除灰用水等。大型火电厂首先应考虑靠近水源，直流供水。

（5）燃煤发电厂应有足够的贮灰场，贮灰场的容量要能容纳电厂 10 年的贮灰量。分期建设的灰场的容量一般要能容纳 3 年的贮灰量。厂址选择时，同时要考虑灰渣综合利用场地。

（6）厂址选择应充分考虑出线条件，留有适当的出线走廊宽度。

火力发电厂卫生防护距离（m）　　　　　表 5-17

燃料工作质的灰分	飞灰收回量为 75% 时的燃料消耗量（t/h）				
	3 ~ 12.5	12.6 ~ 25	26 ~ 50	51 ~ 100	101 ~ 200
10 以下	100	100	300	500	500
10 ~ 15	100	300	500	500	500
16 ~ 20	100	300	500	500	1000
21 ~ 25	100	300	500	1000	1000
26 ~ 30	100	300	500	1000	1000
31 ~ 45	300	500	1000	1000	1000

（二）水电站选址要点

（1）水电站一般选择在便于拦河筑坝的河流狭窄处，结合水库进行建设。

（2）建站地段须工程地质条件良好，地耐力高，避开地质断裂带。

（三）核电站选址要点：

（1）站址靠近区域负荷中心。原子能电站使用燃料少，运输量小。因此选址时首先应该考虑电站靠近区域负荷中心，以减少输电费，提高电力系统的可靠性和稳定性。

（2）站址要求选择在人口密度较低的地方。以电站为中心，半径 lkm 内为隔离区，在隔离区外围，人口密度也要进行控制。不能在其周围建设化工厂、炼油厂、自来水厂、医院和学校等。

（3）站址应取水便利。核电站比同等容量的矿物燃料电站需要更多的冷却水，因此很多核电站选址于海边，利用海水作为冷却水。

（4）站址有足够的发展空间。核电站用地面积主要决定于电站的类型、容量及所需的隔离区。一个 60 万 kW 机组组成的核电站占地面积大约为 40hm²，由四个 60 万 kV 机组组成的电站占地面积大约为 100 ~ 120hm²。一般均选择足够的场地，留有发展余地。

（5）站址要求有良好的公路、铁路或水上交通条件，以便运输电站设备和建筑材料。

（6）站址要有利于防灾。站址不能选在地质不良地带，以免发生地震时造成地基不稳定。此外，站址还应考虑防海啸、防洪、防空等条件，福岛核电站因海啸导致爆炸和核泄漏事故的教训值得铭记。

（四）电源变电所选址要点

（1）位于城市的边缘或外围，便于进出线。对于用电量很大、负荷高度集中的市中心高负荷密度区，经技术经济比较论证后，可采用 220kV 及以上电源变电所深入负荷中心布置。

（2）宜避开易燃、易爆设施，避开大气严重污染地区及严重盐雾区。

（3）应满足防洪、抗震的要求：220 ~ 500kV 变电所的所址标高，宜高于百年一遇洪水水位；35 ~ 110kV 变电所的所址标高，宜高于五十年一遇洪水水位。变电所所址应有良好的地质条件，避开断层、滑坡、塌陷区、溶洞地带、山区风口和易发生滚石场所等不良地质构造。

（4）不得布置在国家重点保护的文化遗址或有重要开采价值的矿藏上，并协调与风景名胜区、军事设施、通信设施、机场等的关系。

第三节　城市供电网络规划

一、城市电力网络等级与结线方式

（一）城市电力网络等级

（1）我国城市电力线路电压等级有：500、330、220、110、66、35、10kV、380V/220V 等八类。通常城市送电（区域电源至城市电源变电所）电压为 500、330、220kV，高压配电（城市电源变电所至城市变电所）电压为 110、66、35kV，中压配电电压为 10kV，低压配电电压为 380/220V。现有非标准电压，应限制发展，合理利用，根据设备使用寿命与发展需要分期分批进行改造。

（2）各地城网电压等级及最高一级电压的选择应根据城市电网远期的规划负荷量和城市电网与地区电网系统的连接方式确定。城网应尽量简化变压层次，大、中城市的城市电网电压等级宜为 4 ~ 5 级、四个变压层次，小城市宜为 3 ~ 4 级、三个变压层次。

（二）电力网结线方式

城网的典型结线方式可有以下五种：

1. 放射式：放射式可靠性低，适用于较小的负荷。单个终端负荷、两个或多个负荷均匀分布，如图 5—11 所示。

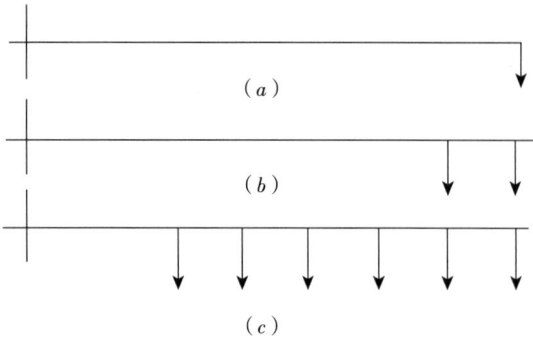

图 5-11　放射式分布负荷
(a) 单个终端负荷；(b) 两个负荷；(c) 多个负荷均匀分布

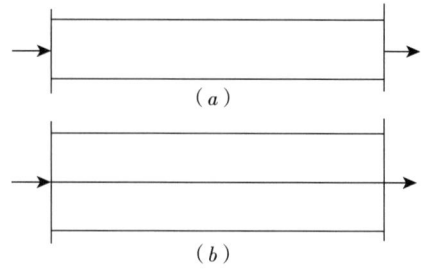

图 5-12　多回线式
(a) 双回平行式；(b) 多回平行式

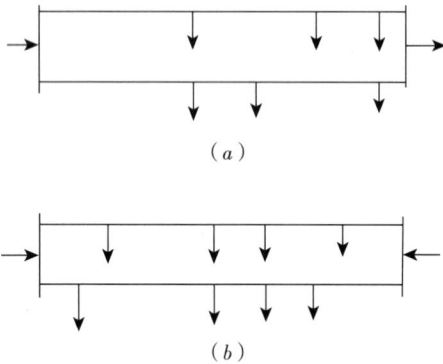

图 5-13　1～2 个电源环式网络
(a) 一个电源环式网络；(b) 两个电源环式网络

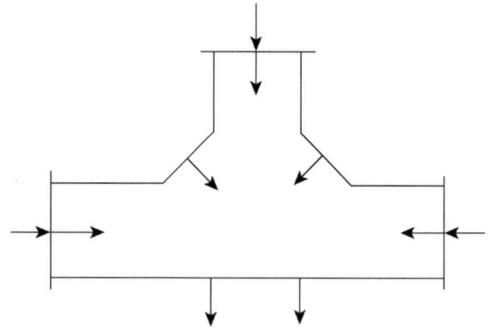

图 5-14　三个电源环式网络
(带几个负荷)

2．多回线式：多回线式可靠性高，适用于较大负荷。如图 5-12 所示。多回线式可与放射式组合成多回平行线放射供电式，也可与环式合成双环式或多环式。

3．环式：环式可靠性高，适用于一个地区的几个负荷中心。环路内一般应有可断开的位置。环式网路如图 5-13 及图 5-14 所示。

4．格网式：格网式可靠性最高，适用于负荷密度很大且均匀分布的低压配电地区。这种形式的造价很高，如图 5-15 所示，干线结成网格式，在交叉处固定连接。

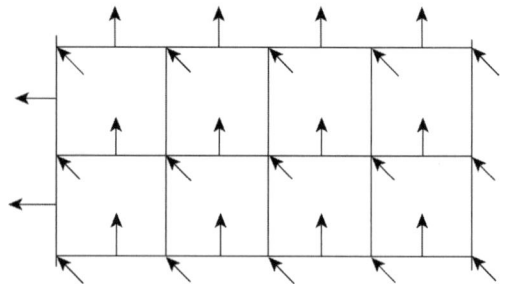

图 5-15　格网式网络

各地城网应根据具体情况和供电可靠性的要求，分别采用以上典型结线方式及其派生形式。结线方式应讲求实效，例如采用环式结线时应注意使环的包络面积尽量接近负荷区。

二、城市送电网规划

（一）高压送电网

（1）高压送电网是系统电力网的组成部分，又是城网的电源，应有充足的吞吐容量。

城网的电源变电所一般设在市区边缘。在大城网或特大城网中，如符合以下条件并经技术经济比较后，可采用高压深入的供电方式：

①城市中心地区负荷密集、容量很大，供电可靠性要求高；

②变电所结线比较简单，占地面积较小；

③进出线路可用地下电缆敷设方式或多回并架的杆塔，电力走廊不会对城市空间产生太大影响；

④符合环境保护要求。

高压深入城市中心变电所的一次电压，可采用 500、220kV 或 110kV；二次电压降为 35、10kV。

（2）高压送电网网架的结构方式，应根据系统电力网的要求和电源点的分布情况确定，一般宜采用环式（单环、双环等）。

三、城市配电网规划

（一）高压配电网

（1）高压配电网应能接受电源点的全部容量，并能满足供应二次变电所的全部负荷。当市区负荷密度不断增长时，增加新建变电所数量可以缩小导线面积，降低线损。但须增加变电所投资，如扩建现有变电所容量，将增加配电网的投资。

（2）规划中确定的高压配电网结构，应与城市空间规划协调，预留新变电所的地理位置和进出线路走廊，避免对城市空间发展和景观环境造成不利影响。

（3）当现有城网供电容量严重不足，原有变电设备需全面进行改造时，可采取电网升压措施，提升高压配电网和片区变电所的电压等级，扩大供电能力。

（二）中低压配电网规划

（1）中低压配电网应与高压配电网密切配合，可以互通容量。配电网的规划设计与高压配电网相似，但应有更大的适应性。中低压配电网架宜按远期规划一次建成，一般应在二十年内保持不变。当负荷密度增加到一定程度时，可插入新的变电所，使网架结构基本不变。

中压配电网中每一主干线路和配电变压器，都应有比较明显的供电范围，不宜交错重叠。

（2）中压配电网架的结线方式，可采用放射式。大城网和特大城网或环式，必要时可增设开闭所。

低压配电网一般采用放射式，负荷密集地区及电缆线路宜采用环式，有条件时可采用格网式。

（3）配电网应不断加强网络结构，尽量提高供电可靠性，以适应扩大用户连续用电的需要，逐步减少重要用户建设双电源和专线供电线路。必须由双电源供电的用户，进线开关之间应有可靠的连锁装置。

(4) 城市公路灯照明线路是配电网的一个组成，配电网规划中应包括路灯照明的改进和发展部分。

四、城市变配电设施规划

（一）容载比

变电容载比是城网内同一电压等级的主变压器总容量与对应的供电总负荷之比。220kV 变电所可取 1.8 ~ 2.0,35 ~ 110kV 变电所可取 2.2 ~ 2.5,10kV 变配电所可取 2.3 ~ 3.3。在确定供电负荷后进行各级变电站主变容量配置时，要考虑各级变电站不同的容载比。

（二）城市变电所

布置在城区边缘或郊区的变电所，宜采用全户外式和半户外式结构；城区变电所的设计应尽量节约用地面积,采用占地较少的户内型或半户外型布置；市中心区的变电所应考虑采用占空间较小的全户内型，并考虑与其他建筑物混合建设，必要时也可考虑建设地下变电所。

城区变电所的运行噪声对周围环境的影响,应符合国家现行标准的相关规定。

城区变电站的用地面积（不含生活区用地），应按变电所的最终规模规划预留。规划新建的 35 ~ 500kV 变电所用地面积的预留，可根据表 5-15 规定,结合所在城市的实际用地条件，因地制宜选定。

变电所的主变压器台数（三相）不宜少于 2 台或多于 4 台。单台变压器容量参见表 5-18 的规定。

单台变压器容量　　　　　　　　　　　　　　表 5-18

变电所电压等级	单台主变压器容量不宜大于以下数值（MVA）
500kV	750
220kV	180
110kV	60
66kV	50
35kV	20

城区变电站的出线走廊宽度控制见表 5-19。

变电所出线走廊宽度　　　　　　　　　　　　表 5-19

线路电压（kV）	35	110	220
杆型	π 型杆	π 型杆	铁塔
杆塔标准高度（m）	15.4	15.4	23
水平排列两边线间的距离（m）	6.5	8.5	11.2
杆塔中心至走廊边缘建筑物的距离（m）	17.4	18.4	26

续表

两回杆塔中心线之间的距离（m）	单回水平排列	12	15	20
	单回垂直排列	8～10	10	15
	双回垂直排列	10	13	18

在一个城网中，同一级电压的主变压器单台容量不宜超过三种；在同一变电所中，同一级电压的主变压器宜采用相同规格。主变压器各级电压绕组的接线组别必须保证与电网相位一致。

（三）开关站

当 66～220kV 变电所的二次侧 35kV 或 10 kV 出线走廊受到限制，或者 35kV 或 10 kV 配电装置间隔不足，且无扩建余地时，宜规划建设 10 kV 开关站（或称为开闭所）。

10kV 开关站宜与 10kV 配电所联体建设。

10kV 开关站最大转供容量不宜超过 15000kVA。

（四）配电所

城区配电所及开闭所应配合城市改造和新区规划同时建设，作为市政建设的配套工程。

城区配电所的配电变压器安装台数一般为两台，单台变压器容量一般不超过 1200kVA，进线两回。

在负荷密度较高的市中心地区，住宅小区、高层楼群、旅游网点和对市容有特殊要求的街区及分散的大用电户，规划新建的配电所，宜采用户内型结构。

在主要街道，路间绿地及建筑物中，有条件时，可采用电缆进出线的箱式配电所。

第四节　城市电力线路规划

一、城市送配电线路敷设

城市电力线路分为架空线路和地下电缆线路两类。

（一）架空高压送配电线路敷设

市区架空送电线路可采用双回线或与高压配电线同杆架设。35kV 线路一般采用钢筋混凝土杆，66、110kV 线路可采用钢管型杆塔或窄基铁塔以减少走廊占地面积。

市区架空送电线路杆塔应适当增加高度，缩小档距，以提高导线对地距离。杆塔结构的造型、色调应尽量与环境协调配合。

对路边植树的街道，杆塔设计应与园林部门协商，提高导线对地高度与修剪树枝协调考虑，保证导线与树木能有足够的安全距离。

城网的架空送电线路导线截面除按电气、机械条件校核外，一个城网应力求统一，每个电压等级可选用两种规格，一般情况下主干线可参考表 5-20 选择。

高压线路导线截面表 表 5—20

电压（kV）	钢芯铝线截面（mm²）				
35	240	185	150	120	95
66	300	240	185	150	
110	300	240	185		
220	400	300	240		

注：必要时尚可采用多分裂导线布置。

市区架空线路应根据需要与可能积极采用同强度的轻型器材、防污绝缘子、瓷横担、合成绝缘子以及铝合金导线等。

（二）架空中低压配电线路敷设

市区中、低压配电线路应同杆架设，并尽可能做到是同一电源。

同一地区的中、低压配电线路的导线相位排列应统一规定。

市区中、低压配电线路主干线的导线截面不宜超过两种，一般可参考表 5—21 选择。

中、低压线路导线截面表 表 5—21

电压（kV）	钢芯铝线截面（mm²）				
380/220V	185	150	120	95	70
10kV	240	185	150	120	95

大型建筑物和繁华街道两侧的接户线，可采用沿建筑物在次要道路的外墙安装架空电缆及特制的分接头盒分户接入。

（三）架空电力线路耐张段与档距

1. 架空电力线路耐张段

35kV 及以上架空电力线路耐张段的长度一般采用 3～5km，如运行、施工条件许可，可适当延长；在高差或档距相差非常悬殊的山区和重冰区应适当缩小。10kV 及以下架空电力线路耐张段的长度，不宜大于 2km。

2. 线路档距

架空电力线路的档距应根据当地地形、风力和运行经验来确定。一般 110kV 及以上架空电力线路的平均档距在 300m 左右，在城区内档距为 200～300m。35kV 架空电力线路平均档距在 200m 左右，在城区内档距为 100～200m。3～10kV 架空电力线路在郊区的档距为 50～100m，在城区内档距 40～50m。3kV 以下架空电力线路在郊区的档距为 40～60m，在城区内档距 40～50m。

高压接户线（1～10kV）的档距不宜大于 40m；档距超过 40m 时，应按高压配电线路设计。低压接户线（1kV 以下）的档距不宜大于 25m；档距超过 25m，宜设接户杆。低压接户杆的档距不应超过 40m。

（四）电力电缆线路敷设

1. 电力电缆适用状况

（1）市区送电线路和高压配电线路有下列情况的地段可采用电缆线路：

1）架空线路走廊在技术上难以解决时；

2）狭窄街道、繁华市区高层建筑地区及市容环境有特殊要求时；

3）重点风景旅游地区的某些地段；

4）对架空线严重腐蚀的特殊地段。

（2）低压配电线路有下列情况的地段可采用电缆线路：

1）负荷密度较高的市中心区；

2）建筑面积较大的新建居民楼群、高层住宅区；

3）不宜通过架空线的主要街道或重要地区；

4）其他经技术经济比较，采用电缆线路比较合适时。

对不适于低压架空线路通过，而地下障碍较多，入地又很困难的地段，可采用具有防辐射性能的架空塑料绝缘电缆。

2. 电缆敷设方式

市区电缆线路路径应与城市其他地下管线统一安排。通道的宽度、深度应考虑远期发展的要求。路径选择应考虑安全、可行、维护便利及节省投资等条件。沿街道的电缆道人孔及通风口等的设置应与环境相协调。

电缆敷设方式应根据电压等级、最终数量、施工条件及初期投资等因素确定，可按不同情况采取以下敷设方式：

（1）当同一路径电缆根数不多，且不宜超过6根时，在城市人行道下、公园绿地、建筑物的边沿地带或城市郊区等不易经常开挖的地段，宜采用直埋敷设方式。

（2）在地下水位较高的地方和不宜直埋且无机动荷载的人行道等处，当同路径敷设电缆根数不多时，可采用浅槽敷设方式；当电缆根数较多或需要分期敷设而开挖不便时，宜采用电缆沟敷设方式。

（3）地下电缆与公路、铁路、城市道路交叉处，或地下电缆需通过小型建筑物及广场区段，当电缆根数较多，且为6～20根时，宜采用排管敷设方式。

（4）同一路径地下电缆数量在30根以上，经技术经济比较合理时，可采用电缆隧道敷设方式。

3. 电缆选型

电缆的选型应在首先满足运行条件下，决定线路敷设方式，然后确定结构和形式。在条件适宜时，应优先采用塑料绝缘电缆。低压配电电缆可用单芯塑料电缆，便于支接。

电缆导线、材料与截面的选择除按输送容量、经济电流密度、热稳定、敷设方式等一般条件校核外，一个城网内35kV及以下的主干线电缆应力求统一，每个电压等级可选用两种规格，预留容量，一次埋入。一般情况主干线的截面可参考表5-22选择：

地下电缆线路导线截面表　　　　　　　表 5—22

电压（kV）	钢芯铝线截面（mm²）			
380/220V	240	185	150	120
10kV	300	240	185	150
35kV	300	240	185	150

二、城市电力线路安全保护

（一）电力电缆线路安全保护

直埋电力电缆之间及直埋电力电缆与控制电缆、通信电缆、地下管沟、道路、建筑物、构筑物、树林等之间的安全距离，不应小于表 5—23 的规定。

直埋电力电缆之间及与其他物件之间安全距离　　　表 5—23

项目	安全距离（m）	
	平行	交叉
建筑物、构筑物基础	0.50	—
电杆基础	0.60	—
乔木树主干	1.50	—
灌木丛	0.50	—
10kV 以上电力电缆之间，以及 10kV 及以下电力电缆与控制电缆之间	0.25（0.10）	0.50（0.25）
通信电缆	0.50（0.10）	0.50（0.25）
热力管沟	2.00	（0.50）
水管、压缩空气管	1.00（0.25）	0.50（0.25）
可燃气体及易燃液体管道	1.00	0.50（0.25）
铁路（平行时与轨道，交叉时与轨底，电气化铁路除外）	3.00	1.00
道路（平行时与侧石，交叉时与路面）	1.50	1.00
排水明沟（平行时与沟边，交叉时与沟底）	1.00	0.50

注：1. 表中所列安全距离，应自各种设施（包括防护外层）的外缘算起；

2. 路灯电缆与道路灌木丛平行距离不限；

3. 表中括号内数字，是指局部地段电缆穿管，加隔板保护或加隔热层保护后允许的最小安全距离；

4. 电缆与水管、压缩空气管平行，电缆与管道标高差不大于 0.5m 时，平行安全距离可减小至 0.5m。

海底电缆保护区一般为线路两侧各 2 海里所形成的两平行线内的区域。若在港区内，则为线路两侧各 100m 所形成的两平行线内的区域。

江河电缆保护区一般不小于线路两侧各 100m 所形成的两平行线内的水域；中、小河流一般不小于线路两侧各 50m 所形成的两平行线内的水域。

（二）架空电力线缆安全保护

架空电力线路保护区为电力导线边线向外侧延伸所形成的两平行线内的区域，也称之为电力线走廊。高压线路部分通常称为高压走廊。

架空电力线路跨越或接近建筑物的安全距离，应符合表5-24，表5-25的规定。

1 ~ 330kV架空电力线路导线与建筑物之间的垂直距离
（在导线最大计算弧垂情况下）　　　表5-24

线路电压（kV）	1 ~ 10	35	66 ~ 110	220	330
垂直距离（m）	3.0	4.0	5.0	6.0	7.0

架空电力线路边导线与建筑物之间安全距离
（在最大计算风偏情况下）　　　表5-25

线路电压（kV）	< 1	1 ~ 10	35	66 ~ 110	220	330
安全距离（m）	1.0	1.5	3.0	4.0	5.0	6.0

架空电力线路导线与地面、街道行道树之间的最小垂直距离，应符合表5-26，表5-27的规定。

架空电力线路导线与地面间最小垂直距离（m）
（在最大计算导线弧垂情况下）　　　表5-26

线路经过地区	线路电压（kV）				
	< 1	1 ~ 10	35 ~ 110	220	330
居民区	6.0	6.5	7.5	8.5	14.0
非居民区	5.0	5.0	6.0	6.5	7.5
交通困难地区	4.0	4.5	5.0	5.5	6.5

注：1. 居民区：指工业企业地区、港口、码头、火车站、城镇、集镇等人口密集地区；
　　2. 非居民区：指居民区以外的地区，虽然时常有人、车辆或农业机械到达，但房屋稀少的地区；
　　3. 交通困难地区：指车辆、农业机械不能到达的地区。

架空电力线路导线与街道行道树之间的最小垂直距离
（考虑树木自然生长高度）　　　表5-27

线路电压（kV）	< 1	1 ~ 10	35 ~ 110	220	330
最小垂直距离（m）	1.0	1.5	3.0	3.5	4.5

三、高压电力线路规划

确定高压线路走向，必须从整体出发，综合安排，既要节省线路投资，保障居民和建筑物、构筑物的安全，又要和城市规划布局协调，与其他建设不发生冲突和干扰。一般采用的高压线路规划原则有：

（1）线路的长度短捷，减少线路电荷损失，降低工程造价。

（2）保证线路与居民、建筑物、各种工程构筑物之间的安全距离，按照国家规定的规范，留出合理的高压走廊地带。尤其接近电台、飞机场的线路，更应严格按照规定，以免发生通信干扰、飞机撞线等事故。

（3）高压线路不宜穿过城市的中心地区和人口密集的地区。并考虑到城市的远景发展，避免线路占用工业备用地或居住备用地。

（4）高压线路穿过城市时，须考虑对其他管线工程的影响，尤其是对通信线路的干扰，并应尽量减少与河流、铁路、公路以及其他管线工程的交叉。

（5）高压线路必须经过有建筑物的地区时，应尽可能选择不拆迁或少拆迁房屋的路线，并尽量少拆迁建筑质量较好的房屋，减少拆迁费用。

（6）高压线路应尽量避免在有高大乔木成群的树林地带通过，保证线路安全，减少砍伐树木，保护绿化植被和生态环境。

（7）高压走廊不应设在易被洪水淹没的地方，或地质构造不稳定（活动断层、滑坡等）的地方。在河边敷设线路时，应考虑河水冲刷的影响。

（8）高压线路尽量远离空气污浊的地方，以免影响线路的绝缘，发生短路事故，更应避免接近有爆炸危险的建筑物、仓库区。

（9）尽量减少高压线路转弯次数，适合线路的经济档距（即电杆之间的距离），使线路比较经济。

在城市供电规划中，上述原则不能都同时满足时，应综合考虑各方因素，作多方案的技术经济比较，选择最合理的方案。

城市高压架空电力线路走廊宽度的确定，应综合考虑所在城市的气象条件、导线最大风偏、边导线与建筑物之间的安全距离、导线的最大弧垂、导线排列方式以及杆塔形式、杆塔档距等因素，通过技术经济比较后确定。

市区内单杆单回水平排列或单杆多回垂直排列的 35 ～ 500kV 高压架空电力线路的规划走廊宽度，可参考表 5-28。

市区 35 ～ 500kV 高压架空电力线路规划走廊宽度　　表 5-28

线路电压等级（kV）	500	330	220	66、110	35
高压线走廊宽度（m）	60 ～ 75	35 ～ 45	35 ～ 40	15 ～ 25	12 ～ 20

第六章　城市燃气工程系统规划

　　城市燃气工程系统是城市公共能源供应系统的重要组成部分，也是区域性燃气供给系统的组成部分。长期以来，天然气在世界能源供给中占有非常重要的地位，2012年天然气在世界一次能源消费总量中的占比达到了23.9%，仅次于原油（33.1%）和原煤（29.9%）。由于资源分布的原因，中国的天然气消费在一次能源消费中占比偏低，2012年仅为5.4%，而原煤的占比接近70%，当然，我国天然气消费量的增长是十分迅速的，近年来的增速保持在两位数以上。

　　城市燃气工程系统的发展，是随着城市对于相对洁净的燃料需求的发展而逐步发展起来的。城市燃气替代其他燃料作为民用和工业用燃料，可以大大改善城市空气环境质量。因此，我国城市燃气工程系统发展速度很快，到2011年，我国城市燃气普及率已经达到90%以上。

　　城市燃气工程系统的发展与电力工程系统和供热工程系统的发展是紧密联系在一起的。由于价格相对较低，燃烧过程污染小，天然气除了直接供应工业和民用用户外，还可以作为城市内部分布式能源设施（可用于供电和供热）的一次能源。而电力和集中供热系统的供应状况，也有可能对燃气的用量有较大影响。这种关系在燃气工程规划中必须充分考虑。

城市燃气工程系统规划中的燃气普及率设定、气种选择与城市环保以及节能减排目标的实现密切相关；燃气汽车的推广，需要在城市中考虑加气站的规划布局。此外，燃气易燃的易爆特点决定了燃气工程系统对于安全防护有较高的要求，除了规划预留必要的防护空间外，城市综合防灾系统规划必须考虑燃气设施和管线爆燃事故的应对措施。

第一节　城市燃气负荷预测与计算

城市燃气负荷预测与计算的主要内容有：确定城市使用的燃气种类，选择燃气供应对象和确定供应标准，预测和计算燃气负荷。

一、城市燃气类型与特征

（一）城市燃气的种类

城市燃气一般是由若干种气体组成的混合气体，其中主要组分是一些可燃气体，如甲烷等烃类、氢和一氧化碳，另外也含有一些不可燃的气体组分，如二氧化碳、氮和氧等。

燃气种类可按来源分类，也可按热值和燃烧特性分类。

1. 按来源分类

这种分类法以燃气的起源或其生产方式分类，大体上可分为天然气和人工燃气两大类；而人工燃气中的液化石油气和生物气与人工煤气在生产和输配方式上有较大不同，因此习惯上将燃气分为四类：天然气、人工煤气、液化石油气和生物气。

天然气是指在地下多孔地质构造中自然形成的烃类气体和蒸汽的混合气体，有时也含一些杂质，常与石油伴生，其主要组分是低分子烷烃。天然气又可根据来源分为四类：从气田采的气田气，随石油一起喷出的油田伴生气，含有石油轻质馏分的凝析气田气以及从井下煤层抽出的矿井气。

人工煤气是指由固体燃料或液体燃料加工所产生的可燃气体。人工煤气的主要组分一般为甲烷、氢和一氧化碳。根据制气原料和加工方式不同，可生产多种类型的人工煤气，主要有干馏煤气、气化煤气、油煤气和高炉煤气等。

液化石油气是石油开采和炼制过程中，作为副产品而获得的一部分碳氢化合物。液化石油气主要组分为丙烷、丙烯、丁烷、丁烯等石油系轻烃类，在常温常压下呈气态，但加压或冷却后很容易液化，液化后的石油气体积约为气态时的 1/250。

生物气是有机物质在适宜条件下受微生物分解作用而生成的气体，通常所谓的"沼气"就是一种生物气。生物气的主要可燃组分为甲烷。

2. 按热值分类

1Nm³（即标准状态下1立方米，简称"标米"）燃气完全燃烧所放出的热量称为燃气的热值，单位为kJ（或MJ）/Nm³，对于液化石油气，热值单位也可为kJ（或MJ）/kg。热值可分为高热值与低热值，高热值是指1Nm³燃气完全燃烧后其烟气被冷却至原始温度，而其中的水蒸气以凝结水状态排出时所放出的热量。低热值是指1Nm³燃气完全燃烧后其烟气被冷却至原始温度，但烟气中水蒸气仍为蒸汽状态时所放出的热量。高低热值之差为水蒸汽的气化潜热。

燃气可根据热值分为三个等级：高热值燃气（HCVgas）、中等热值燃气（MCVgas）和低热值燃气（LCVgas）。气化煤气多数属于低热值燃气，热值大致在12～13MJ/Nm³之间，或更低一些。中等热值燃气热值在20MJ/Nm³左右，以干馏煤气等城市燃气为代表。高热值燃气的热值在30MJ/Nm³以上，天然气、部分油制气和液化石油气都是高热值燃气。

3. 按燃烧特性分类

燃气性质中，影响燃烧特性的参数主要有燃气的热值、相对密度以及火焰传播速度（燃烧速度）。华白数是一个热值与相对密度的综合系数，可按下式计算：

$$W = \frac{Q_h}{\sqrt{d}} \tag{6-1}$$

式中　　W——华白数（MJ/Nm³）；

　　　　Q_h——燃气高热值（MJ/Nm³）；

　　　　d——燃气相对密度（空气=1）。

国际煤联（IGU）燃气分类表　　　　　表6-1

分类	华白数（MJ/Nm³）	典型燃气
一类燃气	17.8～35.8	人工燃气、烃——空气混合气
二类燃气 L族 H族	35.8～53.7 35.8～51.6 51.6～53.7	天然气
三类燃气	71.5～87.2	液化石油气

国际煤联（IGU）制定的根据华白数对燃气分类如表6-1所示。

当燃气的组分和性质变化较大，或者掺入的燃气与原燃气性质相差较远时，燃气的燃烧速度会发生较大变化，仅用华白数分类不能满足设计需要，而通过加入另一个指标——燃烧势（燃烧速度指数，简写为CP），能更全面地判断燃气的燃烧特征。

我国根据华白数与燃烧势对燃气的分类如下：

我国城市燃气的分类　　　　　　　　　　　表 6-2

类别		华白数 W（MJ/m³）		燃烧势 CP	
		标准	范围	标准	范围
人工气	5R	22.7	21.1～24.3	94	55～96
	6R	27.1	25.2～29.0	108	63～110
	7R	32.7	30.4～34.9	121	72～128
天然气	4T	18.0	16.7～19.3	25	22～57
	6T	26.4	24.5～28.2	29	25～65
	10T	43.8	41.2～47.3	33	31～34
	12T	53.5	48.1～57.8	40	36～88
	13T	56.5	54.3～58.8	41	40～94
液化气	19Y	81.2	76.9～92.7	48	42～49
	22Y	92.7	76.9～92.7	42	42～49
	20Y	84.2	76.9～92.7	46	42～49

注：6T 为液化石油气混空气，燃烧特性接近天然气。

（二）城市燃气种类的选择

1. 城市燃气的质量标准

城市燃气可燃、易爆，某些种类的燃气有一定毒性，因此，对城市燃气的质量有以下一些要求：

（1）城市燃气组分的变化，应符合下列要求：

①燃气的华白指数波动范围一般不超过 ±5%；

②燃气燃烧性能的所有参数指标，应与用气设备燃烧性能的要求相适应。

（2）人工煤气质量的指标应符合下列要求：

①低热值大于 14.65MJ/Nm³（3500kcal/Nm³）；

②杂质允许含量的指标（mg/Nm³）：焦油与灰尘应小于 10，硫化氢小于 20，氨小于 50，萘小于 50（冬季）或小于 100（夏季）；

③含氧量小于 1%（体积比）；

④限制一氧化碳含量：从安全和卫生角度考虑，各国都规定了人工煤气中一氧化碳含量指标，瑞士为 1%～1.5%，日本为小于 8%，美国为 5%，我国为小于 10%。

（3）城市燃气应具有可察觉的臭味。对城市燃气应加臭，加臭程度应达到以下要求：

①有毒燃气在达到有害浓度前，应能察觉；

②无毒燃气在相当于爆炸下限 20% 的浓度时，应能察觉。

2. 城市燃气气种选择

城市燃气气种的选择，要考虑多方面的因素。从各国、各地采用气种的变化历程中，不难看出城市燃气气种选择的主要方向和选择的基本原则。大多数国家的主要气种经历了煤制气、油制气至天然气的使用过程。英国是最早使用煤制气的国家，在 20 世纪 60 年代仍以煤制气为主要气种，而到了 20 世纪 70 年代，由于北海天然气开采成功，全国逐步进入了天然气时代。美国、俄罗斯等国由于有丰富的天然气资源，从 20 世纪中起即进入蓬勃发展的天然气时代。日本油气资源贫乏，20 世纪后期由国外大量进口天然气，天然气在城市燃气中的份额逐年提高。天然气资源探明储量与开采量的大幅增长，运输成本降低，以及使用天然气对生态环境较小的影响，都是天然气备受发达国家青睐的原因。

在天然气被确立为许多国家主要气种地位的同时，各国也从未完全放弃对人工煤气制取和供应系统的建设和研究，一些国家和地区的城市仍以人工煤气作为主要气种。这一方面是由于资源条件和运输条件的限制，使得某些城市使用人工煤气更为经济，另一方面，也是这些国家和地区出于对油气资源日益紧缺的忧虑，未雨绸缪，进行技术储备的一种做法。

气种的选择是通过各种复杂因素的综合比较权衡后方能做出的重要决策。在这些因素中，最基本的条件是各地的燃料资源状况，城市环境也是选择城市主要气种的主要依据，而城市的规模、交通条件、经济实力、人民生活水平、气候条件等因素都或多或少地影响了气种选择的结果。

我国的燃料结构中，煤始终占主导地位，而我国煤制气事业也有百余年历史，很多工业城市长期以来以煤制气为主导气种；改革开放以来，随着石油工业的迅速发展，液化石油气逐步进入许多中小城市，成为居民使用的主要气种；而在 20 世纪 90 年代后，我国天然气开采和运输规模逐步扩大，特别是"西气东输"工程的实施，使得天然气逐步成为一些发达地区城市的首选气种。基础较好的煤制气、使用灵活的液化石油气和前景广阔的天然气，成为中国城市使用的三种主要燃气，很多城市存在多气种并存的局面。

针对我国幅员辽阔、能源资源分布不均，各地能源结构、品种、数量不一的特点，发展城市燃气事业要贯彻多种气源、多种途径、因地制宜、合理利用能源的方针。发展城市燃气必须从城市自身条件和环保要求出发，优先使用天然气，发展完善煤制气，合理利用液化石油气，大力回收利用工业余气，建立因地制宜、多气互补的城市燃气供给体系。

（三）城市燃气的互换与混配

1. 燃气的互换

具有多种气源的城市，常常会遇到以下两种情况：一种是随着燃气供应规模的发展和制气方式的改变，某些地区原来使用的燃气可能由其他一种性质不同的燃气所代替；另一种是基本气源产生紧急事故，或在高峰负荷时，需要在供气系统中掺入性质与原有燃气不同的其他燃气。当燃气成分变化不大时，燃烧器燃烧工况虽有改变，但尚能满足燃具的原有设计要求；当燃气成分变化过大时，燃烧工况的改变使得燃具不能正常工作。

任何燃具都是按一定的燃气成分设计的。设某一燃具以 A 煤气为基准进行设计和调整，若以 B 燃气来置换 A 燃气，如果燃具此时不加任何调整而保证正常工作，则表示 B 燃气可以置换 A 燃气，或称 B 燃气对 A 燃气具有"互换性"。反之，如果燃具不能正常工作，则称 B 燃气对 A 燃气没有互换性。

燃气的互换性由华白数和燃烧势指标决定。一般情况下，燃气的互换只能在热值相近的不同燃气之间进行，而同类燃气一般可以互换。

2. 燃气的混配

一个城市或一个地区在使用气体燃料初期，往往只有单一气源，而随着需气量不断增长，能源资源条件发生变化，为了满足调节燃气热值和调峰需要，城市可能采用多种气源。为使用户能够继续使用原有燃具，需要对各气种进行混配，以产生一种各项指标与原气种相近的适用燃气。混配时，可根据各种燃气的供应量、热值和其他指标，进行人工或自动混配。

在城市存在多气源的情况下，有时不采用混配的方法，而采用两套或两套以上的输配系统，而各系统的用户采用不同燃具。如荷兰有三种类型的天然气，建立了两套天然气输配系统；而在我国上海市，随着天然气的推广使用，已形成天然气与煤制气两套主要的输配系统，为在大部分城区使用天然气，开展了大规模的人工煤气管线系统改造工作，并进行了用户的燃具的改造和调换工作。

（四）城市燃气的供应对象

1. 燃气供应的优势

燃气是清洁燃料，但使用成本较高，燃气的供气原则不仅涉及国家的能源政策和环保政策，而且与当地经济发展水平和自然条件密切相关。在我国燃气资源尚不丰富的情况下，把有限的燃气供应民用比供给工业用户更为有利，因为燃气是一种优质的民用燃料，与其所替代的其他民用燃料，如煤和油相比，燃气有很大优势，主要体现在以下几个方面：

（1）燃气更易点燃和熄灭，调节也十分方便。

（2）使用燃气灶具比使用煤和油的民用灶具热效率高得多

（3）使用燃气的厨房环境比使用其他燃料有很大改善，有害气体的浓度大大降低。

（4）使用燃气更有利于消除使用其他民用燃料造成的面源污染，保护城市环境。

各类用户使用城市燃气和燃煤、燃油的热效率比较（％）　　　表 6-3

序号	燃料用途	燃料种类		
		煤	油	城市煤气
1	城镇居民	15～20	30	55～60
2	公共建筑	25～30	40	55～60
3	一般锅炉	50～60	＞70	60～80
4	电厂锅炉	80～90	85～90	90

作为工业燃料，燃气相对于煤或油等燃料的优势主要体现在有利于环保方面。而工业的燃煤或燃油设施规模大，效率较高，在加装一些环保设备改善

环境污染状况后，相比之下，使用燃气存在成本较高的问题。因此，燃气是否需要供应工业企业，供应哪一门类工业企业，应根据具体情况决定。

2. 城市民用燃气供应的原则

城市民用燃气供应，应遵循的一些原则：

（1）优先满足城镇居民炊事和生活热水的用气；

（2）应尽量满足幼托、医院、学校、旅馆、食堂等公共建筑用气；

（3）人工煤气一般不供应锅炉用气。如果天然气气量充足，可发展燃气采暖，但要拥有调节季节不均匀用气的手段。

3. 城市工业燃气供应的原则

城市工业燃气供应，也有以下原则：

（1）优先满足工艺上必须使用燃气，但用气量不大，自建煤气发生站又不经济的工业企业用气；

（2）对临近管网，用气量不大的其他工业企业，若使用燃气后可提高产品质量，改善劳动条件和生产条件的，可考虑供应燃气；

（3）使用燃气后能显著减轻大气污染的工业企业，可以供应燃气；

（4）可供应作为缓冲用户的工业企业。

由于工业企业的用气量均匀，在城市用气量中占一定比例，有利于平衡民用气耗的不均匀性，在工业企业中发展一批燃气用户，可以平衡城市燃气供应的季节不均匀性和日不均匀性，保证燃气生产和供应的稳定。

天然气分布式能源设施使用天然气为原料，采用热电联产方式向附近用户供电、供热。由于生产方式灵活，可对天然气和电力供需产生双重"削峰填谷"作用，提高燃气设施的利用效率，增强供气、供电系统安全性，降低电网以及天然气管网的运行成本；同时，由于天然气燃烧过程产生的污染小，对城市环境改善也有帮助。2006 年，在美国约 6000 座分布式发电站中，以天然气为原料的热电联产装机容量占总装机容量的 73%；在日本热电联产装机容量中，以天然气为原料的热电联产装机容量占总装机容量的 50% 以上。因此，对于天然气供应量较为充足的城市来说，应考虑相当大一部分的城市分布式能源设施使用天然气作为燃料。

近年来，由于环保的需要，我国城市中使用燃气的汽车和助动车逐步增多，特别是在一些大城市，公交行业使用的公共汽车和出租车大量采用燃气（液化石油气或液化天然气）作为燃料。因此，城市燃气工程系统规划应考虑这部分需求。

二、城市燃气负荷预测与计算

（一）城市燃气负荷的分类与用气指标

1. 城市燃气负荷分类

城市燃气负荷根据用户性质不同可分为民用燃气负荷、工业燃气负荷和公共交通燃气负荷三大类。民用燃气负荷又可分为居民生活用气负荷与公建用气负荷两类。

城镇居民生活用气量指标[MJ／人·年（1.0×10⁴kcal／人·年）]   表6-4

城镇地区	有集中采暖的用户	无集中采暖的用户
东北地区	2303 ～ 2721（55 ～ 65）	1884 ～ 2302（45 ～ 55）
华东、中南地区	—	2093 ～ 2305（50 ～ 55）
北京	2721 ～ 3140（65 ～ 75）	2512 ～ 2931（60 ～ 70）
成都	—	2512 ～ 2931（60 ～ 70）

注：1. 本表系指一户装有一个煤气表的居民用户在住宅内做饭和热水的用气量。不适用于瓶装液化石油气居民用户。

2. "采暖"系指非燃气采暖。

3. 燃气热值按低热值计算。

在计算用气负荷时，还必须考虑未预见用气量。未预见用气量中主要包括两部分：一部分是管网的漏损量，另一部分是未能预见的因经济社会发展而产生的新供气量。

2. 城市燃气用气量指标

有关规范提供了城市燃气设计用的居民生活用气量和几种公共建筑用气量指标，见表6-4和表6-5。

几种公共建筑用气量指标   表6-5

类别		单位	用气量指标
职工食堂		MJ／人·年（1.0×10⁴kcal／人·年）	1884 ～ 2303（45 ～ 55）
饮食业		MJ／座·年（1.0×10⁴kcal／座·年）	7955 ～ 9211（190 ～ 220）
托儿所幼儿园	全托	MJ／人·年（1.0×10⁴kcal／人·年）	1884 ～ 2512（45 ～ 60）
	半托	MJ／人·年（1.0×10⁴kcal／人·年）	1256 ～ 1675（30 ～ 40）
医院		MJ／床位·年（1.0×10⁴kcal／床位·年）	2931 ～ 4187（70 ～ 100）
旅馆招待所	有餐厅	MJ／床位·年（1.0×10⁴kcal／床位·年）	3350 ～ 5024（80 ～ 120）
	无餐厅	MJ／床位·年（1.0×10⁴kcal／床位·年）	670 ～ 1047（16 ～ 25）
高档宾馆		MJ／床位·年（1.0×10⁴kcal／床位·年）	8374 ～ 10467（200 ～ 250）
理发		MJ／人·次（1.0×10⁴kcal／人·次）	3.35 ～ 4.19（0.08 ～ 0.1）

注：1. 职工食堂用气量指标包括副食和热水在内。

2. 燃气热值按低热值计算。

规范指出上述用气指标在使用中要注意以下几点：

（1）要区分用户有无集中采暖设备。有集中采暖设备的用户一般比无集中采暖设备用户的用气量高一些，这是因为无集中采暖设备的用户在采暖期使用火炉采暖的同时烧水和做饭，因而减少了燃气用量，一般每年相差10%～20%，这种差别在采暖期比较长的城市表现得尤为明显。

（2）表6-4中所列指标不适用于瓶装液化石油气居民用户。一般使用瓶装液化石油气的居民用户比管道供气的居民用户用气量指标低10%～15%。

目前国内居民用户液化石油气用量一般在 10 ~ 20kg/ 户·月范围内，规划用气指标北方地区可取 15kg/ 户·月，南方地区可取 20kg/ 户·月。

(3) 根据调研表明，居民用户用气量指标增长缓慢，平均每年增长小于 1%，因此在规划燃气用量计算时不必考虑人均用气量随年份而增长的因素。

(4) 表 6-4 给出的指标中，未包括燃气热水器（提供不包括洗衣在内的日常及洗涤用热水）的用气定额，若考虑这部分用气，则表 6-4 中的用气定额需大幅提高。

工业用气量的计算必须通过大量详细的调查方能完成，而且，在规划中很难预测使用燃气的工业企业门类和产品种类与数量。因此，工业用气负荷的预测一般要按有利于城市燃气供应系统运营的要求，考虑工业用气在城市总用气量中所占的适当比例。在北京、上海、长春、沈阳、哈尔滨等大城市中，工业用气与民用气的比例都在 6 ∶ 4 ~ 4 ∶ 6 之间，而在中小城市内，工业用气的比例会较低一些。具体在规划中确定的工业用气的比例，应与当地有关部门共同调查协商后确定。

公共交通燃气负荷应根据规划期末城市（或城市内的规划地区）采用燃气作为燃料的公共交通车辆数和车均日燃气消耗量进行预测和计算。

在燃气用量预测和计算的过程中，应分别计算不同种类燃气的用量，如果采用的人均（车均）指标或单位面积指标以热值表示燃气量，还应当根据该种类燃气的热值，将其折算为该种类燃气的体积或重量作为预测和计算的结果。

(二) 燃气的需用工况

燃气的需用工况系指用气的变化规律。各类用户对燃气的用量随时间而变化，一年中各月、各日、各时均不相同。用气的不均匀性与确定气源生产规模、调峰手段和输配管网管径有很密切的关系，在燃气用量的预测与计算中，必须对燃气的需用工况作合理分析。

用气不均匀性可分为三种：月不均匀性（或季节不均匀性）、日不均匀性和小时不均匀性。用气不均匀性受到很多因素影响，如气候条件、居民生活水平与生活习惯、机关与企事业单位的工作时间安排和用气设备情况等。作为重要的设计参数，用气不均匀性有关数据必须通过大量资料收集和分析得出。

1. 月不均匀系数

一年中各月的用气不均匀性用月不均匀系数表示，月不均匀系数 K_1 由下式计算：

$$K_1 = \frac{该月平均日用气量}{全年平均日用气量} \tag{6-2}$$

计算月指逐月平均的日用气量中出现最大值的月份，计算月的月不均匀系数 K_m 称为月高峰系数。

影响城市用气月不均匀性的主要因素是气候条件。各类用户中，居民和公建用户的用气量随季节变化较明显，一般夏季用气量少，冬季用气量大；而工业企业的用气量随季节变化较小，可视为均匀用气。另外，由于我国居民炊事用气在春节期间大大增加，使 2 月份的居民用气量一般高于其他月份。

一般情况下，居民与公建用气的月高峰系数可在 1.1 ～ 1.3 范围内选用。对于我国"三北"地区宜选用较低值，因为该地区居民在冬季时常用火炉采暖兼烧水做饭，减少了燃气用量，使月不均匀系数变化趋于平缓。

2. 日不均匀系数

日不均匀系数表示一月（或一周）中的日用气量的不均匀性。日不均匀系数 K_2 按下式计算：

$$K_2 = \frac{该月中某日用气量}{该月平均日用气量} \tag{6-3}$$

该月中最大日不均匀系数 K_d 称为该月的日高峰系数。

根据一些实测资料，我国居民生活用气在周末与节假日有所增加，而工业企业用气同样在节假日与轮休日有所减少，一般可按均衡用气考虑。居民用气日高峰系数足 d 的取值一般为 1.05 ～ 1.2。

3. 小时不均匀系数

小时不均匀系数表示一日中各小时用气量的不均匀性，小时不均匀系数 K_3 按下式计算：

$$K_3 = \frac{该月某小时用气量}{该日平均小时用气量} \tag{6-4}$$

该日最大小时不均匀系数 K_h 称为该日小时高峰系数。

居民生活用气与公建用气一般在早、午、晚有三个用气高峰，且午、晚高峰又较为显著；而工业企业用气的小时用气量波动较小，可按均匀用气考虑。居民用气的小时高峰系数 K_h 可在 2.2 ～ 3.2 中取值，当用户较多时，宜取低值，用户少时，宜取高值。

（三）燃气用量的预测与计算

根据燃气的年用气量指标（表 6-4、表 6-5）可以估算出的城市年燃气用量。燃气的日用气量与小时用气量是确定燃气气源、输配设施和管网管径的主要依据。因此，燃气用量的预测与计算的主要任务是预测计算燃气的日用量与小时用量。

由于工业企业用气量在规划中很难准确计算与预测，因此，在总量预测中对这部分用气多采用比例估算的方法。当然，如果有详细的实测资料或设计参数，则可作更准确地计算与预测工业企业用气量。

居民生活与公建用气量应根据用户数量和用气指标进行预测与计算。在日用气量与小时用气量的计算中，经常采用的是不均匀系数法。

城市燃气总用量或城市内各规划地段可由以下两种方法得出：

1. 分项相加法

分项相加法适用于各类负荷均可用计算方法得出较准确数据的情况：

$$Q = Q_1 + Q_2 + Q_3 + \cdots\cdots Q_n \tag{6-5}$$

式中　　Q——燃气总用量；

Q_1 至 Q_n——各类燃气负荷。

2. 比例估算法

在各类燃气负荷中，居民生活与公建用气量可以根据城市或规划地区的人口和建筑面积，通过运用单位人口或建筑面积用气指标，得出较准确的结果，因此，在其他各类负荷情况不确定时，可通过预测未来居民生活与公建用气在总气量中所占比例得出总的用气负荷。

$$Q=Q_s/p \tag{6-6}$$

式中　　Q——总用气量；

Q_s——居民生活与公建用气量；

p——居民生活与公建用气量占总用气量的比例。

燃气的供应规模主要是由燃气的计算月（用气量最高月）平均日用气量决定的。一般认为，工业企业用气、公建用气、采暖用气、交通运输用气和未预见用气都是较均匀的，而居民生活用气量是不均匀的，所以，规划地区的计算月平均日燃气用量可以由下式得出：

$$Q=\frac{Q_s K_m}{365}+\frac{Q_s(1/p-1)}{365} \tag{6-7}$$

式中　　Q——计算月平均日用气量（m^3 或 kg）；

Q_s——居民生活年用气量（m^3 或 kg）；

p——居民生活用气量占总用气量比例（％）；

K_m——居民生活用气的月高峰系数（1.1～1.3）。

如果上式中 K_m 为城市全部用气的月高峰系数，则以上公式应改为：

$$Q=\frac{Q_s K_m}{365p} \tag{6-8}$$

由上式计算出来的数据可以确定规划地区燃气的总用气量，从而确定该地区的燃气供应设施规模（供气能力）。

在对城市燃气输配管网管径进行计算时，需要利用的主要数据为燃气的高峰小时用气量。可用下式求得：

$$Q'=\frac{Q}{24}K_d \cdot K_h \tag{6-9}$$

式中　　Q'——燃气高峰小时最大用气量（m^3）；

Q——燃气计算月平均日用量（m^3）；

K_d——日高峰系数（1.05～1.2）；

K_h——小时高峰系数（2.2～3.2）。

对于月、日、小时高峰系数的取值，应根据实际情况确定。其中，月、日高峰系数在各地有不同的经验值，小时高峰系数在用户多时宜取低限，用户少时宜取高限。

第二节　城市燃气气源规划

城市燃气气源是向城市燃气输配系统提供燃气的设施。在城市中，燃气气源主要是煤气制气厂、天然气门站、液化石油气供应基地等规模较大的供气设施，也包括煤气发生站、液化石油气气化站或混气站等小型供气设施。气源规划就是要选择适当的城市气源，确定其规模，并在城市中合理布局气源。

一、城市燃气气源设施种类

（一）人工煤气气源设施

煤气厂按工艺设备不同，可分为炼焦制气厂、直立炉煤气厂、水煤气型两段炉煤气厂和油制气厂等几种。其中，炼焦制气厂和直立炉煤气厂一般可作为城市的主气源（或称基本气源）。水煤气型两段炉煤气厂和油制气厂可作为城市机动气源（或称调峰气源），这两种煤气厂在中小城市也可作为主气源。

一些常见的煤气厂的有关指标如下：

1. 炼焦制气厂

炼焦制气厂的主要设备是焦炉，主要的产品有煤气、冶金焦、气化焦和一些化工产品（表6-6）。炼焦制气厂的主要产品中，焦炭是冶金工业的重要原料，因此，在规划布局中应考虑到炼焦制气厂与钢铁厂等冶金企业的这种较为密切的关系。

我国几种不同设备类型的炼焦制气厂主要技术经济指标　　表6-6

类型	工艺	煤气热值 (MJ/Nm³)	煤气产量 (万 Nm³/d)	耗水量 (t/d)	耗电量 (MkWh/a)	占地面积 (hm²)
2×42 孔 JN4.3—80 型焦炉	回炉煤气加热	17.92	31.2	12000	55	35
	混合煤气加热	15.91	59.1	14500	68	43
	发生炉煤气加热	14.65	103	15000	70.5	48
2×36 孔 两分下喷 复热式焦炉	回炉煤气加热	17.92	12.7	5800	22.5	24
	混合煤气加热	14.65	44.2	8300	32	29
	发生炉煤气加热	14.65	44.5	7500	35	31
2×25 孔 66 型复热 式焦炉	回炉煤气加热	17.92	5.2	2800	15.4	16
	混合煤气加热	14.65	18.3	4100	22.6	19
	发生炉煤气加热	14.65	19.3	3800	25.6	21

2. 直立炉煤气厂

直立炉煤气厂的主要设备是直立炉，主要产品为煤气、气化焦和化工产品。

直立炉煤气厂主要指标　　表6-7

类型	煤气热值 (MJ/Nm³)	煤气产量 (万 Nm³/d)	耗水量 (t/d)	耗电量 (MkWh/a)	占地面积 (hm²)
4×20 门直立炉	15.22	20.5	4200	17.2	22
2×20 门直立炉	15.22	10.25	3100	13.6	18

3. 水煤气型两段炉煤气厂

水煤气型两段炉是该种煤气厂的主要设备，主要产品为煤气和化工产品。

由于生产的煤气热值低，而一氧化碳含量过高，难以达到城市煤气的质量标准，因此水煤气型两段炉煤气厂不宜单独作为城市的主要气源。

我国几种不同设备类型的水煤气型两段炉厂主要技术经济指标　　表 6-8

类型	煤气热值 (MJ/Nm³)	煤气产量 (万 Nm³/d)	耗水量 (t/d)	耗电量 (MkWh/a)	占地面积 (hm²)
2×Φ3.3m 两段炉	12.14	6.5	1300	8.6	8.0
3×Φ3.3m 两段炉	12.14	13	2050	9.6	8.0
4×Φ3.3m 两段炉	12.14	19.5	2620	10.6	9.2

4. 油制气厂

油制气厂的主要设备为油制气炉，主要有额定制气炉 5 万 Nm^3/d 和额定制气炉 10 万 Nm^3/d 两种，主要产品为煤气与化工产品。

我国几种不同设备类型的油制气厂主要技术经济指标　　表 6-9

类型	工艺	煤气热值 (MJ/Nm³)	煤气产量 (万 Nm³/d)	耗水量 (t/d)	耗电量 (MkWh/a)	占地面积 (hm²)
额定制气炉 5 万 Nm³/d 三台	热裂解	37.7	8	2000	9	7
	浅催化裂解	27.2	9	2000	9	7
	深催化裂解	19.3	10	2000	9	7
额定制气炉 10 万 Nm³/d 三台	热裂解	37.7	16	3200	14	11
	浅催化裂解	27.2	18	3200	14	11
	深催化裂解	19.3	20	3200	14	11
额定制气炉 10 万 Nm³/d 四台	热裂解	37.7	24	4500	16	16
	浅催化裂解	27.2	27	4500	16	16
	深催化裂解	19.3	30	4500	16	16
额定制气炉 10 万 Nm³/d 六台	热裂解	37.7	32	5800	22	22
	浅催化裂解	27.2	36	5800	22	22
	深催化裂解	19.3	40	5800	22	22

5. 油制气掺混各种低热值煤气厂

由于油制气（尤其是热裂解和浅催化裂解产生的煤气）热值偏高，而气化煤气（包括两段炉煤气）热值过低，都不宜直接作为城市煤气，而将二者掺混后，可得到热值适中的煤气。这种制气厂拥有油制气与气化煤气制气设备，在工厂内将两种煤气掺混，其成品是一种混合煤气。

一个有三台额定制气炉 5 万 Nm^3/d 的混合制气厂，在油制气中掺混水煤气或两段炉煤气后，得到的煤气热值在 14.65 ~ 24.35MJ/Nm^3 之间，日产气量约为 15 ~ 25 万 Nm^3/d，耗水量 2200 ~ 2600t/d，耗电量 12 ~ 14.3MkW·h/d，占地面积 8.6 ~ 11hm²。

（二）液化石油气气源设施

液化石油气供应城市时，具有供气范围、供气方式异常灵活的特点，适用于各种类型的城市和地区。液化石油气气源种类多，但一般供气能力都较有限，可以作为中小城市的主气源和大城市的片区气源，也可作为调峰的机动气源。

液化石油气气源包括液化石油气储存站、储配站、灌瓶站、气化站和混气站等。其中液化石油气储存站、储配站和灌瓶站又可统称为液化石油气供应基地。液化石油气储存站是液化石油气储存基地，其主要功能是储存液化石油气，并将其输给灌瓶站、气化站和混气站。液化石油气灌瓶站是液化石油气灌瓶基地，主要功能是进行液化石油气灌瓶作业，并将其送至瓶装供应站或用户，同时也灌装汽车槽车，并将其送至气化站和混气站。液化石油气储配站是兼具储存站和灌瓶站功能的设施。液化石油气气化站是指采用自然或强制气化方法，使液化石油气转变为气态供出的基地。混气站是指生产液化石油气混合气的基地。除上述设施外，液化石油气瓶装供应站乃至单个气瓶或瓶组，也能形成相对独立的供应系统，但一般不视为城市气源。

1. 液化石油气供应基地

液化石油气供应基地是液化石油气储存站、储配站和灌瓶站的总称。一般情况下，当储罐设计总容量小于 $3000m^3$ 时，储存站与灌瓶站可合设而成为储配站，当储罐设计总容量大于 $3000m^3$ 时，储存站与灌瓶站宜分别设置。

液化石油气供应基地可分为生产区和辅助区两个部分，生产区包括贮罐区和灌装区。

液化石油气供应基地的规模一般用年液化气供应能力来表示，有时也用贮存能力来表示。表6-10显示的是我国几种液化石油气供应基地的有关指标。

我国液化石油气供应基地主要技术经济指标　　表6-10

供应规模（t/a）	供应户数（户）	日供应量（t/d）	占地面积（hm²）	储罐总容积（m³）
1000	5000 ~ 5500	3	1.0	200
5000	25000 ~ 27000	13	1.4	800
10000	50000 ~ 55000	28	1.5	1600 ~ 2000

液化石油气供应基地的水耗与电耗量都较小，一座年供气规模10000t的储配站，年耗水量约25000t，年耗电量约120000kW·h。

虽然液化石油气供应基地本身占地不大，但由于液化石油气储罐有非常高的防护隔离要求，对其周边的用地影响较大。供应基地周边若布局有居住、工业或公建用地，则防护隔离带的宽度少则百余米，多则达 400 ~ 500m。具体防护距离参见有关防火规范。

2. 气化站与混气站

由于液化石油气的瓶装供应对居民用户来说较为不便，因此近年来液化石油气汽化后管道供应成为一种较流行的供气方式，这种方式布局灵活，方便居民，有利于分期建设。液化石油气汽化后可直接供给用户，也可掺混空气或热值较低的燃气后，成为混空液化气供给用户，其气源分别是气化站与混站。混空液化气可以调节其热值和华白数，使其燃烧特性与天然气等其他燃气相近，可以作为城市燃气种类向天然气过渡的过渡性气源。

气化站由液化石油气贮罐、汽化器、调压器和生产辅助用房（如锅炉房、汽车库等）组成，混气站中除上述设施外还有混气设备与混合气储罐。

气化站和混气站的液化石油气储罐与明火、散发火花地点和建构筑物的防火间距（m）　表 6-11

序号	项目 ＼ 总容积（m^3）		≤ 10	11 ~ 30
1	明火、散发火花地点、重要公共建筑		35	40
2	站外民用建筑		30	35
3	站内生活、办公用房		15	20
4	气化间、混气间、调压室、配电室、仪表间、值班间等非明火建筑		12	15
5	明火气化间、供气化器用的燃气热泵炉间		12	18
6	道内站路（路肩）	主要	10	10
		次要	5	5

气化站与混气站是小型气源，主要供应对象是居民用户、公建用户或小型工业企业用户，因此布局应尽量靠近负荷中心，其用地也受到一定限制。就其本身的用地来说，保证站内贮罐与其他建筑的安全间距即可，地下式贮罐的安全间距还可减半。一般气化站的用地根据规模不同为 1000 ~ 3000m^2 不等，而混气站的用地面积更大一些。在布局气化站与混气站时，主要还应考虑站外建筑的安全间距问题（表 6-11）。

气化站和混气站采用强制气化的方法时，需要消耗蒸汽或电，一般每气化 1kg 液化石油气需消耗饱和蒸汽 0.2 ~ 0.25kg，或耗电 0.12 ~ 0.14kWh。

（三）天然气气源设施

天然气的生产设施大都远离城市，天然气对城市的供应一般是通过长输管线实现的。天然气长输管线的终点配气站称为城市接收门站，是城市天然气输配管网的气源站，其任务是接收长输管线输送的天然气，在站内进行净化、调压、计量、加臭（以便于发现天然气泄漏）后，进入城市燃气输配管网。在天然气输入城市的近郊或港口，有可能设置天然气的储存基地，在储存基地内，天然气以气态或液态方式储存，天然气的储存基地有储存、净化和调压等功能，是较大范围区域的气源。

城市天然气接收门站占地规模一般在 2000 ~ 10000m^2 之间，其储气规模大小决定其占地面积，站址内一般分为工艺装置区和生产辅助区，并可能设置不同规模的天然气储罐。

二、城市燃气气源规划

（一）气源设施种类的选择原则

在选择城市气源设施种类时，一般考虑以下原则：

（1）应遵照国家能源政策和燃气发展方针，因地制宜，根据本地区燃料资源的情况，在选择技术上可靠、经济上合理的燃气种类的基础上，选择和配置城市气源设施。

（2）应合理利用现有气源设施，制定合理的改造或替代方案。

（3）应根据城市的规模和负荷的分布情况，合理确定气源设施的数量和主次分布，保证供气的可靠性。

（4）选择气源设施时，还必须考虑气源厂之间和气源厂与其他工业企业之间的协作关系。如炼焦制气厂和直立炉煤气厂的主要产品之一的焦炭，是水煤气制气厂的生产原料，也是冶金、化工企业的重要原料。

（二）气源规模的确定

对于燃气的生产储存设施来说，用地大小、投资多少、防护要求等与其规模密切相关。在规划中，必须合理确定各种气源的生产储存能力，使之能经济稳定地运行。

1. 煤气制气厂规模的确定

在国内大多数城市中，煤气制气厂是城市的主气源。由于燃气的需用工况是不均匀的而煤气制气厂的生产又需要有一定的稳定性和连续性，因此必须确定一个合理的生产规模保证煤气生产和使用的基本平衡。

对于炼焦制气厂、直立炉制气厂等规模较大的煤气厂，生产调节能力较差，规模宜按一般月平均日的城市燃气负荷确定。

这样，在燃气负荷小于产气量时，多余燃气供给缓冲用户，在燃气负荷大于产气量时，不足部分由机动气源生产补足，避免因主气源本身规模或机动气源规模过大，造成投资过大和燃气的浪费。

除干馏煤气（尤其是焦炉气）的产量不能或不宜调节外，重油蓄热裂解制气和水煤气气源的机动性较大，设备启动和停闭较方便，宜作为城市的机动气源，当其作为城市的主气源时，规模可由计算月平均日城市用气负荷决定。

2. 液化石油气气源规模的确定

液化石油气气源包括储配站、储存站、灌瓶站、气化站和混气站等。其规模主要指站内液化石油气储存容量。

液化石油气储配站的规模，要根据燃气来源情况、运输方式和运距等综合因素确定。储罐容积可按下式计算：

$$V = \frac{n \cdot K_m Q_a}{365 \cdot \rho \cdot \varphi} \tag{6—10}$$

式中　　V——总储存容量（m^3）；

　　　　n——储存天数（d）；

　　　　ρ——最高工作温度下液化石油气密度（kg/m^3）；

　　　　φ——最高工作温度下贮罐允许充装率，一般取 90%；

　　　　K_m——月高峰系数；

$Q_a/365$——液化气年平均日用量（kg/d）。

目前，我国各城市液化石油气储存天数多在 35～60 天左右，规划时应根据具体情况确定。

对于液化石油气气化站和混气站，当其直接由液化石油气生产厂供气时，其贮罐设计容量应根据供气规模、运输方式和运距等因素确定，由液化石油气供应基地供气时，其贮罐设计容量可按计算月平均日用气量的 2～3 倍计算。

（三）气源选址

1. 煤气制气厂选址原则

（1）厂址选择应合乎城市总体发展的需要，不影响城市近远期的建设和居民生活环境，现有气源厂若对城市长期发展有较大影响，应考虑迁址或并入新厂的可能性。

（2）厂址应具有方便、经济的交通运输条件，与铁路、公路干线或码头的连接应尽量短捷。

（3）厂址应具有满足生产、生活和发展所必需的水源和电源。一般气源厂属于一级负荷，应由两个独立电源供电，采用双回线路。大型煤气厂宜采用双回的专用线路。

（4）厂址宜靠近生产关系密切的工厂，并为运输、公用设施、三废处理等方面的协作创造有利条件。

（5）厂址应有良好的工程地质条件和较低的地下水位。地基承载力一般不宜低于 $10t/m^2$，地下水位宜在建筑物基础底面以下。

（6）厂址不应设在受洪水、内涝和泥石流等灾害威胁的地带。气源厂的防洪标准应视其规模等条件综合分析确定。位于平原地区的气源厂，当场地标高不能满足防洪，需采取垫高场或修筑防洪堤坝时，应进行充分的技术经济论证。

（7）厂址必须避开高压走廊，并应取得当地消防及电业部门的同意。

（8）在机场、电台、通信设施、名胜古迹和风景区等附近选厂时，应考虑机场净空区；电台和通信设施防护区，名胜古迹等无污染间隔区等特殊要求，并取得有关部门的同意。

（9）气源厂应根据城市发展规划预留发展用地。分期建设的气源厂，不仅要留有主体工程发展用地，还要留有相应的辅助工程发展用地。

2. 液化石油气供应基地的选址原则

（1）液化石油气储配站属于甲类火灾危险性企业。站址应选在城市边缘。

（2）站址应选择在所在地区全年最小频率风向的上风侧。

（3）与相邻建筑物应遵守有关规范所规定的安全防火距离。

（4）站址应是地势平坦、开阔、不易积存液化石油气的地段，并避开地震带、地基沉陷和雷击等地区。不应选在受洪水威胁的地方。

（5）具有良好的市政设施条件，运输方便。

（6）应远离名胜古迹、游览地区和油库、桥梁、铁路枢纽站、飞机场、导航站等重要设施。

（7）在罐区一侧应尽量留有扩建的余地。

3．液化石油气气化站与混气站的布置原则：

（1）液化石油气气化站与混气站的站址应靠近负荷区。作为机动气源的混气站可与气源厂、城市煤气储配站合设。

（2）站址应与站外建筑物保持规范所规定的防火间距。

（3）站址应处在地势平坦、开阔、不易积存液化石油气的地段。同时应避开地震带、地基沉陷、废弃矿井和雷区等地区。

第三节　城市燃气输配系统规划

城市燃气输配系统是从气源到用户间一系列输送、分配、储存设施和管网的总称。在这个系统中，输配设施主要有储配站、调压站和液化石油气瓶装供应站等，输配管网按压力不同分为高压管网、中压管网和低压管网。进行城市燃气输配管网规划，就是要确定输配设施的规模、位置和用地，选择输配管网的形制，布局输配管网。

一、城市燃气输配设施

（一）燃气储配站

城市主气源和机动气源的生产调节，以及发展缓冲用户，可以平衡燃气使用的月不均匀性，并缓解燃气负荷的日不均匀性。而要平衡燃气负荷的日不均匀性和小时不均匀性，满足各类用户的用气需要，必须在城市燃气输配系统中设置燃气储配站。

1．燃气处配站的功能

燃气储配站主要有三个功能，一是储存必要的燃气量以调峰，二是可使多种燃气进行混合，达到适合的热值等燃气质量指标，三是将燃气加压，以保证输配管网内适当的压力。

2．储气等级与储气量

城市储气量的确定与城市民用气量与工业用气量的比例有密切关系。我们把储气量占计算月平均日供气量的比例称为储气系数，则根据不同工业与民用用气量的比例确定的储气系数见表6-12。

由于城市有机动气源和缓冲用户，储气量可略低于表6-12数值。

3．储气站用地与选址

燃气储配站的占地和电力负荷情况见表6-13。

工业与民用用气量比例与储气量关系　　　　　　　　　　　表 6-12

工业用气量占日供气量比例（%）	民用用气量占日供气量比例（%）	储气系数（%）
50	50	40 ~ 50
> 60	< 40	30 ~ 40
< 40	> 60	50 ~ 60

燃气储配站的用地与电力负荷指标　　　　　　　　　　表 6-13

项目	单位	罐容（万 m³）											
		1.0	2.0	3.0	5.0	7.5	10.0		15.0		20.0		30.0
储罐	座 ×罐容	1 ×1.0	1 ×2.0	1 ×3.0	1 ×5.0	1 ×7.5	1 ×10.0	2 ×5.0	1 ×15.0	2 ×7.5	1 ×20.0	2 ×10.0	2 ×15.0
占地	(hm²)	0.6 ~0.8	0.7 ~0.9	0.9 ~1.1	1.1 ~1.5	1.3 ~1.8	1.6 ~2.0	2.0 ~2.6	2.2 ~2.6	2.4 ~3.0	2.4 ~3.0	3.0 ~3.8	4.0~ 4.8
电装机容量	(kW)	180	180	410	520	780	1100		1800		2700		3800

对于供气规模较小的城市，燃气储配站一般设一座即可，并可与气源厂合设，对于供气规模较大，供气范围较广的城市，应根据需要设两座或两座以上的储配站，厂外储配站的位置一般设在城市与气源厂相对的一侧，即常称的对置储配站。在用气高峰时，实现多点向城市供气，一方面保持管网压力的均衡，缩小一个气源点的供气半径，减小管网管径，另一方面也保证了供气的可靠性。

除上述储配站布置要点外，储配站站址选择还应符合防火规范的要求，并有较好的交通、供电、供水和供热条件。

（二）燃气调压站

1. 燃气管道压力等级

我国城市燃气输配管道的压力可分为 5 级，具体为：

（1）高压燃气管道 A　$0.8 < P \leqslant 1.6$（MPa）；

　　　　　　　　B　$0.4 < P \leqslant 0.8$（MPa）；

（2）中压燃气管道 A　$0.2 < P \leqslant 0.4$（MPa）；

　　　　　　　　B　$0.005 < P \leqslant 0.2$（MPa）；

（3）低压燃气管道 $P \leqslant 0.005$（MPa）。

另外，天然气长输管线的压力也可分为 3 级，一级：$P \leqslant 1.6 MPa$，二级：$1.6 < P < 4.0 MPa$，三级：$P \geqslant 4.0 MPa$。

城市燃气有多种压力级制，各种压力级制间的转换必须通过调压站来实现。调压站是燃气输配管网中稳压与调压的重要设施，其主要功能是按运行要求将上一级输气压力降至下一级压力。当系统负荷发生变化时，通过流量调节，将压力稳定在设计要求的范围内。

2. 燃气调压站分类

调压站按性质分，有区域调压站、用户调压站和专用调压站。区域调压站是指连接两套输气压力不同的城市输配管网的调压站，用户调压站主要指与中压或低压管网连接，直接向居民用户供气的调压站，专业调压站指与较高压力管网连接，向用气量较大的工业企业和大型公共建筑供气的调压站。

调压站还可按调节压力范围分，有高中压调压站、高低压调压站和中低压调压站。按建筑形式分，有地上调压站、地下调压站和箱式调压站，但考虑到燃气泄漏可能会造成的危险，一般情况下，燃气调压站不设置在地下。

3. 燃气调压站布置

调压站内的主要设备是调压器，不同型号的调压器其调压性能不同。调压器通过能力由每小时数十立方米到数万立方米不等，供应范围由单个楼幢到数千户的居民区。

调压站自身占地面积很小，只有几平方米到十几平方米，箱式调压器甚至可以安装在建筑外墙上，但对一般地上调压站来说，应满足一定的安全防护距离要求。

布置调压站时主要考虑以下因素：

（1）调压站供气半径以 0.5km 为宜，当用户分布较散或供气区域狭长时，可考虑适当加大供气半径。

（2）调压站应尽量布置在负荷中心。

（3）调压站应避开人流量大的地区，并尽量减少对景观环境的影响。

（4）调压站布局时应保证必要的防护距离，具体数据见表 6-14。

调压站与其他建筑物、构筑物的最小距离　　　　表 6-14

建筑形式	调压器入口燃气压力极制	最小距离（m）					备注
		距建筑物或构筑物	距重要建筑物	距铁路或电车轨道	距公路路边	距架空输电线	
地上单独建筑	中压（B）	6.0	25.0	10.0	5.0		
	中压（A）	6.0	25.0	10.0	5.0		
	高压（B）	8.0	25.0	12.0	6.0		
	高压（A）	10.0	25.0	15.0	6.0		
地下单独建筑	中压（B）	5.0	25.0	10.0	—	大于 1.5 倍杆高	
	中压（A）	5.0	25.0	10.0	—		

注：1. 当调压装置露天设置时，则指距离装置的边缘。

2. 重要建筑物系指政府、军事建筑、国宾馆、使馆、领馆、电信大楼、广播、电视台、重要集会场所、大型商店、危险品仓库等。

3. 当达不到上表要求且又必须建筑时，采取隔离围墙及其他有效措施，可适当缩小距离。

（三）液化石油气瓶装供应站

1. 瓶装供应站服务范围

在条件允许时，液化石油气应尽量实行区域管道供应，输配方式为液化石油气供应基地—气化站（或混气站）—用户。但在城市经济实力有限，条件不允许的情况下（如居民密集的城市旧区），只能采用液化气的瓶装供应方式，此时需要设置液化石油气的瓶装供应站。瓶装供应站的主要功能是储存一定数量的空瓶与实瓶，为用户提供换瓶服务。

瓶装液化石油气供应站的瓶库与站外建、
构筑物的防火间距（m）　　　　表 6-15

项目　　　　　　　　　　　　总存瓶容积（m³）	≤ 10	> 10
明火、散发火花地点	30	35
民用建筑	10	15
重要公共建筑	20	25
主要道路	10	10
次要道路	5	5

注：总存瓶容积应按实瓶个数乘单瓶几何容积计算。

瓶装供应站主要为居民用户和小型公建服务，供气规模以 5000 ～ 7000 户为宜，一般不超过 10000 户。当供应站较多时，几个供应站中可设一管理所（中心站）。

供应站的实瓶储存量一般按计算月平均日销售量的 1.5 倍计；空瓶储存量按计算月平均日销售量的 1 倍计；供应站的液化石油气总储量一般不超过 10m³（15kg 钢瓶约 350 瓶）。

2. 瓶装供应站选址与用地

瓶装供应站的站址选址有以下要点：

（1）瓶装供应站的站址应选择在供应区域的中心，以便于居民换气。供应半径一般不宜超过 1.0km。

（2）有便于运瓶汽车出入的道路。

（3）瓶装供应站的瓶库与站外建、构筑物的防火间距不应小于表 6-15 的规定。

液化石油气瓶装供应站的用地面积一般在 500 ～ 600m²，而管理所（中心站）面积略大约为 600 ～ 700m²。

二、城市燃气输配管网形制选择

（一）城市燃气输配管网的形制

城市燃气输配管网按布局方式分，有环状管网系统和枝状管网系统。环状管网系统中输气干管布局为环状，保证对各区域实行双向供气，系统可靠性较高；枝状管网系统输气干管为枝状，可靠性较低。对于通往用户的配气管来说，一般为枝状管网。

城市燃气输配管网可以根据整个系统中管网不同压力级制的数量来进行分类，可分为一级管网系统、二级管网系统、三级管网系统和混合管网系统等四类，每一类管网形制都有有其优点和缺点，适用于不同类型的城市或地区，以下分别简介这四类管网型。

1. 一级管网系统

只有一个压力机制的城市燃气管网系统称为一级管网系统。

（1）低压一级管网系统

低压一级管网系统如图 6-1 所示。

从气源送出的燃气先进入储气罐，然后经稳压器，最后进入低压管网。这种管网系统的优、缺点如下：

①优点：一方面，因输送时不需要增压，故节省加压用电能降低了运行成本；另一方面，系统简单，供气比较安全可靠，维护管理费用低。

②缺点：一方面，由于供气压力低，致使管道直径较大，一次投资费用较高；另一方面，管网起、终点压差较大，造成多数用户灶前压力偏高，燃烧效率降低，并增加烟气中一氧化碳含量，厨房卫生条件较差。

对于用气量较小，供气范围为 2～3km 的城镇和地区，可以选用低压一级系统。

对于供气范围较大的城市和地区，只限于储气罐附近 2～3km 范围内的居住区可以采用低压一级系统，否则加大其供气范围便会造成管网投资过大。

（2）中压一级管网系统

中压一级管网系统如图 6-2 所示。由于进居民用户压力最高允许 0.2MPa，常采用中压 B 一级管网系统。

燃气自气源厂（或天然气长输管线）送入城市燃气储配站（或天然气门站、配气站），经加压（或调压）送入中压输气干管，再由输气干管送入中压配气管网，最后经用户处箱式调压器调至低压后送入户内管道。

这种管网系统有如下优、缺点：

①优点：一方面，减少管道长度。此系统可避免在一条道路上敷设两条

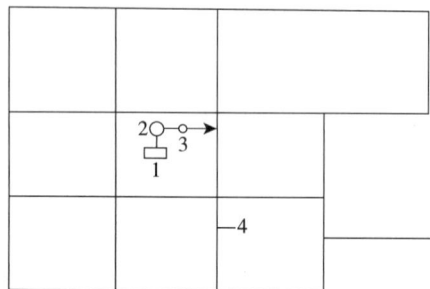

图 6-1　低压一级管网系统示意

1—气源；2—低压储气罐；3—稳压器；4—低压管网

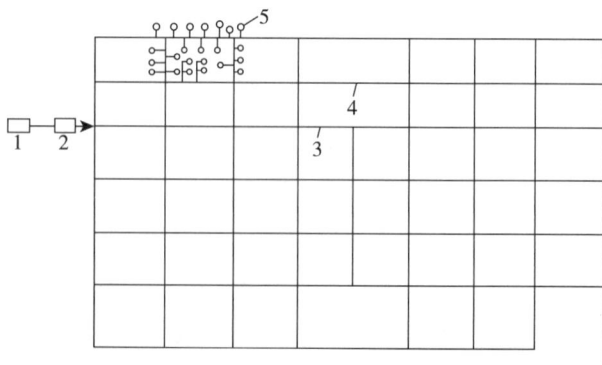

图 6-2　中压一级管网系统

1—气源厂；2—储配站；3—中压输气干管；4—中压配气管网；5—箱式调压装置

不同压力等级的管道，可减少管道长度 10%～20%。另一方面，节省投资。中压 A 一级管网系统较三级系统节省管网投资 40% 左右；中压 A 一级管网系统较中压 A——低压二级系统节省管网投资 30% 左右；中压 B 一级管网系统较中压 B——低压二级系统节省管网投资 20% 左右。另外，提高灶具燃烧效率。由于采用箱式调压器供气，易保证所有用户灶具在额定压力下工作，从而提高燃烧效率 3% 左右。由于避免了灶具在超负荷下工作，从而减少烟气中一氧化碳含量，改善了厨房的卫生条件。

②缺点：一方面，管网安装水平要求较高，尤其是庭院管道在中压下运行，须保证安装质量，否则漏气量将比低压管道大得多，易发生事故。一旦发生庭院管道断裂漏气，其危及范围较大。另一方面，由于中压一级系统的供气安全性较二级或三级系统差，对于街道狭窄、房屋密度大的老城区和安全距离不足的地区不宜采用，对于新城区和安全距离可以保证的地区可考虑优先采用。

2. 二级管网系统

具有二个压力级制的城市地下管网系统称为二级管网系统。

二级管网系统一般是指中压和低压两种压力的管网系统。

(1) 中压 B、低压二级管网系统

中压 B、低压二级管网系统分为人工煤气中压 B、低压二级管网系统和天然气中压 B、低压二级管网系统。

人工煤气中压 B、低压二级管网系统如图 6-3 所示。

从气源厂送出的燃气先进入储配站的低压储气罐，然后由压缩机加压后送入中压管网，再经公用调压器将压力降至低压，最后送入低压管网。

该系统有如下优、缺点。

①优点：一方面，供气安全。本系统采用低压配气，因此庭院管道在低压下运行比较安全，出现漏气故障危及的范围小，抢修比较容易。另一方面，安全距离容易保证。低压管道距房屋基础边缘的安全距离为 0.7m，而中压 B 或中压 A 管道的安全距离为 1m 和 1.5m，防护要求较高。另外，可以全部采用铸铁管材。铸铁管的使用寿命长，可达 50 年以上。

②缺点：一方面，投资较大。此系统的平均管径要比中压一级系统大。以配气管网为例，采用低压管网的平均管径约为一级中压系统平均管径的 2 倍左右，因而使投资增大。另一方面，增加管道长度。采用二级系统使一部分街道同时要敷设中、低压管道各一条，则增加了城市地下管线数量，使管线综合

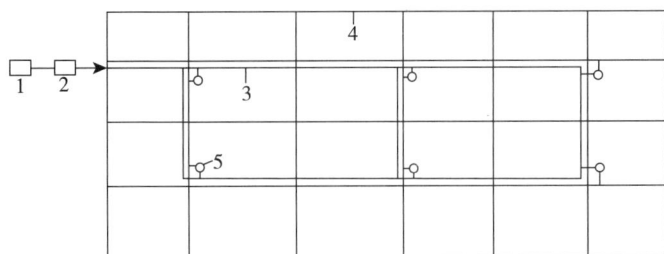

图 6-3 人工煤气中压 B、低压二级管网系统示意
1-气源厂；2-储配站；3-中压管网；4-低压管网；5-调压站

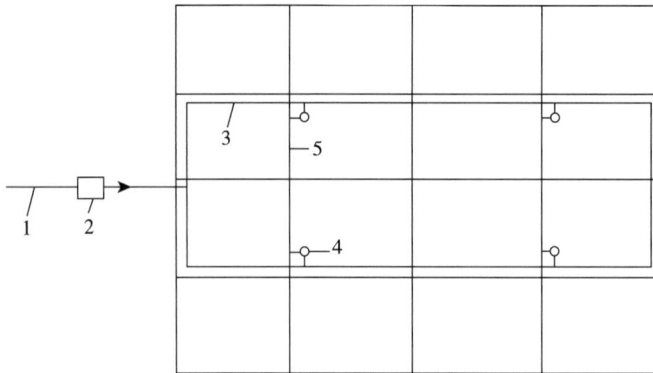

图 6-4 天然气中压 B、
低压二级管网
系统示意
1- 长输管线；2- 门站或
配气站；3- 中压 B 管网；
4- 中、低调压站；5- 低
压管网

难度增加。另外，占用城市用地。中低压调压站占地面积虽不大，但有一定数量，在一些城市人口密集的地区选择调压站位置困难。

天然气中压 B、低压二级管网系统如图 6-4 所示。

来自长输管线的天然气先进入门站或配气站，经调压、计量后送入城市中压管网，然后经中、低压调压站调压后送入低压管网。

该系统优缺点和使用范围基本与人工煤气中压 B、低压二级系相同。对于大城市的老城区和一些中、小城市街道狭窄、房屋密集的地区宜采用该系统。

（2）中压 A、低压二级管网系统

天然气或加压气化煤气通常可以采用中压 A、低压二级系统。

此系统流程和天然气中压 B、低压二级系统流程相同。

该系统的优缺点如下：

①优点：一方面，其输气干管直径较小，比中压 B、低压二级系统节省投资。另一方面，由于此系统输气干管压力较高，故在用气低谷时，可以在输气干管中储存一定量的天然气用于调峰。

②缺点：一方面，中压 A 管道与建筑物的安全距离较大，为 1.5m。另一方面，中压 A 燃气管道需用钢管，故使用年限短，折旧费用高。

该系统对于街道宽阔、建筑物密度较小的大、中城市均可采用。

3．三级管网系统

具有三个压力等级的城市燃气管网系统称为三级管网系统。

三级管网系统通常含有高、中、低压三种压力级制，通称高、中、低压三级管网系统，如图 6-5 所示。

自长输管线来的天然气（或加压气化煤气）先进入门站或配气站，经调压、计量后进入城市高压管网，然后经高、中压调压站调压后进入中压管网，最后经中、低压调压站调压后送入低压管网。

该系统有如下优、缺点：

①优点：一方面，供气比较安全可靠。此系统的高压或中压 A 管道一般布置在郊区人口稀少地区，若出现漏气故障，危及不到住宅或人口密集地区。另一方面，高压或中压 A 外环管网可以储存一定数量的天然气（或加压气化煤气）。

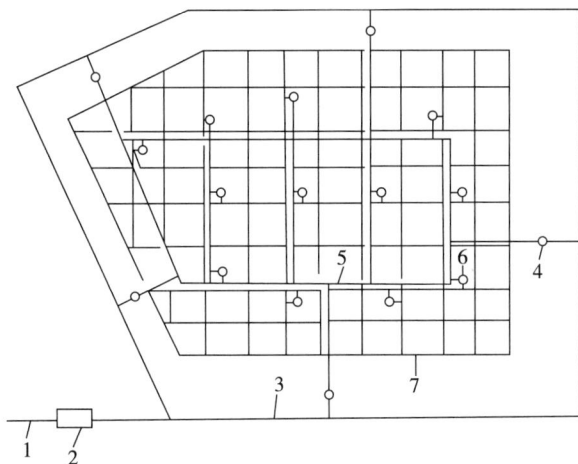

图 6-5 三级管网系统
示意
1- 长输管线；2- 门站或
配气站；3- 高压管网；
4- 高、中压调压站；
5- 中压管网；6- 中、低
压调压站；7- 低压管网

②缺点：一方面，系统复杂，维护管理不便。三级系统通常均设一高压外环，然后经高、中压调压站调压后再送入中压管网，高中压调压站地点分散，给管理带来不便。三级管网、两级调压站也造成管理上的复杂情况。另一方面，投资大。在各级输配管网系统中，以三级系统投资最高。高压外环一般不起配气作用。在同一条道路上往往要敷设二条不同压力等级的管道，因此三级系统管道总长度大大多于一、二级系统，投资较大。

三级管网系统的投资大，通常只有在特大城市，并要求供气有充分保证时才考虑选用。

4. 混合管网系统

在一个城市燃气管网系统中，存在上述三种系统中的两种或两种以上的称为混合管网系统。

混合管网系统如图 6-6 所示。燃气自气源厂送入储配站，经加压后送入中压输气管网，其中一些区域经由中压配气网送入箱式调压器，最后进入户内管道。另一些区域则经中、低压区域调压站，再送入低压管网，最后送入庭院及户内管道。

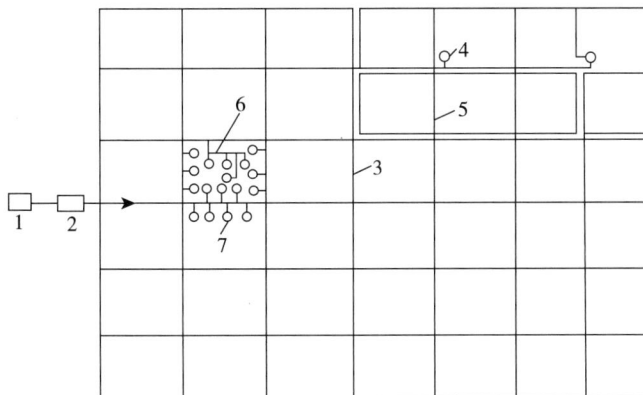

图 6-6 混合管网系统
示意
1- 气源厂；2- 储配站；
3- 中压输气管网；4- 区
域调压站；5- 低压管网；
6- 中压配气管网；7- 箱
式调压器

该系统的优、缺点如下：

①优点：一方面，投资较省。此系统的投资介于一系统与二级系统之间。另一方面，管道总长度较短。另外，该系统的特点是在街道宽阔、安全距离可以保证的地区采用一级中压供气；在人口稠密、街道狭窄地区采用低压供气，因此可以保证安全供气。

②缺点：介于一、二级系统之间。中压一级系统可节省投资，但在人口稠密、居住区拥挤、街道狭窄的地区，难以采用一级管网系统。当选用混合管网系统时，则可以在上述地区布置成中压、低压二级系统，以低压管网供气，是比较合理的。对城市里供气条件较好的地区采用中压一级系统。这种混合管网系统，经济适用，既节省投资，又达到安全供气的目的。

（二）城市燃气输配管网形制的选择

各种管网系统均有其优缺点，某一系统的优点在一定条件下成立，而在另外一些条件下可能不成立。例如中压一级系统，其基建投资明显低于二、三级系统，但在北方高寒地区输送湿煤气，采用箱式调压器供气时，调压器设在地上需防冻，设在地下需做井。由于调压箱数量大，设井的费用高，且易积水，调压器损坏漏气必然严重。综合这些因素，如果设备质量不佳，安装水平不高，一级系统方案可能不宜采用。

在选择输配管网的形制时，主要考虑两方面的因素，即管网形制本身的优缺点和城市的综合条件。

1. 管网形制本身优缺点

在管网形制本身的优缺点方面，包括以下几点：

（1）供气的可靠性：供气的可靠性取决于管网系统的干线布局，环状管网的可靠性大于枝状管网。

（2）供气的安全性：管网的压力高、低影响到管网的安全性，尤其是庭院管网的压力不宜过高。

（3）供气的适用性：供气的适用性主要由用户至调压器之间管道的长度决定，用户至调压设备远近不同会导致用户压力的不同，中压一级管网的供气能够保证大多数用户压力相同，有较好的供气适用性。

（4）供气的经济性：供气经济性取决于管网长度、管径大小、管材费用、寿命以及管网的维护管理费用。

2. 城市综合条件

选择输配管网的形制时，除考虑管网自身条件外，还应考虑城市的综合条件，主要有以下几点：

（1）气源的类型：对天然气气源和加压气化气源，可以采用中压A或中压B一级管网系统，以节省投资。对人工常压制气气源，尽可能采用中压B一级或中、低压二级管网系统。

（2）城市的规模：对于大城市应采用较高的输气压力，当采用一、二级混合管网系统时，输气压力一般不应低于0.1MPa，对于中、小城市可以采用一、二级混合系统，其输气压力可以低些。

（3）市政和住宅的条件：街道宽阔、新居住区较多的地区，可选用一级管网系统。

（4）城市的自然条件：对于南方河流水域很多的城市，一级系统的穿、跨越工程量将比二级系统多，如何选用，应进行技术经济比较后确定。

（5）城市的发展规划：当城市发展规模较大时，对于新发展地区应选用一级管网系统，采用较高的设计压力。规划近期一级管网系统可以降低压力运行，规划远期用气负荷提高时，可将运行压力提高，即可满足需要。

三、城市燃气输配管网的布置

（一）城市燃气管网布置原则

布置各种级别的城市燃气管网，应遵循的一般原则是：

1.应结合城市总体规划和有关专业规划进行。在调查了解城市各种地下设施的现状和规划基础上，才能布置燃气管网。

2.管网规划布线应贯彻远、近结合，以近期为主的方针，规划布线时，应提出分期建设的安排，以便于实施。

3.应采用短捷的线路，供气干线尽量靠近主要用户区。

4.应减少穿、跨越河流、水域、铁路等工程，以减少投资。

5.各级管网应沿路布置，燃气管线应尽量布局在人行道或非机动车道下。

6.燃气管网应避免与高压电缆平行敷设，否则，由于感应地电场对管道会造成严重腐蚀。

7.对不同压力等级的燃气管网，应按如下原则布线：

（1）高压、中压A管网：高压、中压且管网的功能在于输气。由于其工作压力高，危险性大，布线时应确保长期安全运行，为此应做到：

①为保证应有的安全距离，高压、中压A管网宜布置在城市的边缘或规划道路上，高压管网应避开居民点。

②对高压、中压A管道直接供气的大用户，应尽量缩短用户支管的长度。

③连接气源厂（或配气站）与城市环网的枝状干管，一般应考虑双线，可近期敷设一条，远期再敷设一条。

④长输高压管线一般不得连接用气量很小的用户。

（2）中压管网：

①中压管网是城区内的输气干线，网路较密。为避免施工安装和检修过程中影响交通，一般宜将中压管道敷设在市内非繁华的干道上。

②应尽量靠近调压站，以减少调压站支管长度，提高供气可靠性。

③连接气源厂（或配气站）与城市环网的支管宜采用双线布置。

④中压环线的边长一般为 2 ～ 3km。

（3）低压管网

低压管网是城市的配气管网，基本上遍布城市的大街小巷。布置低压管网时，主要考虑网络的密度。低压燃气干管网格的边长以 300m 左右为宜，具体布局情况应根据用户分布状况决定。

（二）燃气管道的安全防护距离

燃气管道的安全防护距离应不小于表 6-16、表 6-17 列出的数值。

地下煤气管道与建筑物、构筑物或相邻管道之间的最小水平净距（m）　　表 6-16

序号	项目	低压	中压		高压	
			B	A	B	A
1	建筑物的基础	0.7	1.0	2.0	4.0	6.0
2	给水管	0.5	0.5	0.5	1.0	1.5
3	排水管	1.0	1.2	1.2	1.5	2.0
4	电力电缆	0.5	0.5	0.5	0.5	0.5
5	通信电缆：直埋 在导管内	0.5 1.0	0.5 1.0	0.5 1.0	1.0 1.0	1.5 1.5
6	其他煤气管道：$D \leqslant 100mm$ $D > 100mm$	0.4 0.5	0.4 0.5	0.4 0.5	0.4 0.5	0.4 0.5
7	热力管：直埋 在管沟内	1.0 1.0	1.0 1.5	1.0 1.5	1.5 2.0	2.0 4.0
8	电杆（塔）的基础：$\leqslant 35kV$ $> 35kV$	1.0 5.0	1.0 5.0	1.0 5.0	1.0 5.0	1.0 5.0
9	通信、照明电杆（至电杆中心）	1.0	1.0	1.0	1.0	1.0
10	铁路钢轨	5.0	5.0	5.0	5.0	5.0
11	有轨电车的钢轨	2.0	2.0	2.0	2.0	2.0
12	街树（至树中心）	1.2	1.2	1.2	1.2	1.2

地下煤气管道与构筑物或相邻管道之间的最小垂直净距（m）　　表 6-17

序号	项目	地下煤气管道（当有套管时，以套管计）
1	给水管、排水管或其他煤气管道	0.15
2	热力管的管沟底（或顶）	0.15
3	电缆：直埋 在导管内	0.50 0.15
4	铁路轨底	1.20
5	有轨电车轨底	1.00

注：如受地形限制布置有困难，而又确无法解决时，经与有关部门协商，采取行之有效的防护措施后，上述表 6-16、表 6-17 的规定，均可适当缩小。

四、燃气管网的水力计算

(一) 燃气管网水力计算内容

燃气管道的水力计算是根据计算流量和规定的压力损失来计算管径，并对已有管道进行流量和压力损失的验算，以充分发挥管道的输送能力，及决定是否需要对原有管道进行改造。

管网计算也是选择管网最佳布局方案的一种手段，应使管网和调压室布局合理，保证供气安全可靠，减少投资和金属消耗。

燃气管网的计算中，要根据不同的管网形制采用不同的计算方法，一般情况下，环状管网的计算比简单的枝状管道计算要求复杂。在环状管网计算中，大量的工作是消除管网中不同气流方向的压力降差值，称为平差计算或调环。

(二) 燃气管网计算步骤

燃气管网计算的准备工作与计算步骤一般为：

1. 布置管网

在已知用户用气量的基础上布置管网，并绘制管网平面示意图。管网布置应尽量使每环的燃气负荷接近，使管道负荷比较均匀。

2. 计算管网各管段的途泄流量

途泄流量只包括居民用户、小型公共建筑和小型工业用户的燃气用量。如果管段上连接了用气量较大的用户，则该用户应看作集中负荷计算。在实际计算中，一般均假定居民、小型公共建筑和小型工业用户是沿管道长度方向均匀分布的。

3. 计算节点流量

在环状燃气管网计算中，特别是利用电子计算机进行燃气环状管网水力计算时，常用节点流量来表示途泄流量。这时可以认为途泄流量相当于两个从节点流出的集中流量值。

4. 估计环状管网各管段的气流方向

在拟定气流方向时，应使大部分气量通过主要干管输送；在各气源（或调压室）压力相同时，不同气流方向的输送距离应大体相同；在同一环内必须有两个相反流向，至少要有一根管段与其他管段流向相反。

5. 求各管段的计算流量

根据计算的节点流量和假定的气流方向，由离气源点（或调压室）最远的汇合点（即不同流向的燃气流汇合的地方，也称零点）开始，向气源点（或调压室）方向逐段推算，即日得到各管段的计算流量。

6. 初步计算

根据管网允许压力降和供气点至零点的管道计算长度（局部阻力通常取沿程压力损失的10%），求得单位长度平均压力降，据此即可按管段计算流量选择管径。

7. 平差计算

对任何一环来说，两个相反气流方向的各管段压力降应该是相等的（或称闭合差），但要完全做到这一点是困难的，一般闭合差小于允许闭合差（10%）即可。由于气流方向、管段流量均是假定的，因此按照初步拟定的管径计算出的压力降在环内往往是不闭合的。这就需要调整管径或管段流量及气流方向重新计算，以至反复多次，直至满足允许闭合的精度要求。这个计算过程一般称为平差计算。

燃气管网的平差，需要进行反复的运算。对于较大的管网（环数很多的管网），多采用相关计算机软件进行平差。

第七章　城市供热工程系统规划

　　集中供热是以大型热源生产热量，通过供热管网中的介质（高温热水或蒸汽）向大量用户供应生产或生活用能的一种公共能源供应方式。集中供热比分散供热的方式总体热效率更高，污染更小，更为节能环保。因此，为减少我国北方许多城市冬季因采暖大量烧煤引发的雾霾，推广使用集中供热系统是一种较为有效的手段。

　　在城市公共能源供应系统中，城市集中供热工程系统是一个相对较为特殊的部分，与电力与燃气供应系统相比，集中供热系统更本地化。城市规划，需要认真研究城市本身的条件和用户的需求，确定是否需要建设集中供热系统，以及建设何种形式的集中供热系统。

　　长期以来，集中供热系统更多在我国北方地区的城市使用，以应对当地的严寒气候，为采暖建筑中的人群提供较为舒适的生活环境，实际上，集中供热系统向用热企业供给生产用热能的功能更为重要，据统计，我国工业部门的热力消费占热力消费总量的 70% 以上。目前，南方地区的某些城市出于大量供冷、采暖和工业生产等方面的需要，也逐步体现出发展集中供热系统的必要性。

城市集中供热系统的热源往往与电源、气源组合在一起。供热系统中的热电厂是最为常见的大型热源，是同时生产热能和电力的，而分布式能源系统中实现热电联产所使用的一次能源往往是天然气，因此，合理协调电、气、热三者的关系在规划中十分重要。

第一节　城市集中供热负荷的预测与计算

为合理确定城市集中供热系统的类型，选择热源的形式与规模，计算或估算供热管网的管径，制定安全可靠、经济合理的供热方案，必须对各类热负荷的数量、性质和参数进行调查，采用合理的方法预测和计算集中供热负荷。

一、城市集中供热负荷的类型与特征

（一）城市热负荷种类

城市集中供热负荷可以根据用途、性质、用热时间和规律进行分类。

1. 根据热负荷用途分类

根据热能的最终用途，热负荷可以分为室温调节、生活热水、生产用热等三大类。在计算与预测热负荷时，一般按这种分类法分类计算与预测。

当室内温度过高或过低，影响室内人们的生活和工作时，就需要对室温进行调节。在北方严寒地区需要采暖，南方炎热地区则需要供冷，采暖和供冷都可以通过城市的集中供热实现。在采暖或供冷时，某些情况下还必须对室内空气进行补充替换，通风时造成的热损失也是室温调节热负荷的一部分。采暖、供冷和通风热负荷，是城市热负荷最重要的组成部分，也是大部分城市建立城市集中供热系统所要负担的基本负荷。

人们在生活中要使用大量热水，进行沐浴和清洗器具，尤其在宾馆等高档居住场所，热水供应是必不可少的。家庭的热水供应一般有两条途径，一条是由家用热水器分散供给，另一条就是由供热系统供给。目前我国较多采用前者作为主要的热水供应方式。在条件适合的情况下，也可采用生活热水的集中供给方式，电、燃气、太阳能和集中供热等方式共同负担城市的生活热水热负荷。

生产用热主要指用于企业生产的热负荷。它又可大致分为两部分。一部分是工艺热负荷，主要指生产工艺过程中用于加热、烘干、蒸煮、清洗、熔化等的用热。另一部分是动力热负荷，主要用于带动机械设备，如汽锤、气泵等。生产用热一般说来比较稳定，有一部分生产用热是保证城市供热系统运行经济性的重要条件。

2. 根据热负荷性质分类

热负荷根据性质可分为民用热负荷和工业热负荷两大类。

民用热负荷主要指居住和公共建筑的室温调节和生活热水负荷。工业热负荷主要包括生产负荷和厂区建筑的室温调节负荷，同时也要将职工上班的生活热水（主要用于淋浴）负荷计算在内。民用热负荷与工业热负荷的比例不同是决定不同的供热方案的重要依据。

3. 根据用热时间规律分类

各种热负荷可按其用热时间和用热规律分为两大类：季节性热负荷与全年性热负荷。

采暖、供冷、通风的热负荷是季节性热负荷。季节性热负荷的特点是：随室外空气温度、湿度、风向、风速和太阳辐射等气象条件而变化，其中室外温度起决定性作用。季节性负荷的用热情况在全日中比较稳定，但在全年中却变化很大。

生活热水负荷和生产负荷属于全年性热负荷，生产热负荷主要与生产性质、生产规模、生产工艺、用热设备数量等有关，生活热水负荷主要由使用人数和用热状况（如同时率等）决定，而与室外气象条件关系不大，它的用热状况在全日中变化很大，而在全年中变化相当稳定。

在上述三种分类方法中，第一种方法主要用于预测计算，另两种分类方法主要用于供热方案选择比较。

（二）城市供热对象的选择

对于各类热用户，我国城市集中供热系统从技术和经济角度来说，目前尚不能做到全面供应，必须合理选择供热对象，保证供热系统建设和运行的合理和经济。

从建设城市集中供热系统的根本目标来看，系统的用户首先应是那些分散用热的规模较小的热用户，如居民家庭、中小型公共建筑和小型企业。大型公共建筑或大中型企业的燃烧设备、环保设备一般比较先进，余热资源较丰富，而用热条件比较复杂，因此，在供热规模有限的情况下，应以"先小后大"为原则，才能发挥城市集中供热系统的最大效益。

在选择供热对象时，还必须考虑热网的供热范围问题。城市集中供热系统与其他能源供应系统比较，存在着损耗大、成本高、维护难等问题。因此，集中供热系统的服务半径较小。若热用户空间分布上较集中，就有利于集中供热热网布置，减少投资和运营成本。所以，应选择布局较集中的热用户作为供热对象，"先集中后分散"以达到系统在经济方面的合理性。

选择供热对象还有一个指标，即"集中供热普及率"，集中供热普及率是指已实行集中供热的建筑面积与需要供热的建筑面积的百分比。我国北方地区的大中城市集中供热普及率大多已经达到或即将达到50%左右的水平，而在温带和寒带的欧美发达国家，城市集中供热普及率普遍已达到70%左右。

二、城市热负荷预测与计算

（一）城市热负荷预测与计算方法

在预测与计算城市热负荷时，往往需要根据热负荷种类的不同和基础资料的条件，选择不同的计算与估算方法。

从计算精度来看，一般有两种方法，即计算法与概算指标法。

1. 计算法

当建筑物的结构形式、尺寸和位置等资料为已知时，热负荷可以根据采暖通风设计数据来确定，这种方法比较精确，可用于计算或预测较小范围内有确定资料地区的热负荷。

2. 概算指标法

在估算城市总热负荷和预测地区没有详细准确资料时，可采用概算指标法来估算供热系统热负荷。在规划中最常采用的就是这种方法。

对于工业生产热负荷，在规划中估测的难度很大时，一般可根据工业门类，采用一些经验数据进行预测。

热负荷计算一般按以下步骤进行：

（1）收集热负荷现状资料。热负荷现状资料既是计算的依据，又可作为预测取值的参考。

（2）分析热负荷的种类与特点。对采暖、通风、生活热水、生产工艺等各类用热来说，需采用不同方法、不同指标进行预测和计算，另外，热负荷的一些特点也会对计算结果产生较大影响。因此，必须对热负荷进行充分准确的分析，然后才能进行计算与预测。

（3）进行各类热负荷预测与计算。在对热负荷现状进行参考，分析掌握热负荷的种类与特点后，采用各种公式，对各类热负荷进行预测与计算。

（4）预测与计算供热总负荷。地区的供热总负荷是布局供热设施和进行管网计算的依据，在各类热负荷计算与预测结果得出后，经校核后相加，同时考虑一些其他变数，最后计算出供热总负荷。

供热总负荷一般体现为功率，单位一般取兆瓦（MW）。

（二）热负荷计算的公式与参数

1. 采暖通风热负荷的计算

在冬季，由于室内与室外空气温度不同，通过房屋的围护结构（门、窗、地板、屋顶），使房间产生了热损失。在一定的室温下，室外温度越低，房间的热损失越大。为了使人们能在室内进行正常的工作、生活，就必须由采暖设备向房间补充与热损失相等的热量。

在采暖室外计算温度下，每小时需要补充的热量称为采暖热负荷。对于一般建筑，所需采暖热负荷就等于围护层的热损失。因此，可以采用计算热损失的方法来计算采暖热负荷，但用这种方法计算的结果虽然精确，但在对于涉及地域广建筑多、的城市集中传热工程系统规划中却难以应用。通常，城市集中供热工程系统规划采用概算指标法：

$$Q = q \cdot A \cdot 10^{-6} \qquad (7-1)$$

式中　　Q——采暖热负荷（kW）；

　　　　q——采暖平均热指标（W/m²）；

　　　　A——采暖建筑面积（m²）。

采暖热指标可以是一个各类建筑综合平均值，也可是分类建筑的采暖热指标，它往往随地域气候状况和建筑结构形式的变化而变化，是一些经验数据。

为了在室内创造出良好的空气环境，使空气具有一定的清洁度和湿度，必须对生产厂房、公共建筑及居住房间进行通风空调。或者为了排除生产过程中散发出来的各种有害气体和灰尘，需要从室外送进新鲜空气。当冬季室外空气温度较低时，室外进入的新鲜空气必须经过加热后方可送入室内。加热新鲜空气所消耗的热量，称为通风热负荷。一般情况下，城市规划中可以用下公式推算通风热负荷：

$$Q_t = K \cdot Q_n \tag{7-2}$$

式中　　Q_t——通风热负荷（MW）；

　　　　K——加热系数，一般取 0.3～0.5；

　　　　Q_n——采暖热负荷（MW）。

采暖通风的室内计算温度与室外计算温度参见表 7-1、表 7-2。

采暖室内计算温度表　　　　　　　　　　　　　　表 7-1

建筑类型	住宅	办公室	商店	旅馆	影剧院	工艺辅助用房	车间		
							轻作业	中作业	重作业
室内计算温度（℃）	18	18	15	20	16	12	15	12	16

全国主要城市采暖参数表　　　　　　　　　　　　表 7-2

地名	供暖室外计算温度 t（℃）	供暖期日平均温度 t（℃）	供暖期		平均负荷系数	热负荷最大利用小时数 nm（h）
			日（d）	小时数 n（h）		
北京	−9	−1.3	124	2976	0.715	2127
天津	−9	−1.2	120	2880	0.711	2048
承德	−14	−4.8	142	3408	0.713	2428
唐山	−11	−2.2	129	3096	0.698	2157
保定	−9	−1.3	122	2928	0.715	2093
石家庄	−8	−0.7	110	2640	0.719	1899
大连	−12	−1.8	128	3072	0.660	2028
丹东	−15	−3.9	144	3456	0.664	2295
营口	−16	−4.7	143	3432	0.668	2291
锦州	−15	−4.5	142	3408	0.682	2324
沈阳	−20	−6.1	150	3600	0.634	2233
本溪	−20	−5.7	149	3576	0.624	2230
赤峰	−18	−6.2	161	3864	0.672	2597

地名	供暖室外计算温度 t（℃）	供暖期日平均温度 t（℃）	供暖期		平均负荷系数	热负荷最大利用小时数 nm（h）
			日（d）	小时数 n（h）		
长春	−23	−8.4	170	4080	0.644	2627
通化	−24	−7.8	167	4008	0.614	2462
四平	−23	−8.0	163	3912	0.634	2480
延吉	−20	−7.2	169	4056	0.663	2690
牡丹江	−24	−10	177	4248	0.667	2832
齐齐哈尔	−25	−9.9	178	4272	0.649	2772
哈尔滨	−26	−9.5	174	4248	0.625	2655
嫩江	−33	−14.3	197	4728	0.633	2994
海拉尔	−35	−14.9	208	4992	0.621	3099
呼和浩特	−20	−6.7	167	4008	0.650	2605
银川	−15	−4.2	144	3456	0.673	2325
西宁	−13	−4.0	161	3864	0.710	2742
酒泉	−17	−4.7	154	3696	0.649	2397
兰州	−11	−2.7	136	3264	0.714	2330
乌鲁木齐	−23	−8.3	154	3696	0.641	2334
太原	−12	−1.4	137	3288	0.647	2126
榆林	−16	−4.4	148	3552	0.659	2340
延安	−12	−2.4	135	3240	0.680	2203
西安	−5	0.5	99	2376	0.761	1808
济南	−7	0.5	100	2400	0.700	1680
青岛	−7	0	113	2712	0.720	1953
徐州	−6	0.9	91	2184	0.713	1556
郑州	−5	1.1	94	2256	0.735	1658
甘孜	−9	−1.1	165	3960	0.707	2801
拉萨	−6	0	127	3048	0.750	2286
日喀则	−8	−0.6	156	3744	0.715	2678

注：表中平均负荷系数按室内采暖计算温度18℃计。

2. 生活热水热负荷的计算

生活热水热负荷的计算，主要涉及两个重要参数，一是水温，二是热水用水标准。

一般情况下，生活热水的使用温度为40～60℃，采用的生活热水计算水温为65℃。不同的热工分区中，采用的冷水计算温度也不尽相同，我国主要有五个热工分区：第一分区包括东北三省及内蒙古、河北与山西和陕西北部；第二分区包括北京、天津、河北、山东、山西、陕西大部、甘肃宁夏南部、河南北部、江苏北部；第三分区包括上海、浙江、江西、安徽、江苏大部、福建北部、湖南东部、湖北东部及河南南部；第四分区包括两广、台湾、福建和云南南部；第五分区包括云贵川大部、湖南湖北西部、陕西甘肃秦岭以南部分。

各分区冷水计算水温见表7-3。

全国各分区冷水计算温度　　　　　　表7-3

分区	第一分区	第二分区	第三分区	第四分区	第五分区
地面水水温（℃）	4	4	5	10～15	7
地下水水温（℃）	6～10	10～15	15～20	20	15～20

使用生活热水的各类建筑热水用水标准如表7-4所示。

生活热水用水标准　　　　　　表7-4

建筑类型		用水量	建筑类型		用水量
住宅（卫浴具全）		75～100L／人·日	旅馆	有公共盥洗室和浴室	50～60L／床·日
				客房有卫生间	120～150L／床·日
宿舍	有淋浴盥洗设施	35～50L／人·日	医院	高标准	200L／床·日
	有盥洗设施	25～30L／人·日		一般标准	120L／床·日

计算生活用水热负荷可采用以下公式：

$$Q_w = 1.163 \frac{K \cdot mV(t_r - t_l)}{T} \tag{7-3}$$

式中　　Q_w——生活热水热负荷（W）；

　　　　m——人数或床位数；

　　　　V——生活热水用水标准；

　　　　t_r——生活热水计算温度，见表5-4；

　　　　t_l——热水用水时间（h）；

　　　　K——小时变化系数，一般取1.6～3.0。

在以上公式中，计算得到的生活热水热负荷为采暖期生活热水热负荷，非采暖期生活热水热负荷用下式得出：

$$Q'_w = \frac{t_r - t_l'}{t_r - t_l} Q_w \tag{7-4}$$

式中　　Q'_w——非采暖生活热水热负荷（W）；

　　　　Q_w——采暖生活热水热负荷（W）；

　　　　t_r、t_l——同式5-3；

　　　　t_l'——夏季冷水水温，一般为15～25℃。

在公式 7-3 中，K 值随用水量总体规模变化而变化，用水规模愈大，用水人数愈多，K 值愈小，K 值愈大。另外，住宅、旅馆和医院的生活热水使用时间一般都为全天（24h）。

生活热水热负荷也可用指标法估算，对于居住区来说，可采用以下公式：

$$Q_w = K \cdot q_w \cdot F \qquad (7-5)$$

式中　　Q_w——生活热水热负荷（W）；

K——小时变化系数；

q_w——平均热水热负荷指标（W/m²）；

F——总用地面积（m²）。

在住宅无热水供应，仅向公建供应热水时，Q_w 取 2.5～3W/m²，当住宅供应洗浴用热水时，Q_w 取 15～20W/m²。

3. 空调冷负荷的计算

规划中，空调冷负荷一般可采用指标概算法进行估算，其公式为：

$$Q_c = \beta \cdot q_c \cdot A \cdot 10^{-6} \qquad (7-6)$$

式中　　Q_c——空调冷负荷（MW）；

β——修正系数；

q_c——冷负荷指标，一般为 70～90W/m²；

A——建筑面积（m²）。

对于不同的建筑，β 取值不同，具体如表 7-5 所示。

建筑冷负荷指标　　　　　　　　　　　　　表 7-5

建筑类型	旅馆	住宅	办公楼	商店	体育馆	影剧院	医院
冷负荷指标 $\beta \cdot q_c$	$1.0q_c$	$1.0q_c$	$1.2q_c$	$0.5q_c$	$1.5q_c$	$1.2\sim1.6q_c$	$0.8\sim1.0q_c$

注：当建筑面积小于 5000m² 时，取上限，建筑面积大于 10000m² 时，取下限。

4. 生产工艺热负荷的计算

对规划的工厂，可以采用设计热负荷资料或根据相同企业的实际热负荷资料进行估算。

生产热负荷的大小，主要取决于生产工艺过程的性质、用热设备的形式以及工厂企业的工作制度。由于工厂企业生产工艺设备多种多样，工艺过程对用热要求的热介质种类和　参数不同，因此生产热负荷应由有关企业提供。当进行规划预测时，较难准确预知工业企业的用热性质和用热规模，这时可以采用设定热负荷增长率或回归方法进行生产工艺热负荷的预测。

5. 供热总负荷的计算

供热的总负荷，是将上述各类负荷的计算结果相加，进行适当的校核处理后得出的数值。必须注意的是，供热总负荷中的采暖通风热负荷与空调冷负荷实际上是一类负荷，在相加时应取两者中较大的一个进行计算。

对于民用热负荷，还可采用更为简便的综合热指标进行概算，表7-6内显示了民用建筑供热面积热指标概算值。

民用建筑供暖面积热指标概算值   表7-6

建筑物类型	单位面积热指标（W/m²）	建筑物类型	单位面积热指标（W/m²）
住宅	58 ~ 84	商店	64 ~ 87
办公楼、学校	58 ~ 81	单层住宅	81 ~ 105
医院、幼儿园	64 ~ 81	食堂、餐厅	116 ~ 140
旅馆	58 ~ 70	影剧院	93 ~ 116
图书馆	47 ~ 76	大礼堂、体育馆	116 ~ 163

注：总建筑面积大，外围户结构热工性能好，窗户面积小，可采用表中较小的数值，反之采用表中较大的数值。

在以上推荐值中，已包括了热网损失在内（约5%）。

对于居住区来说，包括住宅与公建在内，采暖综合热指标建议取值为60 ~ 67W/m²。当需要计算较大供热范围的民用总热负荷，又缺乏建筑物分类建筑面积的详细资料时，可根据当地有关资料及规划情况进行估算，以各类建筑面积比例和分类热指标加权平均得综合热指标。

在城市总体规划的供热专项规划中，对热负荷的估测一般是粗线条的，通常采用的是综合指标概算的方法。对热负荷的分类，可以粗分为民用热负荷与生产热负荷两类，分别进行预测与计算。

在没有可能进一步获取详细资料的情况下，对民用热负荷的估算可以以下步骤进行：首先，根据一般城市中用地比例构成的情况，按当地居住和公建建筑平均容积率推算居住与公建建筑面积，然后按集中供热普及率为推算民用建筑供热面积，采用综合热指标计算得出民用热负荷。生产热负荷则可根据年增长率或回归方法进行估算，由此可得出规划期末的生产热负荷。将民用热负荷与生产热负荷相加，则可大致预测规划期末该城市的总用热规模。

在详细规划的热负荷计算中，应仔细分析规划地区的热负荷种类，以及各类负荷的用热时间和规律，然后分类按单位面积指标或其他计算公式分别计算各种负荷，再进行分类加和方法计算总负荷。

在城市规划的热负荷的计算中，要根据资料的情况，运用城市规划与供热两方面排识，补充资料的不足，灵活运用各种计算与估算方法，得出热负荷的规模，为下一步选择热源、布局热网提供依据。

第二节 城市集中供热热源规划

将天然或人造的能源形态转化为符合供热要求的热能的装置，称为热源。热源是城市集中供热系统的起始点，集中供热系统热源的选择，规模确定和选址布局，对整个系统的合理性有决定性的影响。

一、城市集中供热热源的种类与特点

（一）城市集中供热热源的种类

当前，为大多数城市采用的城市集中供热系统热源有以下几种：热电厂、锅炉房、低温核能供热堆、热泵、工业余热、地热和垃圾焚烧厂。热电厂是指用热力原动机驱动发电机的可实现热电联产的工厂。其中用原子核裂变或聚变所产生的热能作为热源的热电厂是核能热电厂。锅炉房是指锅炉以及保证锅炉正常运行的辅助设备和设施的综合体。工作压力低于 1.5MPa，堆芯出口温度低于 198℃，以供热为目的的核反应堆称为低温核能供热堆。利用逆向热力循环产生热能的装置称为热泵。工业余热是指工业生产过程中产品、排放物及设备放出的热。地热是地球内部的天然热能。垃圾处理过程中，垃圾分类后将可燃部分进行焚烧，以减少垃圾量和产生热能的设施，称为垃圾焚烧厂。

在上述几种设施中，热电厂（包括核能热电厂）和锅炉房是使用最为广泛的集中供热热源。在一些发达国家的城市，采用低温核能供热堆和垃圾焚烧厂作为集中供热热源的较多，这样对城市环境保护较为有利。热泵一般用于区域供热。在有条件的地区，利用工业余热和地热作为集中供热热源是节约能源和保护环境的好方式。

在采用多种热源联合供热的集中供热系统中，可将热源分为基本热源、峰荷热源和备用热源几类。基本热源是指在整个供热期间满功率运行时间最长的热源，上述几种热源都可作为基本热源。峰荷热源是指基本热源的产热能力不能满足实际热负荷的要求时，投入运行以弥补差额的热源，锅炉房和热泵可作为峰荷热源。备用热源是在检修或事故工况下投入运行的热源，同样，一般采用锅炉房和热泵作为备用热源。

在城市集中供热规划中，选择和布局基本热源是规划的主要任务，同时需要指定峰荷热源与备用热源。

（二）热电厂

1. 热电厂特性

热电厂是在凝汽式电厂的基础上发展而来的。它主要针对汽轮发电机组能量损失大的缺陷，将一部分或全部温度压力适合的蒸汽引出，用于城市供热，以减少部分发电量为代价，提高了一次能源的总体利用率。

热电厂与凝汽式电厂的主要区别，是汽轮机的构造不同。热电厂装备有专用供热汽轮机组，实行热电联合生产。

供热汽轮机基本上可分为背压式与抽气式两种。背压式汽轮机没有冷凝器，全部排汽直接用于供热。抽气式汽轮机一般有一个或两个可调节的抽气口，由抽气口引出部分蒸汽供热，其余蒸汽仍用于发电。另一种抽气背压式汽轮机实际上仍属背压式汽轮机，它是由汽轮机的中间级抽出部分压力温度较高的蒸汽供应部分用户，其余蒸汽继续发电，温度、压力降低后供给另一部分热用户，它是一种带有中间抽气口的背压式汽轮机。三种汽轮机的特性见表 7-7：

热电厂常用汽轮机组特性表　　　表 7-7

项目		背压式机组	抽气背压式机组	抽气式机组
相同锅炉容量和参数情况下	供热量	多	多	较少
	发电量	少	少	较多
发电煤耗	设计工况	低	低	较高
	负荷突降	高	高	略有升高
电负荷与汽负荷关系		用多少汽，发多少电	用多少汽，发多少电	汽、电比例可调整
结构复杂程度		简单	复杂	复杂
辅机配套数量		少	少	多
可满足用气压力等级		一种	两种	一种或两种
可适应蒸汽负荷变化幅度		小	小	较大
系统复杂性		简单	简单	复杂
比较适用的场所		热负荷稳定，对电负荷无明显要求	热负荷稳定，要求两种以上压力等级的负荷情况	热负荷变化幅度大而频繁，并需要多发电

部分国产供热机组的主要技术参数见表 7-8。

部分国产供热机组的主要技术参数　　　表 7-8

类型	型号	额定功率(kW)	进汽压力(kg/cm²)	进汽温度(℃)	额定进汽量(t/h)	抽气压力(kg/cm²)	抽气量(t/h)	排气压力(kg/cm²)
背压式	B3-35/5	3000	35	435	36			4～7
	B3-35/10	3000	35	435	57			8～13
	B6-35/5	6000	35	435	63			4～7
	B6-35/10	6000	35	435	93			8～13
	B12-35/5	12000	35	435	114			4～7
	B12-35/10	12000	35	435	178			8～13
	B12-90/39	12000	90	535	280			37～41
	B25-90/10	25000	90	535	200			7～13
	B25-90/13	25000	90	535	210			10～16
一级抽气	C3-35/5	3000	35	435	22	4～7	20	0.07
	C3-35/10	3000	35	435	28	8～13	10	0.07
	C6-35/5	6000	35	435	42	4～7	20	0.07
	C6-35/10	6000	35	435	60	8～13	20	0.07
	C12-35/10	12000	35	435	120	8～13	80	0.05
	C25-90/10	25000	90	535	160	8～13	50	0.05
	C50-35/1.2	50000	90	535	265	1.2	180	0.05
	C50-90/10	50000	90	535	310	8～13	160	0.05
	C100-90/5	100000	90	535	550	3～5	180	0.05
两级抽气	CC25-90-10/1.2	20000	90	535	155	10/1.2	50/40	0.05

建设热电厂时，除了新建供热机组外，还可对原有凝汽式发电机组进行改造。一般情况下，原有机组改造成抽气式机组较容易，而改造成背压式机组

难度较大。原机组改造为抽气式供热机组后，在最大供热量时发电功率将减少20%～30%；在改造成背压式机组后，发电功率一般要减少60%以上。我国供热机组的单机容量一般在5万kW以下（当然也有一些大城市的热电厂装备了大型机组），对大型电厂的大型发电机组改造难度大而且不经济，因此一般不考虑将其改造为供热机组。

在热电厂的平面布置中，一般可分为主厂房、堆煤与输煤场地与设施、水处理与供水设施、环保设施、变配电设施、管理设施、生活设施及其他辅助设施等几部分。对于单台机组容量在5万kW以下的热电厂来说，每1万kW容量的占地面积在1～1.5hm²，单机容量越大，单位容量占地面积越少。

2. 热电厂选址原则，一般遵循以下原则：

（1）热电厂应尽量靠近热负荷中心。目前我国热电厂蒸汽的输送距离一般控制在3～4km，如果热电厂远离热用户，压降和温降过大，就会降低供热质量。而且由于目前供热管网的造价较高，如果输热距离过长，将使热网投资增加很多，特别是对需要敷设几条供热干管的大型热电厂，远离热负荷中心必将显著降低集中供热的经济性。

（2）热电厂要有方便的水陆交通条件。大中型燃煤热电厂每年要消耗几十万吨或更多的煤炭，为了保证燃料供应，铁路专用线是必不可少的，但应尽量缩短铁路专用线的长度。

（3）热电厂要有良好的供水条件。对于抽气式热电厂来说，供水条件对厂址选择往往有决定性影响。

抽气式热电厂的生产用水有冷凝器、油冷却器、空气冷却器需要的冷却水，还有锅炉补充水、热网补充水等，其中，冷凝器的冷却水是主要的。在华北地区，冷凝器的冷却水是一般为进入冷凝器蒸汽量的40～60倍。抽汽式热电厂的用水量是比较大的。粗略估算，每10万kW发电容量耗水5m³/s左右。即使采用循环系统，其4%～5%的补充水数量也不小。

背压式热电厂虽然没有冷凝器，但由于工业用户的回水率较低，锅炉补充水等用水也需相当数量水。

因此，热电厂厂址附近一定要有足够的水源，并应有可靠的供水条件和保证率。

（4）热电厂要有妥善解决排灰的条件。大型热电厂的年燃煤量在百万吨以上，而煤炭中的灰分含量随产地不同，在10%～30%之间变动，有时灰分含量甚至超过30%，因此，大型热电厂每年的灰渣量是很大的。如果大量灰渣不能得到妥善处理，就会影响热电厂的正常运行。

处理灰渣的办法一般有两种。一是在热电厂附近寻找可以堆放大量灰渣（一般为10～15年的排灰量）的场地，如深坑、低洼荒地等。由于热电厂一般都靠近市区，要找到理想的堆灰场地是困难的。二是将灰渣综合利用，就是利用热电厂的灰、渣做砖、砌块等建筑材料。因此，提倡在热电厂附近留出灰渣综合利用工厂的建设用地。此外，热电厂仍要有足够的场地作为周转的事故备用灰场。

（5）热电厂要有方便的出线条件。大型热电厂一般都有十几回输电线路和几条大口径供热干管引出，特别是供热干管所占的用地较宽，一般一条管线要占 3—5m 的宽度，因此需留出足够的出线走廊宽度。

（6）热电厂要有一定的防护距离。热电厂运行时，将排出飞灰、二氧化硫、氧化氮等有害物质。为了减轻热电厂对城市人口稠密区环境的影响，厂址距人口稠密区的距离应符合环保部门的有关规定和要求。同时，为了减少热电厂对厂区附近居民区的影响，厂区附近应留出一定宽度的卫生防护带。

（7）热电厂的厂址应避开滑坡、溶洞、塌方、断裂带淤泥等不良地质的地段。

（三）锅炉房

热电厂作为集中供热系统热源时，投资较大，对城市环境影响也较大，对水源、运输条件和用地条件要求高，相比之下，区域锅炉房作为集中供热热源显得较为灵活，适用面较广。

集中供热锅炉房的核心部分是锅炉，锅炉根据其生产的热介质不同分为热水锅炉和蒸汽锅炉。蒸汽锅炉通过加热水产生高温高压蒸汽，向热用户进行供热。而热水锅炉不生产蒸汽，只提高进入锅炉水的温度，以高温水供应热用户。蒸汽锅炉通过调压装置，可向各类热用户提供参数不同的蒸汽，还可通过换热装置向各类热用户提供热水。而热水锅炉则通过调压装置，向热用户提供一定压力的热水。在一个集中供热的区域锅炉房中，可以同时选用蒸汽和热水锅炉，满足不同用户的需要。而在热电厂中，也可以布置一些专用于集中供热的锅炉。

蒸汽锅炉与热水锅炉的特性比较　　　　　　　　表 7—9

项目	蒸汽锅炉	热水锅炉	项目	蒸汽锅炉	热水锅炉
直接产生热介质	蒸汽	热水	锅炉安全性	—	较好
可产生热介质	蒸汽或热水	热水	锅炉适用性	可用于供给生产工艺、采暖通风和生活热水等各类热用户	主要用于供应各类民用热负荷的采暖通风与生活水热负荷
结构复杂程度	复杂	简单			
对锅炉用水要求	高	低			

注：热介质是指在供热系统中用以传送热能的中间媒介物质，也可简称为热媒。

在区域锅炉房的平面布置中，一般包括主厂房、煤场、灰场和辅助用房四大部分。中小型锅炉房的主机房与辅助用房可结合在一座建筑内，而在规模较大的区域锅炉房平面布置中，辅助用房如变电站、水处理站、机修间、车库、办公楼等一般分别布置。

锅炉房位置的选择应根据以下要求分析确定：

①便于燃料贮运和灰渣排除，并宜使人流和煤、灰车流分开。

②有利于自然通风与采光。

③位于地质条件较好的地区。

④有利于减少烟尘和有害气体对居住区和主要环境保护区的影响。全年

运行的锅炉房宜位于居住区和主要环境保护区的全年最小频率风向的上风侧；季节性运行的锅炉房宜位于该季节盛行风向的下风侧。

⑤有利于凝结水的回收。

⑥锅炉房位置应根据远期规划在扩建端留有余地。

（四）分布式能源系统

分布式能源系统是指布局在用户端的能源生产和综合利用系统。分布式能源系统的核心是分布式能源站，其系统的输配部分为电网和热网。分布式能源站的一次能源以气体燃料（如天然气）为主，可再生能源（如太阳能）为辅；二次能源以分布在用户端的热电冷联产为主，其他中央能源供应系统为辅，可以直接满足用户多种形式的能源需求。从其生产原理来看，可以把分布式能源站视为位于用户端的、使用清洁能源的小型或微型"热电厂"。分布式能源系统是以资源、环境效益最大化确定供能方式和容量，将用户多种能源需求以及资源配置状况进行整合优化，采用需求应对式设计和模块化配置的新型能源系统，是相对于集中供能的分散式供能方式。

分布式能源系统采用的技术包括生物能发电、燃气轮机、太阳能发电和光伏电池、燃料电池、风能发电、微型燃气轮机、内燃机以及存储控制的技术。分布式能源系统可以连接电网，也可以独立工作，系统一般的容量从小于1kW 到几十 MW 不等，可以服务楼宇、企事业单位，也可以供应一定范围的城市化地区。分布式能源站的占地面积也随系统容量的大小和设备工艺的不同而变化，一些楼宇分布式能源站的占地面积仅数百平方米，甚至布置在建筑内部，而规模较大的分布式能源站的占地面积可以达到数万平方米。

分布式能源系统由于使用清洁能源为一次能源，环境影响小；同时靠近用户，减少了能源输送中的损失，有效地提高了能源利用效率。由于在城市内各处分别运行，避免了整个城市使用单一电源或热源造成的安全风险，增强了整个城市能源供应系统运作的安全性。但是，分布式能源系统在发展中也存在诸如并网困难（由于体制原因）、供电质量较低、容量储备不足以及燃料成本较高等等问题。城市中各区域是否建设分布式能源系统，需要进行技术经济比较以及环境、安全等方面的综合论证。

使用分布式能源系统的先决条件是有较大的、集中的、稳定的热（冷）负荷，对于热负荷变化较大或热负荷较低的地区或建筑，使用分布式能源系统将难以保证其经济性，运行的能效也较低；其次，使用分布式能源系统要求有稳定的燃气（主要指天然气）供给，燃气价格与电价之比较低。另外，建设和运营分布式能源系统需要在税收和能源政策方面提供制度保障，以支撑系统的持续运行。人口密集的城市商业中心、住宅小区、度假区、酒店、商场、商务楼宇、医院、学校、行政机关、机场等需要采暖、供冷、除湿、供应热水的建筑，负荷比较集中，且便于集中管理，比较适合建设分布式能源系统。目前我国已经建成的上海浦东机场项目（4MW）、广州大学城项目（150MW）、北京燃气集团大楼项目（1.2MW）；北京火车南站项目（3MW）等天然气分布式能源系统项目比较有代表性。

（五）工业余热与地热资源利用

1.工业余热资源

在工业生产中，常常有相当数量的热能被当作废热抛弃，这些热能可作为另一个生产过程的热源，我们称这种热资源为余热。

在冶金、化工、机械制造、轻工、建筑材料等工业部门都有大量的余热资源。

我国工业企业一年余热量相当于数千万吨原煤发热量，但目前利用率很低，在工业余热利用方面的潜力是很大的，工业余热可以作为城市集中供热的热源（或辅助热源）。

余热资源大致可分六类：高温气余热，冷却水和冷却蒸汽的余热，废气废水的余热，高温炉渣和高温产品的余热，化学反应余热，可燃废气的载热性余热。余热资源最多的行业一般是冶金行业，可利用的余热资源约其燃料消耗量的1/3，化工行业可利用余热资源在各行业中居第二位，约占其燃料消耗量的15%以上；其他行业大致在10%~15%。如果把这部分余热资源充分利用起来，发展城市集中供热是一条投资省、效果好的重要途径。

目前，一般用于集中供热的几种工业余热利用方式主要有：熄焦余热利用、高温熔渣余热利用、焦炉煤气初冷水余热利用和内燃机余热利用等。

2.地热资源

地球是一个巨大的实心椭圆球体，地热能是地球中的天然热能。地层上层的平均温度梯度每加深一公里为25℃。在某些异常的区域，即可以确定为地热钻井区的地方，温度梯度大大超过25℃。这类异常区约占全球陆地总面积的10%。据估计在地壳表面三公里内可利用热能接近全世界煤储量的含热量，这是一个极大的热源。

开发地热能，要在控制状况下获得足够数量的热能，首先可通过钻井来达到热能丰富的地层，然后由传热流体携带到地面上来。按目前的技术水平，最大经济钻进深度为3000m，地热开发温度由几十度至300~350℃。

根据地热资源有无伴随传热流体（水、盐或蒸汽），我们把地热资源分为下面几种基本类型：

（1）低温地热水系统；

（2）高温地热系统；

（3）干热岩地热能；

（4）地压区域地热能；

（5）岩浆地热能。

目前普遍开发利用的是地热水、地热蒸汽，不同温度的地热流体利用范围如下：

200~400℃　　发电及综合利用；

150~200℃　　工业热加工，工业干燥，制冷，发电；

100~150℃　　供暖，工业干燥，脱水加工，发电；

50 ~ 100℃　　温室，供暖，家庭用热水；

20 ~ 50℃　　淋浴，孵化鱼卵，加温土壤。

二、城市热源的选择

城市集中供热热源的种类很多，城市如何根据自身情况选择适当的热源组织集中供热系统，如何确定热源的规模和供热能力，是城市集中供热规划要解决的重要问题。

（一）城市热源种类的选择

城市集中供热方式多种多样，究竟采用热电厂、区域锅炉房，或是某些工厂余热和其他热源进行城市集中供热，应根据城市具体情况，进行全面技术经济比较后确定。

1. 热电厂的适用性与经济性

热电厂实行热电联产，有效提高了能源利用率，节约燃料，产热规模大，可向大面积区域和用热大户进行供热，这是热电厂的特点。在有一定的常年工业热负荷而电力供应又紧张的地区，应建设热电厂。在主要供热对象是民用建筑采暖和生活用热水时，地区的气象条件，主要是采暖期的长短，对热电厂的经济效益有很大影响。

在气候冷、采暖期长的地区，热电合产运行时间长，节能效果明显。相反，在采暖期短的地区，热电厂的节能效果就不明显。当然，有些地区已开始尝试"冷、暖、气三联供"系统的建设，在夏季时对一些用户进行供冷，延长热电联产时间，提高了热电厂效率。在这种情况下，采用热电厂作为城市主要热源也是合理的。

2. 区域锅炉房的适用性与经济性

区域锅炉房是作为某一区域供热热源的锅炉房。与一般工业与民用锅炉房相比，它的供热面积大，供热对象多，锅炉出力大，热效率较高，机械化程度也较高。有关规定指出特大城市的新建区域锅炉房的单台锅炉容量应大于等于 20t/h（t/h 是供热能力的单位，即每小时可以供出的蒸汽重量），热效率大于或等于 75%；大、中城市的新建和改建锅炉房，单台锅炉容量应大于等于 10t/h，热效率大于、等于 70%；小城市和小城镇的单台锅炉容量应大于或等于 4t/h，热效率大于或等于 70%。与热电厂相比，区域锅炉房在节能效果上有所不及，但区域锅炉房建设费用少，建设周期短，能较快收到节能和减轻污染的效果。区域锅炉房供热范围可大可小，较大规模的区域锅炉房在条件成熟时，可纳入热电厂供热系统作为尖峰锅炉房运行。区域锅炉房所具有的建设与运行上的灵活性，除了可作为中、小城市的供热主热源外，还可在大中城市内作为区域主热源或过渡性主热源。

（二）城市热源规模的选择

1. 供暖平均负荷

按供暖室外设计温度计算出来的热指标称为最大小时热指标。用最大小时热指标乘以平均负荷系数，得到了平均热指标。平均负荷系数由下式求得：

$$\phi=\frac{t_n-t_p}{t_n-t_w}$$ (7—7)

式中 ϕ——平均负荷系数；

       t_n——供暖室内计算温度（℃）；

       t_w——供暖室外计算温度（℃）；

       t_p——冬季室外平均温度（℃）。

在实际工程中，经常应用平均热指标的概念，在上一节中提到的各种热指标概算值，就是平均热指标。

以平均热指标计算出来的热负荷，即为供暖平均负荷，主热源的规模应能基本满足供暖平均负荷的需要。而超出这一负荷的热负荷，则为高峰负荷，需要以辅助热源来满足。我国黄河以北地区供暖平均负荷可按供暖设计计算（最大）负荷的60%~70%计。

2. 热化系数

热化系数是指热电联产的最大供热能力占供热区域最大热负荷的份额。在选择热电厂供热能力时，应根据热化系数来确定。

针对不同的主要供热对象，热电厂应选定不同的热化系数。一般说来，以工业热负荷为主的系统，热化系数宜取0.8~0.85。以采暖热负荷为主的系统，热化系数宜取0.52~0.63。工业和采暖负荷大致相当的系统，热化系数宜取0.65~0.75。即稳定的常年负荷越大，热化系数越高，反之，则热化系数越低。

3. 热电厂与区域锅炉房供热能力的确定

热电厂供热能力的确定应遵循"热电联产，以热定电"的基本原则，结合本地区供电状况和热负荷的需要，选定不同的热化系数，从而确定热电厂的供热能力。区域锅炉房的供热能力，可按其所供区域的供暖平均负荷、生产热负荷及生活热水热负荷等负荷之和确定。由于锅炉房锅炉可开可停，对用户负荷的变化适应性较强，在适当选定锅炉的台数和容量后，即能根据用户热负荷的昼夜、冬夏季节变化，灵活地调节、调整运行锅炉的台数和工作容量，使锅炉经常处于经济负荷下运行。

第三节 城市供热管网规划

城市供热管网又称为热网或热力网，是指由热源向热用户输送和分配供热介质的管线系统。供热管网主要由热源至热力站（在三联供系统中是冷暖站）和热力站（制冷站）至用户之间的管道、管道附件（分段阀、补偿器、放气阀、排水阀等）和管道支座组成。管网系统要保证可靠地供给各类用户具有正常压力、温度和足够数量的供热和供冷介质（蒸汽、热水或冷水），满足用户的需要。

一、城市供热管网的形制

（一）供热管网的分类

城市供热管网可根据不同原理进行分类。

根据热源与管网之间的关系，热网可分为区域式和统一式两类。区域式网络仅与一个热源相连，并只服务于此热源所及的区域。统一式网络与所有热源相连，可从任一热源得到供应，网络也允许所有热源共同工作。相比之下，统一式热网的可靠性较高，但系统较复杂。

根据输送介质的不同，热网可分为蒸汽管网，热水管网和混合式管网三种。蒸汽管网中的热介质为蒸汽，热水管网中的热介质为热水，混合式管网中输送的介质既有蒸汽也有热水。同样管径的情况下，蒸汽管道所输送的热量大，热水管道小，但蒸汽管道比热水管道更易损坏。一般情况下，从热源到热力站（或冷暖站）的管网更多采用蒸汽管网，而在热力站向民用建筑供暖的管网中，更多采用的是热水管网。因为热水供暖的卫生条件好，且安全，而蒸汽管网温度高，不宜直接用于室内采暖。在室内供冷时，管网热介质一般采用的是冷水。

按平面布置类型分，供热管网可分为枝状管网和环状管网两种，如图7-1所示。枝状网结构简单，运行管理较方便。干管管径随距离增加而减少，造价也较低。但其可靠性较环状管网为低，一旦发生事故，会造成一定范围内供热中断。环状管网的可靠性较高，但系统复杂，造价高，不易管理。因此，在合理设计，妥善安装和正确操作维修的前提下，热网一般采用枝状布置方式，较少采用环状布置方式。

根据用户对介质的使用情况，供热管网可分为开式和闭式两种。开式管网中，热用户可以使用供热介质，如蒸汽和热水，系统必须不断补充热介质。在闭式管网中，热介质只在系统内循环运行，不供给用户，系统只须补充运行过程中泄漏损耗的少量介质。

另外，供热管网可根据一条管路上敷设的管道数，分为单管制、双管制和多管制。单管制的热网一条管路上只能输送一种工况的热介质，且一般没有介质回流管道，可用于用户对介质用量稳定的开式热网中。双管制热网在一条管路上有一根介质输送管和一根回流管，较多用于闭式热网。而对于用户种类多，对介质需用工况要求复杂的热网，一般采用多管制。即在一条管路上有多

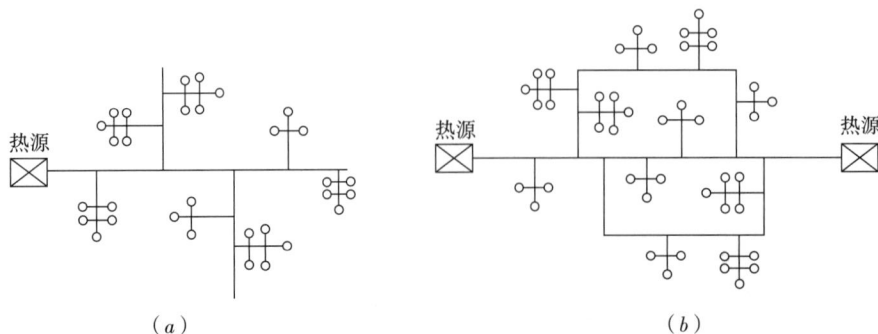

图7-1 供热管网
(a) 枝状；(b) 环状

(a)

(b)

根输送介质的管道和回流管，以输送不同性质、不同工况的热介质，当然，对于多管制管网来说，投资较大，管理也较难。

（二）供热管网的形制选择

从热源到热力点（或制冷站）间的管网，称之为一级管网，而从热力点（或制冷站）至用户问的管网，称为二级管网。一般说来，对于一级管网，往往采用闭式、双管或多管制的蒸汽管网，而对于二级管网，则要根据用户的要求确定。

有关规范对选择供热管网形制有如下规定：

（1）热水热力网宜采用闭式双管制。

（2）以热电厂为热源的热水热力网，同时有生产工艺、采暖、通风、空调、生活热水多种热负荷，在生产工艺热负荷与采暖热负荷所需供热介质参数相差较大，或季节性热负荷占总热负荷比例较大，且技术经济合理时，可采用闭式多管制。

（3）热水热力网满足下列条件，且技术经济合理时，可采用开式热力网：

①具有水处理费用较低的补给水源；

②具有与生活热水热负荷相适应的廉价低位能热源。

（4）蒸汽热力网的蒸汽管道，宜采用单管制。当符合下列情况时可采用双管制或多管制：

①当各用户所需蒸汽参数相差较大，或季节性热负荷占总热负荷比例较大，技术经济合理时，可采用双管或多管制；

②当用户按规划分期建设时，可采用双管或多管制，随热负荷发展分期建设。

二、城市供热管网的布置

供热管网的布置，首先要满足使用上的要求，其次要尽量缩短管线的长度，尽可能节省投资和钢材消耗。

供热管网的布置，应根据热源布局、热负荷分布和管线敷设条件等情况，按照全面规划、远近结合的原则，作出分期建设的安排。

（一）供热管网的平面布置

在城市市区布置供热管网时，必须符合地下管网综合规划的安排，同时还应遵守以下原则和要求：

（1）主要干管应该靠近大型用户和热负荷集中的地区，避免长距离穿越没有热负荷的地段。

（2）供热管道要尽量避开主要交通干道和繁华的街道，以免给施工和运行管理带来困难。

（3）供热管道通常敷设在道路的一边，或者是敷设在人行道下面，在敷设引入管时，则不可避免地要横穿干道，但要尽量少敷设这种横穿街道的引入管，应尽可能使相邻的建筑物的供热管道相互连接。对于有很厚的混凝土层的现代新式路面，应采用在街坊内敷设管线的方法。

（4）供热管道穿越河流或大型渠道时，可随桥架设或单独设置管桥，也可采用虹吸管由河底（或渠底）通过。具体采用何种方式应与城市规划等部门协商并根据市容、经济等条件统一考虑后确定。

（二）供热管网的竖向布置

规划供热管网的竖向布置应满足下列条件：

（1）一般地沟管线敷设深度最好浅一些，减少土方工程量。为了避免地沟盖受汽车等动荷重的直接压力，地沟的埋深自地面到沟盖顶面不少0.5～1.0m，特殊情况下，如地下水位高或其他地下管线相交情况极其复杂时，允许采用较小的埋设深度，但不少于0.3m。

（2）热力管道埋设在绿化地带时，埋深应大于0.3m。热力管道土建结构顶面至铁路路轨其底间最小净距应大于1.0m；与电车路基底为0.75m；与公路路面基础为0.7m，跨越有永久路面的公路时，热力管道应敷设在通行或半通行的地沟中。

（3）热力管道与其他地下设备相交叉时，应在不同的水平面上互相通过。

（4）在地上热力管道与街道或铁路交叉时，管道与地面之间应保留足够的距离，此距离根据不同运输类型所需高度尺寸来确定。

汽车运输	3.5m
电车	4.5m
火车	6.0m

（5）地下敷设时必须注意地下水位，沟底的标高应高于近30年来最高地下水位0.2m，在没有准确地下水位资料时，应高于已知最高地下水位0.5m以上，否则地沟要进行防水处理。

（6）热力管道和电缆之间的最小净距0.5m，如电缆地带的土壤受热的附加温度在任何季节都不大于10℃，而且热力管道有专门的保温层，那么可减小此净距。

（7）横过河流时目前广泛采用悬吊式人行桥梁和河底管沟方式。

三、城市供热管网的敷设方式

供热管网的敷设方式有架空敷设和地下敷设两类。

（一）架空敷设

架空敷设是将供热管道设在地面上的独立支架或带纵梁的桁架以及建筑物的墙壁上。

架空敷设不受地下水位的影响，运行时维修检查方便。同时，只有支承结构基础的土方工程，施工土方量小。因此，它是一种比较经济的敷设方式。其缺点是占地面积较大、管道热损失大、在某些场合不够美观。

架空敷设方式一般适用于地下水位较高，年降雨量较大，地质土为湿陷性黄土或腐蚀性土壤，或地下敷设时需进行大量土石方工程的地区。在市区范围内，架空敷设多用于工厂区内部或对市容要求不高的地段。在厂区内，架空管道应尽量利用建筑物的外墙或其他永久性的构筑物。在地震活动区，应采用独立支架或地沟敷设方式比较可靠。

架空敷设所用的支架按其所用材料分为砖砌、毛石砌，钢筋混凝土预制或现浇、钢结构和木结构等类型。目前，热力管道架空敷设常采用钢筋混凝土支架。

按照支架的高度不同，可把支架分为低支架、中支架和高支架三种形式。

低支架一般设于不妨碍交通和厂区、街区扩建的地段；并常常沿工厂的围墙或平行于公路、铁路敷设。为了避免地面水的侵袭，管道保温层外壳底部离地面的净高不宜小于 0.3m。当与公路、铁路等交叉时，可将管道局部升高并敷设在杆架上跨越。

中支架一般设在人行频繁、需要通过车辆的地方，其净高为 2.5 ~ 4m。

高支架净空高为 4.5 ~ 6m，主要在跨越公路或铁路时采用。

（二）地下敷设

在城市中，由于市容或其他地面的要求不能采用架空敷设时，或在厂区内架空敷设困难时，就需要采用地下敷设。

地下敷设分为有沟和无沟两种敷设方式。有沟敷设又分为通行地沟、半通行地沟和不通行地沟三种。

地沟的主要作用是保护管道不受外力和水的侵袭，保护管道的保温结构，并使管道能自由地热胀冷缩。

地沟的构造，在国内，一般是钢筋混凝土的沟底板（防止管道下沉），砖砌和毛石砌的沟壁，钢筋混凝土的盖板。当采用预制的钢筋混凝土椭圆拱形地沟时，则可省去沟壁和盖板。在国外，多半采用钢筋混凝土地沟（矩形、椭圆拱形、圆形等）。

为了防止地面水、地下水侵入地沟后破坏管道的保温结构和腐蚀管道，地沟的结构均应尽量严密，不漏水。一般情况下，地沟的沟底将设于当地近 30 年来最高地下水位以上。

如果地下水位高于沟底，则必须采取排水、防水，或局部降低水位的措施。地沟常用的防水措施是在地沟外壁敷以防水层。防水层由沥青粘贴数层油毛毡并外涂沥青，或利用防水布构成。由于地沟经常处于较高的温度下，时间一久，防水层容易产生裂缝。因此，沟底应有不小于 0.002 的坡度，以便将渗入地沟中的水集中在检查井的集水坑内，用泵或自流排入附近的下水道。局部降低地下水位的方法是在地沟底部铺上一层粗糙的砂砾，在沟底下 200 ~ 250cm 处敷设一根或两根直径为 100 ~ 150mm 的排水管，管上应有许多小孔。为了清洗和检查排水管，每隔 50 ~ 70m 需设置一个检查井。

1. 通行地沟

在通行地沟中，要保证运行人员能经常对管道进行维护。因此，地沟的净高不应低于 1.8m，通道宽度不应小于 0.7m，沟内应有照明设施；同时还要设置自然通风或机械通风，以保证沟内温度不超过 40℃。

由于通行地沟的造价比较高，一般不采用这种敷设方式。但在重要干线、与公路、铁路交叉、不准断绝交通的繁华的路口、不允许开挖路面检修的地段、或管道数目较多时，才局部采用这种敷设方式。

2. 半通行地沟

半通行地沟的断面尺寸是依据运行工人能弯腰走路，能进行一般的维修工作的要求定出的。一般半通行地沟的净高为 1.4m，通道宽为 0.5 ~ 0.7m。

由于运行工人的工作条件太差，一般很少采用半通行地沟。只是在城市中穿越街道时适当地采用。

3. 不通行地沟

不通行地沟是有沟敷设中广泛采用的一种敷设方式。地沟断面尺寸只满足施工的需要就可以了。

4. 无沟敷设

无沟敷设是将供热管道直接埋设在地下。由于保温结构与土壤直接接触，它同时起到保温和承重两个作用。因此，无沟敷设对于保温结构既要求有较低的导热系数和防水性能，又要有较高的耐压强度。采用无沟敷设能减少土方工程，还能节约建造地沟的材料和工时，所以它是最经济的一种敷设方式。

热网建设应首先考虑采用直埋管道的敷设方式。

四、供热管管径的计算方法

在城市总体规划中，许多建设项目有不确定性，在热源的种类、容量、机组型号以及用户的性质和用热要求难以确定的情况下，许多参数要靠估计和经验得出，因此，管径的大小只能作为日后设计的参考数据，而不能作为实施的依据。

供热管网的管径计算，具体步骤基本包括以下几条：

（1）收集有关现有管线和热源的资料，如介质的种类、压力、温度等，以及气象、地形、地质资料。

（2）确定管网的负荷分布和大小。

（3）根据管网的平面布置，得出管线长度，根据用户的要求和上述收集的资料，得出管网内介质的比容和流速。

（4）通过公式计算管径。

管段的流量是计算管径的基础，各管段的计算流量按以下原则确定：

（1）从热源引出的主管，按热源最大外供能力进行计算。

（2）直接与用户连接的支管，按用户远期负荷所需流量进行计算。

（3）主干管或分支干管，按所通过的各用户最大流量之和进行计算。

（4）双管或环形干管，根据各用户最大流量进行计算，并保证在任何工况下用户能不间断运行。

介质流速是另一个重要的计算参数，蒸汽和水管道的允许流速见表 7-10：

蒸汽、水管道流速表　　　　　　　　　　　　表 7-10

工作介质	管道种类	允许流速（m/s）
过热蒸汽	$DN>200$	40～60
	$DN=200～100$	30～50
	$DN<100$	20～40
饱和蒸汽	$DN>200$	30～40
	$DN=200～100$	25～35
	$DN<100$	15～35
热网循环水	室外管网	0.5～3
凝结水	压力凝结水管	1～2
	自流凝结水管	<0.5

此外，计算管径还要指导介质比容。对于热水来说，一般比容取值为 0.00104m³/kg。对于蒸汽来说，其密度随压力与温度的变化而变化，一般在 0.8～9kg/m³ 之间。具体数据可由有关设计书籍中查得，密度之倒数即为比容。

热水管网管径估算

为使用方便，对于民用采暖通风所常用的热水管网，下面提供一个简易估算表，可在规划阶段估算管径（表 7-11）。

热水管网管径估算表　　　　　　　　　　　　表 7-11

热负荷		供回水温差（℃）								
		20		30		40（110～70）		60（130～70）		80（150～70）	
（万 m²）	（MW）	流量(t/h)	管径(mm)	流量(t/h)	管径(mm)	流量(t/h)	管径(mm)	流量(t/h)	管径(mm)	流量(t/h)	管径(mm)
10	6.98	300	300	200	250	150	250	100	200	75	200
20	13.96	400	400	400	350	300	300	200	250	150	250
30	20.93	450	450	600	400	450	350	300	300	225	300
40	27.91	600	600	800	450	600	400	400	350	300	300
50	34.89	600	600	1000	500	750	450	500	400	375	350
60	41.87	600	600	1200	600	900	450	600	400	450	350
70	48.85	2100	700	1400	600	1050	500	700	450	525	400
80	55.82	2400	700	1600	600	1200	600	800	450	600	400
90	62.80	2700	700	1800	600	1350	600	900	450	675	450
100	69.78	3000	800	2000	700	1500	600	1000	500	750	450
150	104.67	4500	900	3000	800	2250	700	1500	600	1125	500
200	139.56	6000	1000	4000	900	3000	800	2000	700	1500	600
250	174.45	7500	2×800	5000	900	3750	800	2500	700	1875	600
300	209.34	9000	2×900	6000	1000	4500	900	3000	800	2250	700
350	244.23	10560	2×900	7000	1000	5250	900	3500	800	2625	700
400	279.12			8000		6000	1000	4000	900	3000	800
450	314.01			9000		6750	1000	4500	900	3375	800
500	348.90			10000		7500	2×800	5000	900	3750	800
600	418.68					9000	2×900	6000	1000	4500	900
700	488.46					10500	2×900	7000	1000	5250	900
800	558.24							8000	2×900	6000	1000
900	628.02							9000	2×900	6750	1000
1000	697.80							10000	2×900	7500	2×800

注：当热指标 70W/m² 时，单位压降不超过 49Pa/m。

第四节　热力站与制冷站设置

城市集中供热系统，由于用户较多，其对热媒参数的要求各不相同，各种用热设备的位置与距热源距离也各不相同，所以热源供给的热介质参数很难适应所有用户的要求。为解决这一问题，往往在热源与用户之间，设置一些热转换设施，将热网提供的热能转换为适当工况的热介质供应用户，这些设施就包括热力站和制冷站。

一、热力站

（一）热力站的作用与类型

连接热网和局部系统，并装有全部与用户连接的有关设备、仪表和控制装置的机房称为热力站。

热力站的作用如下：

（1）将热量从热网转移到局部系统内（有时也包括热介质本身）；

（2）将热源发生的热介质温度、压力、流量调整转换到用户设备所要求的状态，保证局部系统的安全和经济运行；

（3）检测和计量用户消耗的热量；

（4）在蒸汽供热系统中，热力站除保证向局部系统供热外，还具有收集凝结水并回收利用的功能。

热力站根据功能的不同，可分为换热站与热力分配站；根据热网介质的不同，可分为水－水换热的热力站和汽－水换热的热力站；根据服务对象的不同可分为工业热力站和民用热力站；根据热力站的位置与服务范围，可分为用户热力站、集中热力站和区域性热力站。

（二）热力站的设置

根据热力站规模大小和种类不同，分别采用单设或附设方式布置。只向少量用户供热的热力站，多采用附设方式，设于建筑物地沟入口处或其底层和地下室。集中热力站服务范围较大，多为单独设置，但也有设于用户建筑物内部的。区域性热力站设置于大型供热网的供热干线与分支干线的连接点处，一般为单独设置。

热力站是小区域的热源，因此，它的位置最好位于热负荷中心，而对工业热力站来说，则应尽量利用原有锅炉房的用地。

单独设置的热力站，其尺寸视供热规模、设备种类和二次热网类型而定，对于二次热网为开式热网的热力站，一般为占地十余平方米的单层建筑；对于二次热网为闭式热网的热力站，建筑占地为数十平方米。在规模较大的热力站内，设有泵房、值班室、仪表间、加热器间和生活辅助房间，有时为两层建筑。一座供热面积 10 万 m^2 左右的热力点，其建筑面积约为 300 ～ 400m^2。对于居民区来说，一个小区一般设置一个热力站。

二、制冷站

通过制冷设备将热能转化为低温水等冷介质供应用户，是制冷站的主要功能，一些制冷设备在冬季时还可转为供热，故有时被称为冷暖站。

制冷站可以使用高温热水或蒸汽作为加热源，也可使用煤气或油燃烧加热，也可用电驱动实现制冷。

单台制冷机的容量（制冷能力）由数 kW 至上万 kW 不等，小容量制冷机广泛用于建筑空调，设于建筑内部，而大容量制冷机可用于区域供冷或供暖，设于冷暖站内。冷暖站的供热（冷）面积宜在 10 万 m^2 范围之内，其自身的占地面积约 500 ~ 1000m^2。

第八章　城市通信工程系统规划

　　城市通信工程系统是产业化程度最高的城市基础设施，也是近年来技术发展最为迅速、形式变化最大的城市工程系统。无论用户数量、普及程度，还是系统组构、服务方式、设施设备、技术工艺等各方面，目前的城市通信工程系统已经与21世纪初有着本质的不同，规划方法也发生了很大变化。

　　1.邮政子系统方面：中国邮政集团公司负责运营着覆盖全国联通全球的庞大实物运递网络，经过多年的发展，中国邮政由原来的以邮务类业务为主，转变为以信息化支撑的"三大板块"（邮政邮务类业务、邮政速递物流类业务、邮政金融类业务）分业经营、联动发展的态势。从设施角度看，邮政在发展中重视推进邮政综合服务平台的建设，逐步优化网点布局，与城市社区服务体系融为一体，推进多功能服务站点的延伸和整合，并以多种形式强化农村综合服务平台的建设，形成城乡一体的邮政服务网络。

　　2.电信子系统方面：每一次产业技术升级带来的电信运营企业基

础业务迭代都会对行业发展和网络设施带来巨大影响。从用户角度来看，固定电信业务逐年下降，移动通信的普及率迅速提高并趋于饱和，智能终端大量使用，可能出现移动和固定通信融合的通信新方式；从设施角度来看，超宽带、全覆盖的移动互联网基础设施将逐步建立，并实现网运分离，城市通信基础设施将实现有效整合和充分利用，新技术新工艺和新设备的使用，使电信基础设施更加小型化、隐形化，有利于节省宝贵的城市空间资源，保障城市通信基础设施的安全。

3. 广播电视子系统方面：随着广电行业功能逐步转变为多种形式的公众信息服务平台，广电工程设施也由单向的广电节目传输网转变为综合数据传输网。目前，我国广电网络将以有限电视网数字化整体转换和移动多媒体广播（CMMB）为基础，以高性能宽带信息网技术为支撑，统筹有线、无线、卫星等多种技术手段，实现新型广电网络的全面覆盖。

"三网融合"是我国城市通信工程系统的发展主要目标之一。"三网融合"是指电信网、广播电视网、互联网在向宽带通信网、数字电视网、下一代互联网演进过程中，三大网络通过技术改造，其技术功能趋于一致，业务范围趋于相同，网络互联互通、资源共享，能为用户提供语音、数据和广播电视等多种服务。在目前的体制和产业发展的现实条件下，"三网融合"并不意味着三大网络的物理合一，而主要是指高层业务应用的融合。

第一节　邮政设施规划

城市邮政设施与城市性质、城市规模、人口规模、经济发展目标、产业结构等因素密切相关。因此，在深入研究各城市现状邮政业务量以及与经济社会因素之间相关关系的基础上，根据城市规划确定的人口规模、经济发展目标、产业结构等指标，预测城市邮政业务量，用此来确定城市邮政设施的数量、规模。

一、城市邮政需求量预测

城市邮政设施的种类、规模、数量可以依据通信总量邮政年业务收入来确定。城市邮政需求量主要用邮政年业务收入来表示。预测年邮政业务收入（万元），可采用发展态势延伸法、单因子相关系数法、综合因子相关系数法等预测方法。

（一）发展态势延伸预测法

此法是采集本市历年来邮政业务收入统计数据，分析历年的增长态势，排除突发性、偶然性因素，考虑未来发展的可能性，选择规划期内的邮政增长态势系数，根据规划期限，延伸预测规划期的邮政年业务收入。该法模型为：

$$y_t = y_0(1+a)^t \tag{8-1}$$

式中　y_t——规划期内某年邮政业务收入；

y_0——现状（起始年）邮政年业务收入；

a——邮政年业务收入增长态势系数（$a \geq 0$）；

t——规划期内所需预测的年限数。

采用此法，采集的样板数越多，年份越多，外延推伸越可靠。

（二）单因子相关系数预测法

此法是在对历年的邮政业务收入增长及与之有关的经济、社会等主要相关因子的相互关系分析的基础上，寻找出其中对邮政年业务收入或通信总量增长关系最为密切的某单项经济或社会因子，并测出该因子与邮政需求量增长的相关系数。其预测模型如下：

$$y_t = x_t \cdot c(1+a)^t$$

$$= x_t \cdot \frac{y_0}{x_0}(1+a)^t \tag{8-2}$$

式中　　y_t——规划期内某预测年的邮政业务收入量；

x_t——规划期内某预测年的经济、社会因子的值；

c——现状（起始年）邮政年业务收入量与 x 因子值之比量；

a——邮政年业务量增长与 x 因子值增长之间的相关系数；

t——规划期内所需预测的年限数。

本模型采用的因子通常是城市人口规模数、国内生产总值、第三产业 GDP 等与邮政关系最为密切的因子中的某一个因子。同时，由于邮政设备、技术发展、邮政设施的经济、社会服务效益将提高，因此，规划期内单位邮政量相对应的经济、社会因子值要大于现状值，式中 a 值为正值，即 $a>0$。

（三）综合因子相关系数预测法

本法是在单因子相关系数预测的基础上将多个因子预测结果综合起来，根据这些因子与邮政量的密切程度，选取各因子相关权值汇总合成，提高预测的可靠性和综合性。

通常与邮政量密切相关的经济、社会因子主要为城市人口规模、全社会 GDP、第三产业 GDP 等。这些因子的相关权重在不同性质的城市、不同规模城市也不完全相同。因此，需根据具体城市的实况来确定。

二、城市邮政局所规划

（一）城市邮政局所规划的主要内容

城市邮政局所的合理布局，是方便群众用邮，便于邮件的收集、发运和及时投递的前提条件。邮政局所规划的主要内容有：

1. 确定近、远期城市邮政局所数量、规模。

2. 划分邮政局所的等级和各级邮政局所的数量。

3. 确定各级邮政局所的面积标准。

4. 进行各级邮政局所的布局。

（二）城市邮政局所设置

邮政局所设置要便于群众用邮，要根据人口的密集程度和地理条件所确定的不同的服务人口数、服务半径、业务收入三项基本要素来确定。

我国邮政主管部门制定的城市邮政服务网点设置的参考标准如表 8-1 所示。

城市邮政服务网点设置参考值　　　　　表 8-1

城市人口密度（万人/km²）	服务半径（km）	城市人口密度（万人/km²）	服务半径（km）
>2.5	0.5	0.5 ~ 1.0	0.81 ~ 1
2.0 ~ 2.5	0.51 ~ 0.6	0.1 ~ 0.5	1.01 ~ 2
1.5 ~ 2.0	0.61 ~ 0.7	0.05 ~ 0.1	2.01 ~ 3
1.0 ~ 1.5	0.71 ~ 0.8		

1. 城市邮政局所总量配置

按照《邮政普遍服务标准》（YZ/T 0129-2009）的规定，提供邮政普遍服务的城市邮政营业场所（邮政局所）的设置应至少满足下列条件：

（1）北京市城区主要人口聚居区平均 1km 服务半径或 1 ~ 2 万服务人口；

（2）其他直辖市、省会城市城区主要人口聚居区平均 1 ~ 1.5km，服务半径或 3 ~ 5 万服务人口；

（3）地级城市城区主要人口聚居区平均 1.5 ~ 2km 服务半径或 1.5 ~ 3 万服务人口；

（4）县级城市城区主要人口聚居区平均 2 ~ 5km 服务半径或 2 万服务人口；

（5）较大的车站、机场、港口、高等院校和宾馆，应设置提供邮政普遍服务的邮政营业场所。

在满足上述基本要求的前提下，城市邮政局所总量配置主要依据城市人口规模和城市用地面积来配置邮政局所数量。在城市总体规划阶段，根据规划期内城市人口规模和城市规划建设用地计算人口密度，参照表 8-1，确定服务半径，从而计算该城市规划期内的邮政局所配置的总量。

若城市处于山区，地形起伏大，建设用地分布较分散，或该城市规划城区内有大江大河分割，或国家铁路干线、区域性高压走廊等工程设施分割，城市建设用地紧凑度较低。则可在计算的城市邮政局所理论配置总量的基础上，适当调整邮政局所配置数量。

2. 城市分区组团邮政局所配置

城市各分区（或组团）的邮政局所总量配置，则根据该分区（或组团）功能、人口分布和用地面积，参照表 8-1，计算该分区（或组团）的邮政局所配置总量，并在城市邮政局所配置总量内进行合理调配。

3. 乡镇和农村邮政局所配置

乡镇邮政局所配置，原则上的每个镇、乡为单位，配置 1 处邮政局所，人口规模较大的镇驻地可以参考城市配置标准测算配置邮政局所的数量；此外，居住人口达 5000 人左右的连片的居住地区，可设置 1 处邮政所。农村地区主要人口聚居区可按平均 5 ~ 10km 服务半径或 1 ~ 2 万服务人口设置 1 处邮政局所。

（三）城市邮政局所等级划分。

城市邮政局所分有邮政通信枢纽、邮政局、邮政支局、邮政所。邮政枢纽属于专业性设施，对应邮区中心局（分为一级中心局、二级中心局和三级中心局），主要承担邮区管理和邮件分拣转运的功能，一般设置在地级市及以上等级的城市中。邮政局所属于城乡邮政服务设施，为周边居民和单位提供用邮服务。邮政支局根据服务人口、年邮政业务收入和通信总量，分一等支局、二等支局、三等支局。邮政所是邮电支局的下属营业机构，一般只办理邮政营业，收寄国内和国际各类零星函件，办理窗口投递各类邮件，收寄国内各类包裹，开发兑付普汇等。不设邮政投递。根据业务量可分一等所、二等所、三等所。新区的邮政支局，主要根据服务人口划分等级。老市区主要依邮政年业务收入和通信总量划分等级。例如上海的新区邮政支局分等级标准为：规划居住人口10万人左右，设一等支局；规划居住人口8万人，设二等支局；规划居住人口5万人，设三等支局；老区邮政支局分等标准：年业务收入600万元以上和通信总量500万元以上者设一等支局；年业务收入200～600万元和通信总量200～500万元者，设二等支局；年业务收入200万元以下和通信总量200万元以下者，设三等支局。

城市邮政局所规划要考虑便于邮件的收集和投递。对于担负邮件集散功能的邮政支局，要根据投递范围，投递段道数量，合理进行规划。按我国邮政主管部门要求，一般担负投递邮件任务的城市邮政支局，设投递段道数为15～20条。一个邮政支局设投递段道过多，势必造成投递线路的重复，无效过程过多，也影响邮件报刊的及时投递。

（四）邮政局所选址原则

1. 邮政通信枢纽选址

（1）枢纽应在火车站一侧，靠近火车站台；

（2）有方便接发火车邮件的邮运通道；

（3）有方便出入枢纽的汽车通道；

（4）有方便供电、给水、排水、供热的条件；

（5）地形平坦、地质条件良好；

（6）周围环境符合邮政通信安全要求；

（7）在非必要而又有选择余地时，局址不宜面临广场，也不宜同时有两侧以上临主要街道。

2. 邮政局所选址

（1）局址应设在闹市区、居民集聚区、文化游览区、公共活动场所、大型工矿企业、大专院校所在地。车站、机场、港口以及宾馆内应设邮电业务设施。

（2）局址应交通便利，运输邮件车辆易于出入。

（3）局址应有较平坦地形，地质条件良好。

（五）邮政局所建筑面积标准

1. 城市邮政支局建筑面积标准

城市邮政支局通常按表8-2，配置建筑面积。

城市邮支局建筑面积标准　　　　　　表 8-2

项目	一等局 (m²)	二等局 (m²)	三等局 (m²)
邮政部分生产面积	1041 ~ 1181	936	739
电信部分生产面积	398	270	178
生产辅助用房面积	653	520	409
生活辅助用房面积	319	243	183
合计	2411 ~ 2551	1969	1509

注：表中建筑面积为邮政、电信合制局的建筑面积，已含邮政营业、发行、邮政投递等邮政部分生产面积、电信部分生产面积、生产辅助用房面积及生活辅助用房面积。未包括大宗邮件收寄、报刊部门市部面积。若邮政局含有大宗邮件收寄、报刊门市部则应加上这两部分的面积。邮电体制改革后，应扣除电信部分生产面积。

大宗邮件收寄部分建筑面积见表 8-3。

大宗邮件收寄部分单项标准　　　　　　表 8-3

项目	单项标准	说明
生产场地	1m²/袋	(1) 生产场地包括营业收寄、设备及操作、接收贮存、邮件处理、封发贮存、空袋库所占面积 (2) "袋"是指全年日平均封发袋
班长办公室	12m²/人	若增加其他业务人员，每增加 1 人增加面积 6m²

2. 城市邮政所建筑面积标准

邮政所建筑面积标准按表 8-4 给定，未包括邮政投递等业务所需面积。若需开办这些业务，其面积标准可参照邮支局的相应标准，确定整体的建筑面积。业务量达支局水平的邮政所，其面积标准可参照邮支局标准。

城市邮政所面积标准　　　　　　表 8-4

项目	面积标准 (m²)			备注
	一等所	二等所	三等所	
营业厅	80 ~ 100	60 ~ 80	40 ~ 60	
柜台内营业员工作面积	40 ~ 50	30 ~ 40	20 ~ 30	包括柜台、营业员操作、出口封发、邮袋贮存
柜台外用户活动面积	40 ~ 50	30 ~ 40	20 ~ 30	包括设备占用面积
包裹库	25	15	10	
邮政储蓄内部处理	20	20	0	
办公室	15	12		
值班室	12	12	12	
库房	6	6		
厕所	2	2	2	
生活间	6	6	6	用于热饭、烧水等
家属宿舍	50	50	50	
使用面积合计	216 ~ 236	183 ~ 203	120 ~ 140	
建筑面积 (使用面积/0.85)	254 ~ 278	215 ~ 239	141 ~ 165	

第二节　城市固定电话设施规划

一、城市固定电话需求量预测

固定电话是长期以来城市居民主要使用的通信工具，其需求量的预测是电话网路、局所建设和设备容量规划的基础。

固定电话需求量由电话用户、电话设备容量组成，电话行业的固定电话业务预测包括了用户和话务预测，二者之间略有区别。前者使用于规划阶段，后者使用于实施阶段，二者之间的共同点是对电话使用用户都要进行预测。固定电话用户的单耗指标与当时当地的国民经济发展有密切关系，而电话主线普及率则是反映社会经济在发展阶段中某一时期的水平，这两个方面有一定的内在联系。电话普及率（泛指主线或号线普及率、话机普及率）是通信行业发展电话的行业指标，也是各城市电话发展的基本要求。根据实际需要预测而得的电话普及率，是各城市电话发展的规划目标。这两个方面应该互相结合。规划中应注意到，随着移动通信的快速发展，我国固定电话需求量在逐步下降。

单耗指标套算是城市总体规划阶段和详细规划阶段比较常用的一种方法，它能比较准确地反映规划地区固定电话用户的需求总量，并根据固定电话总用量换算成电话设备容量。

单耗指标是根据规划地区的建筑性质或人口规模而描述的一种固定电话的"饱和状态"，是预测电话设备终期容量的主要依据。

（一）城市总体规划阶段套算法

城市总体规划阶段有关指标为："饱和状态"时固定电话住宅电话每户一部，非住宅电话（指业务办公电话）一般占住宅电话的1/3；目前，随着移动互联技术的迅速发展，固定电话的使用逐步减少，总规阶段可以采用的规划期末固话普及率指标建议值为 20 ～ 30 门 / 百人。

（二）详细规划阶段套算法

详细规划阶段以电信主线量为主要指标，按各类建筑面积来确定电话主线数量，其标准见表 8-5。

除此以外，还应参考有关居住区市政公用设施配套的千人指标及当时当地有关政策和规定。

居住小区按 500 ～ 1000 户需设置公用电话二部（来话去话各一部），设置电话配线间（室内）一处，使用面积不得少于 6m^2。

每对电话主线所服务的建筑面积　　　　　　　　　　表 8-5

建筑性质	办公	商业	旅馆	多层住宅	高层住宅	幼托	学校	医院	文化娱乐	仓库
建筑面积（m^2）	20 ～ 25	30 ～ 40	35 ～ 40	60 ～ 80	80 ～ 100	85 ～ 95	90 ～ 110	100 ～ 120	110 ～ 130	150 ～ 200

二、城市电话网络组织结构及组网方案

电话网是进行交互型话音通信，开放电话业务的电信网。电话网包括本

地电话网、长途电话网和国际电话网，是一种电信业务量最大，服务面最广的专业网，它可以兼容其他许多种非话业务网，是电信网的基本形式和基础。电话网采用电路交换方式，由发送和接收电话信号的用户终端设备（如电话机）、进行电路交换的交换设备（电话交换机）、连接用户终端和交换设备的线路（用户线）和交换设备之间的链路（中继线）组成。

我国电话网的网路等级分为五级，由一、二、三、四级的长途交换中心和五级本地交换中心组成，根据业务流量和行政区划将全国分为几个大区，每一个大区设一个大区中心，即一级交换中心 C1；每个大区包括几个省（区），每个省（区）设一个省（区）中心，即二级中心 C2；每个省（区）包括若干个地区，每个地区设一个地区中心，即三级交换中心 C3；每个地区包括若干个县，每个县设一个县中心，即四级交换中心 C4；五级交换中心即为本地网端局，用 C5 表示，分为市话端局、卫星城镇端局、郊县端局、农话端局和农村集镇端局。它是通过用户线与用户直接相连的电话交换局，用于汇集本局用户的去话和分配他局来话业务。

城市电话网是本地电话网的主要组成部分，在本地电话网中，按城市的行政地位、经济发展速度及人口的差别，交换设备容量和网路规模和组网方案也有较大的差别。

每个本地电话网中有一个中心城市，该城市的网络结构构成了本地电话网的核心，其他城市（包括县城）由于交换局较少，网络结构简单。需要说明的是，这些交换局一般与设在中心城市的本地汇接交换局中的两个局分别按 75% 的话务量，按基干电路的标准开设电路。

本地电话网中心城市电话交换网的基本结构有：网状网、分区汇接、全覆盖等。按照本地电话网的城市结构、交换机总容量及分布，组织对应的网路结构及组网方案。

（一）网状网

网状网结构的特点是把整个城市电话网中所有端局个个相连，各端局间均按基于电路标准设置电路，其网路结构如图 8—1 所示。以这种方式组织的交换网，端局到端局间不需转接，两个端局间的用户通话所经的路由只有一种，即用户——发话端局——受话端局——用户。

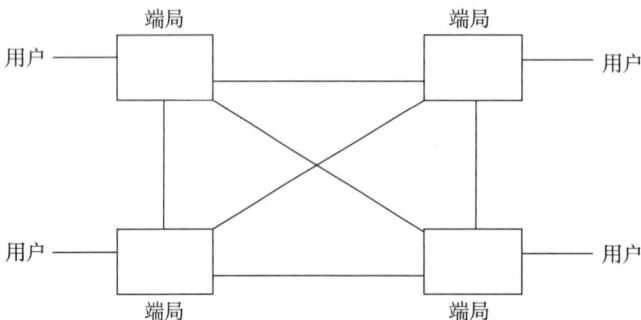

图 8—1　网状网结构图

以网状网方式组织的交换网，各端局间均设有基干电路，每个端局都有多个出局方向，虽然程控交换机不受出入局方向数量的限制，然而太多的出局方向给网路的管理和电路的调整带来一定的困难。网状网的交换网结构一般适用于网路规模较小，且交换局数目不多情况。

（二）分区汇接

分区汇接的交换网结构是把本地电话网划分成若干汇接区，在每个汇接区内选择话务密度较大的一个点或两个点作为汇接局，根据汇接区内设置汇接局数目的不同，分区汇接有两种方式。一种是分区单汇接，另一种是分区双汇接。

分区单汇接如图 8-2 所示，是比较传统的分区汇接方式。它的基本结构是在每一汇接区设一个汇接局，汇接局与端局形成二级结构。每个汇接区设一个汇接局，汇接局之间结构简单，但是网路的安全可靠性较差。当汇接局发生故障时，接到汇接局的几个方向的电路都将中断，即汇接区内所有端局的电路都将中断，使全网受到较大影响。随着电话网网路规模的不断扩大，网路的安全可靠性显得越来越重要，目前我国在确定电话网网路结构和网路组织的过程中，除个别条件不具备的地区暂时保留这种结构外，规划中一般都采用双汇接的方案。

分区双汇接结构如图 8-3 所示，在每个汇接区设两个汇接局，所有的汇接局间形成一个点点相连的网状网结构。同区的两个汇接局地位平等，平均分担话务负荷，当采用纯汇接局方案时，汇接局间话务量不允许迂回。采用这种网路结构，其汇接方式与分区单汇接局相同，可以是来话汇接、去话汇接或来、去话汇接。与分区单汇接不同的是每个端局到汇接局之间的汇接话务量一分为二，由两个汇接局承担。由于汇接局之间不允许同级迂回，故同区的两个汇接局间无需相连。以这种方式组织的交换网，当汇接区内一个汇接局故障时，该汇街区仍能保证 50% 的汇接话务量正常疏通。在传输容量许可的情况下，端局与汇接局之间按照实际需要电路的 50% 以上配备（目前常用的方案是分别按 75% 配备电路），可以使网路的安全可靠性更高。因此，分区双汇接局比分

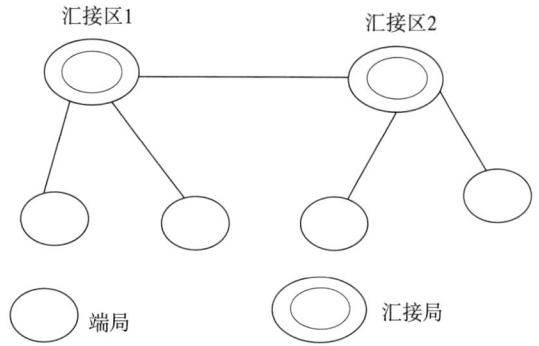

图 8-2　分区单汇接结构图

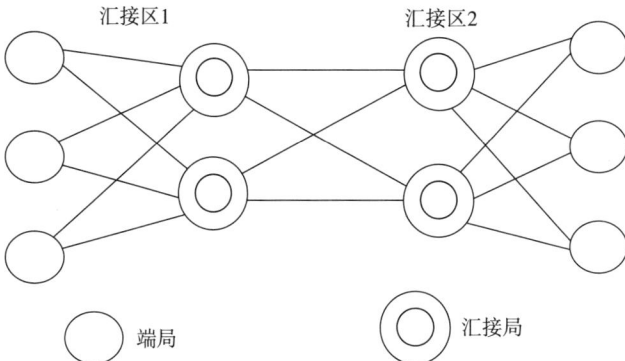

图 8-3　分区双汇接结构图

区单汇接局的交换网的安全可靠性提高了许多。这对于现代通信网对高可靠性的要求是非常有利的。分区双汇接局的交换网结构比较适用于网路规模大，局所数量多的本地电话网。

（三）全覆盖

全覆盖的交换网结构是在本地电话网中设立若干汇接局，汇接局相互地位平等，均匀分担话务负荷，汇接局间不允许迂回。综合汇接局（带有用户）应以网状网相连。由于汇接局之间不允许同级迂回，故纯汇接局之间不必做到个个相连。这种网路结构各端局至所有汇接局间均为基干电路，随机选择路由。当两端局间的话务量达到一定数量时，可以建立直达电路群。全覆盖的交换网结构端局之间最多经一次汇接，其汇接方式只能选择一种，即来去话汇接。

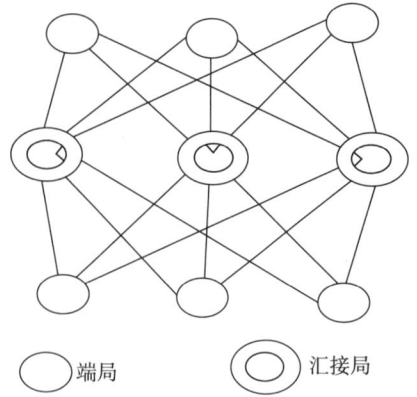

○ 端局　　◎ 汇接局

图 8-4　全覆盖结构

全覆盖方式的交换网结构比较适用于中等网路规模、地理位置集中的本地电话网。汇接局的数目可根据网路整体规模来确定。从网路的安全可靠性来讲，汇接局越多，网路的安全可靠性越高，网路的生存能力越强；从费用来讲，汇接局越多，基干电路越多，网路投资也越大。因此，在确定局所数目时，要同时考虑交换设备的处理能力和网路投资及全网安全可靠性等多方面的因素。当网路规模比较大，局所数目比较多时，交换网结构采用全覆盖方式，其直达电路数将会比分区汇接增加许多，造成全网费用大量增加。根据我国的实际情况，较小的省会城市和中等规模的城市管辖的县较少，构成中等规模的本地电话网时，可采用全覆盖方式的交换网结构。由于全覆盖的交换网结构网路结构简单，从网路发展的角度来看，是一种比较理想、使用较多的交换网结构。

三、城市电话局所规划

（一）城市电话局所规划的主要内容

城市电话局所规划是城市电话线路网设计中的一个重要部分，它对城市电话线路网的构成和发展有着直接的影响。电话局所规划根据城市市话的今后发展状况，作出长远的总体布局，在这个基础上再考虑分期的市话建设的大致设想，并相互进行修正，使各个时期的发展都尽可能符合长远发展的总体布局；尤其是对于近期建设的具体计划要充分研究，以便使近期尽量符合今后发展的建设方案，达到经济合理的发展要求。

城市电话局所规划的主要内容有：

1. 研究规划期内局所的分区范围、局所位置和数目、装设交换机械设备的容量以及大致建设年限的考虑。

2. 研究整个市话网路近期至规划期末的中继方式和其发展过程（要与市话机械设计同时配合进行）。

3. 确定市话线路网在各个时期中的用户线路、局间中继线以及长市中继线等各段落，应分配的线路传输衰减限值。

4. 确定新设局所和原有局所的互相配合关系以及交换区域的划分界线，勘定新建局所的具体位置，决定近期工程中机线设备的建设规模。

（二）城市电话局数量估算

根据规划期内某阶段固定电话的数量，可以推算电话局的数量。电话局设备容量的占用率（实装率）近期为 50%，中期为 80%，远期为 85%（均指程控设备）；新建的电话局所按照大容量、少局所的原则进行建设，每处电话局的容量一般设定为 10 ~ 15 万门，若是改造的电话局所，每处电话局的终期容量可设定为 4 ~ 6 万门。

城市电话局一般以电信局楼的形式出现。电信局楼中除了设置电话交换机房外，往往与电信业务相关的办公、营业场所合设。电信局楼可分为一般电信局楼、综合电信局楼、综合电信枢纽楼等级别，分别对应电信网络中各项设施的级别。

一般电信局楼对应端局，交换机容量可考虑新建的局楼 10 ~ 15 万门，旧局扩建 4 ~ 6 万门，其服务半径一般为 2.5 ~ 3.5 公里，服务面积 8 ~ 10 平方公里。

综合电信局楼对应汇接局。这种设施往往设置在大城市，500 万人以上城市设 8 ~ 20 个，200 ~ 500 万人城市设 4 ~ 8 个，100 ~ 200 万人城市设 2 ~ 4 个，100 万人以下城市设 2 个。

综合电信枢纽楼对应长途局。特大城市设 3 ~ 4 个，较大省会城市设 2 ~ 3 个，一般城市设 1 个，可与综合电信局楼合设。

（三）城市电话局规划布局

1. 单局制规划布局

在单局制时，电话局的位置一般位于用户密度中心。求用户密度中心较为简单，它是从理论上为确定局址提供一个大概范围。单局制的用户密度中心的求法，一般采用坐标法。由于城市中的道路分布和自然地形不同，因此，应根据实际情况来运用，一般有以下几种类型：

（1）城市中道路的走向互相垂直，且有规则（如新建的市区）。市区中无特别的自然地形时，一般直接用坐标法来求出用户密度中心。

（2）城市中道路的走向不互相垂直，但其中主要道路的一个方向比较规则时，可先以有规则的道路作为坐标轴，另一条坐标轴与此垂直得出两坐标轴的交点，即为用户密度中心。

（3）主要道路毫无规则时，可先求初步的用户密度中心，即先按坐标轴的方法求出，根据此用户密度中心进行轮廓布线，试看在此用户密度中心向四周的出线数量是否平衡。如果不平衡时，用户密度中心应向用户数较多的方向移动（注意应在沿道路的路线上移动）直到平衡为止。

（4）在局所的交换区域范围内存在着自然地形的障碍物（如城墙、公园、铁路、河流、湖泊、山丘等），因此线路必须绕道迂回。

2. 多局制规划布局

在多局制的市话网规划中，需要研究各个时期的每个局所的能够处于服务区域的用户密度中心，考虑的因素较多，情况也较复杂，如在没有自然形势等客观条件的限制时，应符合以下两个原则：

（1）各个局所的位置应在本交换区域中的用户密度中心。

（2）相邻局所的交换区域界线应在局间距离的中心线上。

在多局制的市话网中，找出各局所的用户密度中心的方法，主要采用试凑法。它比较易于结合实际，且使用较简便。

在多局制寻求用户密度中心时，如各个交换区域范围内有受到自然形势等障碍物限制，其寻求用户密度中心的方法与单局制寻求用户密度中心的方法相同。

（四）城市电话局选址

在选定电话局的具体位置时，往往受用地、经济、地质、环境等因素影响，局址选择，必须符合环境安全、业务方便、技术合理和经济实用的原则。在实际勘定局址时，应综合各方面情况统一考虑，一般应注意以下几点要求：

1．电话局址的环境条件应尽量安静、清洁和无干扰影响，应尽量避免在以下地方设局：

（1）局址附近经常有较大的振动或强噪声。

（2）周围空气中粉尘含量过高，有腐蚀性气体；或局址附近有腐蚀性的排泄物或易爆、易燃的地点，如无法避开时，也应注意不要将局所设在有腐蚀性气体或产生粉尘、烟雾、水汽较多等厂房的常年下风侧。

（3）总降压变电所的附近和距110kV以上输电线路较近的地点。

2．地质条件要好，局址不应临近地层断裂带、流砂层等危险地段，对有抗震要求的地区，应尽量选择对房屋抗震和建设有利的地方，避开不利地段。

3．电话局址的地形应较平坦，避免太大的土方工程；选择地质较坚实、地下水位较低，以及不会受到洪水和雨水淹灌的地点。避开回填土、松软土及低洼地带；在厂矿区设局时，还应注意避开雷击区有可能塌方或滑坡的地方以及将来有可以挖掘巷道的地点。

4．电话局址要与城市建设规划协调和配合，应避免在居民密集地区，或要求建设高层建筑的地段建局，以减少拆迁原有房屋的数量和工程造价。

5．要尽量考虑近、远期的结合，以近期为主适当照顾远期，对于局所建设的规模、局所占地范围、房屋建筑面积等，都要留有一定的发展余地。

6．局所的位置应接近线路网中心，使线路网建设费用和线路材料用量最少，局址还应便于进局电缆两路进线和电缆管道的敷设。如与长话和农话等部门合设时，应适当考虑到长途和农话线路进局的方便和要求。

7．要考虑维护管理方便，电话局址不宜选择在过于偏僻或出入极不方便的地方，如市话网为单局制时，市话与长途、农话、邮政和营业等部门常常合设在一起，这时局所位置不应单纯从市话考虑，必须从电信各个专业的特点和要求，全面分析和研究。并要考虑营业部门便于为群众服务，一般常在临近城市中心的地方选择局址。

选择符合要求的局所位置，应根据调查了解的资料和现场勘测情况，进行研究分析，提出几个较为接近理想局址的地点，进行技术和经济比较，排列先后选用的顺序，城市规划与建设管理部门共同选择技术合理又结合实际的局所位置。

第三节　城市移动通信设施规划

移动通信网是指通信的一方或双方在移动中进行通信的方式。它突破了以往固定电话之间通信的局限性，用户可以在移动中与另一个移动用户或固定用户进行通信，提高了通信的效率，更加方便快捷。随着移动用户的不断增加，移动通信系统功能逐步更新，移动通信网络也不断进行优化：我国从第一代模拟移动通信网，目前已经发展到第四代的数字移动通信网（4G）。

随着移动通信技术的不断发展，移动通信网的功能也越来越强大和完善，由过去的双方通信发展为多方通信、由语音通信发展到数据通信，并且逐步向语音、数据、视频图像三者综合的方向发展。

涉及城市规划的城市移动通信规划主要内容有移动通信服务区划分、移动通信需求量估算和移动通信设施的布局规划。

一、移动通信服务区划分

（一）移动通信网的体制

按移动通信网服务区的覆盖方式可分为小容量大区制和大容量小区制。

1. 大区制

在一个服务区（如一个城市）只设一个基站，由该基站负责服务区移动台的通信、联络和控制。为扩大服务区的范围，常用的作法是增加基站天线高度，加大发射机的功率。但由于移动台电源容量有限，发射功率较小，当移动台距离基站较远时，基站将无法收到移动台的信号。为了克服这一矛盾，通常采用分集接收技术，即在服务区内的适当位置增设接收站的办法，如图8-5所示。

大区制移动通信系统的网络结构简单，便于维护和管理。但由于整个服务区只有一个基站，频率不能重复使用（即频率复用），频率利用率低，导致系统容量小。故在用户较少的专用移动通信网中应用较多。

2. 小区制

将整个服务区划分为若干小区，在每个小区设置一个基站（BS），负责小区内移动台的通信、联络和控制。同时还要设置一个移动业务交换中心（MSC），负责小区间的通信连接和对基站的控制。由于是多基站系统，当移动用户从一个小区移动到另外一个小区时，需要进行越区信道切换，对系统的交换控制功能要求更高。小区的大小和设置可根据用户密度的不同来确定。

小区制移动通信系统可采用频率复用技术，如图8-6所示，当小区相隔一定的距离时，彼此之间的干扰减小，则可以分配相同的信道，如A1、A2、

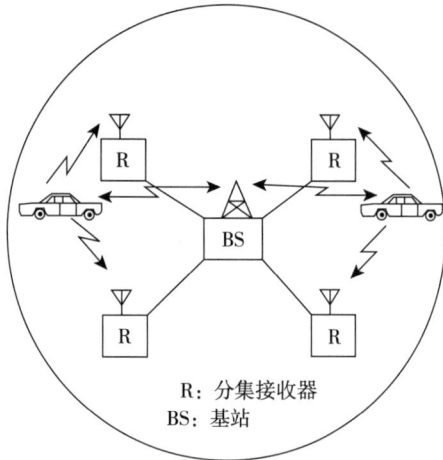

图 8-5 大区制移动通信系统结构示意图

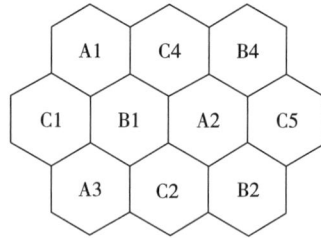

图 8-6 频分复用区域图

A3 三个小区可以使用相同的信道组"A"，B1、B2、B4 可以使用相同的信道组"B"，C1、C2、C4 可以使用相同的信道组 "C"。如此提高了系统的频率利用率和系统容量，但网络结构复杂，投资巨大。尽管如此，为了获得更高的系统容量，在城市等人口密集区常采用小区制公用移动通信网。

（二）移动通信系统区划

在蜂窝移动通信系统中小区的合理划分以及频率的合理分配，均可以提高系统资源的利用率和投资效益。蜂窝移动通信系统的区域划分有两种，分为带状服务区和面状服务区两种。

1. 带状服务区

当移动通信系统需要覆盖的区域呈条带状时，成为带状服务区。小区沿服务区覆盖走向排列，称"带状网"有时也称"链状网"，如铁路上使用的移动通信系统，如图 8-7 所示。

为克服干扰，相邻小区采用不同频率组，频率组的配置方法有双组频率制和多组频率制（常用的为三组频率制）。由于频率资源有限，在带状网中尽可能采用双频制。有时由于地形的影响，需要相隔两个小区才可以使用相同的频率组，这时可采用三频制。从抗干扰上看，使用的频率组越多越好，多频制优于双频制；从频率资源利用率上看，双频制优于多频制。

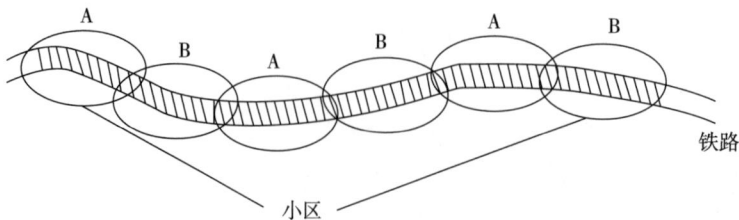

图 8-7 带状服务区示意图

2.面状服务区

公用移动通信网在大多数情况下，其服务区为平面状，称为面状服务区，如图8-8所示。这时小区的划分较为复杂，由于容量大，其频率组的配置常采用多频制，所有采用不同频率组的小区构成一个区群。图中所示的是由A1、B1、C1、D1 四个不同频率组构成一个区群，该区群频率组重复使用了三次。随着用户容量及密度的增加，可通过设置新的小区或小区分裂来保证服务质量。

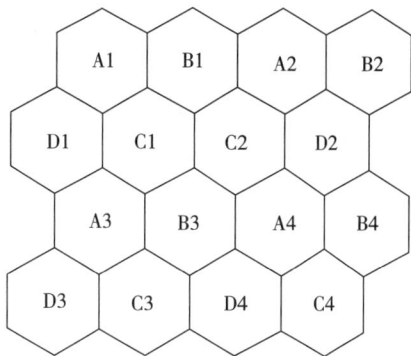

图 8-8 面状服务区示意图

二、城市移动通信需求量估算

城市移动通信需求量与城市经济发展、人口增长以及市民对通信要求密切相关。需根据各个城市的移动通信现状水平、经济水准、城市规模等因素，由各个城市移动通信运营商进行市场预测。移动通信网络发展水平预测指标为用户普及率。近年来，我国和世界各国的移动通信普及率提高非常快，我国目前的移动电话普及率已经达到 90 部／百人左右的水平，基本接近饱和，未来的移动通信发展，将以提高通信质量和速度、与互联网深度融合为主要方向。

三、城市移动通信设施规划

移动通信网的主要设施是移动电话局和基站。基站与移动终端直接联系，与移动电话局建立信息联系，移动电话局相当用于固定电话本地网的端局，其与固定电话局之间以"关口局"取得联系（一般关口局与移动电话局合设），然后通过本地网连接本地固话局和其他运营商的移动电话局，或通过长途局联系其他地区的网络和用户。

在我国，目前的几个运营商都分别在各城市建设自己的移动电话局和基站，各自拓展业务，展开竞争。

基站设于某一地点，是服务于一个或几个蜂窝小区的全部无线设备的总称。它是在一定的无线覆盖区域内，由移动业务交换中心 MSC 控制，与移动终端进行通信的设备。基站设置可以设置在建筑物屋顶（考虑到基站的辐射影响，基站一般设置在非住宅的建筑屋顶），也可以设置在移动运营商专门设置的铁塔上，基站天线高度一般在 25 ～ 45m 左右，各基站的间距 1 公里左右，服务面积不能过大。各运营商可以分别建设基站，但从城市规划的角度来说，各运营商基站宜合设，以节约用地。

当用户数超过 1500 户时，即可设置移动电话局，移动电话局的最大容量在 8 ～ 12 万用户之间。用户数 10 ～ 40 万时，移动局布局为网状网，关口局作为汇接局与固话局联系；用户数 40 ～ 100 万时，关口局作为汇接局，以全覆盖形式连接移动电话局和固定电话局。移动电话局一般与运营商的办公和营业设施合设。

第四节　城市广播电视设施与其他通信设施规划

一、城市广播电视设施规划

（一）广播、电视中心配置标准

广播、电视中心是指自制节目，自办节目，播出节目，并具有录播、直播、微波及卫星传送和接收等功能或部分功能的广播电视台。

1. 省级电视中心建设标准

省级电视中心按规模分为 I、II 等两类，其建设标准见表 8-6。

2. 省辖市级广播、电视中心建设标准

省辖市级广播、电视中心规模分为 I、II 等两类，其建设标准见表 8-7：

省级电视中心建设规模分类　　　　表 8-6

项目		I 类	II 类
播出节目量（h/d）	一套综合节目	4 ~ 5	8 ~ 10
	一套教育节目	3 ~ 4	6 ~ 8
自制节目量（h/d）	自制综合节目	1	2
	自制教育节目	1 ~ 2	3 ~ 4
建筑面积（m²）		14000	19000
占地面积（hm²）		3 ~ 4	4 ~ 5

省辖市级广播、电视中心建设规模分类　　　　表 8-7

项目		I 类	II 类
广播（h/d）	中波节目播出量	≥ 10	≥ 14
	调频节目播出量	≥ 5	≥ 8
	自制节目量	≥ 1	≥ 1.4
电视（h/d）	综合节目播出量	≥ 2.5	≥ 3.5
	教育节目播出量	≥ 2.5	≥ 3.5
	自制综合节目量	≥ 0.4	≥ 0.75
	自制教育节目量		≥ 0.75
建筑面积（m²）		6000	8000
占地面积（hm²）		1.2 ~ 1.5	1.6 ~ 2

（二）有线电视设施规划

目前，城市的有线电视网迅速成长为广播电视行业的主体，主要经营电视和互联网业务。我国的有线电视以双向交互式业务为基本出发点，不断推出新的技术和服务内容，为有线电视用户提供更好的体验。

城市中有线电视网的组构与固话网有相似之处：有线电视总前端相当于市汇接局，通过光缆与各区县的有线电视分前端（相当于城市端局和县局）联系，各区县的分前端连接各小区或街区、建筑的光接点（光缆—铜缆接口）。

有线电视的总前端、分前端设施较小，一般都设置在市、区、县的广播电视管理设施内，不需要另行进行设施规划选址。

二、城市其他通信设施规划

（一）城市其他通信设施种类

城市其他通信设施主要有无线电发射台、载波台、微波站、地球站等等。

（二）城市其他通信设施选址原则

1. 各类通信设施位址应有安全的环境，应选在地形平坦、土质良好的地段；应避开断层、土坡边缘、故河道及容易产生砂土液化且有可能塌方、滑坡和有地下矿藏的地方。不应选择在易燃、易爆的建筑物和堆积场附近。不应选择在易受洪水淹灌的地区。若无法避开时，可选在基地高程高于要求的设计标准洪水水位 0.5m 以上的地方。

2. 各类台、站址应有卫生条件较好的环境。不宜选择在生产过程中散发有害气体、较多烟雾、粉尘、有害物质的工业企业附近。

3. 各类台、站址应有较安静的环境。不宜选在城市广场、闹市地带、影剧院、汽车停车场或火车站，以及发生较大震动和较强噪声的工业企业附近。

4. 各类台、站址应考虑临近的高压电站、电气化铁道、广播电视、雷达、无线电发射台等干扰源的影响。

5. 各类台、站址应满足安全、保密、人防、消防等要求。

6. 无线电台址中心距重要军事设施、机场、大型桥梁等的距离不得小于5km。天线场地边缘距主干铁路不得小于 1km。

（三）微波通信规划

1. 微波站址规划

（1）广播、电视微波站必须根据城市经济、政治、文化中心的分布，重要电视发射台（转播台）和人口密集区域位置而确定，以达到最大的有效人口覆盖率。

（2）微波站应设在电视发射台（转播台）内，或人口密集的待建台地区，以保障主要发射台的信号源。

（3）选择地质条件较好，地势较高的稳固地区，作为站址。

（4）站址通信方向近处应较开阔、无阻挡以及无反射电波的显著物体。

（5）站址能避免本系统干扰（如同波道、越站和汇接分支干扰）和外系统干扰（如雷达，地球站，有关广播电视频道和无线通信干扰）。

（6）在山区应避开风口和背阳的阴冷地点设站。

（7）偏僻地区的中间站应考虑交通、供电、水源、通信和生活等基本条件。在渺无人烟和自然环境特殊困难的地段，应设无人站。

2. 微波线路路由规划

（1）根据线路用途,技术性能和经济要求,作多方案分析比较,选出效益高,

图 8-9　微波天线近场
净空区

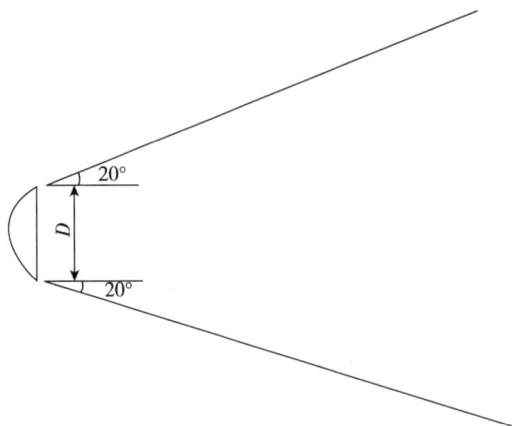

可靠性好，投资少的 2～3 条路由，再作具体计算分析。

（2）微波路由走向应成折线形，各站路径夹角宜为钝角，以防同频越路干扰。

3. 微波天线位置和高度

微波天线塔的位置和高度，必须满足线路设计参数对天线位置和高度的要求。在传输方向的近场区内，天线口面边的锥体张角约 20 度，前方净空距离为天线展开面直径的 10 倍范围内（图 8-9），应无树木，房舍和其他障碍物。

目前，城市中的高层建筑越来越多，对原有的微波通道影响很大，因此，规划一般要求保护现有的通道不被阻挡，另一方面也不再新增微波通道。

第五节　城市有线通信网络线路规划

一、城市有线通信线路种类与特征

城市有线通信线路是城市各类通信系统网络联系的主体，也是各通信系统相互间联系时不可缺少的连体。城市有线通信线路种类通常按使用功能、线路材料、线路敷设方式等来分类。

（一）城市有线通信线路的使用功能分类

当前城市有线通信线路使用功能系统有长途电话、市内电话、郊区（农村）电话、有线电视（含闭路电视）、有线广播、计算机信息网络（Internet）、社区治安保卫监控系统，以及特殊用途通信等有线通信线路。

（二）城市有线通信线路的材料分类

城市有线通信线路材料目前主要有：光纤光缆、电缆和金属明线等。

光缆通信是以光纤为传输介质，以高频率的光波作载波，具有传输频带宽，通信容量大，中继距离长，不怕电磁干扰，保密性好，无串话干扰，线径细，重量轻，抗化学腐蚀，柔软可挠，节约有色金属材料等优点。其缺点是强度低于金属线，连接比较困难，分路与耦合较不方便，弯曲半径不宜太小等。光缆容量远大于其他传输线路，光纤通信系统分类详见表 8-8。

通信电缆是以有色金属为传输介质,电流信号作载波。具有传输频带较宽,通信容量较大、多层多线、中继距离较长、抗电磁、抗化学腐蚀、保密性等方面,较金属导线强。

有线通信线路材料发展趋势正逐步由通信光缆、电缆取代传统的金属导线线路。

(三)城市有线通信线路的敷设方式分类

城市有线通信线路敷设方式有架空、地埋管道、直埋、水底敷设等方式。其中管道敷设有本系统线路共管,与其他通信系统线路共管,以及与城市其他工程管线汇集在一起的公共管沟敷设。架空敷设有本系统同杆、多通信系统同杆,以及与其他工程线路同杆等敷设方式。

光纤通信系统分类 表 8-8

	类别	特点
按光波长划分	短波长光纤通信系统	系统工作波长为 0.8～0.9μm,中继距离短,在 10km 以内
	长波长光纤通信系统	系统工作波长为 1.0～1.6μm,中继距离长,可在 100km 以上
	超长波长光纤通信系统	系统工作波长为 2μm 以上,中继距离很长,可达 1000km 以上,非石英光纤
按光纤特点划分	多模光纤通信系统	石英多模光纤,传输容量较小,一般在 140Mb/s 以下
	单模光纤通信系统	石英单模光纤,传输容量大,一般在 140Mb/s 以上
按传输信号形式划分	光纤数字通信系统	传输数字信号,抗干扰能力强
	光纤模拟通信系统	传输模拟信号,适于短距离传输,成本低
其他	外差光纤通信系统	光接收机灵敏度高,中继距离长,通信容量大,设备复杂
	全光通信系统	不需要光电转换,通信质量高
	波分复用系统(WDM)	在一根光纤上可传输多个光载波信号,通信容量大、成本低

二、城市电话线路规划

电话线路是各类电话局之间、电话局与用户之间的联系纽带,是电话通信系统最重要的环节,也是建设投资最大的部分。通常,新建一个电话端局,局房土建占总投资的 20%,交换机等设备占投资的 30% 左右,线路占总投资的 50% 左右。合理确定线路路由和线路容量是电话线路规划的两个重要因素。汇接局之间,汇接局至端局之间线路路由应直达,或距离最短为佳。端局至用户的线路路由也应便捷而且架设方便,干扰小,安全性高。线路应留有足够的容量,在经济、技术许可的情况下,应首先使用通信光缆,以及同轴电缆等高容量线路,提高线路的安全性和道路的利用率。线路敷设最理想是采用管道埋设,其次为直埋。在经济条件较差的城市,近期可采用架空线路敷设,远期逐步过渡到地下埋设。过河电话线路宜采用桥上敷设方式,若河流较小,也可采用架空跨越方式。当桥上敷设有困难时，可在技术经济合理条件下采用水底敷设。

（一）电话管道线路规划

1．管道路由选择

（1）管道路由应尽可能短直，应避免急转弯。

（2）管道宜建于光缆、电缆集中和城市规划不允许建设架空线路的路由上，避免沿交换区界线、铁路、河流等用户不多的地带敷设。

（3）管道避免设在规划尚未定型的道路下，或者虽已成型，但土壤未沉实的道路。避免在流沙、翻浆地带修建管道。

（4）充分研究管道分路敷设的可能（包括道路两侧敷设的可能），以增加管网的灵活性，创造线路逐步实现地下化的条件。

（5）管道应远离电蚀和化学腐蚀地带。

（6）管道应选择敷设在地上、地下障碍物较少的街道。

2．管道位置

管道宜敷设在人行道下，若在人行道下无法敷设，可敷设在非机动车道下，不宜敷设在机动车道下。管道中心线应与道路中心线成建筑红线平行，管道位置宜与杆路同侧，便于电缆引上，管道不宜敷设在埋深较大的其他管线附近。

3．利用管道方式的光缆线路

当管孔直径远大于光缆外径时，应在原管孔中采用子管道方式。子管道的总外径不应超过原管孔内径的85%；子管道内径不宜小于光缆外径的1.5倍。

4．电话管道、管群组合

混凝土电话管道的常用管群组合排列见表8-9。

混凝土电话管道常用管群组合　　　　表8-9

管孔数	管孔排列	管群组合尺寸（mm）		管群排列示意
		高度	宽度	
2	2孔卧铺	140	250	○ ○
3	3孔卧铺	140	360	○ ○ ○
4	4孔平铺	250	250	○○ ○○
6	6孔立铺	360	250	○○ ○○ ○○ 6孔立铺　○○○ ○○○ 6孔卧铺
	6孔卧铺	250	360	
8	8孔立铺	515	250	○○ ○○ ○○ ○○ 8孔立铺　○○○○ ○○○○ 8孔并铺
	8孔并铺	250	515	
9	9孔立铺	405	360	○○○ ○○○ ○○○

管孔数	管孔排列	管群组合尺寸 (mm)		管群排列示意
		高度	宽度	
10	10孔立铺	625	250	
12	12孔立铺	735	250	
	12孔卧铺	515	360	
	12孔并铺	360	515	
16	16孔叠铺	515	515	
18	18孔叠铺	780	360	
	18孔并铺	360	780	
20	20孔立铺(甲式)	625	515	
	20孔卧铺(乙式)	515	625	
24	24孔立铺(甲式)	735	515	
	24孔卧铺(乙式)	515	735	
30	30孔（乙式）	780	625	
	30孔（丁式）	670	735	

续表

管孔数	管孔排列	管群组合尺寸 (mm)		管群排列示意
		高度	宽度	
36	36孔（乙式）	780	735	

注：管孔内径100mm。

（二）电话直埋电缆、光缆线路规划

容量在 300 对及以上的主干电缆和特别重要或有特殊要求的电缆应采用地下敷设，通常采用电缆直埋敷设方式。

1. 地埋电缆、光缆线路路由

地埋电缆、光缆线路路由要求与管道线路路由相同。路由短捷，安全可靠，施工维护方便。直埋电缆、光缆线路不宜敷设在地下水位高、常年积水的地方。避免敷设在今后可能建筑房屋、车行道的地方，以及地下建筑复杂、经常有挖掘可能的地方。

2. 地埋电缆埋深

一般情况下，直埋电缆、光缆的埋深应为 0.7 ~ 0.9m。直埋电缆、光缆应加覆盖物保护，并设标志。直埋电缆、光缆穿越电车轨道，或铁路轨道时，应设于水泥管或钢管等保护管内，其埋深不宜低于管道埋深的要求。

（三）架空电话线路

1. 架空电话线路路由

架空电话线路的路由要求短捷，安全可靠。

2. 架空电话线路位置

（1）市话电缆线路不应与电力线路合杆架设，不可避免与 1 ~ 10kV 电力线合杆时，电力线与电信电缆间净距不应小于 2.5m；与 1kV 电力线合杆时，净距不应小于 1.5m。

（2）市话线路不宜与长途载波明线合杆。市话电缆电路必要与三路及以下载波明线线路合杆时，市话电缆应架设在长途导线下部，隔距应不小于 0.6m。

（3）市话明线线路不应与电力线路、广播架空明线线路合杆架设。

（4）一般情况下，市话网中杆路的杆间距离为 35 ~ 40m。

三、城市有线电缆、广播线路规划

（一）有线电视、广播线路路由

（1）有线电视、广播线路应短直，少穿越道路，便于施工及维护。

（2）线路应避开易使线路损伤的场区，减少与其他管线等障碍物交叉跨越。

（3）线路应避开有线电视、有线广播系统无关的地区，以及规划未定的地域。

（二）有线电视、广播线路敷设方式

（1）有线电视、广播线路路由上有电信光缆，且技术经济条件许可，经与通讯部门商议同意，利用光缆一部分作有线电视、有线广播线路。

（2）电视电缆、广播电缆线路路由上如有电信管道，可利用管道敷设电视电缆、广播电缆，但不宜和电信电缆共管孔敷设。

（3）电视电缆、广播电缆线路路由上如有电力、仪表管线等综合隧道，可利用隧道敷设电视电缆、广播电缆。

（4）电视电缆、广播电缆线路路由上有架空通信电缆，可同杆架设。

（5）电视电缆、广播电缆线路沿线有建筑物可供使用，可采用墙壁电缆。

（6）对电视电缆、广播线路有安全隐蔽要求时，可采用埋地电缆线路。

（7）电视电缆、广播电缆在易受外界损伤的路段，穿越障碍较多而不适合直接敷设的路段，宜采用穿管敷设。

（8）新建筑物内敷设电视电缆、广播线路宜采用暗线方式。

第九章　城市环境卫生工程系统规划

　　在城市化进程中，垃圾作为城市代谢的产物，是城市的负担。世界上许多城市有过垃圾围城的局面。但如今，垃圾被认为是最具开发潜力的、永不枯竭的"城市矿藏"，是"放错地方的资源"，垃圾处理行业逐步成为发展循环经济的重要抓手。

　　目前城市垃圾收集与处理系统目前进入了快速发展的阶段，城市垃圾处理产业初具规模，垃圾收集处理设施建设从量到质都有了很大提升，覆盖城乡的垃圾收集系统初步建立，一批技术先进、环保效果好、环境影响小的垃圾处理设施相继投入运营。但与目前快速城镇化提出的需求相比较，仍有诸多问题需要解决。

　　我国城市的环卫工程系统建设近年来遭遇到的主要问题，一是由于规划建设体制存在缺陷，城市规划公众参与不足，规划的环卫设施建设运营后，对周边居民的生活造成较大的环境影响，对利益受损群体缺乏有效的补偿机制，引发"邻避"问题，公众不理解甚至采取行动反对环卫设施建设的事件屡有发生；二是因规划缺乏预见性，城市建成区范围扩张后，原来位于城市外围的环卫设施与新拓展地区的城市生活生产功能产生冲突，进而引发各种矛盾；三是由于城市规划中缺乏对一些小型的环卫设施（如垃圾收集站、公厕等）的定位和配建要求，导致这些环卫设施难以落地实施。

要解决上述问题，需要认真研究城市环卫工程系统规划的相关问题，应以前瞻性、战略性眼光进行环卫设施规划布局，处理好城市环卫设施与周边功能区域的关系。同时，提高规划的透明度，强化公众参与，争取公众对于环卫设施建设的理解和支持。

第一节　城市固体废物系统规划

一、城市固体废物种类

固体废弃物是指人们在开发建设、生产经营、日常生活活动中向环境中排放的固态和泥状的对持有者已没有利用价值的废弃物质。固体废弃物的分类方法很多，通常按来源可分为工业固体废物、农业固体废物、城市垃圾。工业废物就其来源有矿业、冶金、石化、电力、建材等废物；根据其毒性和有害程度又可分为危险废物和一般废物。农业废物主要指农业生产、畜禽饲养及农村居民生活等排出的废物，如农业塑料制品、植物秸秆、人和禽畜粪便等。城市垃圾指居民生活、商业活动、市政建设与维护、公共服务等过程产生的固体废物。在城市环境卫生工程系统规划中，最主要是考虑城市垃圾的收集、清运、处理、处置和利用，同时也应对在城市中产生的工业固体废物的收运和处理提出规划要求，以减少对城市和环境的危害。在城市规划中所涉及的城市固体废物主要有以下四类：

（一）城市生活垃圾

指人们生活活动中所产生的固体废物，主要有居民生活垃圾、商业垃圾和清扫垃圾，另外还有粪便和污水污泥。居民生活垃圾来源于居民日常生活，主要有炊厨废物、废纸制品、织物、废塑料制品、废金属制品、废玻璃陶瓷、废家具和废电器、煤灰渣、灰土等。商业垃圾来源于商业和公共服务行业，主要有废旧的包装材料、废弃的菜蔬瓜果和主副食品、灰土等。清扫垃圾是城市公共场所，如街道、公园、体育场、绿化带、水面的清扫物及公共箱中的固体废弃物，主要有枝叶、果皮、包装制品及灰土。城市生活垃圾是城市固体废物主要组成部分，其产量和成分随着城市燃料结构、居民消费习惯和消费结构、城市经济发展水平、季节与地域等不同而有变化。例如燃气化和集中供暖程度高的城市的生活垃圾产量比分散燃煤地区低得多。随着我国城市发展和居民生活水平提高，我国城市生活垃圾产量增长较快。从近年来我国城市生活垃圾的成分变化分析看，无机物减少，有机物增加，可燃物增多。城市生活垃圾中除了易腐烂的有机物和炉灰、灰土外、各种废品基本上可以回收利用。城市生活垃圾是城市环境卫生工程系统规划的主要对象。

（二）城市建筑垃圾

指城市建设工地上拆建和新建过程中产生的固体废弃物，主要有砖瓦块、渣土、碎石、混凝土块、废管道等。近年来，随着我国城市建设量增大，建筑垃圾的产量也有较大增长。

（三）一般工业固体废物

指工业生产过程中和工业加工过程中产生的废渣、粉尘、碎屑、污泥等，主要有尾矿、煤矸石、粉煤灰、炉渣、冶炼废渣、化工废渣、食品工业废渣等。一般工业固体废物对环境产生的毒害比较小，基本上可以综合利用。

（四）危险固体废物

指具有腐蚀性、急性毒性、浸出毒性及反应性、传染性、放射性等一种或一种以上危害特性的固体废物，主要来源于冶炼、化工、制药等行业，以及医院、科研机构等。危险废物尽管只占工业固体废物的 5% 以下，但其危害性很大，在明确产生者作为治理污染的责任主体外，应有专门机构集中控制。

二、城市固体废物量预测

随着我国人口持续增长、消费水平提升及工业生产等逐年增长，我国固废产生量还在大幅度增长，2001 年我国固废产生量为 10.2 亿吨，到 2012 年已达约 33.9 亿吨，年均增长率超过 11%。当然，这个高速增长期不会长期持续，固废总量增长会在规划的远期逐步下降。

（一）城市生活垃圾产量

城市生活垃圾产量预测一般有人均指标法和增长率法，规划时可以用两种方法，结合历史数据进行校核。

1. 人均指标法

据统计，目前我国城市人均生活垃圾产量为 0.6～2.0kg 左右。这个值的变化幅度较大，主要受城市具体条件影响，比如基础设施齐备的大城市的产量低，而中、小城市的产量高；南方地区的产量比北方地区的低。比较于世界发达国家城市生活垃圾的产量情况，我国城市生活垃圾的规划人均指标以 0.8～1.8kg 为宜。由人均指标乘以规划人口数则可得到城市生活垃圾总量。

2. 增长率法

由递增系数，利用基准年数据算得规划年的城市生活垃圾总量，见下式：

$$W_t = W_0 (1+i)^t \tag{9-1}$$

式中　　W_t——规划年城市生活垃圾产量；

　　　　W_0——现状年城市生活垃圾产量；

　　　　i——年增长率；

　　　　t——预测年限。

该种方法要求根据历史数据和城市发展的可能性，确定合理的增长率。它综合了人口增长、建成区的扩展、经济发展状况和煤气化进程等有关因素，但忽略了突变因素。根据发达国家的历史经验，城市生活垃圾产量增长到一定阶段后，增加幅度逐渐放慢，趋于稳定甚至减少。从 1990 年至 2012 年，我国生活垃圾均产量的增长率约为 4.50%，略高于欧美发达国家，但城市人均日清运量仅为 0.66 公斤（按 2012 年末 7.12 亿城镇人口测算），远不及欧盟的 1.5 公斤和美国的 2 公斤，随着经济发展水平的提高和城市化进程的推进，我国生活垃圾产总量和人均仍将持续增长。规划时，应在不同时间段内，选用不同的增长率。

（二）工业固体废物产量

工业固废是我国固废的最主要组成部分，而且增长速度高于生活垃圾和危险废物，2001 年占比约 87%，2012 年已提高至 94%，生活垃圾占比从 2001 年的 13% 下降到 2012 年的 5%。自新世纪以来，我国工业固废产生量从 2001 年的 88746 万吨，增长到 2012 年的 329046 万吨，年复合增长率为 11.54%。

工业固体废物的产量与城市的产业性质与产业结构、生产管理水平等有关系。其预测方法主要有：

1. 单位产品法

即根据各行业的统计数量，得出每单位原料或产品的产废量。冶金工业中，单位产品每吨铁产生高炉渣 400 ~ 1000kg；每吨钢产生钢渣 150 ~ 250kg；每吨铁合金产生合金渣 2000 ~ 4000kg。有色金属工业中，每生产 1t 有色金属排出 300 ~ 600kg 渣；电力工业中，每生产 1t 煤产生炉灰渣及粉煤灰 100 ~ 300kg；化学及石化工业中，每吨硫酸产品，排硫铁矿渣 500kg；每吨磷酸，排磷石膏 4000 ~ 5000kg；每吨乙炔产生电石渣 2500 ~ 3000kg。建材工业中，产生的水泥窑灰为水泥产量的 10% 左右。规划时，若明确了工业性质和计划产量，则可预测出产生的工业固体废物。

2. 万元产值法

根据规划的工业产值乘以每万元的工业固体废物产生系数，则得出产量，参照我国部分城市的规划指标，可选用 0.04 ~ 0.1t/ 万元的指标。当然最好先根据历年数据进行推算。

3. 增长率法

可根据上面的公式（9-1）计算，参考历史数据和城市产业发展规划，确定工业固废的增长率。

三、城市生活垃圾收集与运输

城市生活垃圾的收集与运输是指生活垃圾产生以后，由容器将其收集起来，集中到收集站后，用清运车辆运至转运站或处理场。垃圾的收运是城市垃圾处理系统中的重要环节，影响着垃圾的处理方式，其过程复杂，耗资巨大，通常占整个处理系统费用的 60% ~ 80%。垃圾的收集运输方式受到城市地理、气候、经济、建筑及居民的文明程度和生活习惯的影响，所以应结合城市的具体情况，选择节省投资、高效合理的方式，为后续处理创造有利条件。在城市垃圾的收运过程中，应尽可能封闭作用，以减少对环境的污染。建筑垃圾一般由建设单位自行运至处理场所或由环卫部门代运。工业固体废物由生产企业负责收运，并以厂际间的综合利用为主。所以本部分主要介绍城市生活垃圾的收集和运输。

（一）生活垃圾的收集

生活垃圾的收集是指将产生的垃圾用一定的设施和方法将其集中起来，以便于后续的运输和处理，各地集体情况不同，则垃圾的收集方法也有很多种，并且随着社会和技术进步，不断变化。

垃圾收集方法从源头上有混合收集和分类收集两种。混合收集是将产生的各种垃圾混在一起收集，这种方法简单、方便，对设施物运输的条件要求低，是我国各城市通常采用的方法。但从处理的角度讲，混合垃圾在处理前面经过分选，然后才能对有机物、无机物、可回收利用物质等进行不同的处理，所以混合收集不利于后期处理和资源的回收。由于混合收集的种种弊端，人们提倡从源头开始的分类收集，经过许多国家的实践和我国部分城市的试点，取得了良好的效果。分类收集与混合收集相比较给居民和环卫部门造成了一定的工作量，但若全社会共同配合，并不是困难的事，必须注意，分类收集应与垃圾的整个运输、处理、处理和回收利用系统相一致。若在清运时无法分类清运，或没有建立分类回收利用系统，分类收集也就失去了意义。所以，规划必须从城市垃圾管理的整个系统选择收集方式。

垃圾的分类根据城市的处理利用方式有多种，如分成 2 类：有机垃圾（厨房垃圾）——堆肥，无机垃圾（炉灰、灰土）——填埋；或可燃垃圾——焚烧，不可燃垃圾——填埋。分成 3 类：厨房垃圾——堆肥，灰土垃圾——填埋，纸（玻璃、金属）——回收；或可燃垃圾——焚烧，灰土垃圾——填埋，玻璃（或金属）——回收。分成 4 类：有机垃圾——焚烧或堆肥，灰土垃圾——填埋，纸（玻璃、金属）——资源回收；电池、灯管等有害垃圾——单独处理。有的还可以再分，如大件垃圾（家具、大型家电器等）。

除了按垃圾成分分类外，还可以按不同产生源区域分类。因为即使在源头的混合垃圾也因处在不同的产生源区域而显著区别。而不同产生源区域垃圾的区别直接影响到采用的处理方法，还可以按不同产生源区域分类。因为即使在源头的混合垃圾也会由于处在不同的产生源区域而有显著区别。而不同产生源区域垃圾的区别直接影响到采用处理方法，如饭店和高级住宅区的垃圾中可回收物是燃煤居住区的 3 ~ 5 倍，而商业区垃圾中可焚烧物是燃煤居住区的 3 ~ 4 倍。我国标准《城市垃圾产生源分类及垃圾排放》将垃圾产生源划分为 9 大区域，例如非燃煤居住区、燃煤居住区、商业区、事业区、医院等。

垃圾收集过程通常有以下几种方式：

1. 垃圾箱（桶）收集

这是最常用的方式。垃圾箱置于居住小区楼幢旁、街道、广场等范围内，用户自行就近向其中倾倒垃圾。在小区内的垃圾箱一般应置于垃圾间内。现在城市的垃圾箱一般是封闭的，并有一定规格，便于清运车辆机械作业。以前的垃圾台式收集方式因污染环境和不便操作，逐渐被淘汰。采用不同标志的垃圾箱可以实现垃圾的分类收集。

2. 垃圾管道收集

在多层或高层建设筑物内设置垂直的管道，每层设倒口，底层垃圾间里设垃圾容器。这种方式不必使居民下楼倾倒垃圾，比较方便。但常因设计和管理上的问题，产生管道堵塞、臭气、蚊蝇孳生等现象。当然若设计合理和管理严格，还是有较好效果的。这是混合收集方式。不过，现在出现了一种在投入口就可以控制楼下不同接受容器的分类收集方式。

3. 袋装化上门收集

在垃圾箱收集方式中也有不少城市要求垃圾袋装化后才能进入垃圾箱。垃圾袋装可以避免清运过程中垃圾的散失，减少垃圾箱周围臭气和蚊蝇孳生。垃圾袋装化上门收集是指居民将装的垃圾放至固定地点（通常在单元入口旁，不必跑到较远的地方）。由环卫人员定时将垃圾取走，送至垃圾站或垃圾压缩站，压缩后，集装运走。这种方式近年来在我国城市大为推广，具有明显的效益。它减少了散装垃圾的污染和散失，基本上取消了居住小区内和街道上的垃圾箱以及垃圾收集间，大大节省了用地面积（只需设数量很少的垃圾压缩站），并利于后续的运输。采用压缩集运的方式，提高了运输效率。该方式是定点、定时收集，需要居民和单位配合。若垃圾分类袋装，则需要分类收集运输。

4. 厨房垃圾自行处理

厨房垃圾通常占居民日常生活垃圾的 50% 左右，成分主要是有机物。在一些国家和我国个别城市采用厨房垃圾粉碎机，把废蔬菜、果皮、食物残渣、动物内脏、蛋壳等破碎成较小的颗粒，冲入排水管，通过城市排水管道，进入污水处理厂。在能保证不堵塞管道和城市排水系统健全的情况下，这种方式还是有利的。一方面大大减少了垃圾的产量，另一方面便于其优质产品垃圾的分类回收，并且对于污水处理厂的二级生化处理也有利。也有的采用家用的微生物垃圾处理器，将厨房垃圾分解成低分子无害无机物，如水、二氧化碳等。厨房垃圾以外的其他生活垃圾则可采用上述三种方式收集。

5. 垃圾气动系统收集

它利用压缩空气或真空作动力，通过敷设在住宅区和城市道路下的输送管道，把垃圾传送至集中点。这种方式主要用于高层公寓楼房和现代住宅密集区，具有自动化程度高、方便卫生的优点，大大节省了劳动力和运输费用，但一次性投资很高。目前在欧美和日本都有使用，长的达 15km，短的只限于居住区，只有 1～2km，我国目前还没有城市使用。垃圾输送管道通常埋设在城市道路下面，管径 0.5m 左右，可以设置不同的投入口，或按不同日期分类投放传送，如分为可燃垃圾和不可燃垃圾等。

（二）生活垃圾的运输

垃圾由家庭或其他产生地点进入垃圾收集设施（垃圾箱、垃圾桶、垃圾间、垃圾压缩站等）以后就需要清运了，这是指从各垃圾收集点站把垃圾装运到转运站、加工厂或处理（置）场的过程，垃圾的清运是环卫工作中耗资耗力最大的工作，所以规划时应考虑优化这一过程，最快、最经济、最卫生地将垃圾清运出去。

垃圾清运应实现机械化，例如专用车辆、船只等。所以规划时，应保证清运机械通达垃圾收集点。清运车辆有小型（0.5t左右）、中型（2～3t）、大型（4t）、超大型（8t）等种类。各城市应根据具体情况选用。采用分类收集方式时，选用的车辆应有利于分类清运。我国城市垃圾管理要求日收日清，即每日收集一次。清运车辆的配置数量根据垃圾产量、车辆载重、收运次数、运输频率、车辆的完好率等确定。根据经验，一般大、中型（2t以上）环卫车辆可按每5000人一辆估算。

由于城市的扩展和环境保护要求的提高，垃圾处理厂距城市越来越远，为解决垃圾运输车辆不足、道路交通拥挤、贮运费用提高等问题，人们就在清运过程中设转运站。中转运输是指把从垃圾各收集点收运的垃圾，在转运站换成大型车辆或其他运输成本较低的运载工具，继续送往垃圾处理厂或处置场。垃圾转运站按功能可分为单一性和综合性转运站。单一功能转运站只起到更换车型转运垃圾的作用。综合性转运站，可具备压缩打包、分选分类、破碎等一种或几种功能。我国一些城市的中转站的功能已由单一的散装转运向着压缩集装变化。通常生活垃圾压实后，体积可减少60%～70%，从而大大提高了运量，中转站的设置与否或设置位置确定，应进行技术经济比较，从经济上讲，要保证中转运输费用小于直接运费，还要考虑交通条件、车辆设备配置等因素。

规划时，除了按要求布置收集点外，还应考虑便于清运，使清运路线合理，以有效地发挥人力、物力作用。路线设计问题是一个优化问题，即在根据道路交通情况、垃圾产量、收集点分布、车辆情况停车场位置等，考虑如何便于收集车辆在收集区域内行程距离最小，主要应做到以下几点：

（1）收集路线的出发点尽可能接近停放车辆场。垃圾产量大和交通拥挤地区的收集点要在开始工作时清运，而离处置场或中转站近的收集点应最后收集。

（2）线路的开始与结束应邻近城市主要道路，便于出入，并尽可能利用地形和自然疆界作为线路疆界。

（3）在陡峭地区，应空车上坡，下坡收集，以利于节省燃料，减少车辆损耗。

（4）线路应使每日清运的垃圾量、运输路程、花费时间尽可能相同。

四、城市固体废物处理和处置技术概述

（一）城市固体废弃物的危害

固体废弃物浓集了许多污染成分，含有有害微生物（如病毒、病菌、害虫）、无机污染物（如铅、汞、镉、铬等重金属离子）、有机污染物（如碳氢化合物、致癌有机物、各种耗氧有机物）以及其他放射性物质、产生色、臭的物质等。其中的有害成分会转入大气、水体、土壤，参与生态系统的物质循环，造成潜在的、长期的危害性。

固体废弃物对环境的危害主要表现在以下几方面：

1. 侵占土地

固体废物如不加利用，需占地堆放，据估算，每堆积 1×10^4t 废渣须占地 1 亩。全国每年被垃圾所占用的土地面积达数万亩之多。许多城市市郊设置的垃圾堆场，侵占了大量农田，"垃圾围城"的现象不容忽视。

2. 污染土壤

废物堆置，容易使其中的有害组分污染土壤。固体废弃物能破坏土壤的正常功能，导致"渣化"。若土壤富集了有害物质。它们会通过食物链转移，影响人体健康。另外，土壤中堆积的固体废物中若含有致病微生物，各种病菌会通过直接或间接途径，传染给人。

3. 污染水体

固体废物引起水体污染的途径有：随天然降水径流进入河流、湖泊；或因较小颗粒随风飘迁，落入水体而污染地面水；固体废物的渗沥水渗入土壤，污染地下水；固体废物直接倾倒河流、湖泊、海洋，造成污染。

4. 污染大气

固体废物在收运堆放过程中，颗粒物随风扩散；固体废物的有机物质在堆放时会分解，放出有害气体；另外，固体废物在处理过程中，会产生有害气体和粉尘，而污染大气。

5. 影响环境卫生

固体废物在城乡堆放，妨碍市容，又容易传染疾病。特别是生活垃圾易发酵腐化，产生恶臭、孳生蚊、蝇、鼠及其他害虫。

（二）城市固体废物处理和处置技术概况

固体废物处理是固体废物发生物理的、化学的或生物的变化过程，这是一个使固体废物减量化、无害化、稳定化和安全化，加速废物在环境中的再循环，减轻或消除对环境污染的方法。固体废物处置是解决固体废物的最终归宿，使之在环境容量允许条件下，长期置于一定的自然环境中。这是实现固体废弃物无害化的方法。固体废物只是一定意义的废弃物，虽然已不再有原来的使用价值，但通过回收、加工等途径，可以获得新的使用价值，所以固体废物应看作二次资源。固体废物资源化是指从固体废物中回收有用物质和能源，以减少资源消耗，保护环境，这是利用城市可持续发展的，所以固体废物处理的总原则应先考虑减量化、资源化、减少资源消耗和加速资源循环，后考虑加速物质循环，而对最后可能要残留的物质，进行最终无害化处置。下面介绍固体废物处理和处置的基本方法，在进行下面的工作之前，固体废物通常要经过破碎、压实、分选等预处理。

1. 自然堆存

指把垃圾倾卸在地面上或水体内，如弃置在荒地洼地或海洋中，不加防护措施，使之自然腐化发酵。这种方式是城市发展初期通常用的方式，对环境污染极大，现在已被许多国家禁止，我国部分城市还在使用，不过这种方式对于不溶或极难溶，不飞散，不腐烂变质，不产生毒害，不散发臭气的粒状和块状废物，如废石、炉渣、尾矿、部分建筑垃圾等，还是可以使用的。

2. 土地填埋

指将固体废物填入确定的谷地、平地或废砂坑等，然后用机械压实后覆土，使其发生物理、化学、生物等变化、分解有机物质，达到减容化和无害化的目的。土地填埋其他也是一种最终处置方法，主要分两类，即卫生土地填埋，主要用于生活垃圾；安全土地填埋，适于工业固体废物，特别是有害废物，它比卫生土地填埋建造要求更严格。固体废物被填埋后，经过生物分解，产生甲烷和二氧化碳等气体，并产生渗沥水，同时填埋的固体废物体积缩小而沉降，经多年沉降稳定后，填埋场可以再利用，用作绿化种植场地、游乐运动场地、建筑用地等。土地填埋适用于各种废物，如生活垃圾、粉尘、废渣、污泥、一般固化块等。土地填埋的优点是技术比较成熟、操作管理简单，处置量大，投资和运行费用低，还可以结合城市地形、地貌开发利用填埋物。其缺点是垃圾减容效果差，需占用大量土地；因产生的渗沥水易造成水体和环境污染，产生的沼气易爆炸或燃烧，所以选址受到地理和水文地质条件的限制。填埋处理是各国主要的垃圾处理方式，也是我国城市处理固体废弃物的主要途径和首选方法。因为我国作为发展中国家，经济实力弱，固体废物处理利用率低，垃圾无机成分高，所以土地填埋应是主要的处理技术。不过我国大部分填埋场标准不高，技术落后，对环境有较大污染，特别是工业固体废物和危险废物填埋场的情况更严重。近年来，我国已在填埋的相关技术方面取得明显进展，建设了一批容量大、水平高的卫生填埋场。

3. 堆肥

指在有控制的条件下，利用微生物将固体废物中的有机物质分解，使之转化成为稳定的腐殖质的有机肥料，这一过程可以灭活垃圾中的病菌和寄生虫卵。堆肥化是一种无害化和资源化的过程。固体废物经过堆肥化，体积可缩减至原有体积的50%～70%。堆肥化可以处理生活垃圾、粪便、污水污泥、农林废物、食品加工废物等。堆肥化的优点是投资较低，无害化程度较高，产品可以用作肥料。不足之处是占地较大，卫生条件差，运行费用较高，在堆肥前需要分选掉不能分解的物质（如石块）、金属、玻璃、塑料等。我国垃圾中可堆腐有机物含量较高，比较适于堆肥。但产生肥料肥效低、成本高、销路不畅，制约了推广，所以需要改进原料结构和工艺，降低成本。我国一些城市建立了具有一定能力的堆肥厂。国外堆肥化在各种处理方式中占较小的比例。

4. 焚烧

指通过高温燃烧，使可燃固体废物氧化分解，转换成惰性残渣，焚烧可以灭菌消毒，回收能量。焚烧可以很好地达到减容化、无害化和资源化的目的。焚烧可以处理城市生活垃圾、工业固体废物、污泥、危险固体废物等。焚烧处理的优点是：能迅速而大幅度地减少垃圾容积，体积可减少85%～95%，质量减少 70%～80%；可以有效地消除有害病菌和有害物质；所产生的废气处理不当，容易造成二次污染；对固体废物有一定的热值要求。近年来，我国垃圾成分中的可燃物比例不断增大，热值提高，部分地区已达到焚烧工艺的要求。我国已有许多城市建成或正在建设焚烧厂，随着城市实力的增强，焚烧将成为固体废物的一种主要处理方式，也是许多发达国家固体废物处理的主要方式。当然，采用焚烧方式处理固废，对于固废本身的成分有一定要求，如果固废可燃成分的比例低、含水量高，采用焚烧方式处理就会面临成本升高、处理效率降低、环境污染增加等困境。因此，发达国家采用焚烧方式处理固废，往往建立在垃圾分类收集的基础上，这一点必须注意。

5. 热解

在缺氧的情况下，固体废物的有机物受热分解，转化为液体燃料或气体燃料，并残留少量惰性固体。热解减容量达 60%～80%，污染小，并能充分回收资源，适于城市生活垃圾、污泥、工业废物、人畜粪便等。但其处理量小，投资运行费用高，工程应用尚处在起步阶段。热解是一种有前途的固体废物处理方式。

6. 一般工业固体废物处理利用

工业固体废物种类繁多，应根据每一类的特点考虑处理方法，尽可能地综合利用，化废为宝。粉煤灰主要来源于燃煤电厂，可以用作配制粉煤灰水泥、混凝土、烧结砖、砌块等建材，筑路，回填，作化肥和改良土壤等。煤矸石是在采煤过程中排出的，可用于制备水泥、混凝土、砖、砌块、陶粒等建材，回填复垦，制备肥料等。钢铁废渣可返回烧结建筑和道路材料、回填材料，制作肥料，或回收、提炼金属。有色金属废渣可以作为二次资源，回收提炼金属。化工废渣无害部分可以制备建材，有毒害部分可以提取原料。工业固体废弃物具有巨大的资源潜力，应该作为二次资源综合利用。我国一些经济发达地区的综合利用率达到了 80% 以上，而有的地区只有 20% 以下。

7. 危险废物的处理处置

危险废弃物处理宜通过改变其物理、化学性质，达到减少或消除危险废弃物对环境的有害影响。常用的方式有减少体积（如沉淀、干燥、分离），有毒害成分固化（将其包溶在密实的惰性基质中，使之稳定），化学处理（利用化学反应，改变其化学性质），焚烧去毒，生物处理等。常用的处置手段有安全土地填埋、焚化、投海、地下或深井处置。

8. 固体废物最终处置

无论用什么办法处理固体废物，总残留的物质，所以固体废物最终处置的目的就是通过种种手段，使之与生物圈隔离，减少对环境的污染。通常用的方式有海洋倾倒、海洋焚烧、深井灌注、土地填埋、工程库贮存等。

其他的处理处置方法有用垃圾饲养蚯蚓，以垃圾作燃料等。表 9-1 列有各种固体废物处理方法的现状和发展趋势。

固体废弃物处理方法的现状和发展趋势　　　　　表 9-1

类别	中国现状	国际现状	国际发展趋势
城市垃圾	填坑、堆肥、无害化处理和制取沼气、回收废品	填地、卫生填地、焚化、堆肥、海洋投弃、回收利用	压缩和高压压缩成型，填地、堆肥、化学加工、回收利用
工矿废物	堆弃、填坑、综合利用、回收废品	填地、堆弃、焚化、综合利用	化学加工和回收利用、综合利用
拆房垃圾和市政垃圾	堆弃、填坑、露天焚烧	堆弃、露天焚烧	焚化、回收利用、综合利用
施工垃圾	堆弃、露天焚烧	堆弃、露天焚烧	焚化、化学加工、综合利用
污泥	堆肥、制取沼气	堆弃、堆肥	堆肥、化学加工、综合利用、焚化
农业废弃物	堆肥、制取沼气、回耕、农村燃耕、饲料和建筑材料、露天焚烧	回耕、焚化、堆肥、露天焚烧	堆肥、化学加工、综合利用
有害工业渣和放射性废物	堆弃、隔离堆存、焚烧、化学和物理固化回收利用	隔离堆存、焚化、土地还原、化学和物理固定、化学、物理及生物处理，综合利用	隔离堆存、焚化、化学固定、化学、物理、生物处理、综合利用

（三）城市生活垃圾处理方法选择

城市环境卫生工程系统规划应当有利地控制固体废物污染，达到减量化、无害化、资源化的目标。具体措施有：实行"从摇篮到坟墓"的全过程控制，即对废物的产生、收运、贮存、再利用、加工处理直至最终处置实行全过程管理；提倡清洁生产，实行源头消减，如净菜进城、限制一次性产品使用、发展城市燃气化等；推行垃圾分类收集、发展废品回收；加强废物综合利用，开发二次资源。

城市生活垃圾的处理方法选择是规划中重点考虑的问题，它涉及处理场所的选址和布局，各城市的经济发展情况、垃圾性状、自然条件、传统习惯等不同，处理方法也不同。表 9-2 列有部分欧盟国家城市生活固体废物处理技术过程应用比例。而我国，目前填埋占 70%，堆肥 20%，焚烧及其他处理方法为 10%。

部分欧盟国家城市生活固体废物处理技术过程应用比例（单位：%）　表 9-2

国家	统计年份	应用比例（质量分数）%						
		填埋	焚烧		堆肥化	厌氧消化	资源化回收	其他
			能量回收	无能量回收				
奥地利	1996	20.4	13.3	0	22.9	0	29.7	13.7
比利时（法兰德斯）	1998	16.7	22.1	0	34.3	0	22.8	4.1
丹麦	1998	5.3	54.3	0	29.6	0.4	10.4	0
芬兰	1997	64.9	5.8	0	5.2	1.4	22.0	0.6
德国（巴登-符腾堡）	1998	30.2	12.3	0	17.9	0	37.1	2.6

国家	统计年份	应用比例（质量分数）%						
		填埋	焚烧		堆肥化	厌氧消化	资源化回收	其他
			能量回收	无能量回收				
法国	1998	40.3	28.6	7.1	8.9	0.3	3.5	11.2
爱尔兰	1998	90.3	0	0	0.5	0	9.3	0
意大利	1997	68.4	5.7	0	11.4	0	8.1	6.4
荷兰	1998	13.1	36.5	0	33.3	0	19.0	0
挪威	1997	59.0	17.0	0	5.0	0	20.0	0
西班牙（加泰罗尼亚）	1998	73.4	20.7	0	1.3	0	4.6	0
英国	1998/1999	86.2	5.7	0	3.0	0	5.1	0

　　选择城市生活垃圾的处理工艺要考虑多种因素：工艺技术可靠性；城市经济社会发展水平；垃圾的性质与成分；场地选择的难易程度；环境污染的危险性；资源化价值及某些特殊的制约因素等。通常一个城市的垃圾处理方式也不是单一的，而是一个综合系统。表9-3列有填埋、焚烧和堆肥三种处理方法的比较。

三种垃圾处理方法比较　　　　　　　　　　表9-3

项目	方法		
	填埋	焚烧	堆肥
技术可靠性	可靠	可靠	可靠、国内有一定经验
操作安全性	较大、注意防火	好	好
选址	较困难，要考虑地理条件，防止水体受污染，一般远离市区，运输距离大于20km	易，可靠近市区建设，运输距离可小于10km	较易，需避开住宅密集区，气味影响半径小于200m，运输距离10～20km
占地面积	大	小	中等
适用条件	适用范围广，对垃圾成分无严格要求；但对无机物含量在于60%，填埋场征地容易（如丘陵、山区）、地区水文条件好，气候干旱、少雨的条件尤为适用	要求垃圾热值大于4000kJ/kg；土地资源紧张，经济条件好	垃圾中生物可降解有机物含量大于40%，堆肥产品有较大市场（如令近地区有大范围黏土地带、大面积果园、林场、苗圃等其他旱地作物）
最终处置	无	残渣需作处置占初始量的10%～20%	非堆肥物需作处置占初始量25%～35%
产品市场	有沼气回收的填埋场，沼气可作发电等利用	热能或电能易为社会使用	落实堆肥市场有一定困难，需采用多种措施
能源化意义	部分有	部分有	无
资源利用	恢复土地利用或再生土地资源	垃圾分选可回收部分物质	作农肥和回收部分物资
地面水污染	在可能，但可采取措施防止污染	残渣填埋时与填埋方法相仿	无

续表

项目	方法		
	填埋	焚烧	堆肥
地下水污染	有可能需采取防渗保护，但仍有可能渗漏	无	可能性较小
大气污染	可用导气，覆盖等措施控制	烟气处理不当时大气有一定污染	有轻微气味
土壤污染	限于填埋区域	无	需控制堆肥有害物含量
管理水平	一般	较高	较高
投资运用费用	最低	最高	较高

五、城市固体废物收运处理设施规划

通常把从整体上改善环境卫生和限制生活废弃物影响范围功能的容器、构筑物、建筑物称为环境卫生设施。进行环境卫生设施的布局，确定用地范围，划分收集区域是城市环境卫生工程系统规划的重要内容。本部分主要介绍涉及城市固体废物收集、运输、处理、处置等过程的环境卫生设施。

（一）废物箱

废弃物箱是设置在公共场合，供行人丢弃垃圾的容器，一般设置在城市街道两侧和路口、居住区或人流密集地区。废物箱应美观、卫生、耐用、并防雨、阻燃。废物箱设置间隔规定如下：商业大街设置间距 50～100m，交通干道 100～200m，一般道路 200～400m，居住区内主要道路可按 100m 左右间隔设置。车站、码头、广场、体育场、影剧院、风景区等公共场所，应根据人流密度合理设置。

（二）垃圾管道

低层和多层住宅不宜设置垃圾管道，中高层和高层住宅可以设置垃圾管道。垃圾管道的有效断面不得小于 0.6m×0.6m。每层应设倒垃圾小间。垃圾管道底层须设有专用垃圾间，垃圾间内应设排水沟，并便于机械装运。

（三）垃圾容器和垃圾容器间

垃圾容器指储存垃圾的垃圾箱（桶）。垃圾容器间是指存放垃圾容器的构筑物，其可以独立设置，也可以依附于主体建筑物。供居民使用的生活垃圾容器，以及袋装垃圾收集堆放点的位置要固定，既应符合方便居民和不影响市容观瞻等要求，又要利于垃圾的分类收集和机械化清除。生活垃圾收集点的服务半径一般不应超过 70m。在新建住宅区，未建垃圾管道的多层住宅，一般每四幢设一个垃圾收集点。并建造生活垃圾容器产，安置活动垃圾箱（桶）。生活垃圾容器间内应设通向污水管的排水沟，地面应易于清洗。

医疗废物及其他危险废物必须单独存放，不能混合于生活垃圾。

各类垃圾容器的容量按使用人口、垃圾日排出量和垃圾容器的容积计算。垃圾容器的总容纳量必须满足使用需要，避免垃圾溢出而影响环境。

1. 垃圾容器收集范围内的日生活垃圾排垃圾量的计算

$$Q=RCA_1A_2 \qquad (9-2)$$

式中　　Q——生活垃圾日排出重量（t/d）；

　　　　R——收集范围内居住人口数量（人）；

　　　　C——预测的人均生活垃圾日排出重量（t/人·d）；

　　　　A_1——生活垃圾日排出重量不均匀系数，取 1.1 ~ 1.15；

　　　　A_2——居住人口变动系数，取 1.02 ~ 1.05。

2. 垃圾排出量折合排出体积计算

$$V_{平均}=\frac{Q}{DA_3} \qquad (9-3)$$

$$V_{max}=KV_{平均} \qquad (9-4)$$

式中　　$V_{平均}$——生活垃圾平均日排出体积（m³/d）；

　　　　A_3——生活垃圾容量变动系数，取 0.7 ~ 0.9；

　　　　D——生活垃圾平均密度，取 0.55t/m³；

　　　　K——生活垃圾高峰日派出体积的变动系数，取 1.5 ~ 1.8；

　　　　V_{max}——生活垃圾高峰日排量最大体积（m³/d）。

3. 收集点的垃圾容器设置数量计算

$$N_{平均}=\frac{V_{平均}A_4}{BE} \qquad (9-5)$$

$$N_{max}=\frac{V_{max}A_4}{BE} \qquad (9-6)$$

式中　　B——垃圾容器填充系数，取 0.75 ~ 0.9；

　　　　E——单只垃圾容器的容积（m³/只）；

　　　　$N_{平均}$——平时需要设置的垃圾容器数量；

　　　　N_{max}——高峰日需要设置的垃圾容器最大数量；

　　　　A_4——生活垃圾清除周期，每日清除 1 次时，取 1；每日清除 2 次时，取 0.5；每 2 日清除 1 次时，取 2，以此类推。

（四）垃圾压缩站

采用垃圾袋装，上门收集的城市，为减少垃圾容器和垃圾容器间的设置，集中设置具有压缩功能的垃圾收集点，称为垃圾压缩站。垃圾压缩站兼起收集点和转运站的功能。垃圾压缩将产生较大量的污水，站内必须设排水沟，与城市污水管道或化粪池相接。垃圾压缩站的服务半径以 500m 左右为宜。用地要求：1 箱站 6m×15m；2 箱站中 10t 站 12m×15m，16t 站 12m×17m；3 箱站 17m×15m。垃圾压缩站四周距住宅至少 8 ~ 10m。压缩站应设在交通通畅的道路旁，便于车辆进出掉头。

（五）垃圾转运站

把用中、小型垃圾收集运输车分散收集到的垃圾集中起来，并借助于机械设备转载到有大型运输工具的中转设施，称为垃圾转运站。转运站的选址应可以靠近服务区域中心或垃圾产量最多的地方，周围交通应比较便利。在具有铁路及水运便利条件的地方，当运输垃圾产量最多的地方，周围交通应比较便利。在具有铁路及水运便利条件的地方，当运输距离较远时（如大于50km），宜设置铁路及水路运输垃圾转运站，转运站内必须设置装卸垃圾的专用站台或码头。

垃圾转运站的设置数量和规模取产于垃圾转运量、收集范围和收集车辆类型等。垃圾转运量，应根据服务区域内垃圾高产月份平均日产量的实际数据确定，无实际数据，按下式计算：

$$Q=\delta nq/1000 \tag{9-7}$$

式中　　Q——转运站的生活垃圾日转运量（t/d）；

n——服务区域的实际人数；

q——服务区域居民垃圾平均日产量（kg/人·d），按当地实际资料采用，无当地实际资料时，垃圾人均日产量可采用0.8～1.8kg/（人·d），氯化率低的地方取高值，气化率高的地方取低值；（气化率指城市居民和燃料中燃气的使用百分率）；

δ——垃圾产量变化系数。按当地实际资料采用，如无实际资料时，δ值可取1.3～1.4。

小型转运站每0.7～1.0km²设置1座，用地面积不小于100m²，与周围建筑物间隔不小于5m，服务半径为10～15km或垃圾运输距离超过20km，需设大、中型转运站，用地面积根据日转运量定，见表9-4。

垃圾转运站的用地标准　　　　　　　　　　　表9-4

规模	转运量（t/d）	用地面积（m²）	附属建筑面积（m²）
小型	150	1000～1500	100
中型	150～300	1500～3000	100～200
	300～450	3000～4500	200～300
大型	＞450	＞4500	＞300

注：表中转运量按每日工作一班制计算。

生活垃圾装运站设置标准　　　　　　　　　表9-5

转运量（t/d）	用地面积（m²）	与相邻建筑间距（m）	绿化隔离带宽度（m）
＞450	＞8000	＞30	≥15
150～450	2500～10000	≥15	≥8
50～150	800～3000	≥10	≥5

垃圾转运站服务半径与运距应符合下列规定：

（1）采用人力方式进行垃圾收集时，收集服务半径宜为0.4km以内，最大不应超过1.0km；

（2）采用小型机动车进行垃圾收集时，收集服务半径宜为 3.0km 以内，最大不应超过 5.0km；

（3）采用大、中型机动车进行垃圾收集运输时，可根据实际情况扩大服务半径；

（4）当垃圾处理设施距垃圾收集服务区平均运距大于 30km 且垃圾收集量足够时，应设置大型转运站，必要时设置二级转运站。

供居民直接倾倒垃圾的小型垃圾收集、转运站，其收集服务半径不大于 200m，占地面积不小于 40m²。

转运站的总平面布置应结合当地情况。经济合理，大、中型转运站应按区域布置，作业区宜布置在主导风向的下风向；站前布置应与城市干道及周围环境相协调；站内排水系统应采用分流制，污水不能排入城市污水管道，则应设污水处理装置，转运站内的绿化面积为 10% ~ 30%。大、中型转运站应配备一定数量的运输车辆，配置数量可采用下式计算：

$$M=\frac{Q}{mn}\eta \qquad (9-8)$$

式中　　M——运输车辆数量；

　　　　Q——日转运量；

　　　　m——运输车载质量；

　　　　n——每辆车日转运次数；

$$n=\frac{T}{t} \qquad (9-9)$$

式中　　T——额定日运输时间；

　　　　t—— 一次作业时间；

　　　　n——备用车系数，取 $\eta=1.2$。

为适应垃圾产量的变化和自然气候变化给垃圾日产、日清业务造成的影响，应设置具有生活垃圾固定应急收集、贮存、堆放和转运功能的应生活垃圾堆积转运场。其位置可置于城市近郊、并按专业工作区域和垃圾流向设置，用地面积计算如下：

$$S=T\frac{Nq}{Dhk_1k_2} \qquad (9-10)$$

式中　　S——堆积转运场地的用地面积（m²）；

　　　　T——垃圾所需堆积的时间（d）；

　　　　N——堆积转运场地服务区域内的人口数量（人）；

　　　　q——实测的人日平均垃圾排出的重量；

　　　　D——实测的垃圾平均密度（t/m³）；

　　　　h——堆积转运场地允许的堆积（或填埋）高度（或深度）（m）；

　　　　k_1——堆积（填埋）系数。与作业方式有关；

　　　　　　　$k_1=0.35 ~ 0.7$

　　　　k_2——堆积转运场地利用系数。

　　　　　　　$k_2=0.65 ~ 0.8$

（六）垃圾码头

垃圾码头设置要有供卸料、停泊、调档等使用的岸线，还应有陆上空地作为作业区，陆上面积用以安排车道、大型装卸机械、仓储管理等项目用地。陆上面积按岸线规定长度配置，每 m 岸线配备不少于 15～20m² 的陆上面积；垃圾码头周边还应设置宽度不少于 5m 的绿化隔离带，粪便码头绿化隔离带宽度不得小于 10m。有条件的码头，应预留改造集装箱专业码头的用地。码头应有防尘、防臭、防散落下河（海）的设施。

设置码头的岸线长度，应根据装卸量、装卸生产年、船只吨位、河道允许船只停泊档数确定。

当日装卸量在 300t 以内时，按下表选取：

垃圾、粪便码头岸线计算表   表 9-6

船只吨位（t）	停泊档数	停泊岸线（m）	附加岸线（m）	岸线折算系数（m/t）
30	二	110	15～18	0.37
30	三	90	15～18	0.30
30	四	70	15～18	0.24
50	二	70	18～20	0.24
50	三	50	18～20	0.17
50	四	50	18～20	0.17

注：作业制按每日一班制；附加岸线系拖轮的停泊岸线。

当日装卸量超过 300t 时，码头岸线长度计算按以下公式计算：

$$L=Qq+l \tag{9-11}$$

式中　　L——码头岸线计算长度（m）；

　　　　Q——码头的垃圾（或粪便）日装卸量（t）；

　　　　q——岸线折算系数，参见上表（m/t）；

　　　　l——附加岸线长度，参见上表（m）。

（七）垃圾堆肥、焚烧处理厂

处理厂应设置在水陆交通方便的地方，可以靠近污水处理厂，便于综合处理污泥。在保证与建筑物有一定隔离的情况下，处理厂应尽量靠近服务中心。处理厂用地面积根据处理量、处理工艺确定，可参照下表 9-7：

垃圾堆肥、焚烧处理厂用地指标   表 9-7

垃圾处理方式	用地指标（m²/t）	垃圾处理方式	用地指标（m²/t）	垃圾处理方式	用地指标（m²/t）
表态堆肥	250～330	动态堆肥	180～250	焚烧	90～120

（八）卫生填埋场（厂）

卫生填埋场的选址是环境卫生工程系统规划中的一项重要内容，它对城市布局、交通区位、项目的经济性等都有影响。场址选择应努力达到以下的目标：最大限度地减少对环境的影响；努力减少投资费用；尽量使建设项目的要求与场地特点相一致；尽量得到当地社区的支持与认可。

卫生填埋场距大、中城市城市规划建成区应大于 5km，据小城市城市规划建成区应大于 2km，据居民点应大于 0.5km，且四周宜设置宽度不少于 100m 的防护绿地或生态绿地。

场址选择应考虑以下的因素：

（1）垃圾的性质：依据垃圾的来源、种类、性质和数量确定可能的技术要求和场地规模。应有充分的填埋容量和较长的使用期不应少于 10 年，一般为 15 ～ 20 年。

（2）地形条件：能充分利用天然洼地、沟壑、峡谷、废坑，便于施工；易于排水，避开易受洪水泛滥或受淹地区。

（3）水文条件：离河岸有一定距离的平地或高地，避免洪水漫滩，距人畜供水点至少 800m。底层距地下水位至少 2m；厂址应远离地下水蓄水层、补给区；地下水应流向厂址方面；厂址周围地下水不宜作水源。

（4）地质条件：基岩深度大于 9m，避开坍塌地带、断层区、地震区、矿藏区、灰岩坑及溶岩洞区。

（5）土壤条件：土壤层较深，但避免淤泥区，容易取得覆盖土壤，土壤容易压实，防渗能力强。

（6）气象条件：蒸发量大于降水量，暴风雨的发生率较低，具有较好的大气混合、扩散条件，避开高寒区。

（7）交通条件：要方便、运距较短，能具有可以使用的全天候公路。

（8）区位条件：远离居民密集地区，在夏季主导方向下方，距人畜居栖点 800m 以上。远离动植物保护区、公园、风景、文物古迹区、军事区。

（9）土地条件：容易征用土地和取得社会支持，并便于改造开发。

（10）基础设施条件：场址处应有较好有供水、排水、供电、通信条件。填埋厂排水系统的汇水区要与相邻水系分开。

填埋场地的面积和容量与服务人口数量、垃圾的产量、废物填埋高度、垃圾与覆盖材料之比及填埋后的压实密度有关。用地面积计算见下式：

$$S=365y\left(\frac{Q_1}{D_1}+\frac{Q_2}{D_2}\right)\frac{1}{Lck_1k_2} \tag{9-12}$$

式中　　S——填埋场的用地面积（m²）；

　　　 365—— 一年的天数；

　　　　y——填埋场使用期限（年）；

　　　　Q_1——日处置垃圾重量（t/d）；

　　　　D_1——垃圾平均密度（t/m³）；

Q_2——日覆土重量（t/d）；

D_2——覆盖土的平均密度（t/m³）；

L——填埋场允许堆积（填埋）高度（m）；

c——垃圾压实（自缩）系数，c=1.25～1.8；

k_1——堆积（填埋）系数，与作业方式有关，k_1=0.35～0.7；

k_2——填埋场的利用系数，k_2=0.75～0.9。

填埋场的平面布置除了主要生产区外，还应有辅助生产区：包括洗车台、停本场、油库、仓库、机修车间、调度室等；管理区：包括生产生活用房。

填埋场填埋完工后，至少 3 年内（即不稳定期）封场监测，不准使用。经鉴定达到安全期时方可使用，可用作绿化用地、造地种田、人造景园、堆肥场、无机类物资堆放场等。未经长期观测和环境专业鉴定之前，填埋场地绝对禁止作为工厂、住宅、公共服务、商业等建筑用地。

（九）其他垃圾处理设施

1. 生活垃圾焚烧厂

当生活垃圾热值大于 5000kJ/kg 且生活垃圾卫生填埋场选址困难时宜设置生活垃圾焚烧厂。生活垃圾焚烧厂宜位于城市规划建成区边缘或以外。其综合用地指标采用 50～200m²/t·d，并不应少于 1km²，其中绿化隔离带宽度不应少于 10m 并沿周边设置。

2. 生活垃圾堆肥厂

生活垃圾中生物可降解的有机物含量大于 40% 时，可设置生活垃圾堆肥厂。生活垃圾堆肥厂应位于城市规划建成区以外，综合用地指标采用 85～300m²/t·d，其中绿化隔离带宽度不应小于 10m 并沿周边设置。

第二节　城市公共厕所与粪便处理规划

一、公共厕所规划

公共厕所是城市公共建筑的一部分，是市民反应敏感的环境卫生设施，其数量的多少，布局的合理与否，建造标准的高低，直接反映了城市的现代化程度和环境卫生面貌。城市环境卫生工程系统规划应对公共厕所的布局、建设、管理提出要求，按照全面规划，合理布局，美化环境，方便使用，整洁卫生，有利排运的原则统筹规划。公共厕所的建设投资较高，占地面积也相当可观，所以如何既能满足城市居民和流动人口的需要，又能节省投资和用地是规划时应考虑的问题。

（一）公共厕所的布局要求

城市中下列范围应设置公共厕所：广场和主要交通干路两侧；车站、码头、展览馆等公共建筑附近；风景名胜古迹游览区、公园、市场、大型停车场、体育场（馆）附近及其他公共场所；新建住宅区及老居民区。

1. 城市公共厕所设置数量

根据城市性质和人口密度，城市公共厕所平均设置密度应按每平方公里规划建设用地 3 ~ 5 座选取。

公共厕所的设置数量，可以参照如下要求：

（1）主要繁华街道公共厕所之间的距离宜为 300 ~ 500m，流动人口高度密集的街道且小于 300m，一般街道公厕之间的距离以 750 ~ 1000m 为宜。新建居民区为 300 ~ 500m（宜建在本区商业网点附近），未改造的老居民区为 100 ~ 150m。

（2）旧区成片改造地区和新建小区，每平方公里不少于 3 座。

（3）城镇公共厕所一般按常住人口 2500 ~ 3000 人设置 1 座。

（4）街巷内建造的供设有卫生设施住宅的居民使用的厕所，按服务半径 70 ~ 100m 设置 1 座。

2. 公共厕所建筑面积规划指标

公共厕所建筑面积规划指标按如下要求确定：

（1）新住宅区内公共厕所：千人建筑面积指标为 6 ~ 10m²。

（2）车站、码头、体育场（馆）等场所的公共厕所：千人（按一昼夜最高聚集人数计）建筑面积指标为 15 ~ 25m²。

（3）居民稠密区（主要指旧城未改造区内）公共厕所：千人建筑面积指标为 20 ~ 30m²。

（4）街道公共厕所千人（按一昼夜流动人口计）建筑面积指标为 5 ~ 10m²。

（5）城镇公共厕所建筑面积一般为 30 ~ 50m²。

公共厕所的用地范围是距厕所外墙皮 3m 以内空地为其用地范围。如受条件限制，则可靠近其他房屋修建。有条件的地区应发展附建式公共厕所，其应结合主体建筑一并设计和建造。

公共厕所设置标准　　　　　　　　　　　表 9-8

城市用地类别	设置密度（座/km²）	设置间距（m）	建筑间距（m²/座）	独立式公共厕所用地面积（m²/座）	备注
居住用地	3 ~ 5	500 ~ 800	30 ~ 60	60 ~ 100	旧城区宜取密度的高限，新区宜取密度的中、低限
公共设施用地	4 ~ 11	300 ~ 500	50 ~ 120	80 ~ 170	人流密集区域去高限密度，下限间距，人流稀疏区域取低限密度，上限间距。商业金融业用地宜取高限密度，下限间距。其他公共设施用地宜取中、低限密度，中、上限间距

注：根据《城市环境卫生设施规范》GB 50337—2003。

（二）公共厕所的建筑标准

按照公共厕所位置的重要程度，可分为 3 类，见表 9-9。旱厕（没有连接供水系统供水冲洗的厕所）可参照三类厕所标准执行。我国现状，公共厕所一、二类比例偏低，不到30％，所以除了新建的外，还应注意旧厕所的改建。

公共厕所建筑标准分类表　　　　　　　　　　　　　　　　表9-9

项目 \ 标准	类别			备注
	一类	二类	三类	
适用范围	对外开放游览点繁华街道	主要街道	一般街道	
供水	有	有	有	
排水	有	有	有	
采（保）暖设施	有	视条件和需要定	视条件和需要定	指北方采暖地工
照明	有	有	有	
室内高度（m）	3.5～4.0	3.5～4.0	3.2～4.0	设天窗可降至3.2
大便器	坐、蹲式独立大便器	独立大便器或通槽面贴瓷砖	通槽面贴瓷砖	应设一定比例坐便器
大便冲洗设备	手动陶瓷水箱或先进节水器	集中自冲式水箱	用水冲洗	
大便蹲位间距（m）	0.90～1.20	0.85～1.20	0.85～1.20	
小便器	立式小便器	瓷砖面小便池	瓷砖面小便池	
洗手盆	有	有	视条件定	
拖布池	有	有	视条件和需要定	
手纸架	有	视条件和需要定	视条件和需要定	出售手纸用
地面及蹲台面	铺马赛克等	铺马赛克、缸砖等	水泥砂浆抹面	
室内墙裙	贴面砖1.5～1.8m高	贴面砖1.0～1.5m高	1.0～1.2m高水泥砂浆抹面	
地面排水	有	有	有	
挂物钩	有	有	有	
镜箱	有	视条件和要求定		
大便蹲位隔断	1.8m高隔断板，设门	1.2～1.5m高隔断板可设门	隔断板高于0.9m	隔断板高度自台面算起
内装修	顶棚、镶钙塑板等墙面喷可赛银等	顶棚、墙面喷可赛银或其他材料	顶棚、墙面喷可赛银等材料	
外装修	与环境协调	与环境协调	与环境协调	
管理室	有	视需要定	视需要定	
工具间	有	视需要定	视需要定	
倒粪间	根据情况设置	根据情况设置	根据情况设置	
化粪池（贮粪池）	有	有	有	有条件直排的可不修化粪池

公共厕所的粪便严禁直接排入雨水管、河道或水沟内。有污水管理的地区，应排入污水管理；没有污水管道的地区，应建化粪池或贮粪池等排放系统。采用合流制下水道而没有污水处理厂的地区，水冲式公共厕所的粪便、污水，应经化粪池后方可排入下水道。

二、粪便处理规划

粪便也是城市中主要的固体废物，其量大面广，对城市环境影响很大。粪便的收集、清运、处理和处置是城市环境卫生工作的一项重要内容，应在城市环境卫生工程系统规划中给以明确反映。

（一）粪便收运

据统计和测算，城市居民每人每年平均排泄人粪 90kg 左右，人尿 700kg 左右。

城市粪便来源于公共厕所和居民住宅厕所。城市粪便主要有两种方式运出城市：一种是直接或间接（经过化粪池）排入城市污水管道、进入污水处理厂处理；另一种是由人工或机械清淘粪井和化粪池的粪便，再由粪车汇集到城市粪便收集站，最后运往粪便处理场或农用。目前我国城市污水管网和处理设施还不完善，第二种方式还将长期存在并发挥作用。目前，我国城市粪便收运机械化程度已超过 80%，主要机械是吸粪车。但在条件受到限制的地方，还采用人工淘粪的形式。随着城市规模的扩大和近郊农地的非农业化，粪便运距越来越远，还需设中转设施。

（二）粪便处理技术概述

粪便资源化，用其作为肥料和土壤调节剂具有悠久历史，但粪便中含有多种病原体，所以必须进行无害化处理，城市粪便的最终出路有两条：一条是经处理后排入水体；另一条是经无害化卫生处理后用于农业，作为农用肥料，进行污水灌溉和水生物养殖。

粪便排入水体前，可以并入城市污水厂处理，也可以建单一的粪便处理厂处理。粪便处理厂采用物理、生物、化学的处理方法，将粪便中的污染物质分离出来，或将其转化为无害的物质使粪便得到相对净化，达到水质标准要求。粪便处理方法的选择应考虑粪便的性质、数量以及排放水体的环境要求。通常的粪便处理工艺过程分 3 个阶段：首先是预处理，去除悬浮固体，主要构筑物有接受沉砂池、格栅、贮存调节池、浓缩池等；其次是主处理，使固体物变为易于分离的状态，同时使大部分有机物分解，主要构筑物为厌氧消化池，或好氧生物处理构筑物，或湿式氧化反应池；第三阶段是后处理，将上清液稀释至类似城市生活污水的水质，采用城市生活污水处理的常规方法进行处理。

粪便经过无害化处理后用作农业，可以化害为利，变废为宝，是我国现阶段粪便出路的最好的方式，但由于种种原因，粪便的农业利用已受到限制。如果加强粪便的无害化处理，拓宽有机肥运售渠道，还是很有前途的。粪便无害化卫生处理要求基本杀灭其中的病原体（病毒、细菌和寄生虫），完全杀灭苍蝇的幼虫，并有控制苍蝇繁殖，同时促使粪便中含氮有机物分解，防止肥效损失，从而使粪便达到无害化、稳定化。其基本方法有高温堆肥法、沼气发酵法、密封贮存池处理、三格化粪池处理等。

（三）城市粪便收运处理设施规划

1. 化粪池

化粪池功能是去除生活污水中可沉淀和悬浮的污物（主要是粪便），并贮存和厌氧消化沉淀在池底的污泥。化粪池有圆形和矩形之分，实际使用以矩形为多，规定长、宽、深分别不得小于10m、0.75m和1.3m。化粪池多设在楼幢背侧靠卫生间的一边，公共厕所的化粪池也宜设在北面或人们不经常停留、活动之处。化粪池设置的位置应便于机械清淘。化粪池距取水构筑物不得小于30m，化粪池壁距其他建筑物外墙不宜小于5m。在没有污水管道的地区，必须建化粪池。有污水管理的地区，是否建化粪池视当地情况而定。

2. 贮粪池

贮粪池作为城市粪便的集中贮运点，具有初步的无害化功能。贮粪池一般建在郊区，周围应设绿化隔离。贮粪池封闭，并防止渗漏、防爆和沼气燃烧。贮粪池的数量、容量和分布，应根据粪便日储存量、储存周期和粪便利用等因素确定。

3. 粪便码头

设置要求同垃圾码头。

4. 粪便处理厂

粪便处理厂选址应考虑下列因素：位于城市水体下游和主导风向下侧；有良好的工程地质条件；有良好的排水条件，便于粪便、污水、污泥的排放和利用；有便捷的交通运输条件和水、电、通信条件，不受洪水威胁；远离城市居住区和工业区，有一定的卫生防护距离；拆迁少，不占或少占良田，有远期扩展的可能。

粪便处理厂应设置在城市规划建成区边缘并宜靠近规划城市污水处理厂，其周边应设置宽度不小于10m的绿化隔离带，并与住宅、公共设施等保持不小于50m的间距。

粪便处理厂占地与处理量、工艺方法、使用年限等有关。部分处理工厂的用地指标见表9-10。厂区的绿化面积不小于30%。

粪便处理厂部分工艺方法用地指标　　　　表9-10

粪便处理方式	用地指标 (m²/t)	粪便处理方式	用地指标 (m²/t)	粪便处理方式	用地指标 (m²/t)
厌氧（高温）	20	厌氧—好氧	12	稀释—好氧	25

第三节　城市保洁规划

一、城市道路保洁规划

为了维护城市道路和公共场所清洁，需要进行清扫和环境卫生保持工作。环境卫生工程系统规划应对保洁范围、保洁标准、清洁路线和时间、清扫方式等提出要求，指导环卫工作的开展。城市道路的清扫方式应向机械清扫和真空吸收的方向发展。

城市道路保洁的范围应为车行道、人行道、车行隧道、人行过街地下通道、地铁站、高架路、人行过街天桥、立交桥及其他设施等。城市道路保洁等级划分、路面废弃物控制指标和保洁质量要求见表 9—11。

城市道路保洁等级划分、路面废弃物控制指标和保洁质量要求　　表 9—11

保洁等级	道路保洁等级划分条件	路面废物控制指标						道路保洁质量要求
		果皮（片／1000m²）	纸屑、塑膜（片／1000m²）	烟蒂（个／1000m²）	痰迹（处／1000m²）	污水（m²／1000m²）	其他（处／1000m²）	
一级	(1) 商业网点集中，道路旁商业店铺占道路长度不小于 70% 的繁华闹市地段；(2) 主要旅游点和进出机场、车站、港口的主干部及其所在地路段；(3) 大型文化娱乐、展览等主要公共场所在路段；(4) 平均人流量为 100 人次／min 以上的和公共交通线路较多的路段；(5) 主要领导机关、外事机构所在地	≤ 4	≤ 4	≤ 4	≤ 4	无	无	(1) 对人流量大的繁华路段，应全天巡回保洁，路面应见本色；(2) 大城市、特大城市的路面冲洗，每日应不少于 1 次，其他城市，每周可冲洗 3～5 次；(3) 气温 30℃ 以上时，大城市、特大城市平均每天洒水应不少于 3 次，其他城市可按实际情况决定
二级	(1) 城市主、次干路及其附近路段；(2) 商业网点较集中，占道路长度 60%～70% 的路段；(3) 公共文化娱乐活动场所所在路段；(4) 平均人流量为 50～100 人次／min 的路段；(5) 有固定公共交通线路的路段	≤ 6	≤ 6	≤ 8	≤ 8	≤ 0.5	≤ 2	(1) 主要路段应巡回保洁，路面基本见本色。(2) 大城市、特大城市的路面冲洗，每周应不少于 3 次，其他城市每周应不少于 1 次。(3) 气温 30℃ 以上时，大城市、特大城市平均每天洒水应不少于 2 次，其他城市可按实际情况决定
三级	(1) 商业网点较少的路段；(2) 居民区和单位相间的路段；(3) 城郊接合部的主要交通路段；(4) 人流量、车流量一般的路段	≤ 8	≤ 10	≤ 10	≤ 10	≤ 1.5	≤ 6	(1) 应定时保洁，各地可按实际情况决定路面是否需要冲洗以及冲洗次数 (2) 气温在 30℃ 以上时，大城市、特大城市每天洒水应不少于 1 次，其他城市可根据实际情况决定

续表

保洁等级	道路保洁等级划分条件	路面废物控制指标						道路保洁质量要求
		果皮（片/1000m²)	纸屑、塑膜（片/1000m²)	烟蒂（个/1000m²)	痰迹（处/1000m²)	污水（m²/1000m²)	其他（处/1000m²)	
四级	(1) 城郊接合部的支路； (2) 居住区街巷道路； (3) 人流量、车流量较少的路段	≤ 10	≤ 12	≤ 15	≤ 15	≤ 2.0	≤ 8	(1) 每天清扫1～2次。 (2) 部分路段应实行定时保洁

　　路面冲洗和洒水时需要专门的洒水车和马路冲洗车辆，它们由设以街道旁的供水器供水。供水器可利用现有消火栓或另设环境卫生专用供水器。供水器间隔根据道路宽度和专用车辆吨位确定，可参见表9-12。

供水器间隔　　　　　　　　　　　表 9-12

	道路宽度（m)	供水器间隔（m)	道路级别	道路宽度（m)	供水器间隔（m)
快速干道	40～70	600～700	商业文化大街	20～40	700～1000
主干道	30～60	700～1000	支路	16～30	1200～1500

二、城市水面保洁规划

　　城市内部河湖水面或近江、近海水面通常是城市重要的景观点或景观轴，具有较强的观赏或娱乐功能。所以对城市保洁也是环卫工作的内容。水面保洁的工作量视水面漂浮物密度和水面重要程度而定，重要的观赏娱乐水面往往要一天打捞多次，才能保持水面清洁。打捞方式一般人工与机械并重。较宽水面（10m以上）可采用机械清扫船，否则采用人工打捞船。应具备与水上垃圾收运船只配套的陆上垃圾车，用于转运水上垃圾。水域面积较大或河网密集，应设水上环卫工作点。

三、车辆清洗站规划

　　机动车辆（客车、货车特种车等）进入市区或在市区行驶时，必须保持外型完好、整洁。凡车身有污迹、有明显浮土、车底、车轮附有大量泥沙，影响市区环境卫生和市容观瞻的，必须对其清洗。通常在车辆进场的城区与郊区接壤处建造进城车辆清洗站，用地宜为1000～3000m²。其选址要考虑道路和车流量情况既能保证清洗车辆，又不至于影响交通。城市进城道路较多，应考虑分别设置。清洗站的规模与用地面积根据每小时车流量与清洗速度确定。清洗站内设自动清洗装置，洗涤水经沉淀、除油处理后就近排入城市污水管网。

第四节　城市环境卫生基层机构及工作场所规划

凡在城市或某一区域内负责环境卫生的行政管理和环境卫生专业业务管理和组织称为环境卫生机构。环境卫生基层机构一般是指按街道设置的环境卫生机构。

环境卫生基层机构为完成其承担的管理和业务职责需要的各种场所称为环境卫生基层机构的工作场所。

城市规划必须考虑环卫机构和工作场所的用地要求。

一、环境卫生基层机构的用地

环境卫生基层机构的用地面积和建筑面积按管辖范围和居住人口确定。

环境卫生基层机构的用地指标按表9-13确定：

环境卫生基层机构用地指标　　　　　　　表9-13

基层机构设置（个/万人）	万人指标（m²/万人）		
	用地规模	建筑面积	修理工棚面积
1/1～5	310～470	160～204	120～170

注：表中"万人指标"中的"万人"，系指居住地区的人口数量。
　　环境卫生基层机构应设有相应的生活设施。

二、环境卫生车辆停车场、修造厂

市、区、镇环境卫生管理机构应根据需要建立环境卫生汽车停车场、修造厂。环境卫生汽车停车场和修造厂的规模由服务范围和停放车辆数量等因素确定。环境卫生汽车停车场用地可按每辆大型车辆和地面积不少于150m²计算，环境卫生车辆数量指标可采用2.5辆/万人。环境卫生的车辆、机具、船舶等修造厂的用地，根据生产规模确定。

三、环境卫生清扫、保洁人员作息场所

在露天、流动作业的环境卫生清扫、保洁人员工作区域内，必须设置工人作息场所，以供工人休息、更衣、淋浴和停放小型车辆、工具等。作息场所的面积和设置数量。一般以作业区域的大小和环境卫生工人的数量计算。计算指标按表9-14规定。

环境卫生清扫、保洁人员作息场所设置指标　　　表9-14

作息场所设置数（个/万人）	环境卫生清扫、保洁工人平均占有建筑面积（m²/人）	每处空地面积（m²）
1/0.8～1.2	3～4	20～30

注：表中万人：系指工作地区范围内的口数量。

四、水上环境卫生工作场所

　　水上环境卫生工作场所按生产、管理需要设置，应有水上岸线和陆上用地。水上专业运输应按港道或行政区域设船队，船队规模根据废弃物运输量等因素确定，每队使用岸线为 200 ～ 250m，陆上用地面积为 1200 ～ 1500m²，且内设生产和生活用房。

　　水上环境卫生管理机构应按航道分段设管理站。环境卫生水上管理站每处应有趸船、浮桥等。使用岸线每处为 150 ～ 180m，陆上用地面积不少于 1200m²。

五、环境卫生车辆通道要求

　　城市固体废物的清运最终要实现机械化，规划时，必须保证环卫车辆便捷通达各项环境卫生卫生设施，并满足作业需要。通往环境卫生设施的通道应满足下列要求：

　　(1) 新建小区和旧城区改造应满足 5t 载重车通行；

　　(2) 旧城区至少满足 2t 载重车通行；

　　(3) 生活垃圾转运站的通道应满足 8 ～ 15t 载重车通行；

　　(4) 机动车通道宽度不得少于 4m，净高不得小于 4.5m；非机动车道宽度不得小于 2.5m，净高不得小于 3.5m。

各种环境卫生设施作业车辆吨位范围　　　　　　表 9-15

设施名称	新建小区（t）	旧城区（t）
化粪池	≥ 5	2 ～ 5
垃圾容器设置点	2 ～ 5	≥ 2
垃圾管道	2 ～ 5	≥ 2
垃圾转运站	8 ～ 15	≥ 5
粪便转运站		≥ 5

　　通往环境卫生设施的通道的宽度不小于 4m。环境卫生车辆通往工作点倒车距离不大于 20m，作业点必须调头时，应有足够回车余地，至少保证有 12m×12m 的空地面积。

第十章 城市防灾工程系统规划

近年来，我国城市安全与防灾问题愈发突出，城市防灾规划也越来越受到重视。专门编制的城市防灾规划（包括针对单项灾害的防灾规划或者针对多灾种的"综合防灾规划"）需要解决的问题很多，其中有些与城市规划关系密切。

本章城市防灾工程系统规划，简要介绍城市灾害的种类、特点以及我国城市防灾形势、防灾体系构成作，根据我国城市规划编制要求，重点介绍城市防灾标准与防灾设施（包括防灾空间）布局方面的知识，针对的主要灾种类型为各城市防灾的重点"四大项"：洪水（防洪）、地震（抗震）、火灾（消防）以及战争（人民防空），同时也涉及城市生命线系统的防灾要求和规划导向。

第一节 城市灾害的种类与特点

编制合理可行的城市防灾工程系统规划，必须对城市灾害的总体轮廓和主要特点有所了解。随着城市的发展，城市灾害的种类构成和危害机制都在发展变化，现代城市灾害有着许多新的种类和新的特点。

一、城市灾害的种类

城市灾害可以根据不同的标准分类。根据灾害发生的原因，城市灾害可分为自然灾害与人为灾害两类；根据灾害发生的时序，可分为主灾和次生灾害。此外，城市灾害还可根据损失的程度进行分类与分级。

（一）自然灾害与人为灾害

从灾害产生的原因来看，一些主要是由自然界的变化引起的，另一些则主要由人类行为失误造成的，我们分别称之为自然灾害与人为灾害。实际上，在城市灾害中，很难准确地划清二者之间的界限。自然灾害常常是人类行为失误的促发因素，如高温导致的火灾，浓雾引发的交通事故；而人为活动如工程开挖、过量抽取地下水，也可引起滑坡，地面沉陷和地震等自然灾害的发生。因此，上述两类灾害之间有密切联系，不可割裂看待。

1. 自然灾害

自然灾害也可分为多个种类，主要有以下几种：

（1）气象灾害。气象灾害是主要由大气圈物质运动与变异形成的灾害。气象灾害也有许多种类，如干旱、雨涝、热带气旋、寒潮与冻害、雹灾等。

（2）海洋灾害。海洋灾害是主要由水圈中海洋水体运动与变异形成的灾害，如风暴潮、灾害性海浪、浪冰、海啸、赤潮等。

（3）洪水灾害。洪水灾害主要由水圈中大陆部分地表水体运动形成的灾害，也是发生最频繁的灾害种类之一。

（4）地质与地震灾害。地质与地震灾害是主要由岩石圈运动形成的灾害。这类灾害有滑坡、泥石流、地面沉降、地面塌陷，以及火山、地震等，其中地震是给城市带来威胁和损失最大的灾害种类之一。

除上述几种灾害外，自然灾害还包括生物原因引起的生物灾害（如蝗灾），天文原因引起的天文灾害（陨石雨）等，但对城市有较大影响的主要是上述四类自然灾害。

2. 人为灾害

城市是人口密集的地区，许多城市灾害都有其人为失误的因素。人为灾害的主要成灾原因是人和人所属的社会集团的行为，可以分为以下几类：

（1）战争。战争在我国古代又被称为"兵灾"或"兵祸"。战争对城市的破坏力是最大的，许多历史名城的毁灭和衰败都是由战火造成的。现代化战争中，武器的破坏力剧增，尤其是核武器的发展，对城市构成了最大威胁，因此，战时防御应为城市防灾的重要内容。

（2）火灾。火灾在城市中发生频率极高，破坏力也相当大。伦敦、巴黎、芝加哥、东京和我国的长沙等城市，都曾发生过城市性大火，造成大量人员伤亡与财产损失。

（3）化学灾害。城市中有一些生产、储存、运输化学危险品的设施，往往由于人为失误引起中毒、爆燃等事故。化学灾害中，煤气中毒或燃气爆炸是最常见的事故。在上海地区，化学灾害造成的人员伤亡数已在诸多灾害中名列前茅。

（4）交通事故。城市中交通流量大，人流车流的交叉点多，交通事故发生频繁，人员伤亡数和财产损失十分巨大。

（5）传染病流行。城市中人口密集，一些传染性疾病容易在短时间内大范围爆发。2003 年，广州、北京等多个城市大规模爆发非典型性肺炎疫情，给城市居民生产、生活造成极大影响，也损害了城市的形象。

除上述几类人为灾害外，城市发展过程中不断有新的灾种产生，如局部风环境、光环境恶化、强电磁辐射等，都影响了城市的正常生产生活活动，阻滞了城市的健康发展。

（二）主灾与次生灾害

城市灾害往往多灾种持续发生，各灾种间有一定因果关系。发生在前，造成较大损害的灾害称为主灾；发生在后，由主灾引起的一系列灾害称为次生灾害。主灾的规模一般较大，常为地震、洪水、战争等大灾。次生灾害在开始形成时一般规模较小，但灾种多，发生频次高，作用机制复杂，发展速度快，有些次生灾害的最终破坏和影响规模甚至远超过主灾。

1923 年 9 月 1 日发生在日本的著名的关东大地震中，共死亡 14 万人，其中因地震被倒塌房屋压死者占 2.5%，而被地震引发的全城性大火烧死者占总死亡人数的 87%；2011 年 3 月 11 日东日本大地震中，地震引发的海啸造成的死亡人数占总死亡人数的 92% 以上，而海啸引发的福岛核电站爆炸事故影响深远，不仅造成日本本土核污染及周边地区的核恐慌，甚至重创了世界核电发展势头，影响了全球能源结构；次生灾害对城市的威胁可见一斑。

二、城市灾害的特点

城市灾害有其显著的特点，而城市的防灾工作必须针对城市灾害的这些特点，采取有效措施，方能达到防灾、减灾的目的。

（一）城市灾害的高频度与群发性特点

城市系统构成复杂，致灾源多，导致城市灾害总体上呈现出高频度与群发性特点。具体体现在：对于"事故"型的小灾害，如交通事故、火灾、煤气中毒等，发生的频度较高，而且城市规模与灾害发生次数基本呈正相关关系；对于地震、洪水等大灾，则体现出群发性特点，次生灾害多，危害时间长，范围广，形成灾害群，多方面持续地给城市造成损害。

（二）城市灾害的高度扩张性特点

城市灾害的另一个特点是发展速度快，许多小灾若得不到及时控制，会发展成大灾，而对大灾不能进行有效抗救，会引发众多次生灾害。由于城市各系统间相互依赖性较强，灾害发生时往往触及一点，波及全城，形成"多米诺骨牌"效应。

（三）城市灾害的高灾损特点

城市是人员与财富聚集之处，一旦发生灾害，造成的损失很大。虽然现代城市进行自我保护的能力有所增强，但许多灾害学家和经济学家都认为，现代城市承受大地震、洪水、台风、火患打击的能力并不强，一次中型灾害可能使一个城市的发展进程延缓多年。而且，城市的防护重点目前还集中在人员的安全上，对财物，尤其是固定资产的防护手段较少。因而，尽管在灾害中人员的伤亡总体上呈下降趋势，但在同等灾情下，城市经济损失仍有快速上升的势头。

（四）城市灾害影响的区域性特点

城市灾害影响的区域性特点主要表现在两个方面：一方面城市灾害往往是区域性灾害的组成部分，尤其是较大的自然灾害，常有多个城市受同一灾害影响，灾害的治理防御不仅是一个城市的任务，单个城市也无法有效地防抗区域性灾害。另一方面，城市灾害的影响往往超出城市范围，扩展到城市周边地区和其他城市，这种影响不仅是物质的，还包括精神的。灾后的灾民安置与恢复重建工作，也是一个区域性的问题。

三、我国自然灾害与城市防灾形势

（一）我国自然灾害的基本情况

我国气候是典型的大陆季风型气候，季风定期到来，所带来的水分为农业发展提供了条件，但同时也造成雨量时空分布的不均匀，旱涝灾害频繁发生。

我国是一个多山国家，平均海拔高度1525m，2/3的国土是山地、高原和丘陵地带，超过海拔1000m的山地占国土面积的58%。我国地势西高东低，形成三级台阶地形，水力侵蚀和冲刷十分严重，极易造成洪水泛滥，并伴随着严重的水土流失。

洪水灾害主要集中在我国东部地区。目前我国1/10的国土面积、5亿人口、5亿亩耕地、100多座大中城市、70%的全国工农业总产值受到洪水灾害的威胁。除黄河凌汛外，我国的洪水大多发生在7、8、9三个月，洪水的范围主要分布在我国七大江河及其支流的中下游。这七大江河指长江、黄河、珠江、淮河、海河、辽河、松花江。而这些江河流域恰恰是我国最为富庶的地区，一旦发生洪水，损失十分巨大。

从地质特点来看，我国位于太平洋地震带与欧亚地震带交汇部位，构造复杂，历史上就是地震频发的国家。我国有32.5%的国土面积和45%的大城市位于7度和7度以上地震设防区内，北京、天津、太原、西安、兰州、昆明等重要大城市甚至位于8度设防区内。从80年代中期开始，我国地震活动又趋频繁，河北、云南、新疆、西藏和东海黄海海域等地发生地震，一个新的地震活跃期即将到来。

除洪水与地震外，其他自然灾害在我国发生也较频繁。台风与热带风暴每年数次侵袭我国东南沿海地区，每年发生的滑坡事件上万起，冰雹、干热风、龙卷风等灾害每年出现上千次。

（二）我国城市总体防灾形势

我国城市从防灾角度来看，主要有以下一些特点：

1. 城市人口密度大

我国城镇人口总量较大，而城镇目前和今后很长一段时间内，交通方式仍以自行车和公交车出行为主，城市用地布局因而较为紧凑，城市人口密度较大。

在城市人口密度较大的情况下，城市防灾的难度增大了。由于建筑密度较大，防护间距的保持较困难。人口多而素质不高，人为失误引起灾害的可能性较大，火灾、交通事故和化学事故频频发生。在许多城镇中，人口最为密集的旧区改造步履艰难，防灾抗灾方面存在的问题很多。

2. 城市市政基础设施状况差

由于对基础设施配套不够重视，我国各城市的市政基础设施建设多年来一直处在相对滞后的状态，许多城市的工程管线设施配套不齐，设备陈旧落后，资料残缺不全。不仅给城市的生产生活造成很大困难，对城市灾害的防御、抗救也有巨大影响。

城市的给水、排水、电力、电信等管线设施，因其在城市中的重要作用，一直被称为城市的"生命线"系统。在我国城市中，除了这些系统本身建设存在不足，对这些系统的防护措施也相当薄弱，以致在较大灾害发生时，断水、断电、通讯中断、排水不畅等情况经常出现，严重影响了抗灾救灾工作。

3. 城市设防标准低

我国城市在防火、防涝、防洪、抗震方面的设防标准普遍偏低。1976 年，地震前的唐山地区原地震基本烈度仅为 6 度，结果地震发生时，大多数建筑倒塌，造成巨大伤亡。按照防洪标准，我国一般城镇防洪标准应为 20 ～ 50 年一遇，但实际上大多数城镇的设防标准在 20 年一遇以下。由于城镇的设防标准低，即使一般灾害发生时，也会给城镇带来巨大损失。

4. 社会防灾观念薄弱

多年来，社会各方面长期对城市防灾问题未予以足够重视，"头痛医头、脚痛医脚"、"好了伤疤忘了痛"等现象屡屡出现，许多城市连续多年受同一灾害袭扰，当地有关部门却一直不能下决心根治，舍不得在防灾方面进行投入，结果历年来因灾损失远大于防灾所需的资金。防灾宣传不够，也使人为失误致灾的次数大增。同时，由于不了解防灾知识而造成的人员伤亡屡见不鲜。灾害发生时往往出现恐慌情绪，影响社会稳定。

第二节　城市防灾对策与理念

20 世纪 90 年代，针对频繁发生的自然灾害，联合国提出了"国际减灾十年"全球统一行动计划。"减灾"包含了两重含义，一是指采取措施，减少灾害的发生次数和频度，二是指要减少或减轻灾害造成的损失。对于一个国家来说，灾害的发生和造成损失是难以避免的，但是如何通过合理的预防和救灾措施降低损失程度却是可行的。因此,国家和区域应积极采取各种措施进行减灾。

由于城市财富和人员高度集中,一旦发生灾害,造成的损失很大。所以,在区域减灾的基础上,城市应采取措施,立足于防。城市防灾工作的重点,是防止城市灾害的发生,以及防止城市所在区域发生的灾害对城市造成影响。因此,城市防灾不仅仅指防御或防止灾害的发生,实际上还应包括对城市灾害的监测、预报、防护、抗御、救援和灾后恢复重建等多方面的工作。

一、城市防灾对策措施

城市防灾对策措施可以分为两种,一种为政策性防灾对策,另一种为工程性防灾措施,二者是相互依赖,相辅相成的。政策性措施又可称为"软措施";工程性措施可称为"硬措施",必须从政策制定和工程设施建设两方面入手,"软硬兼施,双管齐下",才能搞好城市的防灾工作。

（一）城市政策性防灾对策

城市的政策性防灾措施是建立在国家和区域防灾政策基础上的,主要包括两方面的内容。

一方面,城市总体及城市内各部门的发展计划是政策性防灾对策的主要内容。城市总体规划通过对用地适建性的分析评价,确定城市发展方向,实现避灾的目的。城市总体规划中有关消防、人防、抗震、防洪等各项防灾专项规划,更对城市防灾工作进行直接指导,是防灾建设的主要依据。除城市规划外,各部门的发展计划也直接或间接与城市防灾工作相关,尤其是各项基础设施工程规划,与城市防灾有非常紧密的联系。

另一方面,政策性防灾对策的主要内容也包括法律、法规、标准和规范的建立与完善。近年来,我国立法机关相继制定并完善了《城市规划法》、《人民防空法》、《消防法》、《防洪法》等一系列法律,各地各部门也根据各自情况编制出台了一系列关于抗震、消防、防洪、人防、交通管理、基础设施建设等各方面的法规和标准、规范,为指导城市防灾工作起了重要作用。

（二）城市工程性防灾措施

城市的工程性防灾措施是在城市防灾政策指导下,建设一系列防灾设施与机构的工作,也包括对各项与防灾工作有关的设施采取的防护工程措施。城市的防洪堤、排涝泵站、消防站、防空洞、医疗急救中心、物资储备库,或气象站、地震局、海洋局等带有测报功能的机构的建设,以及建筑的各种抗震加固处理、管道的柔性接口等处理方法等,都属于工程性防灾措施的范畴。

政策性防灾措施必须通过工程性防灾措施,才能真正起到其作用。但在我国许多城市,都存在着有法不依,有规不循的情况,导致城市防灾能力薄弱。

工程防灾方法在城市防洪、抗震和地质灾害防治等自然灾害的抗御中发挥了重要作用。但是,工程防灾措施也有其局限性。在各种减灾措施中,有些措施肯定不能避免灾害,而是推迟了灾害发生的时间。有些措施或许可以延迟灾害发生达许多年,挽救的损失也可能很大,但由于其先天的局限及人们的麻痹，灾害发生时将可能造成更大的损失。例如，用于防洪建设的大坝，或堤防，会使大坝下游、堤坝两岸兴建社区的人们误以为已经没有洪水灾害的风险。可是发生超过控制标准的洪水时，技术性措施将不再提供安全保障，而且甚至可能会造成更大范围的人口遭受比原先更大的洪水破坏。2005 年美国卡特里娜飓风造成的新奥尔良市大水灾就是一例。

二、城市防灾工作阶段

一个城市拥有较完善的防灾体系，就能有效地防抗各种灾害，减少灾害的损失。

一般来说，城市防灾工作包括对灾害的监测、预报、防护、抗御、救援和恢复援建等六个方面，每个方面都由组织指挥机构负责指挥协调。它们之间有着时间上的顺序关系，也有着工作性质上的协作分工关系。从时间顺序来看，可以分为四个部分。

（一）灾前的防灾减灾工作

这部分工作包括了灾害区划、灾情预测、防灾教育、预案制定与防灾工程设施建设等内容。事实表明，灾前工作的好坏，对整个防灾工作的成败有着决定性影响。在灾情尚未发生时，城市防灾工作非但不能松懈和停顿，而且必须抓紧时间，对城市及周边地区已发生过的灾害作调查研究，总结经验教训，摸索规律，教育人民，训练队伍，建设设施，做好一切准备，防御可能发生的灾害。

在灾前的防灾减灾工作中，人们往往对防灾设施的建设比较重视，却忽视了其他几个方面的工作。实际上，灾害的监测、预报等研究工作，以及防灾预案的制订和防灾教育都在防灾工作中具有重要的意义。

日本是一个多地震国家，多年来，依靠强化建筑物的抗震设防，加强地震监测预警系统的建设，已经成功抗御了多次 6 级以上的地震，极大减少了因地震时建筑物损毁造成的人员伤亡和财产损失；此外，许多城市每年都要进行民众参与的、规模不等的各种防灾演习，以检查防灾队伍和防灾设施的预备情况，修改完善防灾预案，同时对人民进行防灾知识教育，提高全民防灾素质。日本的经验很值得我们学习与借鉴。

（二）应急性防灾工作

在预知灾情即将发生或灾害即将影响城市时，城市必须采用必要的应急性防灾工作。例如成立临时防灾救灾指挥机构，进行灾害告警，疏散人员与物资，组织临时性救灾队伍等。应急性防灾工作的顺利与否，取决于前期防灾工作准备的情况；同时，应急性防灾工作也影响着下一步抗灾救灾工作。应急措施得力，能有效防抗灾害，减少灾害损失。

（三）灾时的抗救工作

灾时的抗救工作，主要是抗御灾害和进行灾时救援，如防洪时的堵口排险，抗震时废墟挖掘与人员救护等。所谓"养兵千日，用兵一时"，各种防灾设施、防灾队伍、防灾指挥机构等，都应在此时发挥作用，保护人民生命和财产安全。

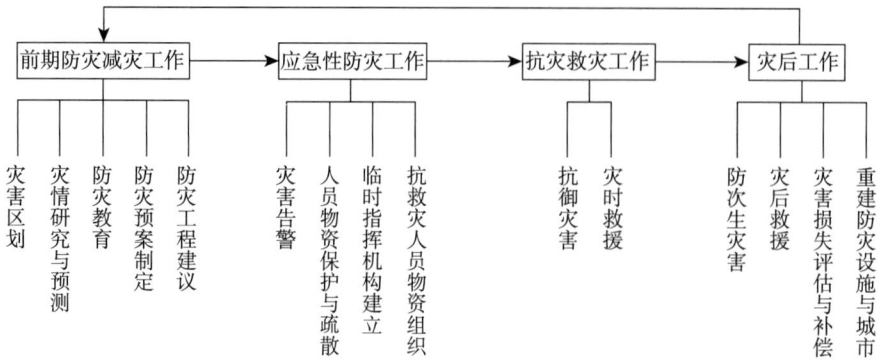

图 10-1　城市防灾工作的四个阶段

图中内容：

前期防灾减灾工作 → 应急性防灾工作 → 抗灾救灾工作 → 灾后工作

前期防灾减灾工作：灾害区划、灾情研究与预测、防灾教育、防灾预案制定、防灾工程建议

应急性防灾工作：灾害告警、人员物资保护与疏散、临时指挥机构建立、抗救灾人员物资组织

抗灾救灾工作：抗御灾害、灾时救援

灾后工作：防次生灾害、灾后救援、灾害损失评估与补偿、重建防灾设施与城市

（四）灾后工作

在主要灾害发生后，防灾工作并未完结，防止次生灾害的产生与发展，继续进行灾后救援工作，进行灾害损失评估与补偿，重建防灾设施和损毁的城市。灾后工作十分艰巨，意义也十分重大，实际上，灾后工作又将是下一次灾害前期防灾减灾工作的组成部分。

从防灾机构的组成来看，防灾机构可分为研究机构、指挥机构、专业防灾队伍、临时防灾救灾队伍、社会援助机构和保险机构等。研究机构对当地情况进行全面调查了解，根据专业知识进行监测、分析、研究和预报；指挥机构负责灾时的抗灾救灾指挥和平时防灾设施的建设；专业防灾队伍是经过训练，装备较好的抗救灾队伍，如消防队。

在重大灾情出现时，军队往往作为防灾队伍的主力，虽然不同于日常性专业防灾队伍，但由于具有极强的战斗力，可以将其归入专业防灾队伍；临时抗灾救灾队伍是在灾情发生时，由指挥机构组织或民间志愿人员组成的抗灾救灾队伍，辅助专业防灾队伍工作；社会援助机构和保险机构在灾时和灾后在经济上对防灾工作和受灾人员与单位给予支持，帮助恢复生产，重建家园。

从防灾工程的组成来看，可以根据工程防灾的范围分为区域性防灾工程、城市防灾工程和单体设施防灾工程；也可根据工程的用途分为专门防灾工程和多用途防灾工程；根据工程时效分为永久性防灾工程和临时性防灾工程；还可以分成防灾工程设施和防灾工程处理措施等。

三、城市的综合防灾理念

由于观念、体制、方法上的原因，我国现有防灾体系存在以下主要问题：

（1）现有防灾体系基本上以单灾种防抗为系统，在规划和建设中，往往各自为政，造成防灾设施布局不合理，配置重复，浪费投资；

（2）忽视城市整体防灾组织指挥系统的建设、生命线系统的防护等重要环节，现有城市防灾系统难以快速、高效地防抗多元化、群发性的城市灾害；

（3）缺乏平灾结合、综合利用防灾设施的观念、规划和措施，难以充分发挥防灾设施的效能，未能形成城市防灾设施投资、使用、维护的良好环境，严重影响了防灾系统在灾时的正常运作。针对城市灾害的特点和现有城市防灾体系的缺陷，有必要在全面认识城市灾害的基础上，树立城市综合防灾的观念，建立城市综合防灾体系。

城市综合防灾应包含对各种城市灾害的监测、预报、防护、抗御、救援和灾后的恢复重建等内容，注重各灾种防抗系统的彼此协调，统一指挥，共同作用，强调城市防灾的整体性和防灾设施的综合利用。同时，城市综合防灾还注重防灾设施建设使用与城市开发建设的有机结合，形成规划—投资—建设—维护—运营——再投资的良性循环机制。

（一）加强区域减灾和区域防灾协作

城市防灾也是区域防灾减灾的重要组成部分，尤其是对洪灾和震灾等影响范围大的自然灾害，防灾工作的区域协作是十分重要的。我国已在大量研究和实践经验的基础上，对某些灾害作了相应的大区划，并成立了一些灾种固定或临时的管理协调机构，城市的防灾工作必须在国家灾害大区划的背景下进行，应根据国家灾害大区划，确定城市设防标准，同时，城市防灾工作应服从区域防灾机构的指挥协调和管理。1991 年我国太湖水系发生特大洪水期间，经过区域协调，采取了一系列分洪、行洪和泄洪的措施，牺牲了一些局部利益，但有效地降低了太湖的高水位，缩短了洪水持续的时间，保障了沿湖大多数大中城市的安全，区域整体防灾取得了很好的效果。此外，市际以及市域范围的防灾协作也十分必要。我国小城镇和城郊地区的防灾设施往往较为匮乏，一旦遇到较大规模的灾害发生，经常束手无策，如果能与其周边城镇联手，配置共用防灾设施，或依托邻近规模较大、经济实力较强的城市，与之进行防灾协作，能够较快地提高这些城镇的防灾能力。2004 年 12 月 26 日的印度洋地震所引发的海啸，就是由于缺乏区域预警，造成了东南亚、南亚和非洲近 30 万人死亡。

（二）合理选择与调整城市建设用地

城市总体规划必须进行城市建设用地的适用性评价，确定城市未来的用地发展方向和进行现状用地布局调整。地形、地貌、地质、水系等评价因子决定了地区未来可能遭受的灾害及其影响的程度，在用地布局规划中应避开灾害易发地区。另外，城市灾害小区划工作，是对城市用地的灾害与灾度的全面分析评估，为制定城市总体防灾对策、确定城市各地区设防标准提供充分依据，可以节省并更合理地分配防灾投资。一些城市进行了抗震小区划后，对城市内的抗震设防标准作相应调整，合理使用城市抗震投资，取得了较好效果。对于处在防灾不利地带的老城市，应该结合城市的旧区改造，降低防灾不利地区的人口与产业密度，逐步改变其内部的用地布局，使城市的居住、公建、工业等主要功能区完全避开防灾不利地带，实现城市总体布局的防灾合理化。

（三）优化城市生命线系统的防灾性能

城市生命线系统是指维持城市居民生活和生产活动所必不可少的交通、能源、通信、给排水等城市基础设施。城市生命线系统是城市的"血液循环系统"和"免疫系统"。一方面，保证生命线系统自身的安全十分重要，道路、电力、煤气、通信线路、给水管道等设施，在大灾（尤其是地震灾害）发生时很容易受到破坏，城市高架路和液化土壤地区地铁的灾时安全也是一个严重问题。1923年日本关东大地震发生后，由于东京城市供水系统被毁，消防用水难以保证，形成席卷全城的大火。地震全部死难者中，87%被火烧死，10%由于避火而落水淹死。1906年旧金山地震中，因煤气主管被震裂，使75%的市区被大火焚烧。阪神地震中，由于神户交通、通信设施受损，致使来自20km外的大阪的援助不能及时到达。1989年10月发生的美国加州地震和1995年1月发生的日本阪神大地震中，都出现了城市高架路被震倒造成的城市干道交通瘫痪的现象。另一方面，由于城市防灾对生命线系统的依赖性极强：城市消防主要依靠城市的给水系统，城市灾时与外界联系和抗灾救灾指挥组织主要依靠城市通信系统，城市交通系统必须在灾时保证抗灾救灾和疏散通道畅通，应急电力系统要保证城市重要设施的电力供应，所以，生命线系统要在保证自身安全的前提下，为城市的抗灾服务，这就要求生命线系统必须建立健全相应的应急机制和应急备用设施，以防万一。城市灾害在对城市进行打击时，生命线系统的破坏不仅使城市生活和生产能力陷于瘫痪，而且使城市失去了抵抗能力，许多次生灾害由此而产生、发展和蔓延，直至失去控制。所以，城市生命线系统被破坏本身就是灾难性的。从体系构成、设施布局、结构方式、组织管理等方面，提高生命线系统的防灾能力和抗灾功能，是城市防灾的重要环节。

（四）强化城市防灾设施的建设与运营管理

城市防灾设施是城市综合防灾体系主要的硬件部分，除城市生命线系统外，城市的堤坝、排洪沟渠、消防设施、人防设施、地震测报台网以及各种应急设施等，都属于城市防灾设施。这些设施一般专为防灾设置，直接面对灾害的考验，担负着城市灾前预报、灾时抗救的主要任务。防灾设施的标准和建设施工水平，直接关系到城市总体防灾能力。

提高防灾设施的使用效益，是防灾工作中的一个关键问题。我国城市的某种防灾设施，一般情况下都是针对单个灾种设置的，如堤坝为防洪而建，消防站为防火而建。各种设施分属于不同的防灾部门，在建设、使用和管理、运营上高度专门化，设施的使用频率较低，防护面较窄。我国城市防灾设施投入不足，设施维护保养不力状况的形成，与上述现象有很大关系。同时，防灾设施的布局和功能也很难适应城市灾害多元化、网络化、群发性的特点。

建设城市综合防灾体系，有利于防灾设施的综合利用。一方面，防灾设施的建设布局要充分考虑城市灾害的特点，尤其是针对灾害链的特点，综合组织布局防灾设施，并使它们的管理指挥机构之间保持畅通的联络协调渠道，以在对付连发性与群发性灾害时，形成防灾设施的联动机制；另一方面，防灾设施使用的平灾结合十分重要，近年来，城市的地下人防设施的综合利用已得到推广普及，产生了较好的社会效益和经济效益。一些省市开始实施"110"报警电话，由单纯报警发展成为社会救助提供综合服务的网络，给城市防灾设施的综合利用提出了一条很好的思路，城市防灾设施也应融入整个社会服务体系中去，服务社会，并从社会服务中获得建设、维护、管理所需的部分经费，走上良性循环，自我发展的道路。

2003年的非典灾难，同样是特大城市，一些城市成功阻止了非典大规模爆发，而一些城市则成了重灾区，其差别主要反映在城市应急管理的能力上。应对突发事件，特别是重大突发事件，需要广泛动员各种组织和力量参与，需要统一指挥、统一行动，需要各个方面相互协作、快速联动，需要有技术、物资、资金、舆论的支持和保障，需要有法律和政策的依据。政府应急管理体系就是通过组织整合、资源整合、行动整合等应急要素整合而形成的一体化系统。

（五）建立城市综合防灾指挥组织体系

城市防灾涉及的部门有很多，担负着各种灾害的测、报、防、抗、救、援以及规划与实施工作，但由于这些部门在防灾责任、权利方面既有交叉，又存在盲区，缺乏综合协调城市建设与防灾、城市防灾科学研究与成果综合利用关系的能力，使政府部门的防灾职能难以充分发挥。

在防灾工作中，灾前的预防预报工作、灾时的抗救工作和灾后的恢复重建工作同样重要。而在当前的防灾工作中，灾前灾后的工作往往得不到重视，这是因为在城市中，许多防灾组织指挥机构是临时性的，灾前组班子，灾后散班子。由于缺乏持久有力的领导，城市防灾对策的研究与制定、城市防灾规划的编制与实施、城市防灾部门设施的运营与管理、城市防灾宣传教育等许多日常性事务无人过问，忽视了至关重要的防灾政策问题，影响了城市防灾能力的提高。如果在单项灾害管理的基础上，组建从中央到地方，条块结合，常设的综合性防灾指挥组织机构进行组织协调和统筹指挥，将有效地提高城市的总体防灾能力。东京在1962年10月即设置了"东京都防灾会议"，负责指导城市综合防灾工作，尤其是地区防灾计划的制定与修改工作。一些国外城市也根据自身的情况，设立了综合防灾组织指挥机构，全面而有重点地负责防灾工作，取得了较好效果。

（六）健全、完善城市综合救护系统

城市急救中心、救护中心、血库、防疫站和各类医院是城市综合救护系统的重要组成部分，具有灾时急救，灾后防疫等功能。无论发生何种城市灾害，城市综合救护系统是必不可少的。因此，城市规划必须合理布置城市救护设施，避免将这些设施布置在地质不稳定地区、洪水淹没区、易燃易爆设施与化学工业及危险品仓储区附近等城市不安全地带上。保证救护设施的合理分布与服务范围，以及设施自身安全。同时，不仅要加强这些设施平时的救护能力和自身防灾能力，而且要加强这些设施灾时急救能力，从人员、设备、体制上给予保证。

第三节　城市主要灾害的防灾对策与防灾标准

对城市影响最大和发生较为频繁的灾害主要有四种：地震、洪涝、火灾和战争。针对这四种灾害的防灾规划有抗震、防洪（涝）、消防和人防，是城市防灾规划的重点。当然，城市的具体情况不同，防灾规划的侧重点也应根据实际情况确定。

一、城市防洪对策与标准

城市防洪、防涝对于城市生存与发展有非常重要的意义。许多城市出于对水源、航运交通、排水便利等方面的需要，常傍水而建，河流汛期与海洋大潮发生时，城市往往受到洪水和海潮的威胁。另外，山区城市可能受山洪暴发的影响；而平原城市往往在暴雨时排水不畅，造成涝灾。

（一）城市防洪防涝对策

对于洪水的防治，应从流域的治理入手。一般来说，对于河流洪水防治有"上蓄水、中固堤，下利泄"的原则，即上游以蓄水分洪为主，中游应加固堤防，下游应增强河道的排泄能力。综合起来，主要防洪对策有以蓄为主和以排为主两种。

1. 以蓄为主的防洪措施

（1）水土保持：修筑谷坊、塘、埝、植树造林以及改造坡地为梯田，在流域面积上控制径流和泥沙，不使其流失，并进入河槽。这是一种在大面积上大范围内保持水土的有效措施，既有利于防洪，又有利于农业，即使在城市周围，加强水土保持，对于城市防止山洪的威胁，也会起到积极的作用。

（2）水库蓄洪和滞洪：在城市防泛区上游河道适当位置处利用湖泊、洼地或修建水库拦蓄或滞蓄洪水，削减下游的洪峰流量，以减轻或消除洪水对城市的灾害。这种办法还可以起到兴利的作用，即可以调节枯水期径流，增加枯水期水流量，保证了供水、航运及水产养殖等。

2. 以排为主的防洪措施

（1）修筑堤防：筑堤可增加河道两岸高程提高河槽安全泄洪能力，有时也可起到束水攻沙的作用，在平原地区的河流上多采用这种防洪措施。

（2）整治河道："逢弯去角，逢正抽心"这是我国人民早在两千多年前就总结出的河道整治经验。对河道截角取直及加深河床，目的在于加大河道的通水能力，使水流通畅，水位降低，从而减少了洪水的威胁。

在防洪工程措施中，可充分利用湖泊、山区堰塘、洼地开壁分洪、导洪或蓄洪，先分、后蓄，避免洪峰集中，减轻主河道的负担，避免形成大的洪峰威胁。

一般情况下，处于河道上游、中游的城市多采用以蓄为主的防洪措施，而处于河道下游的城市，河道坡度较平缓，泥沙淤积，多采用以排为主的防洪措施。对于山区城市，一方面采取以蓄为主的防洪措施，还应考虑根据具体情况在城区外围修建山洪防治排洪沟。而在平原城市，市区内应有可靠的雨水排除系统。

3. 相应的防灾对策

城市所处的地区不同，其防洪对策也不相同，一般来说，主要有以下几种情况：

（1）在平原地区，当大、中河流贯穿城市，或从市区一侧通过，市区地面高程低于河道洪水位时，一般采用修建防洪堤来防止洪水浸入城市，例如武汉长江防洪堤就属于这种情况。

（2）当河流贯穿城市，其河床较深，但由于洪水的冲刷易造成对河岸的浸蚀，并引起塌方，或在沿岸需设置码头时，一般采用挡土墙护岸工程，这种护岸工程常与修建滨江大道结合，例如上海市外滩沿岸、广州市长堤路沿岸挡土墙护岸即属这种情况。

（3）城市位于山前区，地面坡度较大，山洪出山的沟口较多。对于这类城市一般采用排（截）洪沟。而当城市背靠山，面临水时，则可采取防洪堤（或挡土墙护岸）和截洪沟的综合防洪措施。

（4）当城市上游近距离内有大、中型水库，面对水库对城市形成的潜伏威胁，应根据城市范围和重要性质提高水库的设计标准，增大拦洪蓄洪的能力。对已建成的水库，应加高加固大坝，有条件时，可开辟滞洪区，而对城区河段则可同时修建防洪堤。

（5）城市地处盆地，市区低洼、暴雨时，所处地域的降雨易汇流而造成市区被淹没。一般可在城区外围修建围堰或抗洪堤，而在市内则应采取排涝的措施（修建排水泵站），后者应与城市雨水排除统一考虑。

（6）位于海边的城市，当城区地势较低，易受海潮或台风袭击威胁，除修建海岸堤外，还可修建防浪堤，对于停泊码头，则可采用直立式挡土墙。

（二）城市防洪、防涝标准

防洪标准是防洪规划、设计、建设和运行管理的重要依据，指防洪对象应具备的防洪（或防潮）能力，一般用可防御洪水（或潮位）相应的重现期或出现频率表示。根据防洪对象的不同，分为设计（正常运用）一级标准和设计、校核（非常运用）两级标准两种。

1. 设计标准

防洪工程设计是以洪峰流量和水位为依据的，而洪水的大小通常是以某一频率的洪水量来表示。防洪工程的设计是以工程性质、防范范围及其重要性的要求，选定某一频率作为计算洪峰流量的设计标准的。通常洪水的频率用重现期的倒数代替表示，例如重现期为50年的洪水，其频率为2%，重现期为100年的洪水，其频率为1%，显然，重现期愈大，则设计标准就越高。

城市根据其社会经济地位的重要程度和城（镇）区内城市人口数量分为四等，各等级的防洪标准，应按表10-1的规定确定。

城市的等级和防洪标准　　　　表10-1

等级	重要程度	城市人口（万人）	防洪标准（重现期·年）		
			河（江）洪、海潮	山洪	泥石流
I	特别重要城市	≥150	≥200	100～50	>100
II	重要城市	150～50	200～100	50～20	100～50
III	中等城市	50～20	100～50	20～10	50～20
IV	一般城镇	≤20	50～20	10～5	20

2. 校核标准

对于重要工程的规划设计，除正常运用的设计标准外，还应考虑校核标准，即在非常运用情况下，洪水不会漫淹坝顶或堤顶或沟槽。校核标准可按表 10-2 采用。

防洪校核标准   表 10-2

设计标准频率	校核标准频率
1%（100 年一遇）	0.2% ~ 0.33%（500 ~ 300 年一遇）
2%（50 年一遇）	1%（100 年一遇）
5% ~ 10%（20 ~ 10 年一遇）	2% ~ 4%（50 ~ 25 年一遇）

分为几部分单独进行防护的城市，各防护区的防洪标准，应根据其重要程度和非农业人口数量，按表 10-1 的规定分别确定。

市区和近郊区分别单独进行防护的城镇，其近郊区的防洪标准可适当降低。

位于山丘区的城市，当市区分布高程相差较大时，应分析不同量级的洪水可能淹没的范围，根据淹没区的重要程度和非农业人口数量以及主要市区和高程等因素，按表 10-1 的规定分析确定其防洪标准。

位于平原、湖洼地区，防御持续时间长的江河洪水或湖泊高水位的城市，一般可在表 10-1 规定的范围内，取较高的防洪标准。

其他设施，如河港、海港、机场、火电厂等可能的城市飞地，防洪标准如以下几表所示：

江河港口的等别及防洪标准   表 10-3

等级	重要性和受淹损失程度	防洪标准（重现期·年）	
		河网、平原河流	山区河流
I	特别重要和重要城市的主要港区，受淹后损失巨大	100 ~ 50	50 ~ 20
II	中等城市的主要港区，受淹后损失较大	50 ~ 20	20 ~ 10
III	一般城镇的主要港区，受淹区损失较小	20 ~ 10	10 ~ 5

注：如港区防洪工程是城市的组成部分，影响城市防洪安全时，应根据城市防洪要求确定。

海港的等别和防潮标准   表 10-4

等级	年吞吐量（万吨）	防洪标准（重现期·年）
I	> 1000	200 ~ 100
II	1000 ~ 100	100 ~ 50
III	100	50 ~ 20

注：按表列标准的高潮位低于历史最高潮位时，应用该最高潮位进行核算。

民用机场的等别和防潮标准　　　　表 10-5

等级	重要程度	防洪标准（重现期·年）
I	特别重要的航线机场	200 ~ 100
II	重要航线机场	100 ~ 50
III	一般航线机场	50 ~ 20

注：跑道和重要设施可分开防护时，其跑道和场区的防洪标准，可适当降低。

城市的防涝取决于城市的排水能力，而城市的排水能力是由地形、气象和排水设施的排水能力所决定的。城市防涝标准可用可防御暴雨的重现期或出现频率表示。对于城市的一般居住区和道路来说，防涝标准可取 1 年，对于城市中心区、工厂区、仓库区和主干道与广场，防涝标准可取 2 年左右，特别重要的地区可取 3 ~ 5 年。具体可参见城市排水设施工程规划有关章节。

火电厂的等别和防洪标准　　　　表 10-6

等级	电厂规模	装机容量（万 kW）	防洪标准（重现期·年）
I	特大型	≥ 100	≥ 200
II	大型	100 ~ 25	200 ~ 100
III	中型	25 ~ 2.5	100 ~ 50
IV	小型	≤ 2.5	≤ 50

二、城市抗震对策与标准

地震是由地球内部的变动引起的地壳震动。地震本身不会直接造成人员伤亡，主要是地面震动引起的地表建筑坍塌，以及山崩、海啸、火灾等次生灾害造成大量人员伤亡和财产损失。地震的特点是发生突然、破坏力大、次生灾害多，对城市的危害特别大。我国是地震频发的国家，西北、华北、西南地区经常发生地震。历史上著名的地震有 1556 年陕西华县大地震（8 级），死亡 83 万人；1920 年宁夏海源地震（8.5 级），死亡 20 万人；1976 年唐山地震（7.8 级），死亡 24 万人，重伤 16 万人；2008 年汶川地震（8.0 级）；死亡 8 万人。

地震按发生的原因可分为陷落地震、火山地震、构造地震、人为地震等几种。按震源距离地表的深度分为浅源地震、中源地震、深源地震三种。按所在地距震中远近分为地方性地震、近地震、远地震、很远地震。

地震有两种指标分类法。一种是按所在地区受影响和受破坏的程度进行分级，称为地震的烈度。在我国，地震烈度分为 12 个等级，其中，6 度地震的特征是强震，而 7 度地震则为损害震。因此，以 6 度地震烈度作为城市设防的分界，非重点抗震防灾城市的设防等级为 6 度，6 度以上设防城市为重点抗震防灾城市。按震源放出的能量来划分地震的等级，称为地震的震级，地震释放的能量越大，震级越高。震级是通过地震记录仪器所显示的数据反映出来的。一般说来，震级小于2.5级时，人一般感觉不到，而震级大于5级时，就可能造成破坏。

（一）城市抗震对策

地震的发生往往有极大的突然性，因此，城市抗震工作的重点，应放在震前与震后。主要包括三个方面。

1. 建构筑物的抗震处理

建、构筑物在震时的损坏，是导致地震损害和次生灾害发生的最主要因素。所以，建、构筑物的抗震处理是抗震的基本对策。如果在地震时房不倒、路不坏、管线不断、堤防不损，城市的安全就有了保障。

建、构筑物的抗震处理包括地基抗震处理、结构抗震加固、节点抗震处理等。抗震处理的主要依据是本地区的抗震设防烈度，即按国家批准极限审定的作为一个地区抗震设防依据的地震烈度。进行过抗震处理的建、构筑物、当遭受低于本地区设防烈度的多遇地震影响时，一般不受损坏或不需修理仍可继续使用；当遭受本地区设防烈度的地震影响时，可能损坏，经一般修理或不需修理仍可继续使用；当遭受高于本地区设防烈度预估的罕遇地震影响时，不致完全损毁而发生危及生命的严重破坏。

对于建筑来说，一般可以按以下原则进行抗震处理：

（1）尽量选择有利于抗震的场地和地基，针对不同场地与地基，选择经济合理的抗震结构。

（2）建筑物平面布局中，长宽比例应适度，平面刚度应均匀，对建筑物应力集中的部位要在构造上加强。

（3）加强部件之间的联结，并使联结部位有较好的延性；尽量不做或少做地震时易倒塌脱落的构件。

（4）尽量降低建筑物重心位置，减轻建筑物自重。

（5）确保施工质量。

2. 地震的震前预报

由于地震活动的规律人类尚处在探索阶段，因此地震的预报是很困难的，但也不是不可能的，根据对监测资料的分析和一些地震前兆的发现，有可能成功预报一些地震。

地震的预报分为两种，一种是作为长期预报的地震区域划分，主要是根据地质、地震和历史资料等方法对地震发生的地区和强度进行预报，对时间的预报是很粗略的，通常只是预报一二百年内某处将出现的大地震，这种预报虽然不能指出地震发生的确切时间、地点，但意义却仍很大，因为我们可以根据预报确定地区内重要建、构筑物寿命期内可能会遭受的最大地震，事先进行加固。

另一种地震预报是短期临震预报，其主要依据是震前预兆，包括震前地形变化，地下水的异常变化，动物异常等现象，以及强震前发生的前震等。地震的短期预报提供了较确切的时间，但其准确性不高。我国曾在非常特殊的条件下成功地预报了 1975 年 2 月 4 日的海城地震，这也是世界上极为罕见的官方发布地震短临预报的成功案例。

城市的地震短期预报风险较大，是一柄"双刃剑"。日本有专家分析说：若发布包括东京在内的日本关东地区的地震预报，则产业活动停止一天造成的经济损失将达到 7200 亿日元，而且有可能发生社会动乱。但如果预报成功，地震发生时造成的死亡人数将比不预报减少 5/6。可见，地震的短期预报必须极为慎重。

3. 城市布局的避震减灾措施

城市布局的避震减灾措施是最为有效和经济的抗震对策。在城市布局中，主要考虑的避震减灾措施有以下三种：

(1) 城市发展用地选址时，尽量避开断裂带、溶洞区、液化土区等地质不良地带，以及会扩大地震影响的山丘地形。

(2) 城市进行建筑群规划时，应考虑保留必要的空间与间距，使建筑物一旦震时倒塌，不致影响别的建筑或阻塞人员疏散通道。

(3) 在城市布局中，保证一些道路的宽度，使之在灾时仍能保持通畅，满足救灾与疏散需要。同时，应充分利用城市绿地、广场，作为震时临时疏散场所。

(二) 城市抗震标准

1. 抗震设防烈度

城市的抗震标准即为抗震设防烈度。抗震设防烈度应按国家规定的权限审批、颁发的文件 (图件) 确定，一般情况下可采用基本烈度。地震基本烈度指一个地区今后一段时期内，在一般场地条件下可能遭遇的最大地震烈度，即现行《中国地震烈度区划图》规定的烈度。

我国工程建设从地震基本烈度 6 度开始设防。抗震设防烈度有 6、7、8、9、10 等级 (一般可以把"设防烈度为 6 度、7 度…"简述为"6 度、7 度…")。6 度及 6 度以下的城市一般为非重点抗震防灾城市，但并不是说，这些城市不需要考虑抗震问题，6 度地震区内的重要城市与国家重点抗震城市和位于 7 度以上 (含 7 度) 地区的城市，都必须考虑城市抗震问题，编制城市抗震防灾规划。

2. 城市用地抗震适宜性评价

城市用地地震破坏及不利地形影响应包括对场地液化、地表断错、地质滑坡、震陷及不利地形等影响的估计，划定潜在危险地段。

城市用地抗震适宜性评价应按表 10-7 进行分区，综合考虑城市用地布局、社会经济等因素，提出城市规划建设用地选择与相应城市建设抗震防灾要求和对策。

城市用地抗震适宜性评价要求   表 10—7

类别	适宜性地质、地形、地貌描述	城市用地选择抗震防灾要求
适宜	不存在或存在轻微影响的场地地震破坏因素，一般无需采取整治措施： （1）场地稳定； （2）无或轻微地震破坏效应； （3）用地抗震防灾类型 Ⅰ 类或 Ⅱ 类； （4）无或轻微不利地形影响	应符合国家相关标准要求
较适宜	存在一定程度的场地地震破坏因素，可采取一般整治措施满足城市建设要求： （1）场地存在不稳定因素； （2）用地抗震防灾类型 Ⅲ 类或 Ⅳ 类； （3）软弱土或液化土发育，可能发生中等及以上液化或震陷，可采取抗震措施消除； （4）条状突出的山嘴，高耸孤立的山丘，非岩质的陡坡，河岸和边坡的边缘，平面分布上成因、岩性、状态明显不均匀的土层（如故河道、疏松的断层破碎带、暗埋的塘浜沟谷和半填半挖地基）等地质环境条件复杂，存在一定程度的地质灾害危险性	工程建设应考虑不利因素影响，应按照国家相关标准采取必要的工程治理措施，对于重要建筑尚应采取适当的加强措施
有条件适宜	存在难以整治场地地震破坏因素的潜在危险性区域或其他限制使用条件的用地，由于经济条件限制等各种原因尚未查明或难以查明： （1）存在尚未明确的潜在地震破坏威胁的危险地段； （2）地震次生灾害源可能有严重威胁； （3）存在其他方面对城市用地的限制使用条件	作为工程建设用地时，应查明用地危险程度，属于危险地段时，应按照不适宜用地相应规定执行，危险性较低时，可按照较适宜用地规定执行
不适宜	存在场地地震破坏因素，但通常难以整治： （1）可能发生滑坡、崩塌、地陷、地裂、泥石流等的用地； （2）发震断裂带上可能发生地表位错的部位； （3）其他难以整治和防御的灾害高位还影响区	不应作为工程建设用地。基础设施管线工程无法避开时，应采取有效措施减轻场地破坏作用，满足工程建设要求

3. 城市抗震防灾规划编制模式

城市抗震防灾规划按照城市规模、重要性和抗震防灾要求，分为甲、乙、丙三种编制模式。城市抗震防灾规划编制模式应符合下述规定：

（1）位于地震烈度 7 度及以上地区的大城市编制抗震防灾规划应采用甲类模式；

（2）中等城市和位于地震烈度 6 度地区的大城市应不低于乙类模式；

（3）其他城市编制城市抗震防灾规划应不低于丙类模式。

4. 城市抗震防灾规划工作区标准

进行城市抗震防灾规划和专题抗震防灾研究时，可根据城市不同区域的重要性和灾害规模效应，将城市规划区按照四种类别进行规划工作区划分。城市规划区的规划工作区划分应满足下列规定：

（1）甲类模式城市规划区内的建成区和近期建设用地应为一类规划工作区；

（2）乙类模式城市规划区内的建成区和近期建设用地应不低于二类规划工作区；

（3）丙类模式城市规划区内的建成区和近期建设用地应不低于三类规划工作区；

（4）城市的中远期建设用地应不低于四类规划工作区。

不同工作区的主要工作项目应不低于表10-8的要求。

不同规划工作区的工作项目标准　　　　表10-8

主要工作项目			规划工作区类别			
分类	序号	项目名称	一类	二类	三类	四类
城市用地	1	用地抗震类型分区	✓*	✓	#	#
	2	地震破坏和不利地形影响估计	✓*	✓	#	#
	3	城市用地抗震适宜性评价及规划要求	✓*	✓	✓	✓
基础设施	4	基础设施系统抗震防灾要求与措施	✓	✓	✓	✓
	5	交通、供水、供电、工期建筑和设施抗震性能评价	✓*	✓	#	×
	6	医疗、通信、消防建筑抗震性能评价	✓*	✓	#	×
城区建筑	7	重要建筑抗震性能评价及防灾要求	✓*	✓	✓	✓
	8	新建工程抗震防灾要求	✓	✓	✓	✓
	9	城区建筑抗震建设与改造要求和措施	✓*	✓	#	×
其他专题	10	地震次生灾害防御要求与对策	✓*	✓	✓	×
	11	避震疏散场所及疏散通道规划布局与安排	✓*	✓	✓	×

注：表中的"✓"表示应做的工作项目，"#"表示宜做的工作项目，"×"表示可不做的工作项目。
* 表示宜开展专题抗震防灾研究的工作内容。

5. 建筑抗震设计标准

对于建筑来说，可以根据其重要性确定不同的抗震设计标准。根据建筑重要性，分为甲、乙、丙、丁四类建筑：

甲类建筑——特殊要求的建筑，如遇地震破坏会导致严重后果的建筑等，必须经国家规定的批准权限批准；

乙类建筑——国家重点抗震城市的生命线工程的建筑；

丙类建筑——甲、乙、丁类以外的建筑；

丁类建筑——次要的建筑，如遇地震破坏不易造成人员伤亡和较大经济损失的建筑等。

各类建筑的抗震设防标准，应符合下列要求：甲类建筑的地震作用应高于本地区抗震设防烈度的要求，其值应按批准的地震安全性评价结果确定。抗震措施当设防烈度为6～8度时应提高一度的要求，当为9度时应符合比9度抗震设防更高要求；乙类建筑的地震作用应符合本地区抗震设防烈度的要求，抗震措施当设防烈度为6～8度时应提高一度的要求，当为9度时应符合比9度抗震设防更高要求；地震基础的抗震措施，应符合有关规定。对较小的乙类建筑，当其结构改用抗震性能较好的结构类型时，应允许仍按本地区抗震设防烈度的要求采取抗震措施。丙类建筑的地震作用应符合本地区抗震设防烈度的要求；丁类建筑一般情况下地震作用仍应符合本地区抗震设防烈度的要求，抗震措施应允许比本地区抗震设防烈度的要求适当降低，但抗震设防烈度为 6 度时不应降低。

在选择建筑场地时，应按表 10—9 划分对建筑抗震有利、不利和危险地段。对不利地段，应提出避开要求；当无法避开时应采取有效措施；不应在危险地段建造甲、乙、丙类建筑：

各类地段的划分　　　　　　　　　　　表 10—9

地段类别	地质、地形、地貌
有利地段	稳定基岩，坚硬土或开阔平坦密实均匀的中硬土等
不利地段	软弱土，液化土，条状突出的山嘴，高耸孤立的山丘，非岩质的陡坡，河岸和边坡边缘，平面分布上成因、岩性、状态明显不均匀的土层（如故河道、断层破碎带、暗埋的塘浜沟谷及半填半挖地基）等
危险地段	地震时可能发生滑坡、崩塌、地陷、地裂、泥石流等及发震断裂带上可能发生地表位错的部位

存在饱和砂土和饱和粉土（不含黄土）的地基，除 6 度设防外，应进行液化判别；存在液化土层的地基，应根据建筑的抗震设防类别、地基的液化等级，结合具体情况采取相应的措施。

三、城市消防对策与标准

城市火灾的发生频率很高，城市消防自古以来就是城市防灾的重点。在长时间与火灾的斗争中，人类也积累了丰富的经验。但是，现代城市火灾有着许多与以前不同的特点，如化学危险品火灾事故多，高层建筑、大型建筑火灾扑救难度大，火灾经济损失持续上升等。现代城市火灾的特点也促使城市消防工作采取措施，积极应对。

（一）城市消防对策

在我国，城市消防工作的方针是"预防为主，防消结合"。首先，在城市布局、建筑设计中，采取一系列防火措施，减少和防止火灾灾害；其次，消防队伍、消防设施建设、消防制度和指挥组织机制应健全，保证火灾的及时发现，报警和有效组织扑救。

1. 城市的防火布局

城市的防火布局主要考虑以下几个方面的问题：

（1）城市重点防火设施的布局。城市中不可避免地要安排如液化气站、煤气制气厂、油品仓库等一些易燃易爆危险品的生产、储存和运输设施，这些设施应慎重布局，特别是要保持规范要求的防火间距。

（2）城市防火通道布局。城市中，消防车的通行范围涉及火灾扑救的及时性，城市内消防通道的布局应合乎各类设计规范。

（3）城市旧区改造。城市旧区是建筑耐火等级低、建筑密集、道路狭窄、消防设施不足的地区，是火灾高发地区，延烧的危险性很大。因此，城市旧区的改造，是城市防火的重要工作。

（4）合理布局消防设施。城市消防设施包括消防站、消防栓、消防水池、消防给水管道等。应在城市中合理布局上述设施。

2．建、构筑物的防火设计

各类建、构筑物，如厂房、仓库、民用建筑：以及地下建筑、管线设施等，都应遵照有关规范，实行防火设计，提高其耐火等级和内部消防能力，减少火灾发生和蔓延的可能性。

3．健全消防制度，普及消防知识

城市火灾多由人为失误引起，因此，城市消防必须发动和依靠群众。一方面，健全消防巡逻检查制度，及时发现火灾隐患，并通过教育群众，减少人为失误引起火灾的概率；另一方面，在群众中组织义务消防队伍，普及消防知识，增强群众自救和辅助专业消防队伍扑救火灾的能力。

（二）城市消防标准

城市的消防标准，主要体现在建、构筑物的防火设计上。国家在消防方面颁布的法律、法规、规范和标准已超过130余种，而各地根据自身情况也制定了一些地方性消防要求。在城市消防工作中，这些法律、规范、标准是重要的依据。与城市规划密切相关的有关规范有《建筑设计防火规范》、《高层民用建筑设计防火规范》、《消防站建筑设计标准》、《城镇消防站布局与技术装备标准》等。以下简要介绍有关道路消防要求、建筑消防间距、建筑设计要求和消防用水等方面的内容。

1．消防道路标准

进行城市道路设计时，必须考虑消防车道：

（1）消防道路宽度应大于等于3.5m，净空高度不应小于4m。

（2）环形消防车道至少应有两处与其他车道连通。尽头式消防车道应设置回车道或回车场，回车场的面积不宜小于15m×15m；供大型消防车使用时，不宜小于18m×18m。

（3）消防车道不宜与铁路正线平交。如必须平交，应设置备用车道，且两车道之间的间距不应小于一列火车的长度。

（4）供消防车取水的天然水源和消防水池应设置消防车道。

2．建筑的消防车道设置标准：

（1）街区内的道路应考虑消防车的通行，其道路中心线的间距不宜大于160m。当建筑物沿街道部分的长度大于150m或总长度大于220m时，应设置穿过建筑物的消防车道。当多层建筑确有困难时，应设置环形消防车道。

（2）有封闭内院或天井的建筑物，当其短边长度大于24m时，宜设置进入内院或天井的消防车道。

（3）有封闭内院或天井的建筑物沿街时，应设置连通街道和内院的人行通道（可利用楼梯间），其间距不宜大于80m。

（4）超过3000个座位的体育馆、超过2000个座位的会堂和占地面积大于3000m² 的展览馆等公共建筑，宜设置环形消防车道。

（5）工厂、仓库区内应设置消防车道。

（6）消防车道的净宽度和净高度均不应小于4.0m。供消防车停留的空地，其坡度不宜大于3%。消防车道距高层建筑外墙宜大于5.00m。

3．建筑物消防间距标准

建筑的间距保持也是消防要求的一个重要方面，我国有关规范要求多层建筑与多层建筑的防火间距应不小于6m，高层建筑与多层建筑的防火间距不小于9m，而高层建筑与高层建筑的防火间距不小于13m。

4．建筑设计标准

关于高层建筑设计防火规范有如下要求：高层建筑的底边至少有一个长边或周边长度的1/4且不小于一个长边的长度，不应布置高度大于5.00m、进深大于4.00m的裙房，且在此范围内必须设有直通室外的楼梯或直通楼梯间的出口。

5．消防用水标准

大部分城市火灾均可用水扑灭，保证消防用水是城市消防工作的重要内容。城市消防用水可由城市管网直接供给，也可设置专门的消防管道系统。在水量不足的地区，应设消防水池，或利用河湖沟汊的天然水。利用天然水源应确保枯水期最低水位时的消防用水量，并应设置可靠的取水设施。在河网城市，应考虑沿河辟出一些空地与消防通道相连，作为消防车取水的场所。

在城市、居住区、工厂、仓库等的规划和建筑设计时，必须同时设计消防给水系统。城市、居住区应设市政消火栓。民用建筑、厂房（仓库）、储罐（区）、堆场应设置外消火栓。民用建筑、厂房（仓库）内应设室内消火栓，并符合防火规范的规定。

城市室外消防用水量		表10—10
城市人口（万人）	同一时间火灾次数（次）	一次灭火用水量（L/s）
≤1	1	10
≤2.5	1	15
≤5	2	25
≤10	2	35
≤20	2	45
≤30	2	55

续表

城市人口（万人）	同一时间火灾次数（次）	一次灭火用水量（L/s）
≤ 40	2	65
≤ 50	3	74
≤ 60	3	85
≤ 70	3	90
≤ 80	3	95
≤ 90	3	95
≤ 100	3	100

四、城市人防工程建设原则与标准

由于我国政府一贯奉行独立自主的和平外交政策，所以新中国成立以来，基本上没有在我国国土上发生战事。但这并不意味着我国城市可以放松或放弃城市人防工程的建设。在和平环境下，许多国家仍积极建设人防设施。据统计，市民用防空地下空间可容纳人口占总人口的比例数字，美国为 48％，苏联为 72％，瑞士为 83％，瑞典为 88％，丹麦甚至达到 124％。在我国，人防工程建设要走平战结合、综合利用的道路。

（一）城市人防工程建设原则

现代战争一般情况下是核威慑条件下的常规战争，这是 21 世纪后半叶战争的特点。尽管越来越多的国家拥有核武器，但现代战争手段仍将以常规战争为主，而常规战争的科技含量越来越高，战争突发性和攻击准确性大大提高了。战争的这些新特点对人防工程建设提出了新的要求。

我国在 20 世纪 60 年代后期开始大规模进行人防工程建设，但当时建设的人防工事质量不高、选址随意，以防抗核毁伤为主，而对常规尖端武器袭击考虑不足，对平战结合综合利用考虑不够。目前，城市中人防工程的数量尚不能基本满足需要。

我国今后的城市人防工程建设应遵循以下原则：

（1）提高人防工程的数量与质量，使之合乎防护人口和防护等级要求。

（2）突出人防工程的防护重点，适当选择一批重点防护城镇和重点防护目标，提高防护等级，保障重要目标城镇与设施的安全。

（3）以就近分散掩蔽代替集中掩蔽，加强对常规武器直接命中的防护，以适应现代战争突发性强打击精度高的特点。

（4）加强人防工事间的连通，使之更有利于对战争时的次生灾害的防御，并便于平战结合和防御其他灾害。

（5）综合利用城市地下设施，将城市各类地下空间纳入人防工程体系，研究平战功能转换的措施与方法。

对于防空地下室的位置选择、战时及平时用途的确定，必须符合城市人防工程规划的要求。同时也应考虑平时为城市生产、生活服务的需要以及上部地面建筑的特点及其环境条件、地区特点、建筑标准、平战转换等问题，地下、地上综合考虑确定。防空地下室的位置选择和战时及平时用途的确定，是关系到战备、社会、经济三个效益能否全面充分地发挥的关键，必须认真对待。

（二）城市人防工程建设标准

1. 城市人防工程总面积标准

城市人防规划需要确定人防工程的大致总量规模，才能确定人防设施的布局，预测城市人防工程总量首先需要确定城市战时留城人口数。一般说来，战时留城人口约占城市总人口的 30%～40% 左右。按人均 1～1.5m² 的人防工程面积标准，则可推算出城市所需的人防工程面积。

在居住区规划中，按照有关标准，在成片居住区内应按总建筑面积的 2% 设置人防工程，或按地面建筑总投资的 6% 左右进行安排。居住区防空地下室战时用途应以居民掩蔽为主，规模较大的居住区的防空地下室项目应尽量配套齐全。

2. 专业人防工程的规模标准

关于专业人防工程的规模要求见表 10-11：

防空专业队规模要求　　　　　　表 10-11

名称	项目	使用面积（m²）	参考标准
医疗救护工程	中心医院	3000～3500	200～300 病床
	急救医院	2000～2500	100～150 病床
	救护站	1000～1300	10～30 病床
连级专业队工程	救护	600～700	救护车 8～10 台
	消防	1000～1200	消防车 8～10 台、小车 1～2 台
	防化	1500～1600	大车 15～18 台、小车 8～10 台
	运输	1800～2000	大车 25～30 台、小车 2～3 台
	通信	800～1000	大车 6～7 台、小车 2～3 台
	治安	700～800	摩托车 20～30 台、小车 6～7 台
	抢险抢修	1300～1500	大车 5～6 台、小车 8～10 台

（三）城市地下空间与人防工程的转换

城市的其他地下空间，通过一定处理转换措施后，可以转换为人防工程，同样，人防工程在平时也可用作其他功能。一般有以下一些转换关系：

指挥通信工程 ── 市级指挥通信工程 ←转换措施─ 市级人防机关、城市通信事业、办公室、档案室等

区级指挥通信工程 ←转换措施─ 区级人防机关、城市通信事业、办公室、档案室等

街道级指挥工程 ←转换措施─ 街道办公室、会议室、俱乐部等

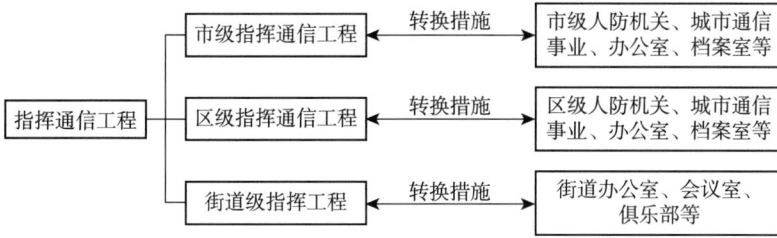

图 10-2　指挥通信系统平战结合图

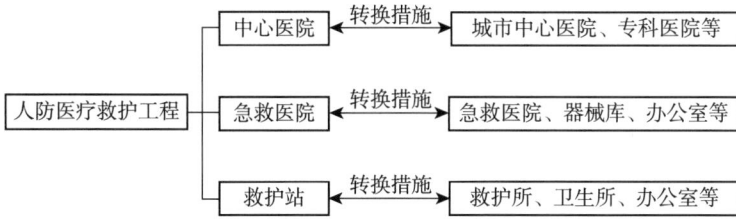

人防医疗救护工程 ── 中心医院 ←转换措施→ 城市中心医院、专科医院等

急救医院 ←转换措施→ 急救医院、器械库、办公室等

救护站 ←转换措施→ 救护所、卫生所、办公室等

图 10-3　人防医疗救护平战转换

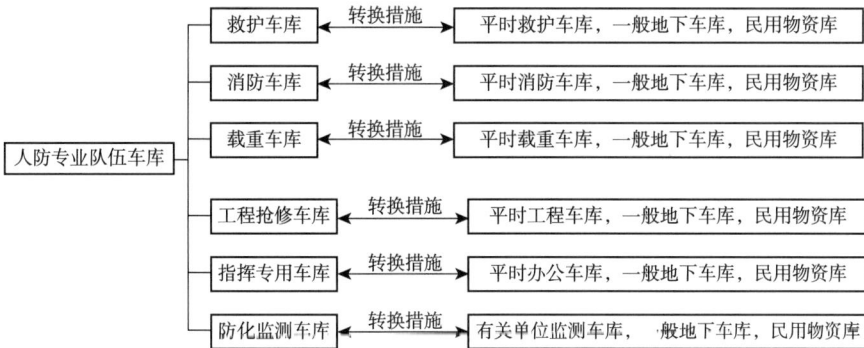

人防专业队伍车库 ── 救护车库 ←转换措施─ 平时救护车库，一般地下车库，民用物资库

消防车库 ←转换措施─ 平时消防车库，一般地下车库，民用物资库

载重车库 ←转换措施─ 平时载重车库，一般地下车库，民用物资库

工程抢修车库 ←转换措施─ 平时工程车库，一般地下车库，民用物资库

指挥专用车库 ←转换措施─ 平时办公车库，一般地下车库，民用物资库

防化监测车库 ←转换措施─ 有关单位监测车库，一般地下车库，民用物资库

图 10-4　人防专业队伍车库工程的转换关系

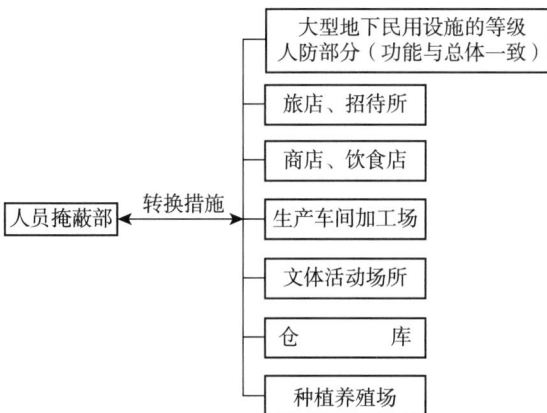

人员掩蔽部 ←转换措施─ 大型地下民用设施的等级人防部分（功能与总体一致）

旅店、招待所

商店、饮食店

生产车间加工场

文体活动场所

仓　　　库

种植养殖场

图 10-5　人员掩蔽部平战转换

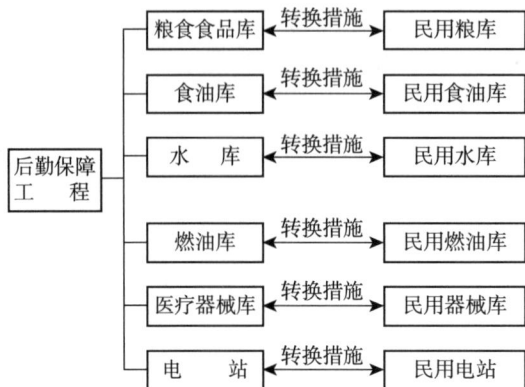

图 10-6　物资储备转换关系图

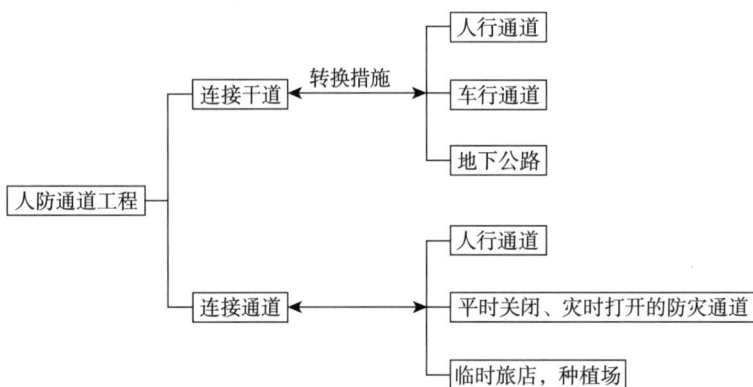

图 10-7　人防通道工程的转换关系

第四节　城市主要防灾工程设施的布局与城市生命线系统的防灾

　　城市防灾工程设施的规划布局与城市生命线系统的防灾都是城市防灾工程系统规划的主要内容。以下将分别就城市防洪防涝工程设施、城市抗震设施、城市消防设施、城市人防工程设施等布局以及城市生命线系统的防灾做简要介绍。

一、城市防洪、防涝工程设施

　　城市的防洪、防涝工程设施主要由堤防、排洪沟渠、防洪闸和排涝设施组成。

　　（一）防洪堤墙

　　许多城市傍水而建，当城市位置较低以及地处平原地区的城市，为了抵御历时较长、洪水较大的河流洪水，修建防洪堤是一种常用而有效的方法。例如武汉、株洲等城市修筑防洪堤已成为主要的工程措施。

　　防洪堤的修建，根据城市的具体情况，可能在河道一侧修建，也可能在河道两侧修建。

　　在城市中心区的堤防工程，宜采用防洪墙，防洪墙可采用钢筋混凝土结构，也可采用混凝土和浆砌石防洪墙。

堤顶和防洪墙顶标高一般为设计洪（潮）水位加上超高，当堤顶设防浪墙时，堤顶标高应高于洪（潮）水位 0.5m 以上。

堤线选择就是确定堤防的修筑位置，它与城市总体规划有关，也与河道的情况有关。对于城市而言，应按城市被保护的范围确定堤防总的走向。对河道而言，堤线就是河道的治导线。因此堤线的选择应和城市总体规划和河流的治理规划协调进行。

堤线选择应注意以下几点：

（1）堤轴线应与洪水主流向大致平行，并与中水位的水边线保持一定距离，这样可避免洪水对堤防的冲击和在平时堤防不浸入水中。

（2）堤的起点应设在水流较平顺的地段，以避免产生严重的冲刷，堤端嵌入河岸 3～5m。

（3）设于河滩的防洪堤，为将水引入河道，堤防首段可布置成"八"字形，这样还可避免水流从堤外漫流和发生淘刷。

（4）堤的转弯半径应尽可能大一些，力求避免急弯和折弯，一般为 5～8 倍的设计水面宽。

（5）堤线宜选择在较高的地带上，不仅基础坚实，增强堤身的稳定，也可节省土方，减少工程量。

（二）排洪沟与截洪沟

排洪沟是为了使山洪能顺利排入较大河流或河沟而设置的防洪设施，主要是对原有冲沟的整治，加大其排水断面，理顺沟道线型，使山洪排泄顺畅。

截洪沟是排洪沟的一种特殊形式。位居山麓或土塬坡底的城镇、厂矿区，可在山坡上选择地形平缓，地质条件较好的地带；也可在坡脚下修建截洪沟，拦截地面水，在沟内积蓄或送入附近排洪沟中，以防危及城镇安全。

1. 排洪沟的布置原则

（1）排洪沟的布置，应充分考虑周围的地形、地貌及地质情况，为了减少工程量，可尽量利用天然沟道，但应避免穿越城区，保证周围建筑群的安全。

（2）排洪沟的进出口，宜设在地形、地质及水文条件良好的地段。出口处可设置渐变段，以便与下游沟道平顺衔接，并应采取适当的加固措施。排洪沟出口与河道的交角宜大于 90°，沟底标高应在河道常水位以上。

（3）排洪沟的纵坡应根据天然沟道的纵坡、地形条件、冲淤情况及护砌类型等因素确定。当地面坡度很大时，应设置跌水或陡坡，以调整纵坡。

（4）排洪沟的宽度改变时应设渐变段，平面上尽量减少弯道，使水流通畅。弯道半径根据计算确定，一般不得小于 5～10 倍的设计水面宽度。

（5）在一般情况下，排洪沟应做成明沟。如需作成暗沟时，其纵坡可适当加大，防止淤积，且断面不宜太小，以便检修。

（6）排洪沟的安全超高宜采用 0.5m 左右。弯道凹岸还需考虑水流离心力作用产生的超高。

（7）在排洪沟内不得设置影响水流的障碍物，当排洪沟需要穿越道路时，宜采用桥涵。桥涵的过水断面不应小于排洪沟的过水断面，且高度和宽度也应适宜，以免产生壅水现象。

2．截洪沟的布置原则

（1）截洪沟应结合地形及城市排水沟、道路边沟等统筹设置。

（2）为了多拦截一些地面水，截洪沟应均匀布设，沟的间距不宜过大；沟底应保持一定坡度，使水流畅通，避免发生淤积。

（3）山丘城镇，因建筑用地需要改缓坡为陡坡（切坡）的地段，为防止坍塌和滑坡，在用地的坡顶应修截洪沟。坡顶与截洪沟必须保持一定距离，水平净距 L 不小于 3 ~ 5m。当山坡质地良好或沟内进行铺砌时，距离可小些，但不宜小于 2m。湿陷性黄土区，沟边至坡顶的距离应不小于 10m。

（4）有些城市的用地坡度比较大，一遇暴雨很快形成漫流，在建筑群外围应修截洪沟，将水迅速排走。

（5）比较长的截洪沟，各段水量不同，其断面大小应能满足排洪量的要求，不得溢流出槽。

（6）截洪沟的主要沟段及坡度较陡的沟段，不宜采用土明沟，应以块石、混凝土铺砌或采用其他加固措施。

（7）选线时，要尽量与原有沟埝结合，一般应沿等高线开挖。

（三）防洪闸

防洪闸指城市防洪工程中的挡洪闸、分洪闸、排洪闸和挡潮闸等。

闸址选择应根据其功能和运用要求，综合考虑地形、地质、水流、泥沙、潮汐、航运、交通、施工和管理等因素比较确定。闸址应选在水流流态平顺、河床、岸坡稳定的河段；泄洪闸宜选在河段顺直或截弯取直的地点；分洪闸应选在被保护城市上游，河岸基本稳定的弯道凹岸顶点稍偏下游处或直段；挡潮闸宜选在海岸稳定地区，以接近海口为宜。

（四）排涝设施

当城市或工矿区所处地势较低时，在汛期排水易发生困难，以致引起涝灾，可以采取修建排水泵站排水，或者将低洼地填高地面，使水能自由流出。

修建排水泵站排水可以有以下几种情况：

（1）在市区干流和支流两侧均筑有堤防，支流的水可以顺利排入河道，而堤内地面水在出现洪峰间排泄不畅时，可设置排水泵站排水。

（2）干流筑有堤防，在支流上游修建有水库，并可根据干流水位的高低控制水库的蓄泄量。市区内临近干流地段内的地面积水可设排水泵站排水。

（3）干流筑有堤防，支流的洪水由截洪沟排入下游，其余地区的地面水可设排水泵站排水。

（4）干流筑有堤防，支流的水在汛期由于受倒灌影响难以排入干流，但其流量很小，堤内有适当的蓄水坑或洼地时，可以在其附近设排水泵排水。

在城市用地中，可能存在一些局部低洼地区，这些地区面积不大，不便修建堤防，当附近有充足土源时，可将低洼地区填土，以提高地面高程。

填高地面应与城镇建设相配合，有计划地将某些高地进行修正，其开挖的土石方则为填平低洼地的土源。根据建设用地需要，可分期填土，也可以一次完成，填土的高度应高于设计洪水位。

二、城市抗震设施

城市抗震设施主要指避震和震时疏散通道及避震疏散场地。

城市避震和震时疏散可分为就地疏散，中程疏散和远程疏散。就地疏散指城市居民临时疏散至居所或工作地点附近的公园、操场或其他旷地；中程疏散指居民疏散至约 1 ～ 2km 半径内的空旷地带；远程疏散指城市居民使用各种交通工具疏散至外地的过程。疏散场地可划分为以下类型：

（1）紧急避震疏散场所：供避震疏散人员临时或就近避震疏散的场所，也是避震疏散人员集合并转移到固定避震疏散场所的过渡性场所。通常可选择城市内的小公园、小花园、小广场、专业绿地、高层建筑中的避难层（间）等；

（2）固定避震疏散场所：供避震疏散人员较长时间避震和进行集中性救援的场所。通常可选择面积较大、人员容置较多的公园、广场、体育场地／馆、大型人防工程、停车场、空地、绿化隔离带以及抗震能力强的公共设施、防灾据点等；

（3）中心避震疏散场所：规模较大、功能较全、起避难中心作用的固定避震疏散场所。场所内一般设抢险救灾部队营地、医疗抢救中心和重伤员转运中心等。

（一）疏散通道规划

城市内疏散通道的宽度不应小于15m，一般为城市主干道，通向市内疏散场地和郊外旷地，或通向长途交通设施。

对于100万人口以上的大城市，至少应有两条以上不经过市区的过境公路，其间距应大于20km。

城市的出入口数量应符合以下要求：中小城市不少于 4 个。大城市和特大城市不少于 8 个。与城市出入口相连接的城市主干道两侧应保障建筑一旦倒塌后不阻塞交通。

计算避震疏散通道的有效宽度时，道路两侧的建筑倒塌后瓦砾废墟影响可通过仿真分析确定；简化计算时，对于救灾主干道两侧建筑倒塌后的废墟的宽度可按建筑高度的 2/3 计算，其他情况可按 1/2 ～ 2/3 计算。

紧急避震疏散场所内外的避震疏散通道有效宽度不宜低于 4m，固定避震疏散场所内外的避震疏散主通道有效宽度不宜低于 7m。与城市主入口、中心避震疏散场所、市政府抗震救灾指挥中心相连的救灾主干道不宜低于 15m。避震疏散主通道两侧的建筑应能保障疏散通道的安全畅通。

（二）疏散场地规划

1．避震疏散场所面积

避震疏散场所的规模应符合以下标准：紧急避震疏散场所的用地不宜小于 0.1hm²，固定避震疏散场所不宜小于 1hm²，中心避震疏散场所不宜小于 50hm²。

2．避震疏散场所服务半径

紧急避震疏散场所的服务半径宜为 500m，步行大约 10min 之内可以到达；固定避震疏散场所的服务半径宜为 2 ~ 3km，步行大约 1h 之内可以到达。

3．避震疏散场所规划要求

应对避震疏散场所用地和避震疏散通道提出规划要求。新建城区应根据需要规划建设一定数量的防灾据点和防灾公园。在进行避震疏散规划时，应充分利用城市的绿地和广场作为避震疏散场所；明确设置防灾据点和防灾公园的规划建设要求，改善避震疏散条件。

城市抗震防灾规划时，应提出对避震疏散场所和避震疏散主通道的抗震防灾安全要求和措施，避震疏散场所应具有畅通的周边交通环境和配套设施。

避震疏散场所不应规划建设在不适宜用地的范围内。避震疏散场所距次生灾害危险源的距离应满足国家现行重大危险源和防火的有关标准规范要求；四周有次生火灾或爆炸危险源时，应设防火隔离带或防火树林带。避震疏散场所与周围易燃建筑等一般地震次生火灾源之间应设置不小于 30m 的防火安全带；距易燃易爆工厂仓库、供气厂、储气站等重大次生火灾或爆炸危险源距离应不小于1000m。避震疏散场所内应划分避难区块，区块之间应设防火安全带。避震疏散场所应设防火设施、防火器材、消防通道、安全通道。

避震疏散场所每位避震人员的平均有效避难面积，应符合：

（1）紧急避震疏散场所人均有效避难面积不小于 $1m^2$，但起紧急避震疏散场所作用的超高层建筑避难层（间）的人均有效避难面积不小于 $0.2m^2$；

（2）固定避震疏散场所人均有效避难面积不小于 $2m^2$。

避震疏散场地人员进出口与车辆进出口宜分开设置，并应有多个不同方向的进出口。人防工程应按照有关规定设立进出口，防灾据点至少应有一个进口与一个出口，其他固定避震疏散场所至少应有两个进口与两个出口。

城市抗震防灾规划时，对避震疏散场所，应逐个核定，在规划中应列表给出名称、面积、容纳的人数、所在位置等。当城市避震疏散场所的总面积少于总需求面积时，应提出增加避震疏散场所数量的规划要求和改善措施。

防灾据点和抗震设防标准和抗震措施可通过研究确定，且不应低于对乙类建筑的要求。

房屋抗震间距要求 表 10—12

较高房屋高度 h (m)	≤ 10	10 ~ 20	> 20
较小房屋间距 d (m)	12	6+0.8h	14+h

人均避震疏散面积 表 10—13

城市设防烈度	6	7	8	9
面积（m^2）	1	1.5	2	2.5

三、城市消防设施

消防设施有消防指挥调度中心、消防站、消火栓、消防水池以及消防瞭望塔等。其中，消防指挥调度中心一般在大中城市中设立，主要起指挥调度多个消防队协同作战的作用。瞭望塔等设施目前一般结合较高建筑物设置。各城市中，消防站和消火栓是必不可少的消防设施，以下将作重点介绍。

（一）消防站设施

我国消防单位行政等级划分为总队、支队、大队、中队四级，其中消防中队是消防工作的基层单位，总队或支队建制一般在大中城市中设立，消防指挥调度中心一般设立在总队或支队所在地。

1. 消防站分级

消防站主要按占地和装备状况划分为三级：

（1）一级消防站：拥有 6 ～ 7 辆车辆，占地 3000m² 左右；

（2）二级消防站：拥有 4 ～ 5 辆车辆，占地 2500m² 左右；

（3）三级消防站：拥有 3 辆车辆，占地 2000m² 左右。

另外，在一些城市中，由于用地紧张，在城市中心地段难以设置相当规模的消防站，而防火方面又确有需要，在这种情况下，可设置一些微型消防站来满足要求。微型消防站没有训练场地，一般为三层建筑，底层为车库，停放 3 辆消防车，二层为人员宿舍，三层为办公用房，占地面积可控制在 200m² 左右。

2. 消防站设置要求

（1）在接警 5 分钟后，消防队可达到责任区的边缘，消防站责任区的面积宜为 4 ～ 7km²；

（2）1.5 ～ 5 万人的小城镇可设 1 处消防站，5 万人以上的小城镇可设 1 ～ 2 处；

（3）沿海、内河港口城市，应考虑设置水上消防站；

（4）一些地处城市边缘或外围的大中型企业，消防队接警后难以在 5 分钟内赶到，应设专用消防站；

（5）易燃、易爆危险品生产运输量大的地区，应设特种消防站。

3. 消防站布局要求

（1）消防站应位于责任区的中心；

（2）消防站应设于交通便利的地点，如城市干道一侧或十字路口附近；

（3）消防站应与医院、小学、幼托以及人流集中的建筑保持 50m 以上的距离，以防相互干扰；

（4）消防站应确保自身的安全，与危险品或易燃易爆品的生产储运设施或单位保持 200m 以上间距，且位于这些设施的上风向或侧风向。

（二）消防栓设置：

（1）消防栓的间距应小于或等于 120m。

（2）消防栓沿道路设置，靠近路口。当路宽大于等于 60m 时，宜双侧设置消防栓，消防栓距建筑墙体应大于 50cm。

在布局消防栓时，还必须注意，由于我国多数城市水压不足，在扑灭城市火灾时，单单依靠消防栓是不行的，消防车必须能进入灭火区域，因此，不能以密设消防栓的方法来减低道路应有的供消防车通行的宽度要求。

四、城市人防工程设施

（一）人防工程设施布局总体要求

人防工程设施在布局时总体上有以下要求：

（1）避开易遭到袭击的重要军事目标，如军事基地、机场、码头等；

（2）避开易燃易爆品生产储运单位和设施，控制距离应大于50m；

（3）避开有害液体和有毒重气体贮罐，距离应大于100m；

（4）人员掩蔽所距人员工作生活地点不宜大于200m。

另外，人防工程布局时要注意面上分散，点上集中，应有重点地组成集团或群体；便于开发利用，便于连通，单建式与附建式结合，地上地下统一安排，注意人防工程经济效益的充分发挥。

（二）人防工程设施分类设置要求

人防工程可以分为六大类：

1．指挥通信工事

指挥通信工事包括中心指挥所和各专业队指挥所，要求有完善的通信联络系统的坚固的掩蔽工事。指挥通信工事布局原则：

（1）工程布局应根据人民防空部署，从便于保障指挥、通信联络顺畅出发，综合比较，慎重选定，应尽可能避开火车站、飞机场、码头、电厂、广播电台等重要目标；

（2）工程应充分利用地形、地物、地质等条件，提高工程防护能力，对于地下水位较高的城市，宜建掘开式工事和结合地面建筑修防空地下室；

（3）市、区级工程宜建在政府所在地附近，便于临战转入地下指挥，街道指挥所结合小区建设布置。

2．医疗救护工事

医疗救护工事包括急救医院和救护站，负责战时救护医疗工作。医院救护工事布局原则：

（1）医疗设施的规划布局，除应从本城市所处的战略地位、预计敌人可能采取的袭击方式、城市人口构成和分布情况、人员掩蔽条件以及现有地面医疗设施及其发展情况等因素进行综合分析外，还应考虑：

1）根据城市发展规划与地面新建医院结合修建；

2）救护站应在满足平时使用需要的前提下，尽量分散布置；

3）急救医院、中心医院应避开战时敌人袭击的主要目标及容易发生次生灾害的地带；

4）尽量设置在宽阔道路或广场等较开阔地带，以利于战时解决交通运输；主要出入口应不致被堵塞，并设置明显标志，便于辨认；

5）尽量选在地势高、通风良好及有害气体和污水不致集聚的地方；

6) 尽量靠近城市人防干道并使之连通；

7) 避开河流堤岸或水库下游以及在战时遭到破坏时可能被淹没的地带。

(2) 各级医疗设施的服务范围，在无更可靠资料作为依据时，可参考表 10—14 数据。

各级医疗设施服务范围　　　　　　　　表 10—14

序号	设施类型	服务人口	备注
1	救护站	0.5～1 万	按平时城市人口计
2	急救医院	3～5 万	按平时城市人口计
3	中心医院	10 万左右	按平时城市人口计

(3) 医疗设施的建筑形式应结合当地地形、工程地质和水文条件以及地面建筑布局等条件确定。

与新建地面医疗设施结合或在地面建筑密集区，宜采用附建式；平原空旷地带，地下水位低，地质条件有利时，可采用单建式或地道式；在丘陵和山区可采用坑道式。

3. 专业队工事

专业队工事为消防、抢修、防化、救灾等各专业队提供掩蔽场所和物资基地。专业队工事中，车库的布局有以下原则：

(1) 各种地下专用车库应根据人防工程总体规划，形成一个以各级指挥所直属地下车库为中心的、大体上均匀分布的地下专用车库网点，并尽可能以能通行车辆的疏散机动干道在地下互相连通起来；

(2) 各级指挥所直属的地下车库，应布置在指挥所附近，并能从地下互相连通。在有条件时，车辆应能开到指挥所门前；

(3) 各级和各种地下专用车库应尽可能结合内容相同的现有车场或车队布置在其服务范围的中心位置，使在所服务的各个方向上的行车距离大致相等；

(4) 地下公共小客车库宜充分利用城市的外用社会地下车库；

(5) 地下公共载重车库宜布置在城市边缘地区，特别应布置在通向其他省市的主要公路的终点附近，同时应与市内公共交通网联系起来，并在地下或地上附设生活服务设施，战时则可作为所在区或片的防空专业队的专用车库；

(6) 地下车库宜设置在或出露在地面以上的建筑物，如加油站、出入口、风亭等，其位置应与周围建筑物和其他易燃、易爆设施保持必要的防火和防爆间距，具体要求见《汽车库建筑设计防火规范》及有关防爆规定；

(7) 地下车库应选择在水文、地质条件比较有利的位置，避开地下水位过高或地质构造特别复杂的地段。地下消防车库的位置应尽可能选择有较充分地下水源的地段；

(8) 地下车库的排风口位置应尽量避免对附近建筑物、广场、公园等造成污染；

（9）地下车库的位置宜临近比较宽阔的、不易被堵塞的道路，并使出入口与道路直接相通，以保证战时车辆出入的方便。

4. 后勤保障工事

后勤保障工事包括物资仓库、车库、电站、给水设施等。为战时人防设施提供后勤保障。后勤保障工事中各类仓库有以下布局原则：

（1）粮食库工程避开重度破坏区的重要目标，结合地面粮库进行规划；

（2）食油库工程结合地面油库修建地下油库；

（3）水库工程结合自来水厂或其他城市平时用给水水库建造，在可能情况下规划建设地下水池；

（4）燃油库工程避开重点目标和重度破坏区；

（5）药品及医疗器械工程结合地下医疗救护工程建造。

5. 人员掩蔽工事

人员掩蔽工事由多个防护单元组成，形式也多种多样，有各种单建或附建的地下室、坑道、隧道等，为平民和战斗人员提供掩蔽场所。人员掩蔽工事的布局原则如下：

（1）人员掩蔽工程的规划布局以市区为主，根据人防工程技术、人口密度、预警时间、合理的服务半径，实现优化设置；

（2）结合城市建设情况，修建人员掩蔽工程，对地铁车站、区间段、地下商业街、共同沟等市政工程作适当的转换处理，皆可作为人员掩蔽工程；

（3）结合小区开发、高层建筑、重点目标及大型建筑，修建防空地下室，作为人员掩蔽工程，人员就近掩蔽；

（4）应通过地下通道加强各掩体之间的联系；

（5）临时人员掩体可考虑使用地下连通道等设施；当遇常规武器袭击时，应充分利用各类非等级人防附建式地下空间和单建式地下建筑的深层；

（6）专业队掩体应结合各类专业车库和指挥通信设施布置；

（7）人员掩体应以就地分散掩蔽为原则，尽量避开敌方重要袭击点，全局适当均匀，避免过分集中。

6. 人防疏散干道

人防疏散干道包括地铁、公路隧道、人行地道、人防坑道、大型管道沟等，用于人员的隐蔽疏散和转移，负责各战斗人防片之间的交通联系。人防疏散干道建设布局原则如下：

（1）结合城市地铁建设，城市市政隧道建设建造疏散连通工程及连接通道，连网成片，形成以地铁为网络的城市有机战斗整体，提高城市防护机动性；

（2）结合城市小区建设，使小区以人防工程体系连网，通过城市机动干道与城市整体连接。

五、城市生命线系统的防灾

城市生命线系统包括交通、能源、通信、给排水等城市基础设施，是城市的"血液循环系统"和"免疫系统"。城市生命线系统有其自身的规划布局原则，但由于与城市防灾关系密切，其防灾的要求应特别强调。

在以上各章节中，我们已经提到过许多工程管线设施的布局要求、防护要求。对于城市生命线系统，一般都应具有较普通建、构筑物高的防灾能力。提高生命线系统的措施主要有以下几种：

1. 设施的高标准设防

一般情况下，城市生命线系统都采用较高的标准进行设防。如广播电视和邮电通信建筑，一般都为甲类或乙类抗震设防建筑，而交通运输建筑、能源建筑，都应为乙类建筑；高速公路和一级公路路基，都应按百年一遇洪水设防；城市重要的市话局和电信枢纽，防洪标准为百年一遇；大型火电厂的设防标准为百年一遇或超百年一遇。各项规范中关于城市生命线系统的设防标准普遍高于一般建筑，而我们在城市规划设计中也要充分考虑这些设施的较高设防要求，将其布局在较为安全的地带。

2. 设施的地下化

城市生命线系统的地下化，被证明是一种有效的防灾手段。生命线系统地下化后，可以不受地面火灾和强风的影响，减少战争时的受损程度，减轻地震的作用，并为城市提供部分避灾空间。地铁和地下车库、地下人行通道等交通设施的作用，已在人防工程中有了较详细介绍。通信、能源、给水设施和管线的地下化，也大大提高了它们的可靠度。城市市政管网综合汇集，城市管线共同沟通后，能够方便地进行维护和保养。城市生命线系统地下化是城市防灾的一项重要工作。

当然，地下生命线系统也有其自身的防灾要求，较为棘手的有防洪、防火问题。另外，由于地下敷设管网与建设设施的成本较高，一些城市在短期内难以做到。

3. 设施节点的防灾处理

城市生命线系统的一些节点，如交通线的桥梁、隧道，管线的接口，都必须进行重点防灾处理。高速公路和一级公路的特大桥，其防洪标准应达到300年一遇；在震区预应力混凝土给排水管道应采用柔性接口；燃气、供热设施的管道出、入口处，均应设置阀门，以便在灾情发生时，及时切断气源和热源；各种控制室和主要信号室，防灾标准又较一般设施提高。可见节点防灾处理对生命线系统防灾的重要性。

4. 提高设施的备用率

要保证城市生命线系统在灾区发生设施部分损毁时，仍保持一定服务能力，就必须保证有充足的备用设施，在灾害发生后投入系统运作，以期至少维持城市最低需求。这种设施备用率应高于平时生命线系统的故障备用率，具体备用水平应根据系统情况、城市灾情预测和城市经济水平决定。

第十一章　城市工程管线综合规划

　　城市工程系统有各种各样的工程管线，需要在城市地上和地下空间中布置。这些管线众多，在有限的城市空间，特别是道路地下空间中容易相互产生矛盾，或是与周边的建筑、设施产生矛盾，从而影响管线安全和周边环境的安全，或对建设和运营造成困难。因此，需要制定一些规则来协调工程管线之间及工程管线与周边环境之间的空间关系，进行合理、有效的布置，这就是管线综合。管线综合可以在建设过程中通过各工程管线所属部门和企业的协调来进行，但在规划阶段制定好管线的空间关系规则，即进行管线综合规划，可以避免大量矛盾的产生，防患于未然，更加有利于管线的建设、运营和管理。

　　由于城市道路属于公共空间，为城市服务的大多数管线都设置在城市道路的地下或地上，因此，城市道路系统的规划设计是管线综合规划的基础和前提。城市道路的网络规划、断面设计和竖向设计的合理性对管线综合有直接影响，在道路规划设计时就要考虑预留城市工程管线空间的需要，以及某些种类管线（如排水管线）的系统组织要求。同样，由于管线之间的垂直关系是管线综合规划中的重要内容，城市或地段的竖向规划设计（重点是道路竖向设计）也是进行城市管线综合规划的前提之一。

第一节　城市工程管线综合规划原则与技术规定

一、城市工程管线的分类

城市工程管线种类多而复杂，根据不同性能和用途、不同的输送方式、敷设形式、弯曲程度等有不同的分类。

（一）按工程管线性能和用途分类

（1）给水管道：包括工业给水、生活给水、再生水、消防给水等管道。

（2）排水沟道：包括工业污水（废水）、生活污水、雨水、降低地下水等管道和明沟。

（3）电力线路：包括高压输电、高低压配电、生产用电、电车用电等线路。

（4）电信线路：包括市内电话、长途电话、电报、有线广播、有线电视等线路。

（5）热力管道：包括蒸汽、热水等管道。

（6）可燃或助燃气体管道：包括煤气、乙炔、氧气等管道。

（7）空气管道：包括新鲜空气、压缩空气等管道。

（8）灰渣管道：包括排泥、排灰、排渣、排尾矿等管道。

（9）城市垃圾输运管道。

（10）液体燃料管道包括石油、酒精等管道。

（11）工业生产专用管道：主要是工业生产上用的管道，如氯气管道，以及化工专用的管道等。

在我国，作为一般意义上的城市工程管线来说，主要指上述各种管线的前6种管线。

（二）按工程管线输送方式分类

（1）压力管线：指管道内流动介质由外部施加力使其流动的工程管线，通过一定的加压设备将流体介质由管道系统输送给终端用户。给水、燃气、供热管道一般为压力输送。

（2）重力自流管线：指管道内流动着的介质有重力作用沿其设置的方向流动的工程管线。这类管线有时还需要中途提升设备将流体介质引向终端。污水、雨水管道一般为重力自流输送。

（3）光电流管线：管线内输送介质为光、电流。这类管线一般为电力和通信管线。

（三）按工程管线敷设方式分类

（1）架空敷设管线：指通过地面支撑设施在空中布线的工程管线。如架空电力线、架空电话线以及架空供热管等。

（2）地铺管线：指在地面铺设明沟或盖板明沟的工程管线，如雨水沟渠。

（3）地下敷设管线：指在地面以下有一定覆土深度的工程管线。地下敷设管线又可以分为直埋和综合管沟两种敷设方式；而根据覆土深度不同，地下管线又可分为深埋和浅埋两类。划分深埋和浅埋主要决定于：①有水的管道和含有水分的管道在寒冷的情况下是否怕冰冻；②土壤冰冻的深度。所谓深埋，是指管道的覆土深度大于 1.5m 的情况，如我国北方的土壤冰冻线较深，给水、排水、煤气（煤气有湿煤气和干煤气，这里指的是含有水分的湿煤气）等管道属于深埋一类。由于土壤冰冻深度随着各地的气候不同而变化，如我国南方冬季土壤不冰冻，或者冰冻深度只有十几厘米，给水管道的最小覆土深度就可小于 1.5m。因此，深埋和浅埋不能作为地下管线固定的分类方法。

（四）按工程管线弯曲的难易程度分类

（1）可弯曲管线：指通过某些加工措施易将其弯曲的工程管线。如电信电缆、电力电缆、自来水管道等。

（2）不易弯曲管线：指通过加工措施不易将其弯曲的工程管线或强行弯曲会损坏的工程管线。如电力管道，电信管道，污水管道等。

工程管线的分类方法很多，通常根据工程管线的不同用途和性能来划分。各种分类方法反映了管线的特征，是进行工程管线综合时管线避让的依据之一。

（五）通常需要进行综合的城市工程管线

按性能和用途分类的 11 种管线并不是每个城市都会遇到的，也并非全部是城市工程管线综合的研究对象。如某些工业生产特殊需要的管线（石油管道、酒精管道等）就很少需要在厂外敷设。

城市工程管线综合规划设计中常见的工程管线主要有六种：给水管道、排水沟管、电力线路、通信线路、热力管道、燃气管道等。城市开发中常提到的"七通一平"中"七通"即指上述六种管道和场地平整。"七通"的顺利实现，也正是城市工程管线综合规划工作的目标之一。

六种常见管道是城市工程管线综合的主要研究对象，这些工程管线的设计通常是由各自独立的专业设计单位承担的。城市工程管线综合规划与设计工作首先就是收集各专业现状和规划设计资料，其综合性、复杂性可见一斑。

二、城市工程管线综合规划原则

为了便于了解工程管线的具体编制方法，管线工程综合布置的一般原则介绍如下：

（1）规划中各种管线的位置采用统一的城市坐标系统及标高系统，厂内的管线也可以采用自己定出的坐标系统，但区界、管线进出口则应与城市主干管线的坐标一致。如存在几个坐标系统，必须加以换算，取得统一。

(2) 管线综合布置应与道路规划、竖向规划协调进行。道路是城市工程管线的载体，道路走向是多数工程管线走向的依据和坡向的依据。竖向规划和设计是城市工程管线专业规划的前提，也是进行管线综合规划的前提，在进行管线综合之前，必须进行竖向规划。

(3) 管线敷设方式应根据管线内介质的性质、地形、生产安全、交通运输、施工检修等因素，经技术经济比较后择优确定。城市工程管线宜地下敷设，在对城市景观等有要求的地区，工程管线应地下敷设。

(4) 管线带的布置应与道路或建筑红线平行。

(5) 必须在满足生产、安全、检修等条件的同时节约城市地上与地下空间。当技术经济比较合理时，管线应共架、共沟布置。

(6) 城市工程管线布置应与现状和规划的城市地铁、地下通道、人防工程等其他地下空间或设施进行协调。

(7) 城市工程管线布设应充分利用地形，避开地质不良地带，并应避免山洪、泥石流及其他地质灾害的伤害。

(8) 当规划区分期建设时，管线布置应全面规划，近期集中，近远期结合。近期管线穿越远期用地时，不得影响远期用地的使用。

(9) 综合布置管线产生矛盾时，应按下列避让原则处理：

①压力管让自流管；

②可弯曲管让不易弯曲管；

③管径小的让管径大的；

④分支管线让主干管线。

以上避让原则中，前两条主要针对不同种类的管线产生矛盾的情况，后两条主要针对同一种管线产生矛盾的情况。

(10) 工程管线与建筑物、构筑物之间以及工程管线之间水平距离应符合规范规定。当受道路宽度、断面以及现状工程管线位置等因素限制难以满足要求时，可重新调整规划道路断面或宽度。而在一些有历史价值的街区进行管线敷设和改造时，如果管线间距不能满足规范规定，又不能进行街道拓宽或建筑拆除，可以在采取一些安全措施后，适当减小管线间距。

(11) 在同一条城市干道上敷设同一类别管线较多时，宜采用专项管沟敷设。

(12) 在交通运输十分繁忙和管线设施繁多的快车道、主干道以及配合兴建地下铁道、立体交叉等工程地段、不允许随时挖掘路面的地段、广场或交叉口处，道路下需同时敷设两种以上管道以及多回路电力电缆的情况下，道路与铁路或河流的交叉处，开挖后难以修复的路面下以及某些特殊建筑物下，应将工程管线采用综合管沟集中敷设。

管线共沟敷设应符合下列规定：

①排水管道应布置在沟底。当沟内有腐蚀性介质管道时，排水管道应位于其上面；

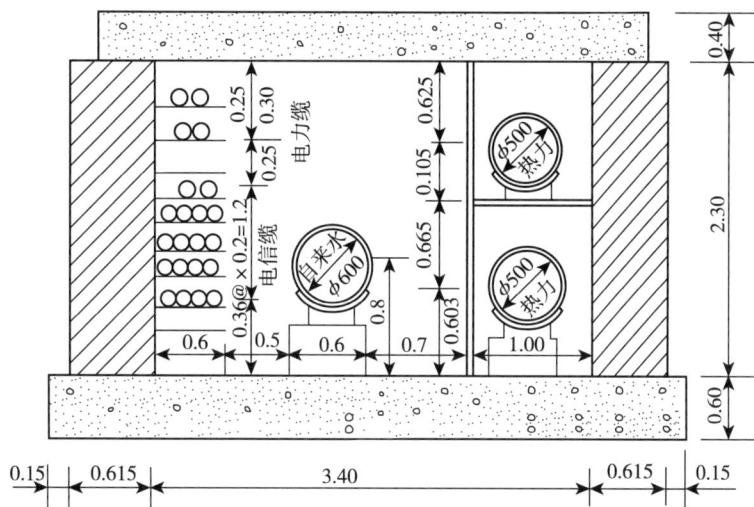

图 11-1　综合管沟示意图

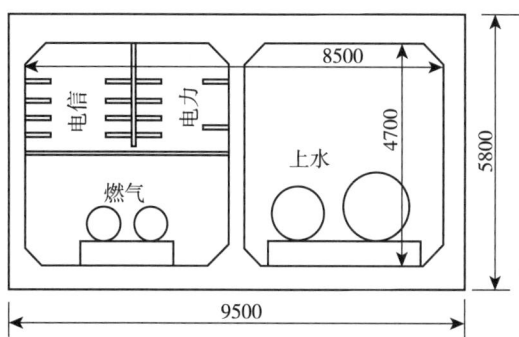

图 11-2　综合管沟形式

日本东京新宿综合管沟布置形式（单位：mm）

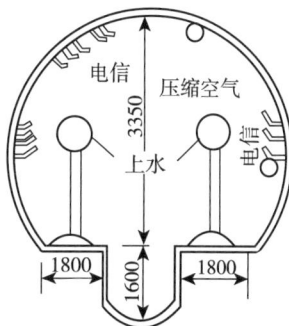

法国巴黎综合管沟布置形式（单位：mm）

②腐蚀性介质管道的标高应低于沟内其他管线；

③火灾危险性属于甲、乙、丙类的液体，液化石油气，可燃气体，毒性气体和液体以及腐蚀性介质管道，不应共沟敷设，并严禁与消防水管共沟敷设；

④凡有可能产生互相影响的管线，不应共沟敷设。

（13）敷设主管道干线的综合管沟应在车行道下，其覆土深度必须根据道路施工和行车荷载的要求，综合管沟的结构强度以及当地的冰冻深度等确定。敷设支管的综合管沟，应在人行道下，其埋设深度可较浅。

（14）电信线路与供电线路通常不合杆架设。在特殊情况下，征得有关部门同意，采取相应措施后（如电信线路采用电缆或皮线等），可合杆架设。同一性质的线路应尽可能合杆、如高低压供电线等。高压输电线路与电信线路平行架设时，要考虑干扰的影响。

（15）综合布置管线时，管线之间或管线与建筑物、构管物之间的水平距离，除了要满足技术、卫生、完全等要求外，还须符合国防的有关规定。

地下工程管线最小水平净距表（单位：m）

表 11-1

序号	管线名称		1 建筑物	2 给水管 d≤200(mm)	给水管 d>200(mm)	3 排水管	4 燃气管 低压	中压 B	中压 A	高压 B	高压 A	5 热力管 直埋	地沟	6 电力电缆 直埋	缆沟	7 电信电缆 直埋	缆沟	8 乔木	9 灌木	10 地上杆柱 通信、照明及<10kV	高压塔杆基础边 ≤35kV	>35kV	11 道路侧石边缘	12 铁路钢轨(或坡脚)
1	建筑物			1.0	3.0	2.5	0.7	1.5	2.0	4.0	6.0	2.5	0.5	0.5	0.5	1.0	1.5	3.0	1.5		3.0		1.5	6.0
2	给水管	d≤200mm	1.0			1.0	0.5	0.5	0.5	1.0	1.5	1.5	1.5	0.5	0.5	1.0	1.0	1.5		0.5	3.0	3.0	1.5	5.0
		d>200mm	3.0			1.5																		
3	排水管		2.5	1.0	1.5		1.0	1.2	1.5	2.0	1.5	1.5	1.5	0.5	0.5	1.0	1.0	1.5		0.5	1.5	1.5	1.5	5.0
4	燃气管	低压 p≤0.005MPa	0.7	0.5	(D≤300mm 0.4 / D>300mm 0.5)							1.0		0.5	0.5	1.0	1.0	1.2	1.0	1.0	1.0	5.0	1.0	
		中压 B 0.005<p≤0.2MPa	1.5	0.5		1.0				1.0	1.5	1.5											1.5	
		中压 A 0.2<p≤0.4MPa	2.0	0.5		1.5				2.0	4.0	1.5	2.0										1.5	
		高压 B 0.4<p≤0.8MPa	4.0	1.0		2.0						2.0	4.0							5.0			2.5	
		高压 A 0.8<p≤1.6MPa	6.0	1.5		2.0																	2.5	5.0
5	热力管	直埋	2.5	1.5		1.5	1.0	1.0	1.5	2.0				2.0		1.0	1.0	1.5	1.5	1.0	2.0	3.0	1.5	3.0
		地沟	0.5			1.5		1.5	2.0	4.0													1.0	
6	电力电缆	直埋	0.5	0.5		0.5	0.5					2.0				0.5	0.5	1.0	1.0	0.5	0.6	0.6	1.5	3.0
		缆沟	0.5																					
7	电信电缆	直埋	1.0	1.0		1.0	0.5			1.0	1.5	1.0		0.5				1.0	1.0	0.5	0.6	0.6	1.5	3.0
		管道	1.5				1.0					1.5		0.5				1.5		1.0				
8	乔木(中心)		3.0	1.5		1.5	1.2					1.5		1.0		1.0	1.5			1.0			0.5	
9	灌木		1.5									1.5		1.0		1.0 / 1.5				1.5			0.5	2.0
10	地上杆柱	通信、照明及≤10kV		0.5		0.5	1.0					1.0		0.5		1.0		1.0					0.5	
	高压铁塔 基础边	≤35kV	3.0	3.0		1.5	1.0			5.0		2.0		0.6		0.6		1.5					0.5	3.0
		>35kV		3.0		1.5						3.0		0.6		0.6							0.5	3.0
11	道路侧石边缘		1.5	1.5		1.5	1.5			2.5		1.5		1.5		1.5		0.5	0.5	0.5	0.5	0.5		
12	铁路钢轨(或坡脚)		6.0			5.0								1.0		3.0		3.0			0.5			

三、城市工程管线综合术语与技术规定

（一）综合术语

（1）管线水平净距：(PiPiline net horizontal distance) 指平行方向敷设的相邻两管线外壁之间的水平距离。

（2）管线垂直净距：(PiPiline net Vertical distance) 指两条管线上下交叉敷设时，从上面管道外壁最低点到下面管道外壁最高点之间的垂直距离。

（3）管线埋设深度：(depth between pipe bottom and surface) 指地面到管道底（内壁）的距离，即地面标高减去管底标高。

（4）管线覆土深度：(depth between pipe top and surface) 指地面到管道顶（外壁）的距离，即地面标高减去管顶标高。

（5）同一类别管线：(same kind of pipe line) 指相同专业，且具有同一使用功能的工程管线。

（6）不同类别管线：(different kind of pipeline) 指具有不同使用功能的工程管线。

（7）专项管沟：(Special ditch) 指敷设同一类别工程管线的专用管沟。

（8）综合管沟：(composite ditch) 指不同类别工程管线的专用管沟。

（二）有关规范的主要技术规定

（1）地下工程管线最小水平净距（表11-1）；

（2）地下工程管线交叉时最小垂直净距（表11-2）：

地下工程管线交叉时最小垂直净距表（单位：m）　　表11-2

序号	净距 (m) 埋设在上面的管线名称		埋设在下面的管线名称 1 给水管线	2 排水管线	3 热力管线	4 燃气管线	5 电信管线		6 电力管线	
							直埋	管沟	直埋	管沟
1	给水管线		0.15	—	—	—	—	—	—	—
2	排水管线		0.40	0.15	—	—	—	—	—	—
3	热力管线		0.15	0.15	0.15	—	—	—	—	—
4	燃气管线		0.15	0.15	0.15	0.15	—	—	—	—
5	电信管线	直埋	0.50	0.50	0.15	0.50	0.25	0.25	—	—
		管沟	0.15	0.15	0.15	0.15	0.25	0.25	—	—
6	电力管线	直埋	0.15	0.5	0.50*	0.50	0.50	0.50	0.50	0.50
		管沟	0.15	0.50	0.50	0.15	0.50	0.50	0.50	0.50
7	沟渠（基础底）		0.50	0.50	0.50	0.50	0.50	0.50	0.50	0.50
8	涵洞（基础底）		0.15	0.15	0.15	0.15	0.20	0.25	0.50	0.50
9	电车（轨底）		1.00	1.00	1.00	1.00	1.00	1.00	1.00	1.00
10	铁路（轨底）		1.00	1.20	1.20	1.20	1.00	1.00	1.00	1.00

注：表中 0.5* 表示电压等级 ≤ 35kV 时，电力管线与热力管线最小垂直净距为 0.5m；若 >35kV 应为 1.00m。

（3）地下工程管线最小覆土深度（表11-3）

地下工程管线最小覆土深度值表（单位：m） 表11-3

序号	管线名称		最小覆土深度		备注
			人行道下	车行道下	
1	电力管线	直埋	0.70	1.00	10kV以上电缆应不小于1.0m
		保护管	0.50	0.50	敷设在不受荷载的空地下时，数据可适当减少
2	电信管线	保护管（塑、混凝土）	0.70	0.80	
		保护管（钢）	0.50	0.60	敷设在不受荷载的空地下时，数据可适当减少
3	热力管线	直埋	0.60	0.70	
		管沟	0.20	0.20	
4	燃气管线		0.60	0.90	冰冻线以下
5	给水管线		0.60	0.70	根据冰冻情况、外部荷载、管材强度等因素确定
6	雨水管线		0.60	0.70	冰冻线以下
7	污水管线		0.60	0.70	

（4）架空工程管线及与建筑物等最小水平净距（表11-4）

架空工程管线及建筑物等最小水平净距表（单位：m） 表11-4

名称		建筑物（凸出部分）	道路（路基边石）	铁路（轨道中心）	通讯管线	热力管线
电力	10kV以下杆中心	2.0	0.5	杆高加3.0	2.0	2.0
	35kV边导线	3.0	0.5	杆高加3.0	4.0	4.0
	110kV边导线	4.0	0.5	杆高加3.0	4.0	4.0
电信管线		2.0	0.5	4/3杆高	—	1.5
热力管线		1.0	1.5	3.0	1.5	—

（5）架空工程管线交叉时最小垂直净距（表11-5）

架空工程管线交叉时最小垂直净距表（单位：m） 表11-5

名称		建筑物（顶端）	道路（路面）	铁路（轨顶）	电信管线		热力管线
					电力线有防雷装置	电力线无防雷装置	
电力管线	10kV以下	3.0	7	7.5	2	4	2.0*
	35kV～110kV	4.0	7	7.5	3	5	3.0*
电信管线		1.5	4.5	7.0	0.6	0.6	1.0
热力管线		0.6	4.5	5.5	1.0	1.0	0.25

（6）管线排列顺序要求

在进行管线平面综合时，管线布置要求是：

①在城市道路上，由红线至中心线管线排列的顺序宜为：电力、通信、燃气配气、配水、热力、燃气输气、输水、再生水、雨水、污水。

②在建筑庭院中，由建筑边线向外，管线排列的顺序宜为：电力、通信、污水、雨水、燃气、给水、热力、再生水。当燃气管线从建筑两侧引入都满足要求时，应布置在管线较少的一侧。

③在道路红线宽度大于等于40m时，宜双侧布置配水管和配气管；道路红线宽度大于等于50m时，应在道路两侧设置排水管。

在进行管线竖向综合时，管线竖向排序自上而下宜为：电力、通信、热力、燃气、给水、再生水、雨水和污水。交叉点各类管线的高程应根据排水管的高程确定。

（7）工程管线应减少管线与铁路，道路及其他干管的交叉。当管线与铁路或道路交叉时应为正交。在困难情况下，其交叉角不宜小于30°。

第二节 城市工程管线综合协调与布置

一、城市工程管线综合总体协调与布置

城市工程管线综合总体规划（含分区规划）是城市总体规划的一门综合性专项规划。因此，应该与城市总体规划同步进行。城市工程管线综合总体规划工作步骤一般分三阶段：①基础资料收集；②汇总综合，协调定案；③编制规划成果。

（一）城市工程管线综合总体规划的基础资料

收集基础资料是城市工程管线综合总体规划的基础，也是为工程管线综合详细规划和综合设计深化的基础。所以，收集资料要尽量详尽、准确。城市工程管线综合总体规划的基础资料有下列几大类：

（1）自然地形资料：规划地区的地形、地貌，地面高程，河流水系，气象等。上述资料除气象外，均可在城市地形图上取得。

（2）土地使用状况资料：规划地区的各类用地的现状和规划布局，规划地区详细规划总平面图。

（3）人口分布资料：规划地区的现状和规划居住人口的分布。

（4）道路系统资料：规划地区内现状和规划道路平面图。

（5）竖向规划资料：规划地区竖向规划图，包括各道路和地块控制点的标高和坡度。

（6）有关工程管线规范资料：国家和有关主管部门对工程规划管线敷设的规范，尤其是当地对工程管线布置的特殊规定，例如南北方城市因土壤和冰冻深度不同，对给水、排水等管道的最小埋深及最小覆土深度等规定。

（7）各工程专业现状和规划资料：各工程管线现状分布，各工程管线专

业部门对本系统近远期规划或设想等最近资料。各类工程管线都有各自的技术规范和要求，因此，收集城市工程管线综合专业基础资料，均有自己的侧重点。城市工程管线综合规划所需收集的基础资料的主要内容有：

①给水工程管线综合资料：本规划地区内的输配水干管走向、管径。本区现状给水详细规划的输配水管线的走向、平面位置、管径、控制点标高，以及各条给水管在道路横断面排列位置。

②排水工程管线综合资料：本规划地区内现状和规划的排水体制（雨污水分流制，或雨污水合流制）。城市排水总体规划布局的雨水、污水干管渠的走向、管径。本区排水工程详细规划的雨污水管道沟渠的位置、管径（或沟渠截面）、控制点标高与埋深；以及各条排水管道、沟渠在道路横断面的排列位置。

③供电工程管线综合资料：本规划地区现状和规划的电源（电厂，变电所），配电所，开闭所等供电设施的位置、规模、容量、平面布置等。区内高压架空电力线路的走向，位置，用地要求等。本区供电详细规划的输配电网布局。各种电力线路敷设方式（架空，直埋，管道等），线路回数，电缆管道孔数与断面形式，电缆或管道控制点标高与埋深。

④通信工程管线综合资料：本规划地区内现状和规划的电话局、所的数量、规模、容量、位置。本区电话网络规划布局与接线方式，通信详细规划的本区电话线路的分布、位置、敷设方式（架空、直埋、管道）、电话电缆管道孔数与断面形式、电缆或管道控制点标高与埋设方式。电缆接续设备（交换机，接线箱等）的数量、位置、容量。有线电视台、有线广播站台的布置，有线电视线路的分布、位置、敷设方式（架空、电缆直埋、光缆共用等）、线路数量、线路控制点标高与埋深。

⑤供热工程管线综合资料：本规划地区内现状和规划的热电厂、集中锅炉房、热力站的位置与规模。热力网的形式与规划网络结构。本区供热详细规划的蒸汽、热水管道的压力等级、敷设方式（架空、地敷、地埋）、走向、管径、断面形式、控制点标高与埋深。

⑥燃气工程管线综合资料：本规划地区现状和规划的燃气气源种类（人工煤气，天然气，石油液化气、沼气等）、气源厂位置与规模，城市燃气网压力等级。本区燃气详细规划的供气工程设施（储气站、调压站等）的位置，规模、压力等级。燃气管网的布局各种压力等级的燃气管道走向、管径、压力等级、敷设方式（一般为地埋）与深埋。

（二）城市工程管线综合的步骤

城市工程管线综合总体规划的第二阶段工作是对所收集的基础资料进行汇总，将各项内容汇总到管线综合平面图上，检查各工程管线规划自身是否有矛盾，更为重要的是各项工程管线规划之间是否有矛盾，提出综合总体协调方案，组织相关专业共同讨论，确定符合城市工程管线综合敷设规范，基本满足各专业工程管线规划的综合总体规划方案。本阶段的工作按下列步骤进行。

1. 制作工程管线综合规划底图

制作底图是一项比较繁重的工作，规划人员对各种基础资料进行第一次筛选，有选择地摘录与工程管线综合有关的信息，要求既要全又要精。一张精炼的底图清晰明了地反映各专业工程管线系统及其相互间的关系，是管线综合协调的基础。因此，制作底图的工作应当精心、细致、耐心地进行。

绘制管线综合规划底图包括了地形信息、各现状管线信息、规划总平面信息和竖向规划信息。这些信息需要进行分层处理，删除多余的信息，使底图尽量简明、清晰。

2. 专项检查定案

通过制作底图的工作，工程管线在平面上相互的位置关系，管线和建筑物、构筑物、城市分区的关系一目了然。第二个步骤就是在工程管线综合原则的指导下，检查各工程管线规划自身是否符合规范，确定或完善各专项规划方案。

3. 管线平面综合

各专项规划平面布局基本定案后，就可以进行管线综合工作了。管线综合工作包括平面综合和竖向综合两个方面。

管线平面综合的一项主要工作，是绘制各城市道路的横断面布置图；根据管线综合有关规范、各专业工程管线的规范、当地有关规定，将所有管线按水平位置间距的关系，寻找各自在道路横断面上的位置。在道路断面中安排管线位置与道路规划有着密切的联系，有时会由于管线在道路横断面中配置不下，需要改变管线的平面布置，或者变动道路横断面形式，或者变动机动车道、非机动车道、分隔带、绿化带等的排列位置与宽度，乃至调整道路总宽度。同时，也应结合道路的规划，尽可能使各种管线合理布置，不要把较多的管线过分集中到几条道路上。

道路横断面的绘制方法比较简单，即根据该路中各管线布置和次序逐一

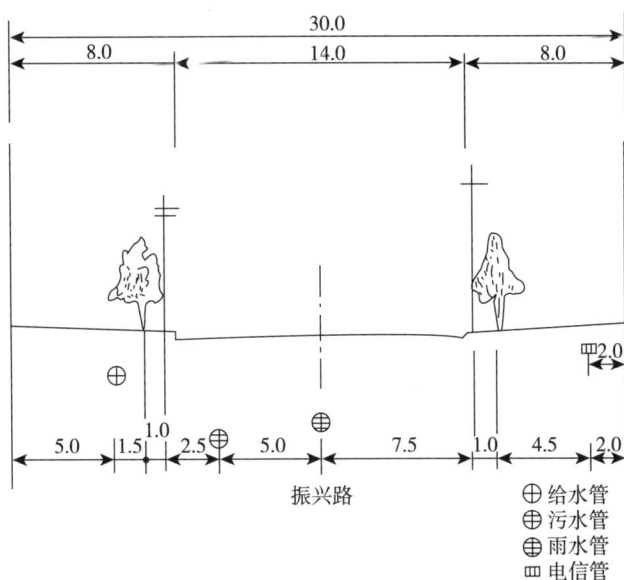

图 11-3 管线综合的道路横断面图

⊕ 给水管
⊕ 污水管
⊕ 雨水管
▢ 电信管

配入城市总体规划（或分区规划）所确定的横断面,并标注必要的数据。但是,在配置管线位置时,树冠易与架空线路发生干扰,树根易与地下管线发生矛盾。这些问题一定要合理地加以解决。道路横断面的各种管线与建筑物的距离,应符合各有关单项设计规范的规定。

4. 管线竖向综合

前步骤基本解决了管线自身及管线之间,管线和建筑物、构筑物之间平面上的矛盾后,本阶段是检查路段和道路交叉口工程管线在竖向上分布是否合理,管线交叉时垂直净距是否符合有关规范要求。若有矛盾,需制订竖向综合调整方案,经过与专业工程详细规划设计人员共同研究、协调,修改各专业工程详细规划,确定工程管线综合详细规划。

(1) 路段检查主要在道路断面图上进行,逐条逐段地检核每条道路横断面中已经确定平面位置的各类管线有无垂直净距不足的问题。依据收集的基础资料,绘制各条道路横断面图,根据各工程规划初步设计成果的工程管线的截面尺寸、标高,检查两条管道的垂直净距是否符合规范,在埋深允许的范围内给予调整,从而调整各专业工程详细规划。

(2) 道路交叉口是工程管线分布最复杂的地区,多个方向的工程管线在此交叉,同时交叉口将是工程管线的各种管井密集地区。因此交叉口的管线综合是工程管线综合详细规划的主要任务。有些工程管线埋深虽然相近,但在路段不易彼此干扰,而到了交叉口就容易产生矛盾,交叉口的工程管线综合是将规划区内所有道路(或主要道路)交叉口平面放大至一定比例(1:500 ~ 1:1000),按照工程管线综合的有关规范和当地关于工程管线净距的规定,调整部分工程管线的标高,使各条工程管线在交叉口能安全有序的敷设。

(三) 城市工程管线综合规划成果

城市工程管线综合规划的成果主要有图纸和文本两部分:

(1) 工程管线综合规划平面图。图纸比例通常采用1:1000,需确定管线在平面上的具体位置,道路中心线交叉点,管线的起讫点、转折点以及工厂管线的进出口位置。

(2) 管线交叉点标高图。此图的作用主要是检查和控制交叉管线的高程——竖向位置。图纸比例大小及管线的布置和综合详细平面图相同（在综合详细平面图上复制而成,但不绘地形,也可不注坐标）,并在道路的每个交叉口编上号码,便于查对。

管线交叉点标高等表示方法如图示有以下几种:

①在每一个管线交叉点处画一垂距简表（表11-6）,然后把地面标高、管线截面大小、管底标高以及管线交叉处的垂直净距等项填入表中（如图11-4中的第1号道路交叉口所示）。如果发现交叉管线发生冲突,则将冲突情况和原设计的标高在表下注明,而将修正后的标高填入表中,表中管线截面尺寸单位一般用mm,标高等均用m。这种表示方法的优点是使用起来比较方便,缺点是管线交叉点较多时往往在图中绘不下。

垂距简表			表 11-6
名称	截面	管底标高	
净距（m）		地面标高（m）	

②先将管线交叉点编上号码，而后依照编号将管线标高等各种数据填入另外绘制的交叉管线垂距表（表11-7，以下简称垂距表）中，有关管线冲突和处理的情况则填入垂距表的附注栏内，修正后的数据填入相应各栏中。这种方法的优点是可以不受管线交叉点标高图图面大小的限制，缺点是使用起来不如前一种方便。

③一部分管线交叉点用垂距简表表示（图11-4中的第①号道路交叉口），另一部分交叉点编上号码，并将数据填入垂距表中（如图中第③和④号道路交叉口）。当道路交叉口中的管线交叉点很多而无法在标高图中注清楚时，通常又用较大的比例（1：1000或1：500）把交叉口画在垂距表的第一栏内（表11-7）。采用此法时，往往把管线交叉点较多的交叉口，或者管线交叉点虽少但在竖向发生冲突等问题的交叉口，列入垂距表中。用垂距简表表示的管线，它们的交叉点减少，而且都是没有问题的。

交叉管线垂距表   表 11-7

道路交叉口图	交叉口编号	管线交叉点编号	交点处的地面标高	上面				下面				垂直净距（m）	附注
				名称	管径（mm）	管底标高	埋设深度（m）	名称	管径（mm）	管底标高	埋设深度（m）		
	3	1 2 3 4 5 6		给水 给水 给水 雨水 给水 电信				污水 雨水 雨水 污水 污水 给水					

续表

| 道路交叉口图 | 交叉口编号 | 管线交点编号 | 交点处的地面标高 | 上面 | | | | 下面 | | | | 垂直净距(m) | 附注 |
				名称	管径(mm)	管底标高	埋设深度(m)	名称	管径(mm)	管底标高	埋设深度(m)		
	4	1		给水				污水					
		2		给水				雨水					
		3		给水				雨水					
		4		雨水				污水					
		5		给水				污水					
		6		雨水				污水					
		7		电信				给水					
		8		电信				雨水					
	5	1											
		2											

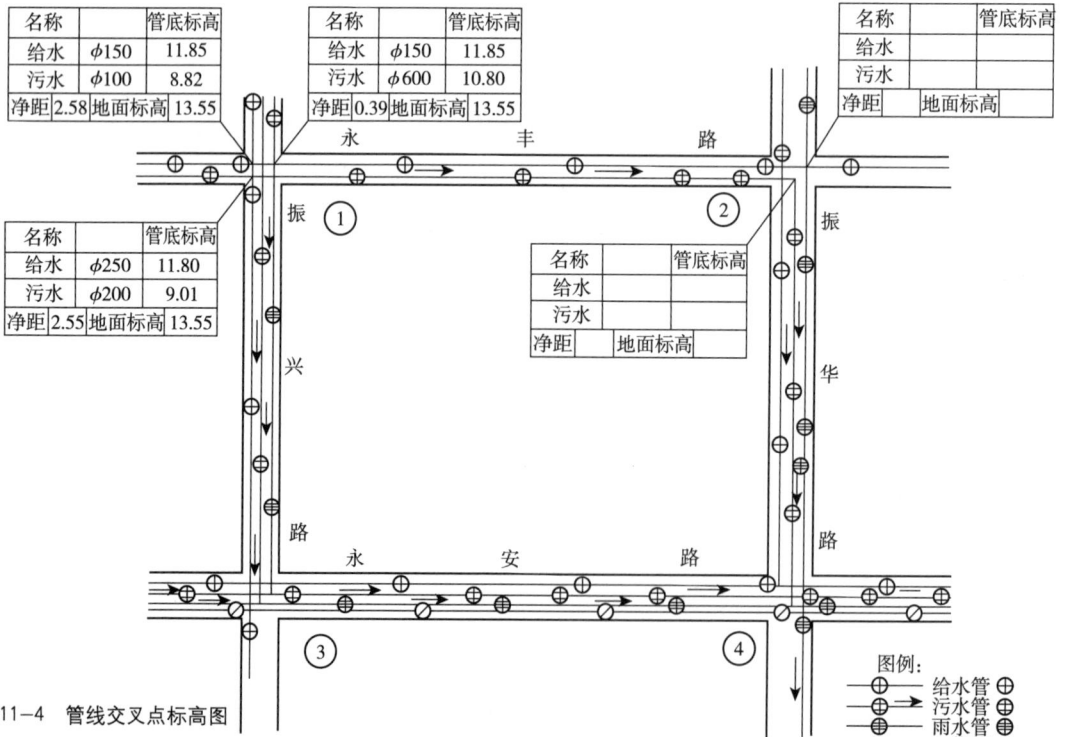

图 11-4　管线交叉点标高图

注：1. ——▽ 路面高程
2. 信 42.5　电信管在上面，管外底高程为 42.5m，
   煤 42.4　煤气管在下面，管上顶高程为 42.4m

④不绘制交叉管线标高图，而将每个道路交叉口用较大的比例（1 : 1000 或 1 : 500）分别绘制，每个图中附有该交叉点的垂距表。此法的优点是由于交叉口图的比例较大，比较清晰，使用起来也比较灵活，缺点是绘制时较费工时，如果要看管线交叉点的全面情况，不及第一种方法方便。

⑤不采用管线交叉点垂距表的形式，而将管道直径、地面控制高程直接注在平面图上（图纸比例 1 : 500）。然后将管线交叉点两管相邻的外壁高程用线分出，注于图纸空白处。这种方法适用于管线交叉点较多的交叉口，优点是既能看到管线的全面情况，绘制时也较简便使用灵活（图 11—5）。

表示管线交叉点标高的方法较多，采用何种方法应根据管线种类，数量，以及当地的具体情况而定。总之，管线交叉点标高图应具有简单明了，使用方便等特点，不拘泥于某种表示方法，其内容可根据实际需要而有所增减。

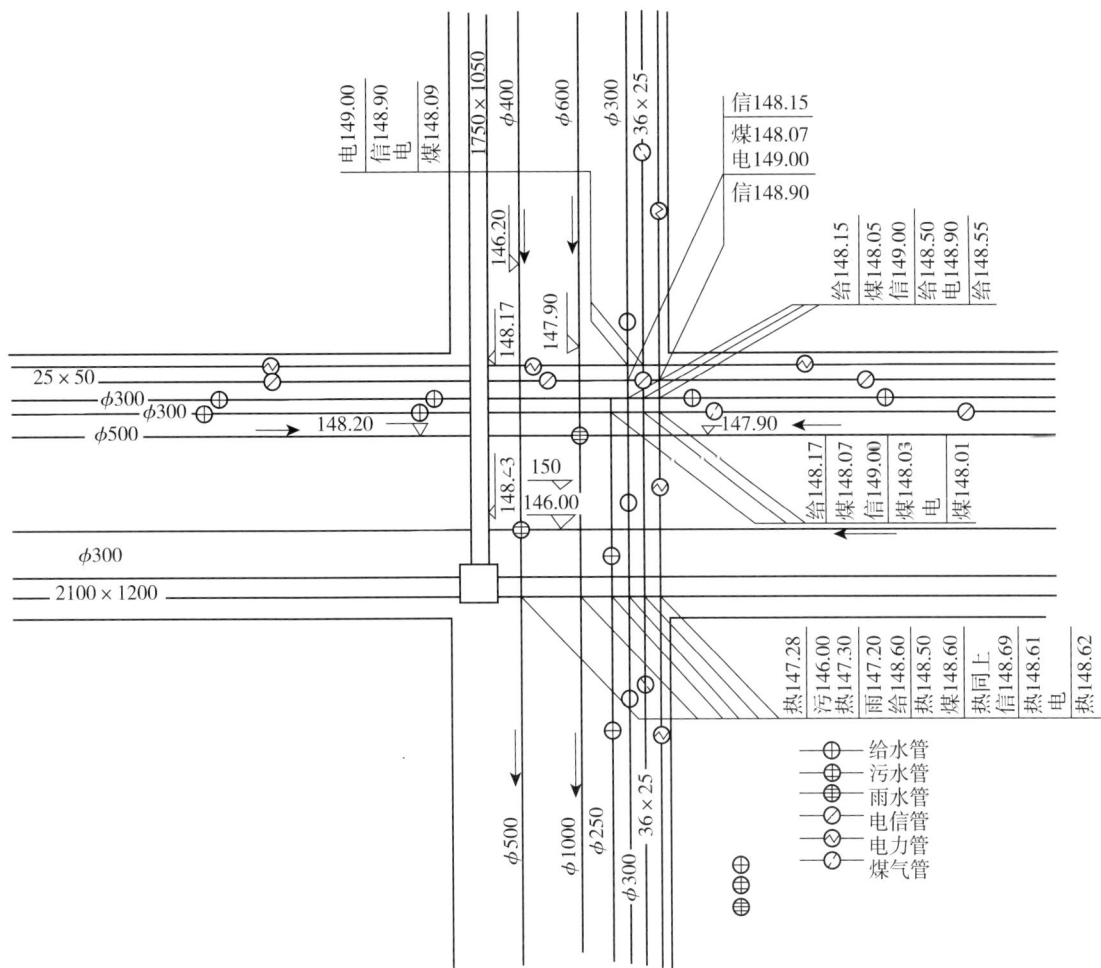

图 11—5　道路交叉口管线标高图

城市基础设施工程规划图例

编号	名称	黑白图例	彩色图例	编号	名称	黑白图例	彩色图例
设1	飞机场			设16	公路客运枢纽		
设2	水上客运站			设17	公路枢纽管理中心		
设3	港口码头			设18	公共汽车保养场		
设4	轮渡导航指挥中心			设19	出租汽车站场		
设5	船舶维修基地			设20	汽车停车场		
设6	铁路客运站			设21	城市道路立交		
设7	铁路货站			设22	道路广场		
设8	地铁站			设23	自来水厂		
设9	轻轨车站			设24	取水口		
设10	轨道交通控制中心			设25	高地水池		
设11	换乘枢纽			设26	水塔		
设12	铁路尽头车站			设27	给水泵站		
设13	轨道交通车辆段			设28	给水阀门		
设14	长途汽车站			设29	喷泉		
设15	汽车货运站			设30	水闸		

城市基础设施工程规划图例

编号	名称	黑白图例	彩色图例	编号	名称	黑白图例	彩色图例
设31	雨水泵站			设46	地热发电厂		
设32	雨水排放口			设47	330～500kV变电所		
设33	雨水检查井			设48	220kV变电所		
设34	雨水收集井			设49	110kV变电所		
设35	污水处理厂			设50	35kV变电所		
设36	氧化塘			设51	10kV变电所		
设37	污水泵站			设52	10kV杆上变电站		
设38	污水排放口			设53	配电所		
设39	化粪池			设54	开关站		
设40	溢流井			设55	独立式配电室		
设41	污水检查井			设56	附点式配电室		
设42	火力发电厂（热电厂）			设57	高压走廊		
设43	水力发电厂（站）			设58	电力井		
设44	核电厂（站）			设59	路灯及投射方向		
设45	风力发电厂			设60	天然气气源地		

城市基础设施工程规划图例

编号	名称	黑白图例	彩色图例	编号	名称	黑白图例	彩色图例
设61	沼气气源地			设76	邮政局		
设62	天然气门站			设77	邮政所		
设63	煤气厂			设78	邮件处理中心		
设64	油制气厂			设79	长途电信局		
设65	液化气气化站			设80	电信局（电话局）		
设66	液化气混气站			设81	邮电支局		
设67	燃气储配站			设82	邮电所		
设68	石油液化气储配站			设83	电话模块局		
设69	液化气供应站			设84	电信电缆交接箱		
设70	高中压燃气调压站			设85	电话井		
设71	低压燃气调压站			设86	广播电视制作中心	TVC	TVC
设72	专用燃气调压站			设87	无线广播电台		
设73	箱式燃气调压站			设88	有线广播电台		
设74	区域锅炉房			设89	无线电视台		
设75	热力站			设90	有线电视台		

城市基础设施工程规划图例

编号	名称	黑白图例	彩色图例	编号	名称	黑白图例	彩色图例
设91	电视差转台			设106	殡仪馆		
设92	微波收发站			设107	公墓		
设93	无线电收发讯区			设108	消防队		
设94	粪便处理场			设109	消防站		
设95	垃圾处理场			设110	消火栓		
设96	垃圾堆埋场			设111	防灾指挥部		
设97	垃圾焚烧场			设112	防灾通信中心		
设98	垃圾转运站			设113	急救中心		
设99	垃圾收集点			设114	医院		
设100	废物箱			设115	防灾疏散场地		
设101	垃圾、粪便码头			设116	地下电厂		
设102	公共厕所			设117	地下仓库		
设103	环卫所			设118	地下油库		
设104	车辆清洗站			设119	地下停车场		
设105	环卫车辆停车场			设120	人防坑道口		

城市基础设施工程规划图例

编号	名称	黑白图例	彩色图例	编号	名称	黑白图例	彩色图例
设121	地下公共隐蔽空间			管10	给水管道		
设122	疏散通道			管11	消防管道		
设123	路堤			管12	给水明渠		
设124	路堑			管13	给水暗渠		
设125	挡土墙			管14	倒虹管		
设126	护坡			管15	跌水		
设127	台阶			管16	雨水管道		
设128	防护绿地			管17	雨水明渠		
				管18	雨水暗渠		
管1	铁路			管19	污水管道		
管2	地下铁路			管20	污水暗渠		
管3	有轨电车			管21	330kV 500kV 架空电力线		
管4	轻轨线路			管22	220kV 架空电力线		
管5	公路			管23	110kV 架空电力线		
管6	高速公路			管24	35kV 66kV 架空电力线		
管7	桥梁			管25	10kV 架空电力线		
管8	隧道			管26	低压架空电力线		
管9	涵洞			管27	管道电力电缆		

城市基础设施工程规划图例

编号	名称	黑白图例	彩色图例	编号	名称	黑白图例	彩色图例
管28	直埋电力电缆			管45	垃圾管道		
管29	水下电力电缆			管46	泄洪沟		
管30	高压燃气管道			管47	截洪沟		
管31	中压燃气管道			管48	防洪沟		
管32	低压燃气管道			管49	防洪堤		
管33	天然气输气管			管50	坝防		
管34	地埋蒸汽管道			管51	排水方向、坡度	$i=0.5\%$	$i=0.5\%$
管35	地埋热水管道						
管36	架空蒸汽管道			地1	水源地		
管37	架空热水管道			地2	河湖水面		
管38	电信光纤电缆			地3	水井		
管39	架空电信电缆			地4	泉眼		
管40	地埋电信缆管			地5	温泉		
管41	架空有线广播线			地6	地下水等深线		
管42	地埋有线广播			地7	洪水淹没线		
管43	架空有线电视电缆			地8	断裂带		
管44	微波通道						

主要参考文献

［1］李德华主编. 城市规划原理（第三版）. 北京：中国建筑工业出版社，2001.

［2］戴慎志主编. 城市基础设施工程规划手册. 北京：中国建筑工业出版社，2000.

［3］刘兴昌主编. 市政工程规划. 北京：中国建筑工业出版社，2006.

［4］戴慎志，陈践编著. 城市给水排水工程规划. 合肥：安徽科学技术出版社，1999.

［5］严煦世，范瑾初主编. 给水工程（第三版）. 北京：中国建筑工业出版社，1995.

［6］严煦世主编. 给排水工程快速设计手册（第一册）—给水工程. 北京：中国建筑工业出版社，1995.

［7］高廷耀主编. 水污染控制工程（上册）. 北京：高等教育出版社，1989.

［8］姚雨霖等编. 城市给水排水. 北京：中国建筑工业出版社，1986.

［9］中国建筑工业出版社编. 给水排水工程师常用规范选. 北京：中国建筑工业出版社，1994.

［10］王占锷，李东祥. 城市用水管理. 济南：济南出版社，1992.

［11］尚宋忠，田世义. 水资源及其开发利用. 北京：科学普及出版社，1993.

［12］董辅祥，董欣东. 节约用水原理及方法指南. 北京：中国建筑工业出版社，1995.

［13］于尔捷，张杰主编. 给排水工程快速设计手册（第二册）——排水工程. 北京：中国建筑工业出版社，1996.

［14］北京市政设计研究院主编. 简明排水设计手册. 北京：中国建筑工业出版社，1990.

［15］梁雄健，李鲁湘编著. 电信网规划. 北京：人民邮电出版社，1994.

［16］邓渊主编. 煤气规划设计手册. 北京：中国建筑工业出版社，1992.

［17］姜正候主编. 燃气工程技术手册. 上海：同济大学出版社，1993.

［18］曾志诚主编. 城市冷、暖、汽三联供手册. 北京：中国建筑工业出版社，1995.

［19］聂辉海主编. 通信网基础. 北京：高等教育出版社，2002.

［20］马永源，马力编著. 电信规划方法. 北京：北京邮电大学出版社，2001.

［21］华振明，高忠爱，祁梦兰，吴天宝. 固体废弃物的处理与处置. 北京：高等教育出版社，1993.

［22］王中民. 城市垃圾处理与处置. 北京：中国建筑工业出版社，1991.

［23］蒋维，金磊编著. 中国城市综合减灾对策. 北京：中国建筑工业出版社，1992.

［24］蒋永琨，肖大斌，蒋亦兵编著. 城市消防规划与管理技术. 北京：地震出版社，1990.

［25］中国灾害防御协会，国家地震局震害防御司. 中国减灾重大问题研究. 北京：地震出版社，1990.

［26］陈立通，朱雪岩编著. 城市地下空间规划理论与实践. 上海：同济大学出版社，1997.

［27］关宝树，钟新樵. 地下空间利用. 西安：西安交通大学出版社，1989.

［28］国家环境保护局开发监督司. 环境影响评价技术原则与方法. 北京：北京大学出版社，1995.